“全国重点物种资源调查”系列成果
丛书主编：薛达元

# 海州湾-莱州湾物种资源调查与研究

主编 王海艳

中国环境出版社·北京

**图书在版编目(CIP)数据**

海州湾-莱州湾物种资源调查与研究 / 王海艳主编. —北京：中国环境出版社，2013.10
（全国重点物种资源调查丛书）
ISBN 978-7-5111-1507-2

Ⅰ. ①海… Ⅱ. ①王… Ⅲ. ①水生生物—种质资源—资源调查—连云港市②水生生物—种质资源—资源调查—山东省 Ⅳ. ①Q178.42

中国版本图书馆 CIP 数据核字（2013）第 142596 号

**出 版 人** 王新程
**责任编辑** 张维平
**封面设计** 彭 杉

---

**出版发行** 中国环境出版社
（100062 北京市东城区广渠门内大街 16 号）
网 址：http://www.cesp.com.cn
电子邮箱：bjgl@cesp.com.cn
联系电话：010-67112765（编辑管理部）
010-67112738（管理图书出版中心）
发行热线：010-67125803，010-67113405（传真）

**印　　刷** 北京市联华印刷厂
**经　　销** 各地新华书店
**版　　次** 2014 年 9 月第 1 版
**印　　次** 2014 年 9 月第 1 次印刷
**开　　本** 787×1092 1/16
**印　　张** 20.25
**字　　数** 460 千字
**定　　价** 76.00 元

---

## “全国重点物种资源调查”系列成果编辑委员会

名誉主任：李干杰　万本太

主　　任：庄国泰

副 主 任：朱广庆　程立峰　柏成寿

委　　员：蔡　蕾　张文国　张丽荣　武建勇　周可新　赵富伟　臧春鑫

## “全国重点物种资源调查”项目专家组

组　　长：薛达元

成　　员（按姓氏拼音顺序）：

陈大庆　龚大洁　顾万春　侯文通　黄璐琦

蒋明康　蒋志刚　姜作发　雷　耘　李立会

李　顺　马月辉　牛永春　覃海宁　王建中

魏辅文　张启翔　张　涛　郑从义　周宇光

# 本册主编及完成单位

主　　编：王海艳

副 主 编：张　涛　刘会莲　线薇微　徐勤增

牵头单位：环境保护部南京环境科学研究所

完成单位：中国科学院海洋研究所

# 前　言

海州湾位于山东与江苏交界处，北起山东省日照市岚山镇佛手湾，南至江苏省连云港市连云区的高公岛，宽 42 km，海岸线长 87 km，海湾面积为 876 km$^2$。海州湾海岸带主要为淤泥质海岸，其次是基岩及沙质海岸。海州湾面临黄海，海床平缓，水深 10～20 m，自西向东缓缓倾斜，西岸有新沭河、蔷薇河等注入。

图 1　海州湾卫星云图

莱州湾位于渤海南部，山东半岛北部，西起现代黄河新入海口，东至龙口的屺姆角，宽约 90 km，海岸线长达 300 km，海湾面积近 7 000 km$^2$。莱州湾东侧为沙岸，西侧为现代黄河三角洲，湾顶为粉砂淤泥海岸。湾内水深较浅，大部分水深在 10 m 以内，海湾东部最深处达 18 m。附近河流较多，自西向东有黄河、淄脉河、小清河、弥河、潍河、胶莱河、沙河等几十条河流。

海州湾及莱州湾海洋生物资源丰富，自古以来就是中国明对虾、小黄鱼等多种海洋生物的产卵场、育幼场及索饵场。近年来，由于经济的发展，莱州湾、海州湾的海洋生境及生物资源面临陆源污染、捕捞强度增加、生境丧失以及受全球变暖、海水酸化等内外因素影响越来越大，所以摸清海湾生物资源现状，实施海湾生物物种资源及多样性调查对于保护及开发生物资源具有重要作用。

在国家环境保护部生物多样性课题资助下，本课题组于2007年和2008年对海州湾进行了4次潮间带及浅海大面积调查，2009年对莱州湾进行了2次潮间带及浅海大面积调查，调查内容包括潮间带生物、浮游植物、浮游动物、底栖动物及游泳生物等现存资源量及生物多样性情况。在系统调查的基础上，评估两个海湾海洋生物物种资源状况，分析两海湾物种及遗传资源丧失、流失以及受威胁的原因，最后提出科学合理的可供参考的资源保护措施；同时建立数据库平台，完成海州湾和莱州湾生物物种资源编目工作，完善了主要经济生物物种资源现存生物量的估算。

本书共分为四个部分，第一部分为成果总述，主要介绍了海州湾、莱州湾调查的主要成果、物种编目情况以及重要物种的介绍。第二部分为成果分述，重点介绍了海州湾、莱州湾生物资源及多样性调查结果，包括潮间带生物、浮游植物、浮游动物、底栖动物以及游泳生物等。第三部分为物种评估体系（主要参考《中国物种红色名录》），并且提出受威胁与受保护的优先物种。第四部分首先分析导致本海域物种及遗传资源丧失、流失及受威胁的主要原因，最后提出了保护与管理策略。本书可为海洋环境保护、海洋生物资源调查以及海洋管理提供基础数据。

图2　莱州湾卫星云图

# 目 录

## 第一部分 总述


1 主要成果 ......3

1.1 海州湾 ......3

1.2 莱州湾 ......4

2 物种编目及重要物种介绍 ......6

2.1 海州湾和莱州湾物种编目 ......6

2.2 海州湾和莱州湾重要物种 ......8


## 第二部分 分述


1 调查方法及站位 ......61

1.1 调查方法 ......61

1.2 调查站位 ......62

1.3 群落多样性分析方法 ......65

2 调查成果 ......66

2.1 海州湾 ......66

2.2 莱州湾 ......166

2.3 结论 ......224


## 第三部分 物种评估体系


1 评估指标体系 ......229

1.1 评估原则 ......229

1.2 评估标准 ......229

1.3 评估指标 230

2 评估结果 231

## 第四部分 问题与对策

1 主要问题 235
1.1 环境变化 235
1.2 陆源污染的影响 236
1.3 养殖自身污染及海上污染物排放 238
1.4 过度捕捞 239
1.5 其他因素 240

2 对策与建议 241
2.1 加快渔业结构调整，切实加强渔政管理 241
2.2 实施污染物总量控制，加强污染物达标排放的管理 242
2.3 加强主要生物产卵场、育幼场的保护 243
2.4 进行生境和生物资源的修复 243
2.5 加大自然保护区建设及保护力度 245

附录 海州湾及莱州湾浅海及潮间带重要水生生物物种名录 247
附表 1 247
附表 2 252
附表 3 265
附表 4 275
附表 5 287
附表 6 300
附表 7 304
附表 8 305

主要参考文献 310

# 第一部分

## 总　述

# 主要成果

## 1.1 海州湾

通过开展物种重点调查，经初步整理鉴定，海州湾潮间带所采集的动、植物标本共有83种。软体动物种数居首位，有40种（占48.2%），节肢动物19种（占22.9%），多毛类9种（占10.8%），鱼类10种（占12%），苔藓动物3种（占3.6%），棘皮动物1种（占1.2%），腕足动物1种（占1.2%）。

浅海水域浮游植物样品经鉴定共有62种，其中硅藻占绝对优势，为49种；甲藻次之，为12种；金藻只有1种。春季浮游植物共记录了19科24属44种，其中硅藻门13科8属34种，甲藻门5科5属9种，金藻门1科1属1种。秋季海州湾资源调查中共鉴定出浮游植物29种，其中硅藻种类多样性丰富，有24种，甲藻种类远远少于硅藻，只有5种。春季比秋季多记录15种。

浅海水域浮游动物样品经鉴定共55种，其中刺胞动物17种，桡足类14种，幼虫类10种，其他甲壳动物（钩虾、磷虾、毛虾、细螯虾和涟虫）5种，毛颚类2种，原生动物、被囊类和鱼类各1种，其他浮游生物4种。春季调查共记录浮游动物35种。其中，桡足类出现的种类最多，共记录10种；其次为幼虫类，共记录8种。再次为刺胞动物，共记录7种。毛颚类记录2种。原生动物、端足类、涟虫、被囊类和鱼类各记录1种，另外还有虾幼体、仔稚鱼和鱼卵等其他浮游动物。秋季出现在海州湾的浮游动物经鉴定共有近40种，其中桡足类10种，水母类12种（11种水螅水母，1种栉水母），幼虫7种，原生动物、毛颚动物、被囊类、端足类、樱虾类、磷虾类和真虾类各1种，另外还有虾幼体、乌贼幼体、仔稚鱼和鱼卵等其他浮游动物。

浅海水域底栖采泥样品中底栖动物经鉴定共有41种，其中甲壳动物至少6种，软体动物14种，多毛类至少16种，棘皮动物1种，鱼类3种，扁虫1种。春季底栖采泥样品中的底栖动物经鉴定至少有27种，全部为无脊椎动物。其中软体动物10种，多毛类至少13种，甲壳动物至少4种。秋季底栖采泥中的底栖动物经鉴定共有17种，其中无脊椎动物共14种：软体动物5种，多毛类5种，甲壳动物2种，棘皮动物1种，扁虫1种；脊椎动物鱼类3种。

浅海水域拖网样品中春季共捕获渔业生物65种。其中鱼类25种，隶属1纲8目17科，鲱形目（Clupeiformes）1 科 2 种，鳗鲡目（Anguilliformes）1 科 1 种，刺鱼目（Gasterosteiforms）1 科 1 种，鲻形目（Mugiliformes）1 科 1 种，鲈形目（Perciformes）8 科 13 种，鲉形目（Scorpaeniformes）3 科 3 种，鲽形目（Pleuronectiformes）2 科 4 种。捕获无脊椎动物 40 种，其中甲壳类 18 种，软体类 16 种，其他类生物 6 种。秋季共捕获渔业生物 58 种。其中鱼类 29 种，隶属 1 纲 7 目 22 科，鲱形目 2 科 3 种，灯笼鱼目（Myctophiformes）1 科 1 种，鳗鲡目 1 科 1 种，鲻形目 1 科 1 种，鲈形目 10 科 14 种，鲉形目 4 科 4 种，鲽形目 3 科 5 种。捕获无脊椎动物 29 种，其中甲壳类 12 种，软体类 12 种，其他类生物 5 种。

根据调查的结果，初步估算了海州湾主要经济生物的现存生物量，对其受威胁程度进行了评估，将海州湾的主要经济鱼类资源分为三类，即严重衰退的种类、利用过度的种类和利用不足的种类，并对影响海州湾渔业资源的主要因素进行了分析。

## 1.2 莱州湾

莱州湾潮间带共采集到 84 种大型底栖动物，其中环节动物 21 种、甲壳动物 26 种、软体动物 29 种、棘皮动物 1 种、腔肠动物 2 种、腕足动物 1 种、星虫动物 1 种、螠虫动物 1 种、鱼类 2 种。秋季种类数（77 种）明显大于春季（29 种）。莱州湾潮间带底栖生物优势种有泥螺、托氏蜎螺、光滑河篮蛤及双齿围沙蚕等。以莱州湾湾顶为界，东西两侧潮间带底栖动物略有不同。东侧基岩海岸大型藻类分布明显，定性样品共采集到 24 种。莱州湾潮间带春、秋两季平均生物量为 248.08 $g/m^2$，栖息密度为 941 个$/m^2$。秋季潮间带底栖生物栖息密度及生物量略大于春季。同 20 世纪 80 年代的潮间带滩涂调查资料相比，莱州湾潮间带底栖生物种类数量虽然未发生明显变化，但群落结构发生了重要改变，由文蛤群落演替为泥螺群落。

浅海水域莱州湾浮游植物样品共采集到 75 种浮游植物，其中硅藻（62 种）较多，在各个季节中占到种类数的 70%以上，甲藻 12 种，金藻 1 种。春季浮游植物分为两个群落，优势种分别有透明辐杆藻、卡氏角毛藻、伏氏海毛藻、中国盒形藻和透明辐杆藻、垂缘角毛藻、爱氏辐环藻；秋季浮游植物分为两个群落：优势种有威氏圆筛藻、夜光藻、孔圆筛藻、尖刺伪菱形藻、薄壁几内亚藻、扁面角毛藻。秋季浮游植物丰度（4 106 990 个$/m^3$）大于春季（1 904 434 个$/m^3$），秋季硅藻和甲藻的丰度均大于春季。春秋两季浮游植物丰度中南部及东南部较大。春季浮游植物物种多样性中部低、两侧高；秋季物种多样性呈近岸东侧高、湾西侧低的趋势。浮游植物种类数同历史资料相近，以硅藻类（角毛藻属、透明辐杆藻）为主要优势种，秋季夜光藻数量较多；浮游植物丰度（个体数量）大于 1998 年浮游植物丰度，同 1992 年历史数据相近。

浅海水域莱州湾浮游动物样品共采集到 53 种浮游动物，其中水母类 13 种，甲壳动物 18 种，毛颚动物 2 种，尾索动物 2 种，浮游幼虫 15 种，原生动物 1 种，其他 2 种。春季（48 种）种类数大于秋季（29 种）。春季浮游动物优势种有强壮滨箭虫、小拟哲水蚤、拟长腹剑水蚤、洪氏纺锤水蚤及长尾类、短尾类幼体等；秋季浮游动物群落结构简单，优势种有强壮滨箭虫、梭形纽鳃樽、瓣鳃类幼虫。秋季浮游动物丰度（13 059 个/m$^3$）远大于春季（2 432 个/m$^3$）。秋季调查区域的东部及南部浮游动物丰度较大。春季浮游动物每站10种以上，近岸浅水区生物多样性较高；秋季每站种类数较春季低，调查区域西侧生物多样性较高。本次调查浮游动物种类数稍多于1982年浮游动物种类数，浮游动物丰度本次远大于1982年调查结果（141个/m$^3$），优势种稍有变化，真刺唇角水蚤及汤氏长足水蚤优势度降低，前者为河口种类，该种的减少可能与莱州湾盐度变化有关。

浅海水域采泥样品共采集到51种大型底栖生物，其中多毛（环节）动物20种、甲壳动物15种、软体动物15种、腔肠动物1种。秋季大型底栖生物栖息密度远大于春季，但生物量低于春季。

浅海水域拖网样品共采集到69种游泳生物及无脊椎动物，其中有38种鱼类，13种甲壳动物，10种软体动物，3种棘皮动物，3种腔肠动物，2种螠虫动物。春季共捕获渔业生物54种。其中鱼类29种，隶属1纲8目20科，无脊椎动物25种，其中甲壳类15种，软体类6种，其他类生物4种。秋季共捕获渔业生物34种。其中鱼类17种，隶属1纲5目13科，捕获无脊椎动物17种，其中甲壳类7种，软体类10种。春季莱州湾鱼类生物群落优势种为鲬、六丝矛尾虾虎鱼、石鲽、蓝点马鲛4种，无脊椎动物资源以枪乌贼、口虾蛄为优势种。秋季莱州湾鱼类生物群落优势种为六丝矛尾虾虎鱼、矛尾复虾虎鱼、鲬3种，无脊椎动物资源以日本枪乌贼、口虾蛄、三疣梭子蟹、短蛸为优势种。春季游泳生物生物量明显大于秋季。春季游泳生物近岸水域分布较多，远岸水域相对较少。鱼类资源生物量平均生物量密度（BED）为667.65 kg/km$^2$，无脊椎动物生物量密度（BED）为1 584.31 kg/km$^2$。春季资源生物数量密度（NED）分布很不平均。秋季游泳生物湾内西部分布较多，东部水域分布相对较少。鱼类资源生物量平均BED为107.86 kg/km$^2$，无脊椎动物BED为219.95 kg/km$^2$。游泳生物种类数同历史资料相近（本次调查采集69种，历史资料记录为64种）。莱州湾渔业结构发生重大变化：从20世纪60年代的带鱼、小黄鱼、半滑舌鳎、对虾、白姑鱼等逐渐变为八九十年代的黄鲫、鳀、赤鼻棱鳀、斑鲫、枪乌贼、青鳞鱼等小型中上层鱼类及无脊椎动物，现在为六丝矛尾虾虎鱼、鲬等低价值的鱼类及口虾蛄、短蛸等无脊椎动物。秋季未采集到鱼卵仔稚鱼，仅春季采集到。春季共捕获鱼类浮游生物1 074个。其中鱼卵791个，仔稚鱼283尾，隶属于5目6科，已鉴定到种级目录的鱼类浮游生物共计6种，1种未定种。鱼卵主要分布在东部近岸海域，仔稚鱼主要为鳀鱼，主要分布在西部海域，鱼类浮游生物调查区域的西南及东北部多样性较大，中部多样性较低。

通过莱州湾2009年的调查数据，并结合历史资料，提出莱州湾海洋生物保护名录，共25种，其中濒危10种、受威胁8种、关注7种。

# 物种编目及重要物种介绍

根据调查结果，对海州湾和莱州湾潮间带底栖生物、底泥底栖生物、游泳生物和浮游生物等水生生物资源种类进行了系统的编目工作。

根据2007—2009年调查，完成海州湾和莱州湾共443种水生生物物种编目（见附录）。重点对80种重要水生生物进行介绍。

## 2.1 海州湾和莱州湾物种编目

### 2.1.1 大型藻类物种编目

共编目大型藻类23科（地藻科、网管藻科、索藻科、萱藻科、翅藻科、绳藻科、海带科、马尾藻科、珊瑚藻科、石花菜科、海膜科、育叶藻科、红翎藻科、江篱科、红皮藻科、仙菜科、绒线藻科、松节藻科、礁膜科、石莼科、松藻科、羽藻科、大叶藻科）37种。海州湾记录了15种，莱州湾记录了24种。

### 2.1.2 微型藻类（浮游植物）物种编目

微型藻类（浮游植物）25科（直链藻科、圆筛藻科、海链藻科、骨条藻科、细柱藻科、棘冠藻科、根管藻科、辐杆藻科、角毛藻科、盒形藻科、真弯角藻科、等片藻科、舟形藻科、桥弯藻科、异极藻科、菱形藻科、硅鞭藻科、鳍藻科、裸甲藻科、夜光藻科、角藻科、屋甲藻科、梨甲藻科、扁甲藻科、原多甲藻科）105种。海州湾记录了60种，莱州湾记录了74种。

### 2.1.3 鱼类物种编目

共编目鱼类33科（康吉鳗科、鲱科、鳀科、银鱼科、狗母鱼科、鲻科、鱵科、海龙科、魴鮄科、鲬科、六线鱼科、狮子鱼科、鲟科、鲐科、天竺鲷科、鳍科、石首鱼科、鲷科、蝴蝶鱼科、锦鳚科、衔科、带鱼科、鲭科、鲳科、虾虎鱼科、鳗虾虎鱼科、弹涂鱼科、牙鲆科、鲽科、鳎科、舌鳎科、革鲀科、鲀科）59种。海州湾记录了35种，莱州湾记录了37种。

### 2.1.4 软体动物编目

共编目 45 科（毛肤石鳖科、笠贝科、马蹄螺科、滨螺科、狭口螺科、拟沼螺科、汇螺科、玉螺科、冠螺科、骨螺科、核螺科、蛾螺科、织纹螺科、榧螺科、塔螺科、笋螺科、小塔螺科、捻螺科、露齿螺科、阿地螺科、三叉螺科、壳蛞蝓科、片鳃科、吻状蛤科、蚶科、贻贝科、江珧科、扇贝科、牡蛎科、蹄蛤科、蛤蜊科、樱蛤科、双带蛤科、截蛏科、竹蛏科、帘蛤科、绿螂科、海螂科、篮蛤科、缝栖蛤科、色雷西蛤科、枪乌贼科、乌贼科、耳乌贼科、蛸科）82 种。海州湾记录了 47 种，莱州湾记录了 40 种。

### 2.1.5 节肢动物编目

共编目 45 科（纺锤水蚤科、哲水蚤科、胸刺水蚤科、拟哲水蚤科、角水蚤科、伪镖水蚤科、歪水蚤科、长腹剑水蚤科、大眼水蚤科、虾蛄科、泉蛾科、双眼钩虾科、蜾蠃蜚科、光洁钩虾科、尖头钩虾科、盖鳃水虱科、磷虾科、对虾科、樱虾科、鼓虾科、藻虾科、长眼虾科、长臂虾科、玻璃虾科、美人虾科、泥虾科、铠甲虾科、活额寄居蟹科、寄居蟹科、黎明蟹科、关公蟹科、宽背蟹科、玉蟹科、菱蟹科、毛刺蟹科、梭子蟹科、相手蟹科、弓蟹科、毛带蟹科、大眼蟹科、沙蟹科、短眼蟹科、针尾涟虫科、涟虫科、仿原足虫科）83 种。海州湾记录了 57 种，莱州湾记录了 52 种。

### 2.1.6 多毛类编目

共编目 13 科（丝鳃虫科、笔帽虫科、蜇龙介科、海稚虫科、吻沙蚕科、角吻沙蚕科、锡鳞虫科、特须虫科、齿吻沙蚕科、沙蚕科、索沙蚕科、竹节虫科、小头虫科）35 种。海州湾记录了 12 种，莱州湾记录了 25 种。

### 2.1.7 棘皮动物编目

共编目棘皮动物 5 科（海燕科、海盘车科、阳遂足科、刻肋海胆科、锚参科）7 种。海州湾记录了 6 种，莱州湾记录了 3 种。

### 2.1.8 其他类编目

共编目其他类 26 科（鲍螅水母科、唇腕水母科、面具水母科、棒状水螅科、棍螅水母科、筒螅水母科、多管水母科、和平水母科、触丝水母科、钟螅科、拟杯水母科、双生水母科、根口水母科、口冠水母科、沙箸科、侧腕水母科、瓜水母科、革囊星虫科、螠科、软苔虫科、膜孔苔虫科、琥珀苔虫科、海豆芽科、箭虫科、住囊虫科、纽鳃樽科）35 种。海州湾记录了 24 种，莱州湾记录了 21 种。

根据 2007—2009 年调查结果，完成海州湾 256 种、莱州湾 276 种水生生物资源编目（见附录）。编目给出了这些物种的分类地位（门、纲、目、科、属）、物种名称（拉丁名、中文名、异名）、产地、地理分布、主要用途和价值等信息，且多数配有课题组自己拍摄或收集的相关物种图片。

## 2.2 海州湾和莱州湾重要物种

### 2.2.1 重要鱼类生物资源

（1）康吉鳗科（Congridae）

星康吉鳗（*Conger myriaster*）

地方名：星鳗、鳝鱼

英文名：Whitespotted Conger

分类地位：硬骨鱼纲（Osteichthyes）、鳗鲡目（Anguilliformes）、康吉鳗科（Congridae）、康吉鳗属（*Conger*）

采集地：海州湾

分布：我国东海、黄海、渤海。日本、朝鲜半岛。

星康吉鳗系暖温性近海底层鱼类。体细长，体形圆筒状，呈蛇形，后部侧扁。头中大，锥形。口宽大、前位，舌端游离、牙细小且排列紧密，无犬牙。两颌约等长或上颌略长，两颌齿较大，锥形，排列较稀。侧线完全。背鳍与臀鳍及尾鳍相连。胸鳍长圆形，侧中位。无腹鳍。尾鳍短，尖形。胸鳍黄色。其他各鳍为淡黄色，边缘黑色。其最大特点：体被无鳞、多胶质样黏液。昼伏夜出，栖息于沿岸泥沙、石砾底质水域底层。本种为海州湾春季和秋季都渔获的种类，为海州湾鱼类生物群落重要种。

（2）鲱科（Clupeidae）

1）太平洋鲱（*Clupea pallasi*）

（http：//www.baike.com/wiki/太平洋鲱）

地方名：黄海鲱、青鱼、鲱

英文名：Herring Menhaden

分类地位：硬骨鱼纲（Osteichthyes）、鲱形目（Clupeiformes）、鲱科（Clupeidae）、鲱亚科（Clupeinae）、鲱属（*Clupea*）

采集地：莱州湾

分布：中国黄海、渤海；北极、西太平洋和东太平洋海域。

太平洋鲱为冷水性近海中上层鱼类。体长而侧扁，腹部近圆形，眼具脂眼睑。头中大，稍侧扁。口小，前位，斜裂。体被圆鳞，易脱落。无侧线。背鳍中位，尾鳍叉状。体色鲜艳，体背灰黑，黑蓝色，体侧上方微绿，下方及腹部银白色。本种为莱州湾春季渔获种类，为莱州湾鱼类生物群落普通种，与优势种如鲬、六丝矛尾虾虎鱼、石鲽、蓝点马鲛等一起构成鱼类生物群落重要种。由于近年来的酷渔滥捕，本种资源已遭到严重破坏，已处于濒危状态。本次调查中此种在海州湾未有捕获。

2）斑鰶（*Konosirus punctatus*）

地方名：刺儿鱼、古眼鱼、磁鱼、油鱼

英文名：Dotted Gizzard Shad

分类地位：硬骨鱼纲（Osteichthyes）、鲱形目（Clupeiformes）、鲱科（Clupeidae）、鰶亚科（Dorosomatinae）、斑鰶属（*Konosirus*）

采集地：莱州湾

分布：北起辽宁大东沟，南至广东闸坡。波利尼西亚、日本、朝鲜半岛、印度-太平洋沿海和河口。

斑鰶为中上层鱼类，沿海各地全年可以捕获，因鳃盖的后方有一块大黑绿斑而得名。体长而侧扁呈长椭圆形，体被圆鳞，腹部有锯齿状棱鳞。吻短而尖，口小、无牙，上颌稍长于下颌。眼有脂眼。背鳍最后一鳍条延长为丝状，向后约达到尾柄的中部；尾鳍叉形。头、体背侧为黑绿色，体侧下方和腹部为银白色。莱州湾秋季有捕获，与优势种（六丝矛尾虾虎鱼、矛尾虾虎鱼、鲬）及普通种（鲅、短吻红舌鳎、皮氏叫姑鱼、小黄鱼、矛尾复虾虎鱼、褐牙鲆）共同构成鱼类生物群落重要种，为重要渔业经济种类。

（3）鳀科（Engraulidae）

1）鳀（*Engraulis japonicus*）

地方名：鳁抽条、海蜒、鲅鱼食

英文名：Japanese Anchovy

分类地位：硬骨鱼纲（Osteichthyes）、鲱形目（Clupeiformes）、鳀科（Engraulidae）、鳀属（*Engraulis*）

采集地：海州湾、莱州湾

分布：渤海、黄海、东海。朝鲜和日本也有分布。

鳀鱼为小型中上层鱼类，生活在温带海洋，是其他经济鱼类的饵料生物。细长，稍侧扁，腹部近圆形。口大、下位，上、下颌及舌均具小牙。眼大，具脂眼睑。鳞圆形，极易脱落，无侧线。尾鳍深叉形。体背面蓝黑色，腹部银白色。本种在海州湾及莱州湾都有捕获，为仔稚鱼的主要种类，鳀曾经是海州湾、莱州湾 20 世纪 80 年代至 90 年代的主要鱼类，现在逐渐被六丝矛尾虾虎鱼、鲬等低价值的鱼类所代替。

2）黄鲫（*Setipinna taty*）

地方名：薄鲫、薄口、油扣、黄雀、赤鼻、黄尖子

英文名：Half-fin Anchovy

分类地位：硬骨鱼纲（Osteichthyes）、鲱形目（Clupeiformes）、鳀科（Engraulidae）、鳀亚科（Engraulinae）、黄鲫属（*Setipinna*）

采集地：海州湾、莱州湾

分布：渤海、黄海、东海、南海。印度洋和太平洋西部也有分布。

黄鲫为中上层鱼类。体扁薄、背缘稍隆起，头短小、眼小。吻突出，口裂大而倾斜。体被薄圆鳞，易脱落，腹缘有棱鳞。臀鳍长，尾鳍叉形，不与臀鳍相连。体背青绿色，体侧为银白色。黄鲫曾经是海州湾、莱州湾20世纪80年代至90年代的主要鱼类，现在主要为六丝矛尾虾虎鱼、鲬等低价值的鱼类。黄鲫为生物群落重要种。

（4）鲻科（Mugilidae）

鲮（*Liza haematocheila*）

地方名：梭鱼、潮鲻、赤眼鲻

英文名：Redeye Mullet

分类地位：硬骨鱼纲（Osteichthyes）、鲻形目（Mugiliformes）、鲻科（Mugilidae）、鲮属（*Liza*）

采集地：海州湾、莱州湾

分布：全国沿海。西北太平洋也有分布。

鲮为近海鱼类，多栖息于沿海及江河口的咸淡水中。体形为圆筒形，前端扁平，尾部侧扁。头短宽，前端扁平。上颌略长于下颌，上下颌边缘具有绒毛状细齿。眼较小，稍带红色。除吻部外全身被鳞，无侧线。第一背鳍短小，第二背鳍在体后部，胸鳍位置较高，贴近鳃盖后缘；尾鳍分叉浅，呈微凹形。头、背部深灰绿色，腹部白色。此种在海州湾与莱州湾都有捕获，与优势种（尖海龙、白姑鱼、鲬、六丝矛尾虾虎鱼、石鲽、蓝点马鲛）共同构成鱼类生物群落重要种。

（5）鲬科（Platycephalidae）

鲬（*Platycephalus indicus*）

地方名：牛尾鱼、拐子鱼、百甲鱼、辫子鱼

英文名：Flathead Fish，Indian Flathead，Sand Gurnard

分类地位：硬骨鱼纲（Osteichthyes）、鲉形目（Scorpaeniformes）、鲬亚目（Platycephaloidei）、

鲬科（Platycephalidae）、鲬属（*Platycephalus*）

采集地：海州湾、莱州湾

分布：我国沿海均产之，黄海、渤海产量较多。主要分布于印度洋和太平洋。

鲬为近海底层鱼类。肉食性，一般埋于海底泥沙中。体长，向后渐细，口大，身体平扁，尾部稍侧扁。头平扁而大，被有脊棱与棘刺，体前部亦平扁。身体黄褐色，具黑褐色斑点，腹面浅色，本次调查在海州湾和莱州湾都有捕获，为春、秋季捕获的渔业生物优势种。

（6）鮨科（Serranidae）

花鲈（*Lateolabrax maculatus*）

地方名：鲈鱼、花寨、板鲈、鲈板

英文名：Japanese Sea Perch，Black Spotfed Bass

分类地位：硬骨鱼纲（Osteichthyes）、鲈形目（Perciformes）、鲈亚目（Percoidei）、鮨科（Serranidae）、常鲈亚科（Oligorinae）、花鲈属（*Lateolabrax*）

采集地：莱州湾

分布：渤海、黄海、东海、南海；日本、西太平洋。

花鲈为主要底层鱼类，此鱼喜栖息于河口或淡水处。体呈长纺锤形，侧扁，体被小栉鳞。鳞小，侧线完全、平直。头中等大、略尖。口大、端位、斜裂、下颌长于上颌。背鳍2个，仅在基部相连。体背部青灰色，其间散布有若干不规则的黑色斑点。背鳍鳍条部及尾鳍边缘灰黑色。为莱州湾春季鱼类生物群落重要种，由于利用过度，此次海州湾未有捕获。

（7）鱚科（Sillaginidae）

1）少鳞鱚（*Sillago japonica*）

地方名：沙肠仔、青沙

英文名：Japanese Sillago

分类地位：硬骨鱼纲（Osteichthyes）、鲈形目（Perciformes）、鲈亚目（Percoidei）、鱚科（Sillaginidae）、鱚属（*Sillago*）

采集地：莱州湾

分布：我国东海、台湾、南海；日本、朝鲜半岛、菲律宾。

少鳞鱚为沿岸的小型底栖鱼类，主要栖息于海底泥沙中，常出现在浅水沙滩或海湾内。体长圆柱形，略侧扁。头尖、口小。上下颌和颌骨上有带状细齿。体被小型栉鳞，易脱落。侧线完全，略弯曲。头及背侧土褐色，腹侧灰黄色，近白色。鳍透明。此种在莱州湾春季和秋季都有捕获，为次要种。

2）多鳞鱚（*Sillago sihama*）

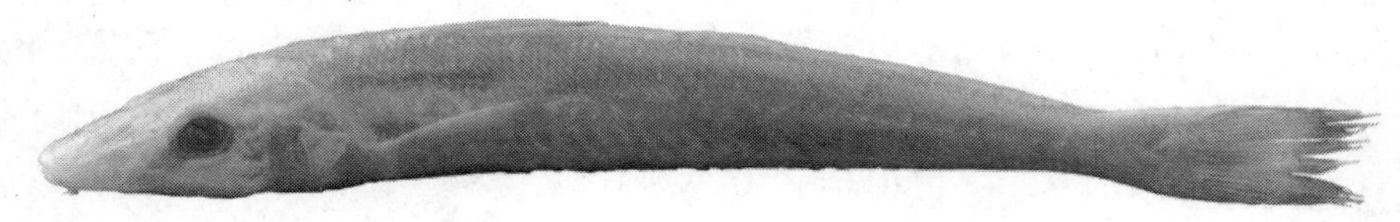

地方名：船钉鱼、白丁鱼、沙丁鱼

英文名：Silver Sillago，Common Asohos，Smelt

分类地位：硬骨鱼纲（Osteichthyes）、鲈形目（Perciformes）、鲈亚目（Percoidei）、鱚科（Sillaginidae）、鱚属（*Sillago*）

采集地：海州湾

分布：全国沿海，渤海、黄海、东海、台湾、南海；印度-西太平洋的红海与南非的耐斯纳至日本，南至澳大利亚。

多鳞鱚系暖水性沿岸底层鱼类，近海小鱼，喜栖息于水质清洁的沙底质水域底层，可进入淡水生活。体细长，略呈圆柱形，侧扁，口小，吻钝尖。体被弱栉鳞，身体淡黄色，腹部淡，近似于透明。侧线明显，伸展至尾鳍。鳍透明。仅在海州湾秋季有捕获，春季未有捕获，为鱼类群落次要种。

（8）石首鱼科（Sciaenidae）

1）白姑鱼（*Pennahia argentata*）

地方名：白姑子、白米子、白眼鱼、白果子、白梅、白花鱼、画仔鱼

英文名：White Croaker

分类地位：硬骨鱼纲（Osteichthyes）、鲈形目（Perciformes）、石首鱼科（Sciaenidae）、白姑鱼属（*Pennahia*）

采集地：海州湾、莱州湾

分布：中国沿海都有分布。日本-西太平洋也有分布。

白姑鱼属于近海中下层鱼类，栖息在水深 40～100 m 泥沙底质的海区，属肉食性。体呈椭圆形，体长侧扁，长达 30 cm，背侧灰褐色，腹部银白色；口大，上颌与下颌等长，额部有 6 个小孔。鳃盖上部有一大黑斑。体被栉鳞，鳞片大而疏松。尾鳍楔形，胸鳍及尾鳍均呈淡黄色。白姑鱼为 20 世纪 60 年代海州湾主要鱼类。本次海州湾春季和秋季都有渔获，和尖海龙一起为春季捕获鱼类优势种，为海州湾现存资源量比较高的种类。莱州湾春季和秋季都有捕获，与优势种（鲬、六丝矛尾虾虎鱼、石鲽、蓝点马鲛）一起构成鱼类生物群落重要种。随着主要经济鱼类资源的衰退，它的捕捞压力也越来越大，因此资源逐渐减少，鱼体也比过去变小，应予以保护。

2）小黄鱼（*Larimichthys polyactis*）

地方名：小鲜、大眼、小黄瓜、古鱼、黄鳞鱼、金龙、厚鳞仔、黄花鱼、小黄花

英文名：Small Yellow Croaker

分类地位：硬骨鱼纲（Osteichthyes）、鲈形目（Perciformes）、石首鱼科（Sciaenidae）、黄鱼属（*Larimichthys*）

采集地：莱州湾

分布：东海、黄海、渤海，主要产地在江苏、浙江、福建、山东等省沿海。

小黄鱼属暖温性近海底层结群性洄游鱼类，栖息于泥质或泥沙底质的海区。体长圆形、侧扁，尾柄长为其高的 2 倍。头较长、眼小、嘴尖，上、下唇等长，口宽上翘。体背灰褐色，腹部金黄色。体小、尾柄粗短。小黄鱼颌部具 6 个小孔。上下颌具细牙，上颌外侧及下颌内侧牙较大。头及身体被栉鳞，鳞片圆大，侧线上鳞 5～6 个，臀鳍鳍条少于 10。本种为莱州湾 20 世纪 60 年代主要经济鱼类。本次调查海州湾春季有捕获，与优势种（尖海龙、白姑鱼）一起构成鱼类生物群落重要种。小黄鱼和细条天竺鱼、皮氏叫姑鱼一起构成海州湾秋季鱼类生物群落优势种。主要底层鱼类，洄游性。海州湾资源评估小黄鱼最高，达 4.15 万 t。春季和秋季莱州湾有捕获，与优势种（六丝矛尾虾虎鱼、矛尾虾虎鱼、石鲽、鲬、蓝点马鲛）一起构成鱼类群落重要种。由于过度捕捞，本种资源受到破坏，应予以保护。

（9）鲷科（Sparidae）

1）黑棘鲷（*Acanthopagrus schlegeli*）

地方名：黑鲷、青鳞加吉、乌格、黑格、厚唇、黑铜盆、青郎、黑加吉

英文名：Black Porgy

分类地位：硬骨鱼纲（Osteichthyes）、鲈形目（Perciformes）、鲈亚目（Percoidei）、鲷科（Sparidae）、棘鲷属（*Acanthopagrus*）

采集地：莱州湾

分布：东海，南海，台湾，以黄海、渤海产量较多；日本北海道南部和朝鲜半岛也有分布。

黑棘鲷为浅海底层鱼类，水温的适应范围较广，属于热带、温带沿岸杂食性底栖鱼类，喜栖息在沙泥底质水域，有时会进入河口内湾。黑棘鲷体侧扁，背缘弯曲。头大，前端钝尖，背鳍单一，硬棘强大。两眼之间与前鳃盖骨后下部无鳞，侧线上鳞 6～7 枚。体青灰色，侧线起点处有黑斑点，体侧常有若干黑色纵带。黑棘鲷为海州湾 20 世纪 90 年代的主要底层鱼类，本次调查未有捕获。莱州湾春季有捕获，与优势种（鲬、六丝矛尾虾虎鱼、石鲽、蓝点马鲛）一起构成春季鱼类生物群落重要种。

2）真鲷（*Pagrus major*）

地方名：加吉鱼、红加吉、铜盆鱼、大头鱼、小红鳞、加腊、赤鲫、赤板、红鲷、红带鲷、红鳍

英文名：Red Sea Bream

分类地位：硬骨鱼纲（Osteichthyes）、鲈形目（Perciformes）、鲈亚目（Percoidei）、鲷

科（Sparidae）、真鲷属（*Pagrus*）

采集地：莱州湾

分布：全国沿海，渤海、黄海、东海、南海；台湾、日本、西北太平洋也有分布。

真鲷为近海暖水性底层鱼类。栖息于水质清澈而盐度较高、藻类丛生的岩礁海区。有季节性洄游习性。体侧扁，呈长椭圆形，体色鲜红，自头部至背鳍前隆起，头部和胸鳍前鳞细小而紧密，腹面和背部鳞较大。头大，口小，后鼻孔椭圆形。全身呈现淡红色，体侧背部散布着鲜艳的蓝色斑点。真鲷曾经为海州湾渔场的名贵鱼类，由于连年滥捕，致使资源遭到严重破坏，至今真鲷已成为稀有品种，本次调查海州湾未捕获，莱州湾东部有捕获。

（10）锦鳚科（Pholidae）

方氏云鳚（*Enedrias fangi*）

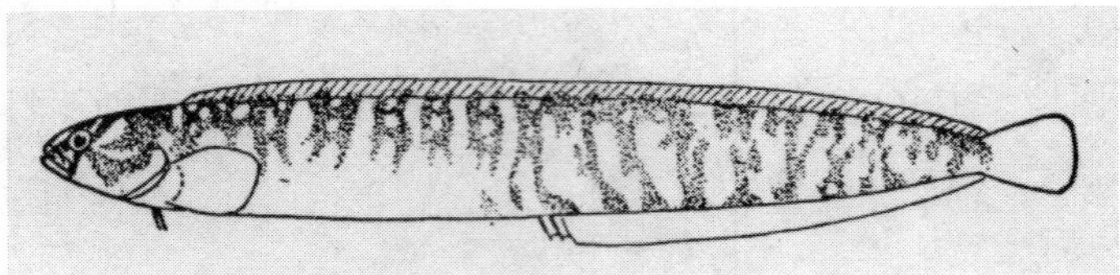

地方名：高粱叶，幼鱼称面条鱼、萝卜丝

分类地位：硬骨鱼纲（Osteichthyes）、鲈形目（Perciformes）、鳚亚目（Blennoidei）、锦鳚科（Pholidae）、云鳚属（*Enedrias*）

采集地：海州湾、莱州湾

分布：黄海、渤海，我国特有种。

方氏云鳚系冷温性近海底层鱼类，栖息于近岸沙泥底质水域底层，常在岩礁附近的海藻丛中活动。体延长，头短小，侧扁，吻端钝圆。体被小圆鳞，无侧线。体淡黄色，腹部无斑纹，背侧及体侧均具有 14～15 个黑褐色雪状斑。背鳍、胸鳍、尾鳍棕色。臀鳍色较浅。本种仅在海州湾春季捕获，与优势种（尖海龙、白姑鱼）共同构成春季鱼类生物群落重要种。莱州湾春季有捕获，为少见种，需加强保护。

（11）带鱼科（Trichiuridae）

日本带鱼（*Trichiurus japonicus*）

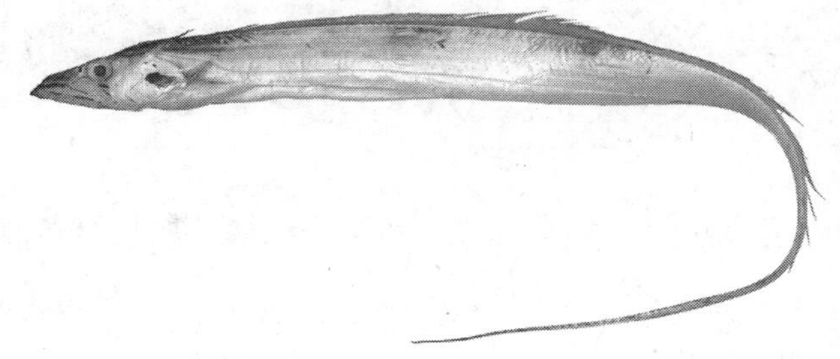

地方名：带鱼、刀鱼、牙带鱼

英文名：Belt Fish

分类地位：硬骨鱼纲（Osteichthyes）、鲈形目（Perciformes）、带鱼亚目（Trichiuroidei）、带鱼科（Trichiuridae）、带鱼属（*Trichiurus*）

采集地：海州湾、莱州湾

分布：渤海、黄海沿岸，东海，少数分布于南海；日本本州中部以南及朝鲜半岛东部海域也有分布。

日本带鱼为主要底层洄游性鱼类，体带状、侧扁、光滑，鳞退化为银膜，体银白色。头窄长，口大而尖、平直，牙锋利，眼大位高，头长为身高的 2 倍，尾部细鞭状，尾暗黑色。背鳍极长，无腹鳍，尾鳍消失。日本带鱼曾是海州湾和莱州湾 20 世纪 60 年代主要捕捞对象。本次调查中海州湾和莱州湾在秋季都有渔获，为普通种，与优势种（细条天竺鱼、小黄鱼、皮氏叫姑鱼）共同构成秋季鱼类生物群落重要种。由于过度捕捞，资源极度衰退，应予以保护。

（12）鲭科（Scombridae）

蓝点马鲛（*Scomberomorus niphonius*）

地方名：鲅鱼、条燕、板鲅、竹鲛、尖头马加、马鲛、青箭

英文名：Japanese Spanish Mackerel

分类地位：硬骨鱼纲（Osteichthyes）、鲈形目（Perciformes）、鲭亚目（Scombroidei）、鲭科（Scombridae）、马鲛属（*Scomberomorus*）

采集地：莱州湾

分布：渤海、黄海、东海；北太平洋西部和日本海域也有分布。

蓝点马鲛属暖性上层鱼类，常结群作远程洄游，以中上层小鱼为食。体长而侧扁、体色银亮，体形狭长，头及体背部蓝黑色，具暗色条纹或黑蓝斑点。头长大于体高，口大、稍倾斜，牙齿锋利，游泳迅速，性情凶猛，背鳍 2 个，第 2 背鳍及臀鳍后部各具有 7～9 个小鳍，尾鳍大、深叉形。此次调查中蓝点马鲛为春季莱州湾鱼类生物群落优势种（鲬、六丝矛尾虾虎鱼、石鲽、蓝点马鲛）之一，从整个黄渤海区来说，该鱼种已处于利用过度状态，因此，今后应制定相应的管理措施，注意资源的保护。

（13）鲳科（Stromateidae）

镰鲳（*Pampus echinogaster*）

地方名：鲳鱼、平鱼、白鲳、长林、镜鱼、鲳片鱼、草鲳、白仑、扁鱼

英文名：Silvery Pomfret

分类地位：硬骨鱼纲（Osteichthyes）、鲈形目（Perciformes）、鲳亚目（Stromateoidei）、鲳科（Stromateidae）、鲳属（*Pampus*）

采集地：海州湾、莱州湾

分布：渤海、黄海、东海、台湾海峡以及南海北部沿海，尤其在渤海、黄海较常见。朝鲜半岛、日本南部也有分布。

镰鲳为暖水性中上层鱼类，具洄游性。平时分散栖息于潮流缓慢的近海，生殖季节喜欢在浅海岩礁、沙滩等水深 10～20 m 一带河口处产卵。体形侧扁，头较小，头胸相连明显，口、眼都很小，两颌各有细牙一行，排列紧密。体被小圆鳞、易脱落。体背部微呈青灰色，胸、腹部为银白色，全身具银色光泽。背鳍与臀鳍同形、稍长，无腹鳍，鳍刺很短，尾鳍叉形，下叶长于上叶。镰鲳为 20 世纪 60 年代以前的重要经济鱼类。本次调查海州湾和莱州湾秋季有捕获，与优势种（细条天竺鱼、小黄鱼、皮氏叫姑鱼）共同构成鱼类生物群落重要种，为海州湾过度利用的中上层鱼类之一。

（14）弹涂鱼科（Periophthalmidae）

弹涂鱼（*Periophthalmus modestus*）

地方名：蹦蹦鱼、跳跳鱼、花跳

英文名：Mudskipper

分类地位：硬骨鱼纲（Osteichthyes）、鲈形目（Perciformes）、弹涂鱼科（Periophthalmidae）、弹涂鱼属（*Periophthalmus*）

采集地：海州湾

分布：栖息在沿海浅海、河口、红树林附近泥沙中，中国南海、东海、黄海南部。朝鲜半岛及日本南部也有分布。

弹涂鱼身体长形，前部略呈圆柱状，后部侧扁。眼位于头部的前上方，突出于头顶，两眼颇接近。腹鳍短且左右愈合成吸盘状。肌肉发达，故可跳出水面运动。体呈黄褐色，与泥沼颜色接近，身上布有深色的斑纹。平时匍匐于泥滩、泥沙滩上，受惊时借尾柄弹力迅速跳入水中或钻洞穴居，以逃避敌害。弹涂鱼是由鱼演变到两栖动物的典型物种。弹涂鱼为海州湾泥沙滩的优势种。

（15）牙鲆科（Paralichthyidae）

褐牙鲆（*Paralichthys olivaceus*）

地方名：牙鲆、比目鱼、扁口鱼、高眼、平目、左口、偏口鱼、牙鳎、花瓶、牙片、地鱼、沙地、牙鲜

英文名：Bastard halibut，Olive flounder

分类地位：硬骨鱼纲（Osteichthyes）、鲽形目（Pleuronectiformes）、鲽亚目（Pleuronectoidei）、牙鲆科（Paralichthyidae）、牙鲆属（*Paralichthys*）

采集地：莱州湾

分布：中国海区自珠江口到鸭绿江口附近海域，以渤海、黄海产量较多，东海和南海较少。日本、朝鲜半岛及萨哈林岛（库页岛）等海区也有分布。

褐牙鲆属暖温性底层鱼类，喜欢栖息在40～50 m深的水域，产卵期会游向浅水地带，常在水深只有1～2 m的浅水湾中有碎礁石底质的水区活动、觅食。体侧扁，呈长卵圆形。口大、斜裂，上下颌各具一排尖锐牙齿。鱼幼体期眼睛长在两侧，成体后两只眼睛均在头的左侧，眼球隆起。鳞小，有眼一侧被栉鳞，体呈深褐色并具暗色斑点；无眼一侧被圆鳞，体呈白色。本次调查中莱州湾秋季有捕获，与优势种（六丝矛尾虾虎鱼、矛尾虾虎鱼、鲬）

共同构成鱼类生物群落重要种。

（16）鲽科（Pleuronectidae）

1）角木叶鲽（*Pleuronichthys cornutus*）

地方名：鳎沙鱼、鳎蟆、平鱼、大地鱼、皇帝鱼、半边鱼、溜仔、猴子鱼、右鲽、鼓眼、砂轮、瓩边

英文名：Corner Turbot

分类地位：硬骨鱼纲（Osteichthyes）、鲽形目（Pleuronectoidei）、鲽科（Pleuronectidae）、木叶鲽属（*Pleuronichthys*）

采集地：海州湾

分布：珠江口至鸭绿江口附近海域，东海、黄海、南海北部；朝鲜半岛、日本北海道东南也有分布。

角木叶鲽属于暖温性底层鱼类，栖息于亚热带及温带海域，平时将鱼体埋于海底的泥沙中，体色能随环境的变化而改变，不善于游泳。鱼体极扁平，卵圆形，高而扁，头小，吻短，眼较大。两眼同在右侧，眼大，鳞片细小。有眼侧身体呈灰褐色或淡红褐色，密布小型暗点或黑色斑点，无眼侧身体白色，鳍暗褐色。尾柄明显，尾鳍圆形。海州湾秋季有捕获，为次要种。

2）石鲽（*Kareius bicoloratus*）

地方名：石板、石岗子、石江子、石镜、石夹

英文名：Stone Flounder

分类地位：硬骨鱼纲（Osteichthyes）、鲽形目（Pleuronectiformes）、鲽亚目（Pleuronectoidei）、鲽科（Pleuronectidae）、鲽亚科（Pleuronectinae）、石鲽属（*Kareius*）

采集地：莱州湾

分布：渤海、黄海、东海北部，主要产于黄海、渤海；朝鲜半岛、日本到萨哈林岛（库页岛）及千岛群岛也有分布。

石鲽系冷温性近海底层鱼类，体侧扁、卵圆形、左右不对称，两眼均在头的右侧，下颌稍长于上颌，齿小，略扁，尾柄长等于或稍短于尾柄高。无鳞。有眼侧身体深灰色或灰褐色、光滑、具数个纵行坚硬不规则的石骨，无眼侧身体白色。本次调查莱州湾春季有捕获，与鲬、六丝矛尾虾虎鱼、蓝点马鲛一起构成渔业生物优势种。

（17）舌鳎科（Cynoglossidae）

短吻红舌鳎（*Cynoglossus joyneri*）

地方名：舌头鱼、焦氏舌鳎、驹舌、乔氏龙舌鱼

英文名：Joyner’s Tongue-sole

分类地位：硬骨鱼纲（Osteichthyes）、鲽形目（Pleuronectiformes）、鳎亚目（Soleoidei）、舌鳎科（Cynoglossidae）、舌鳎亚科（Cynoglossinae）、舌鳎属（*Cynoglossus*）

采集地：海州湾、莱州湾

分布：渤海、黄海、东海、南海。朝鲜半岛及日本新潟以南也有分布。

短吻红舌鳎属于亚热带及暖温带浅海底层鱼类，体长舌状、侧扁，头较短，头长与头高约相等。口小、下位、口裂呈半月形，两眼相距甚近，有眼侧两颌无齿，无眼侧具细小绒毛状齿。有眼侧体褐色，无眼侧体为白色。鳍相连，尾鳍窄长。本次调查中海州湾春季和秋季都有渔获。与海州湾春季优势种（尖海龙、白姑鱼）及秋季优势种（细条天竺鱼、小黄鱼、皮氏叫姑鱼）共同构成鱼类生物群落重要种。莱州湾春季秋季也有捕获，与春季优势种（鲬、六丝矛尾虾虎鱼、石鲽、蓝点马鲛）及秋季优势种（六丝矛尾虾虎鱼、矛尾虾虎鱼、鲬）一起构成鱼类群落重要种。目前短吻红舌鳎数量明显减少，由于鲆鲽类仅作浅水移动，便于管理，增殖放流是增加其资源的有效途径。

（18）革鲀科（Aluteridae）

绿鳍马面鲀（*Thamnaconus modestus*）

地方名：橡皮鱼、剥皮鱼、猪鱼、皮匠鱼、面包鱼、烧烧鱼、羊鱼、老鼠鱼、沙猛

英文名：Bluefin Leatherjacket

分类地位：硬骨鱼纲（Osteichthyes）、鲀形目（Tetraodontiformes）、革鲀科（Aluteridae）、马面鲀属（*Thamnaconus*）

采集地：海州湾

分布：渤海、黄海、东海及台湾沿海，我国南海产量较多。日本、朝鲜半岛沿海也有分布。

绿鳍马面鲀为外海暖温性底层鱼类，主要分布于太平洋西部。常生活栖息于水深 50～120 m 的沙泥底近海沿岸。体侧扁、长椭圆形，与马面相像，头短、口小、眼小位高，近背缘。鳃孔小，位于眼下方。鳞细小，鳞面绒状。体呈蓝灰色，无侧线。各鳍绿色，故得名；胸鳍、尾鳍鳍膜白色。腹鳍退化成一短棘附于腰带骨末端不能活动。海州湾仅在春季有捕获，与优势种（尖海龙、白姑鱼）共同构成春季鱼类生物群落重要种。

## 2.2.2　重要贝类生物资源

### 2.2.2.1　腹足纲（Gastropoda）

（1）马蹄螺科（Trochidae）

锈凹螺（*Chlorostoma rustica*）

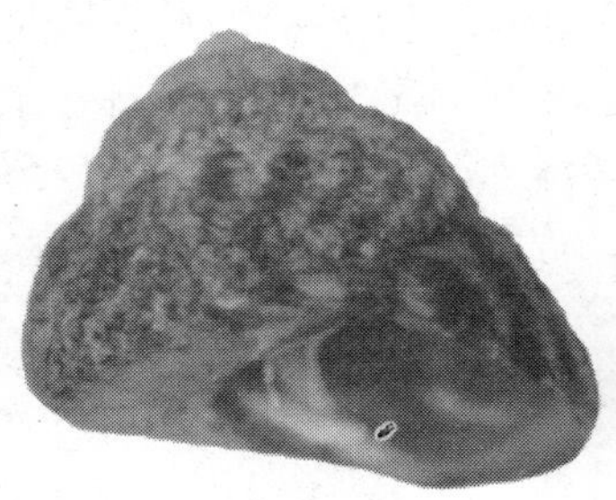  

地方名：马蹄螺

英文名：Rustic Tegula

分类地位：软体动物门（Mollusca）、腹足纲（Gastropoda）、前鳃亚纲（Prosobranchia）、原始腹足目（Archaeogastropoda）、马蹄螺科（Trochidae）、凹螺属（*Chlorostoma*）

采集地：海州湾、莱州湾

分布：我国黄海、渤海习见。朝鲜、日本也有分布。

常栖息在潮间带岩石间，其贝壳呈圆锥形，壳质较厚，壳面铁锈色并杂有棕色。螺层5～7层，微凸，有大量细螺沟，放射肋粗壮并表现出向右斜行。壳口倾斜，内部灰白色，具光泽。壳基部平，有明显的螺纹并与生长线交织，脐孔大而深。厣角质，圆形。为海州湾莱州湾礁石上常见种类，可食用。

（2）玉螺科（Naticidae）

1）微黄镰玉螺（*Lunatia gilva*）

地方名：福氏玉螺、棕色玉螺

分类地位：软体动物门（Mollusca）、腹足纲（Gastropoda）、前鳃亚纲（Prosobranchia）、中腹足目（Mesogastropoda）、玉螺科（Naticidae）、镰玉螺属（*Lunatia*）

采集地：海州湾

分布：中国黄海、渤海、东海。朝鲜、日本也有分布。

通常栖息在潮间带泥或沙泥底和潮下带的岩石间，以海藻为食。其壳薄，螺层约6层，壳面膨胀，呈黄褐或黄灰色。各层在缝合线下方稍显肩部，并有灰白色环带。壳口椭圆形，外唇弧形。脐孔大而深，部分为内唇所掩盖。厣角质，褐色。为海州湾莱州湾潮间带常见种。

2）扁玉螺（*Neverita didyma*）

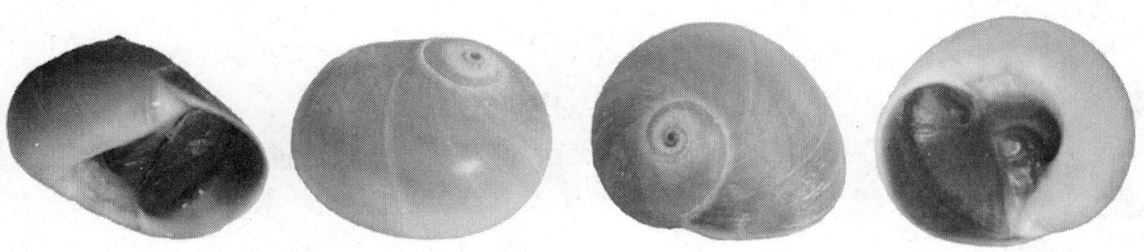

地方名：香螺

英文名：Bladder Moon

分类地位：软体动物门（Mollusca）、腹足纲（Gastropoda）、前鳃亚纲（Prosobranchia）、中腹足目（Mesogastropoda）、玉螺科（Naticidae）、扁玉螺属（*Neverita*）

采集地：海州湾、莱州湾

分布：全国沿海潮间带至水深 50 m。朝鲜半岛、日本、东南亚也有分布。

生活于潮间带和浅海沙质或泥沙质海底。贝壳大，坚固，呈半球形，壳宽与壳高大体相等，螺层约 5 层。壳顶低，螺旋部较短，体螺层宽大，壳面膨胀、光滑。壳面黄棕色，可以观察到在每一螺层的缝合线下方有一条彩虹状螺带，壳顶紫棕色，底部白色。壳口卵圆形，淡褐色，内唇中部有一发达的褐色滑层结节。脐孔大而深。厣角质，上有很多放射线。本种为肉食性种类，可侵食其他双壳类，其肉也可供食用。海州湾春季拖网有捕获，莱州湾春季和秋季都有捕获，为无脊椎动物资源重要种，有重要经济价值。

（3）骨螺科（Muricidae）

1）脉红螺（*Rapana venosa*）

地方名：红螺

英文名：Bezoar Rapa Whelk

分类地位：软体动物门（Mollusca）、腹足纲（Gastropoda）、前鳃亚纲（Prosobranchia）、新腹足目（Neogastropoda）、骨螺科（Muricidae）、红螺属（*Rapana*）

采集地：海州湾、莱州湾

分布：我国黄海、渤海、广东沿岸。日本也有分布。

生活在浅海岩礁泥沙碎壳质海底。其贝壳大，壳质坚厚，螺层 6 层。螺旋部低小，体螺层膨大。壳面密生较低的螺肋。肩部斜平具褶片状突起，肩角明显，上有结节。壳面黄褐色，体螺层有 3～4 条具有结节或棘刺状突起的粗螺旋肋，肋间有细肋。壳口大，卵圆形。前沟粗短，外唇内缘具褶襞，内唇光滑外卷。假脐呈漏斗状。厣角质。本种为肉食性动物，其肉可供食用，其壳可做工艺品。海州湾春季和秋季都有捕获，为无脊椎动物资源重要种，有重要经济价值。

2）疣荔枝螺（*Thais clavigera*）

地方名：辣螺

英文名：Dog Whelk，Rock Whelk

分类地位：软体动物门（Mollusca）、腹足纲（Gastropoda）、前鳃亚纲（Prosobranchia）、新腹足目（Neogastropoda）、骨螺科（Muricidae）、荔枝螺属（*Thais*）

采集地：海州湾

分布：黄海、渤海沿岸常见，向南可分布到广东省沿岸；日本也有分布。

常生活在潮间带中、下区岩礁底，为肉食性贝类。壳较小，椭圆形，壳质坚厚。螺层约 6 层。缝合线浅。壳顶光滑，螺旋部每层的中部有一环列疣状突起，有的接近缝合线上部有一小的粒状突起。这种疣状突起在体螺层上有 5 列，以上方 2 列最粗强。壳表密布细的螺肋和生长纹。贝壳呈紫褐色，具有不规则的白色条纹和斑点。壳口内面淡黄色，有大块的黑色或褐色斑。外唇薄，边缘有明显的肋纹；内唇光滑，淡黄色。前沟短，稍向背方弯曲。厣角质。为海州湾莱州湾潮间带礁石营固着和附着生活的优势种。

（4）织纹螺科（Nassariidae）

纵肋织纹螺 *Nassarius*（*Varicinassa*）*variciferus*

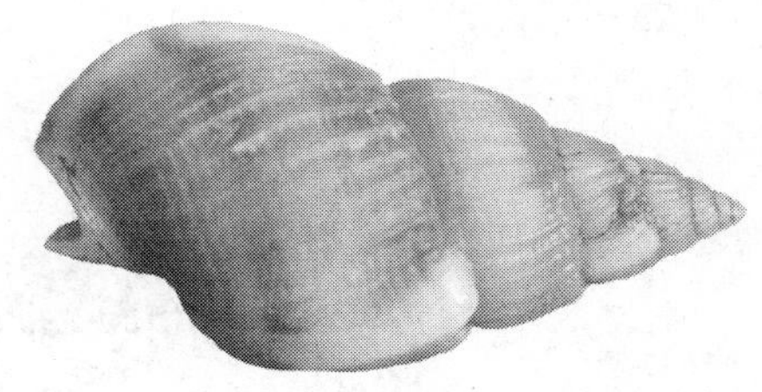

地方名：海瓜子

分类地位：软体动物门（Mollusca）、腹足纲（Gastropoda）、前鳃亚纲（Prosobranchia）、新腹足目（Neogastropoda）、织纹螺科（Nassariidae）、织纹螺属（*Nassarius*）

采集地：海州湾、莱州湾

分布：我国黄海、渤海、东海常见，南海有分布但较少；日本也有分布。

通常栖息于潮间带及潮下带的泥沙质海底，其肉可食用。本种贝壳呈尖锥形，螺层约 9 层，缝合线深，螺旋部高。壳表具有明显的纵肋和细密的螺纹，纵肋凸起，每层有 1～2 条纵肿肋。缝合线下方有 1 环列结节突起。壳表淡黄色、混有褐色云斑。壳口卵圆形，外唇厚，内侧具齿 6 枚；内唇薄，稍扩张。前沟短而深，后沟呈缺刻状。为海州湾莱州湾泥沙滩的重要种类，可食用，为经济种。

（5）阿地螺科（Atyidae）

泥螺（*Bullacta exarata*）

 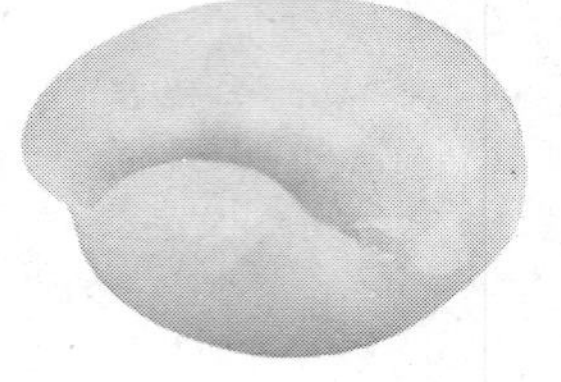 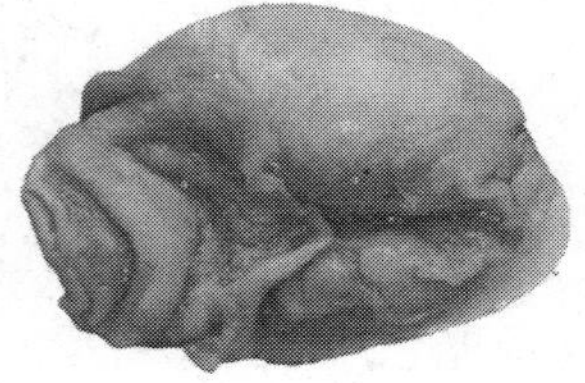

地方名：吐铁、麦螺、梅螺

分类地位：软体动物门（Mollusca）、腹足纲（Gastropoda）、后鳃亚纲（Opisthobranchia）、头楯目（Cephalaspidae）、阿地螺科（Atyidae）、泥螺属（*Bullacta*）

采集地：海州湾、莱州湾

分布：我国黄海、渤海常见，东海、南海也有分布；日本、朝鲜也有分布。

本种经济价值较高，多匍匐栖息于内湾潮间带泥沙滩上，肉可食用和作钓饵。其壳薄脆，白色，呈卵圆形。壳表白色，被有黄褐色壳皮和细密的螺旋沟。贝壳不能完全包裹软体部，后端和两侧分别被头盘的后叶片、外套膜侧叶及侧足的一部分所遮盖，只有贝壳的中央部分裸露。壳口广阔，上部狭、基部扩张。无厣。为海州湾莱州湾泥沙滩的重要种类，可食用，为经济种。

#### 2.2.2.2 双壳纲（Bivalvia）

（1）蚶科（Arcidae）

1）魁蚶（*Scapharca broughtoni*）

地方名：大毛蛤、赤贝、血贝、瓦垄子

英文名：Burnt-end Ark

分类地位：软体动物门（Mollusca）、双壳纲（Bivalvia）、翼形亚纲（Pterimorphia）、蚶目（Arcoida）、蚶科（Arcidae）、毛蚶属（*Scapharca*）

采集地：海州湾

分布：我国北方沿海常见，以辽宁南部资源较丰富、产量较大。日本、朝鲜和东海（我国近岸）都有分布。

通常生活在潮间带至浅海软泥或泥沙质海底。肉可供食用。贝壳大型、膨胀，呈斜卵圆形，左壳稍大于右壳。壳表面极凸，背缘直。背部两侧略呈钝角，前腹缘圆，后缘呈斜截状。放射肋约 34 条，无明显结节。壳表白色，被褐色绒毛状壳皮。壳内面白色，壳缘有缺刻。铰合部直，两侧的齿较大，中央的齿细密。前、后闭壳肌痕近方形。海州湾秋季有捕获，为无脊椎动物资源重要种。经济种，可食用。

2）毛蚶（*Scapharca kagoshimensis*）

地方名：毛蛤蜊

英文名：Half-crenate Ark

分类地位：软体动物门（Mollusca）、双壳纲（Bivalvia）、翼形亚纲（Pterimorphia）、蚶目（Arcoida）、蚶科（Arcidae）、毛蚶属（*Scapharca*）

采集地：海州湾

分布：全国沿海均有分布。朝鲜、日本也有分布。

常生活在潮间带到潮下带浅水区（0～55 m）的软泥底质中，肉可供食用。本种壳中等大小，壳质坚厚，两壳较膨胀，呈长卵圆形。壳顶突出，位于中央之前。背侧两端略显棱角，腹缘前端圆，后端稍延长。壳面白色，被有褐色绒毛状壳皮，在边缘处的肋间沟内更明显。放射肋 31～34 条，肋平，肋间沟有生长刻纹。壳内白色，壳缘具齿。铰合部直，齿细密。前闭壳肌痕略呈马蹄形，后闭壳肌痕近卵圆形。为海州湾潮间带泥沙滩重要种，本种资源量正逐渐减少，应加以保护。

（2）贻贝科（Mytilidae）

紫贻贝（*Mytilus galloprovincialis*）

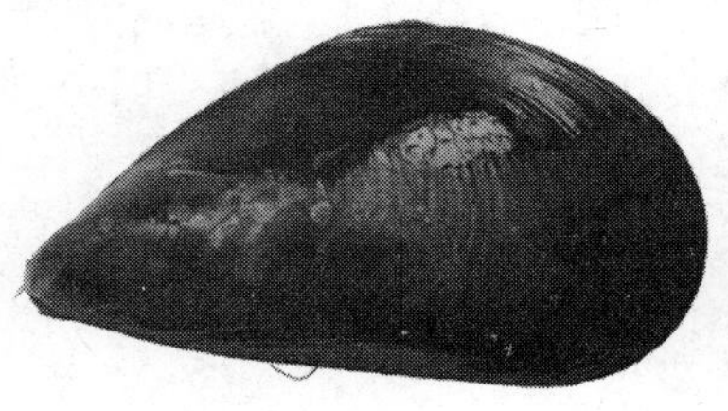

地方名：海虹、淡菜

英文名：Mussel

分类地位：软体动物门（Mollusca）、双壳纲（Bivalvia）、翼形亚纲（Pterimorphia）、贻贝目（Mytiloida）、贻贝科（Mytilidae）、贻贝属（*Mytilus*）

采集地：海州湾、莱州湾

分布：我国沿海均有分布，但以北方沿海常见。广泛分布于太平洋和大西洋两岸。

其用足丝附着生活，栖息于低潮线附近至水深 10 m 左右的浅海。贝壳略呈楔形，前端尖细，后端宽广而圆。壳顶靠近壳的最前端，被有发达的壳皮。壳表黑褐色，生长纹细而明显。壳内面灰白色，边缘部为蓝色。铰合部长，铰合齿不发达。外套痕及闭壳肌痕明显。外套膜二孔型。为海州湾莱州湾高潮带礁石上贝类优势种。

（3）江珧科（Pinnidae）

栉江珧（*Atrina pectinata*）

地方名：牛角蛤、牛角蚶、江珧蛤、江瑶、玉珧

英文名：Comb Pen Shell

分类地位：软体动物门（Mollusca）、双壳纲（Bivalvia）、翼形亚纲（Pterimorphia）、贻贝目（Mytiloida）、江珧科（Pinnidae）、江珧属（*Atrina*）

采集地：海州湾

分布：我国黄海、东海都有分布，为印度-西太平洋区的习见种。

本种为暖水种，常见于潮下带百米内的浅海，营足丝附着和半埋栖生活。壳大而薄，呈三角形。两壳闭合时前腹缘与后端有明显开口。壳顶尖细，壳后缘宽大。背缘直，全长为铰合部。壳表具有数条细的放射肋，肋上生有许多三角形小棘刺，通常老的个体放射肋不明显。前腹缘稍直，后腹缘逐渐突出，后缘宽大近截形。壳色有变化，老的个体颜色较深，为黄褐至黑褐色，幼体则呈淡黄色或透明的白色。壳内颜色稍浅，前半部为珍珠层。闭壳肌痕明显，前闭壳肌痕卵圆形，后闭壳肌痕椭圆形。闭壳肌大，具有较好风味，比较受欢迎。海州湾秋季有捕获，此种资源量正在逐渐减少，需加以保护。

（4）扇贝科（Pectinidae）

海湾扇贝（*Argopecten irradians*）

地方名：海湾贝

分类地位：软体动物门（Mollusca）、双壳纲（Bivalvia）、翼形亚纲（Pterimorphia）、珍珠贝目（Pterioida）、珍珠贝亚目（Pteriina）、扇贝科（Pectinidae）、栉孔扇贝亚科（Chlamydinae）、海湾扇贝属（*Argopecten*）

采集地：莱州湾

分布：日照以北海域，为山东省、河北省浅海主要养殖扇贝，浙江省、广东省也有少部分养殖。

本种雌雄同体，适应于高温高盐浅海沙底海区。贝壳中等大小。壳表黄褐色，放射肋20条左右，肋较宽而高起，肋上无棘。壳表具明显的生长纹，壳顶位于背侧中央，前壳耳大，后壳耳小。本种自然分布于美国东海岸，现已被引进中国，并已在全国进行了人工养殖生产，常年可收获，以春季质量较好。在浅海挂笼养殖的海湾扇贝等贝类由于自身排泄对当地海区的自然环境产生一定的影响。

（5）牡蛎科（Ostreidae）

1）长牡蛎（*Crassostrea gigas gigas*）

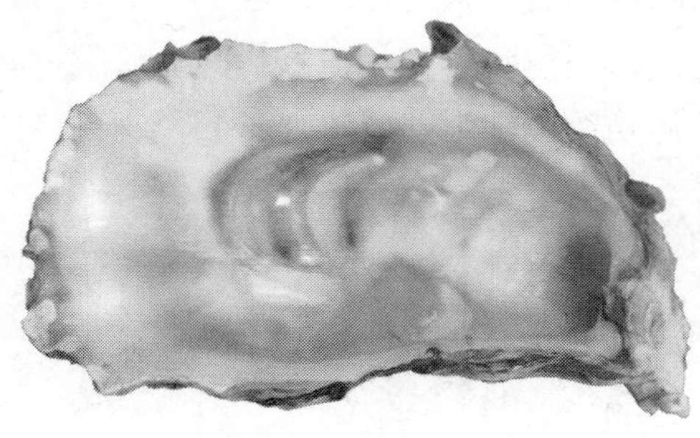

地方名：海蛎子、蚝

英文名：Pacific Oyster

分类地位：软体动物门（Mollusca）、双壳纲（Bivalvia）、翼形亚纲（Pterimorphia）、珍珠贝目（Pterioidae）、牡蛎科（Ostreidae）、巨蛎属（*Crassostrea*）

采集地：海州湾、莱州湾

分布：中国北方沿海。日本、朝鲜也有分布。

本种为固着型贝类，常固着于潮间带至 20 m 深的岩石上，为优良养殖贝类。贝壳长形或长圆形，大小及形状随环境多变化。以左壳固着，壳顶固着面小。同时左壳深陷，鳞片粗大。而右壳较平，鳞片坚厚，环生鳞片呈波纹状，排列稀疏，放射肋不明显。壳内面白色，壳顶内面有宽大的韧带槽，闭壳肌痕大。为海州湾莱州湾礁石附着贝类优势种。某些海区已经得到养殖。

2）近江牡蛎（*Crassostrea ariakensis*）

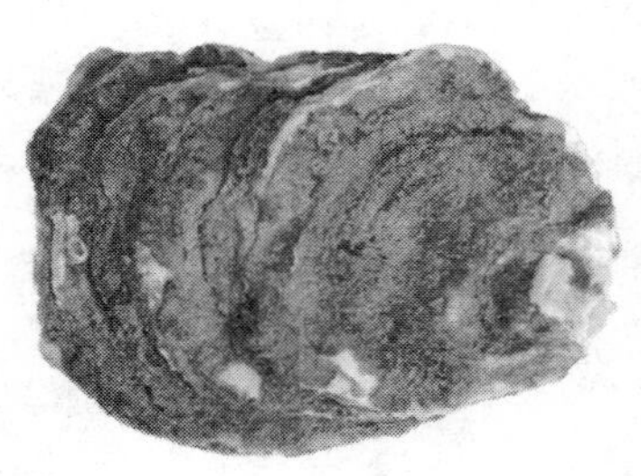

地方名：蚝、白蚝、海蛎子、蛎黄、蚵

英文名：Suminoe Oyster

分类地位：软体动物门（Mollusca）、双壳纲（Bivalvia）、翼形亚纲（Pterimorphia）、珍珠贝目（Pterioidae）、牡蛎科（Ostreidae）、巨蛎属（*Crassostrea*）

采集地：莱州湾

分布：我国沿海常见，主要分布在河口区。

近江牡蛎以有淡水入海的河口生长最繁盛而得名。其壳大而厚，呈圆形或卵圆形。两壳不等，左壳厚大，表面凸出；右壳扁平。壳表淡紫色，边缘呈黄色或褐色，右壳上的同心生长纹明显。壳内面白色，边缘淡紫色，内凹陷浅。闭壳肌痕肾形，位于中部背侧。莱州湾河口区有分布。由于近江牡蛎数量日渐减少，需要得到保护，在我们的建议下，潍坊市人民政府和山东省海洋与渔业厅批准成立了“潍坊莱州湾近江牡蛎原种自然保护区”。

3）密鳞牡蛎（*Ostrea denselamellosa*）

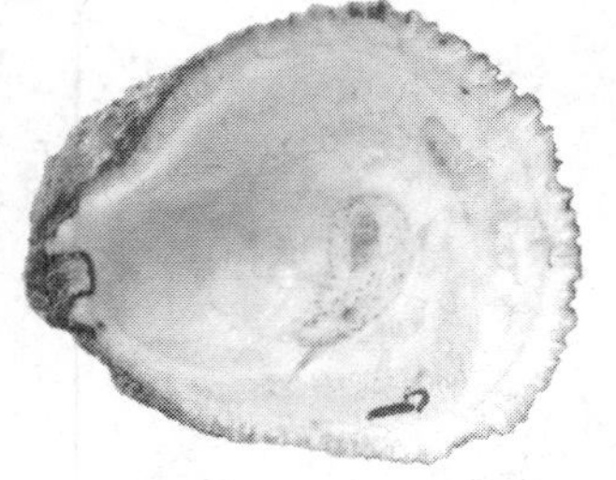

地方名：蠔、蠔蛎子

分类地位：软体动物门（Mollusca）、双壳纲（Bivalvia）、翼形亚纲（Pterimorphia）、珍珠贝目（Pterioidae）、牡蛎科（Ostreidae）、牡蛎属（*Ostrea*）

采集地：海州湾

分布：我国南北沿海都有分布，生活于潮下带至水深 30 m 左右的海底。

本种为固着型贝类，以左壳固着于低潮线附近及潮下带浅水区的岩石上或其他固着基上。主要特征为壳面密生鳞片，壳大型，厚，扁平近圆形。两壳不等，左壳大而凸，生长线粗而疏，鳞片状；右壳较平，生长线呈细密鳞片状，放射肋不明显。铰合部狭窄。壳表颜色一般为青灰色，内壳面白色。闭壳肌痕椭圆形，位于中后端。为海州湾春季捕获的无脊椎动物资源重要种，无经济价值。

（6）蛤蜊科（Mactridae）

1）中国蛤蜊 [*Mactra*（*Mactra*）*chinensis*]

地方名：飞蛤

分类地位：软体动物门（Mollusca）、双壳纲（Bivalvia）、异齿亚纲（Heterodonta）、帘蛤目（Veneroida）、蛤蜊科（Mactridae）、蛤蜊属（*Mactra*）

采集地：海州湾、莱州湾

分布：仅见于我国北部沿海，习见种。萨哈林、北海道至九州也有分布。

本种营埋栖生活，常栖息于潮间带中下区甚至潮下带的沙质或泥沙质海底，为重要的养殖贝类。贝壳较坚厚，略呈椭圆形。左右两壳相等。壳面无放射肋。生长线明显，呈凹线形，在壳顶至边缘逐渐加粗。壳面光滑，顶部呈淡蓝色，腹面为黄褐色，并具放射状黄色带。内韧带黄褐色。左右壳各具主齿 2 枚，左壳前后各 1 枚片状侧齿，右壳前后各 1 枚双片侧齿。外套痕明显，外套窦深而钝。本种为海州湾莱州湾潮间带沙滩上重要种，由于大量采捕，资源量已经减少，需加以保护。

2）四角蛤蜊 [*Mactra*（*Mactra*）*veneriformis*]

地方名：白蚬子、泥蚬子、布鸽头

分类地位：软体动物门（Mollusca）、双壳纲（Bivalvia）、异齿亚纲（Heterodonta）、帘蛤目（Veneroida）、蛤蜊科（Mactridae）、蛤蜊属（*Mactra*）

采集地：海州湾、莱州湾

分布：我国北方海区产量较大的常见种，东、南沿海也较普遍；日本（北海道—九州）也有分布。

本种常埋栖生活于潮间带中下区及浅海的泥沙滩中。可食用，是养殖贝类。其贝壳较薄，略呈四角形，壳极膨胀。贝壳具薄的淡黄色壳皮。顶部白色，近腹缘为黄褐色，腹面边缘常有1很窄的黑色边。生长线粗糙，形成凹凸不平的同心环纹。铰合齿较宽大，左壳有1分叉的主齿，右壳具2枚主齿，两壳前后侧齿发达。外套痕清楚，外套窦短而宽。为海州湾和莱州湾潮间带重要养殖种类，经济种。

（7）截蛏科（Solecurtidae）

缢蛏（*Sinonovacula constricta*）

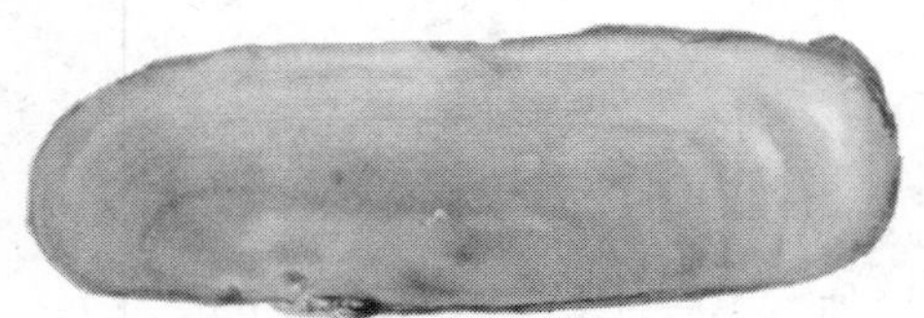

地方名：青子、蛏子

英文名：Costricted Tagelus

分类地位：软体动物门（Mollusca）、双壳纲（Bivalvia）、帘蛤目（Veneroida）、截蛏科（Solecurtidae）、缢蛏属（*Sinonovacula*）

采集地：莱州湾

分布：我国辽宁、河北、山东、江苏、上海、浙江、福建、台湾、广东；日本和朝鲜半岛也有分布。

本种为埋栖型贝类，生活于河口或有少量淡水流入的内湾，肉味鲜美，为我国重要养殖贝类。其贝壳长形，质薄，背腹缘近于平行，前、后端圆。壳顶低平，位于背部前端约1/3处。生长线明显、粗糙。壳的中央稍偏前方有1条自壳顶至腹缘的斜行凹沟。壳面被有黄绿色的外皮。壳内面白色。壳顶下方有与壳表凹沟相对应的1条突起。铰合部小，右壳有主齿2枚，左壳有主齿3枚。前、后闭壳肌痕均呈三角形。外套窦宽大，先端钝圆。为莱州湾某些海域潮间带的养殖种类。

（8）竹蛏科（Solenidae）

1）长竹蛏（*Solen strictus*）

地方名：竹蛏、蛏子王

英文名：Gould's Jackknife Clam

分类地位：软体动物门（Mollusca）、双壳纲（Bivalvia）、帘蛤目（Veneroida）、竹蛏科（Solenidae）、竹蛏属（*Solen*）

采集地：海州湾、莱州湾

分布：我国各海区都有分布。朝鲜、日本（北海道南部一九州）也有分布。

栖息于潮间带中区至浅海的泥沙质海底，肉味鲜美，产量较大，是重要经济贝类。壳薄，呈长柱状，壳长为壳高的 6～7 倍。前缘斜截形，后缘近圆形，背腹缘相互平行，腹缘中部微凹。壳顶位于最前端，外韧带黑褐色。壳表光滑，被有黄褐色壳皮，生长线明显，呈弧形。壳内面白色或淡黄色，铰合部小，两壳各有主齿 1 枚。前闭壳肌痕细长，后闭壳肌痕略呈半圆形。外套痕明显，外套窦半圆形。为海州湾莱州湾低潮区的重要贝类。

2）小刀蛏（*Cultellus attenuatus*）

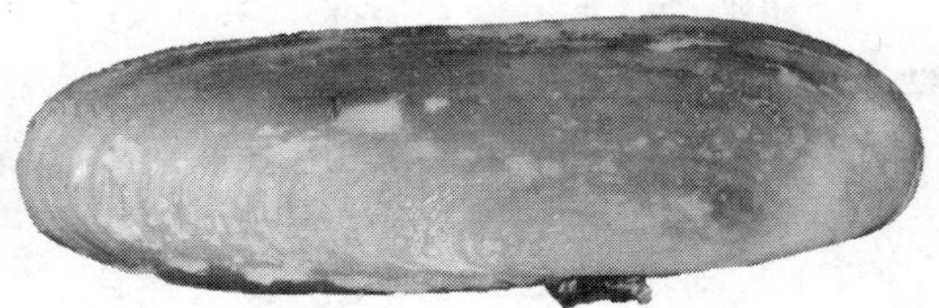

英文名：Attenuated Phaxas

分类地位：软体动物门（Mollusca）、双壳纲（Bivalvia）、帘蛤目（Veneroida）、竹蛏科（Solenidae）、刀蛏属（*Cultellus*）

采集地：海州湾

分布：我国各海区都有分布。马尔加什、菲律宾、日本九州也有分布。

本种生活于潮间带至 98 m 的浅海区细沙底部。其壳较薄，外观呈长剖刀形，两壳侧扁，前端大于后端。壳的前端较尖，后部较圆，背缘微凸，腹缘较直，中部微凹。壳顶近前端，为壳长的 1/5～1/4 处。韧带凸出，黑褐色。壳表白色，被有黄褐色壳皮。生长线细密。壳内面白色，由壳顶向背缘前、后端有 1 条突出肋。铰合部左、右壳各具主齿 2 枚，左壳后主齿两分叉。前闭壳肌痕近三角形，后闭壳肌痕长卵圆形。外套痕明显。为海州湾春季潮间带采集到种类，数量少。

（9）帘蛤科（Veneridae）

1）日本镜蛤 [*Dosinia*（*Phacosoma*）*japonica*]

英文名：Japanese Dosinia

分类地位：软体动物门（Mollusca）、双壳纲（Bivalvia）、帘蛤目（Veneroida）、帘蛤科（Veneridae）、镜蛤属（*Dosinia*）

采集地：莱州湾

分布：我国近海均有分布。

本种埋栖生活于潮间带至浅海泥沙底。壳中大型，圆形、侧扁，壳质坚厚。壳顶尖，前倾，位于背缘前方 1/3 处。前后腹缘圆。小月面深凹、心脏形。楯面长而宽、披针形，韧带黄棕色，占楯面长度的 2/3。壳表白色，有光泽，生长线排列紧密，在背侧前后缘略翘起呈薄片状。壳内面白色，铰合部有主齿 3 枚，前侧齿 1～2 枚。前闭壳肌痕瓜子形，后闭壳肌痕椭圆形，外套窦深，顶端尖，指向前背缘，呈尖锥状。为莱州湾潮间带采集种类，此种数量正在减少，应加以保护。

2）饼干镜蛤 [*Dosinia*（*Phacosoma*）*biscocta*]

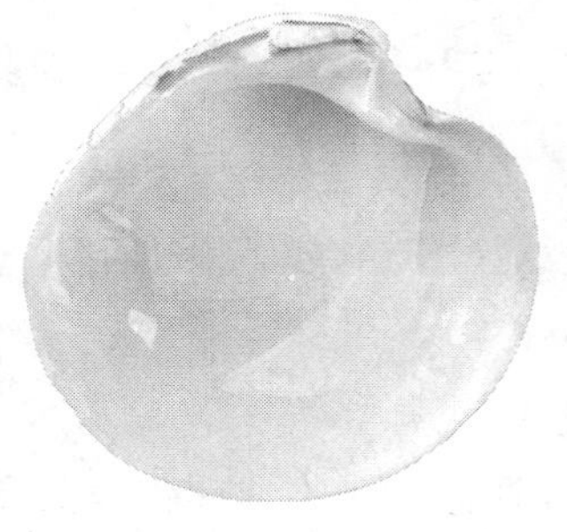

地方名：大沙蛤、沙蛤、白蛤

分类地位：软体动物门（Mollusca）、双壳纲（Bivalvia）、帘蛤目（Veneroida）、帘蛤科（Veneridae）、镜蛤属（*Dosinia*）

采集地：海州湾、莱州湾

分布：我国各海区均有分布。日本等也有分布。

埋栖于潮间带中、下区泥沙底部。贝壳近圆形，壳高等于或大于壳长。壳宽超过壳长的 1/2。壳顶突出，向前弯曲，两壳顶不相接触。中间留 1 狭缝。小月面心脏形，极凹陷。

楯面窄而长、披针形。壳面白色，壳表同心肋在前部成走向不规则的皱纹，生长轮脉细腻，只在前后端粗糙。铰合部宽大，左壳和右壳各具 3 枚主齿。壳内面白色。前、后闭壳肌痕和外套窦均很明显，前闭壳肌痕长，后闭壳肌痕近圆形，外套窦三角形，向壳中部延伸。为海州湾莱州湾潮间带采集贝类，此种数量正在减少，应加以保护。

3）菲律宾蛤仔（*Ruditapes philippinarum*）

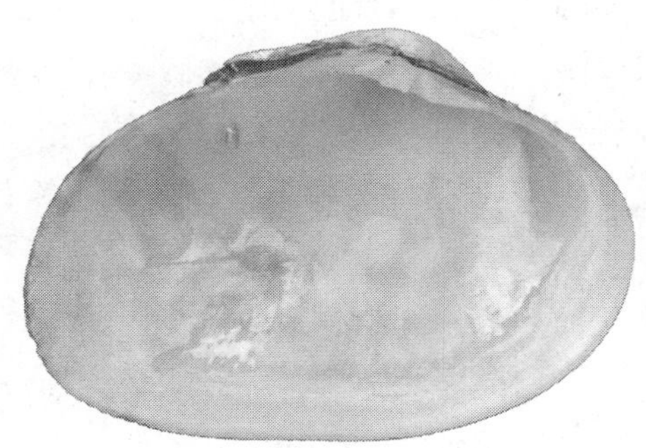

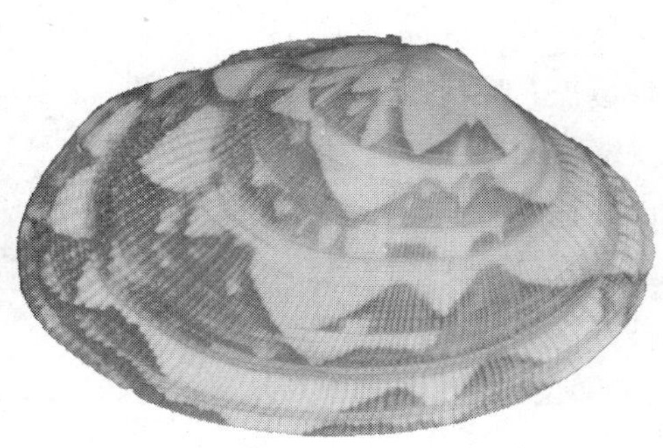

地方名：蛤蜊

英文名：Manila Clam

分类地位：软体动物门（Mollusca）、双壳纲（Bivalvia）、异齿亚纲（Heterodonta）、帘蛤目（Veneroida）、帘蛤科（Veneridae）、蛤仔属（*Ruditapes*）

采集地：海州湾、莱州湾

分布：我国黄海、渤海习见种，南至广东省雷州半岛。菲律宾等也有分布。

本种生活在潮间带到水下 20 m 深处沙底或泥底，是我国重要的经济贝类，现已实行养殖。其贝壳呈卵圆形，壳顶前倾，位于前端 1/3 处，后缘略呈截状。小月面黑色，楔形；楯面窄，梭形；韧带棕色，几乎占据楯面全长。壳面灰黄色，有棕色斑点，壳表花纹变化大，放射线细密，与同心生长线相交，呈布目状。壳内面灰白色，铰合部有主齿 3 枚。前闭壳肌痕半圆形，后闭壳肌痕近圆形。外套窦深，先端圆钝。出、入水管长，基部愈合，入水管的口缘触手不分叉。本种在海州湾和莱州湾某些海域得到大量养殖，是重要经济贝类。

4）紫石房蛤（*Saxidomus purpurata*）

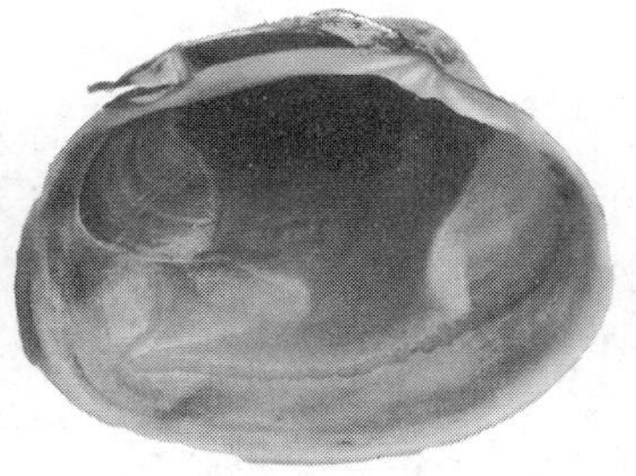

地方名：天鹅蛋

分类地位：软体动物门（Mollusca）、双壳纲（Bivalvia）、异齿亚纲（Heterodonta）、帘蛤目（Veneroida）、帘蛤科（Veneridae）、石房蛤属（*Saxidomus*）

采集地：莱州湾

分布：山东烟台、长山岛，辽宁的大连、海洋岛。

本种生活于低潮线附近至低潮线以下的浅海，泥沙或沙砾底质，肉质鲜美，是人工增养的对象。其贝壳卵圆形。壳顶突出，位于背缘的偏前方。小月面不明显。楯面被黑褐色外韧带覆盖。壳前缘圆状，腹缘较平，后缘略呈截形。两壳关闭时在前缘腹侧和后缘各保留 1 狭缝状开口，分别为斧足和水管伸出孔。铰合部宽大，左壳主齿 4 枚，右壳主齿 3 枚，前侧齿 2 枚。生长线粗壮，呈同心圆排列，无放射肋。壳表面灰色、泥土色或染以铁锈色。壳内面深紫色，具珍珠光泽。闭壳肌痕甚明显，外套窦痕深而大。莱州湾中潮区主要种类。经济种。

5）短文蛤（*Meretrix petechailis*）

地方名：海蛤、黄蛤、蛤蜊

分类地位：软体动物门（Mollusca）、双壳纲（Bivalvia）、异齿亚纲（Heterodonta）、帘蛤目（Veneroida）、帘蛤科（Veneridae）、文蛤属（*Meretrix*）

采集地：海州湾

分布：我国沿海各省市，长江口以北数量较大。朝鲜半岛西岸也有分布。

本种主要生活于河口区的沙质海底，经济价值大，是长江口以北主要的养殖对象。贝壳背缘呈三角形，腹缘呈圆形，两壳相等，壳长略大于壳高，壳质坚厚。壳表颜色与花纹多变化。其外套窦很浅。左壳具 3 个主齿及 1 个前侧齿；2 个前主齿略呈三角形。韧带脊可见一排十分细的锯齿。本种为海州湾沙滩采集到的贝类，野生资源数量减少，应加以保护。

6）青蛤（*Cyclina sinensis*）

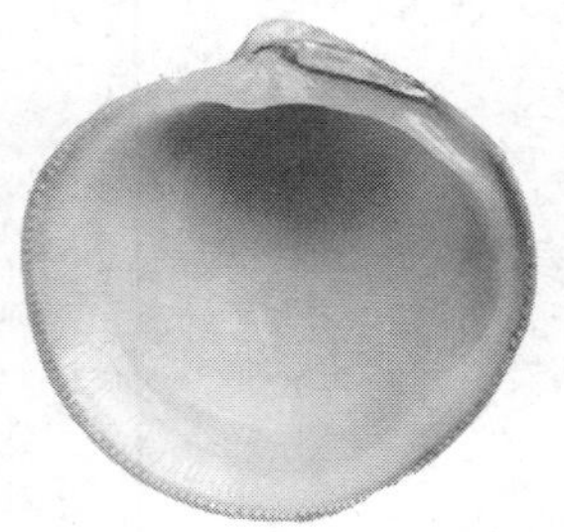

地方名：赤嘴仔、赤嘴蛤、青蛤、海蚬

英文名：Chinese Dosinia

分类地位：软体动物门（Mollusca）、双壳纲（Bivalvia）、异齿亚纲（Heterodonta）、帘蛤目（Veneroida）、帘蛤科（Veneridae）、青蛤属（*Cyclina*）

采集地：莱州湾

分布：我国沿岸广分布种。

本种于潮间带泥沙质海底，营埋栖生活。肉味鲜美，可供食用或作鱼虾饵料。贝壳中等大小，圆形，膨胀，壳顶位于背缘中央。小月面不清楚，有与壳面连接的生长线。楯面狭长，为韧带所占据。壳表颜色多变化，一般呈棕黄色，周缘紫色。生长线细密，并具有纤细的放射条纹，两者交叉。壳内白色或黄色，内缘具细的齿状缺刻。外套线明显，前闭壳肌痕长，半月形，后闭壳肌痕椭圆形；外套窦深，三角形，铰合板窄而长，前部有 3 个主齿，前主齿长，无侧齿。为莱州湾泥沙滩优势种，可食用。

（10）海螂科（Myidae）

砂海螂（*Mya arenaria*）

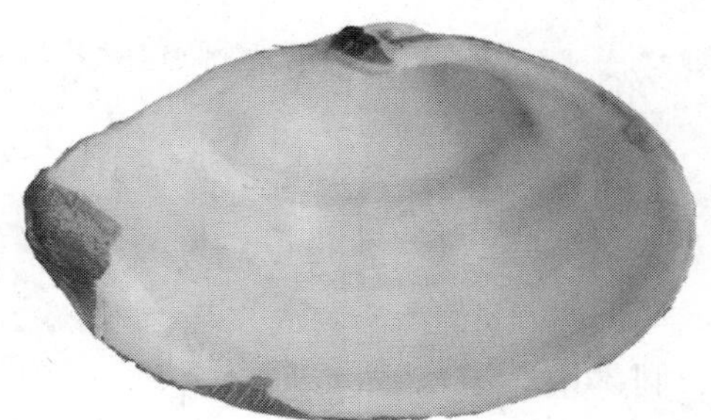

地方名：大蚍、蚍蛤

分类地位：软体动物门（Mollusca）、双壳纲（Bivalvia）、海螂目（Myoida）、海螂科（Myidae）、海螂属（*Mya*）

采集地：莱州湾

分布：江苏连云港以北的各沿岸省。

本种埋栖生活于潮间带下区至数米深的浅海的泥沙滩中，肉可供食用。其贝壳长卵形，铰合部狭窄。左壳壳顶内面具 1 个向右壳顶下伸出的匙形薄片；右壳的壳顶下方有 1 卵圆形凹陷，与左壳的匙形薄片共同形成 1 个扁的韧带槽，内韧带附于其中。壳表粗糙，被黄色或黄褐色壳皮。生长线明显。两壳关闭时，前、后均有开口。莱州湾春季潮间带有采集，为重要种，可食用。

（11）篮蛤科（Corbulidae）

光滑河篮蛤（*Potamocorbula laevis*）

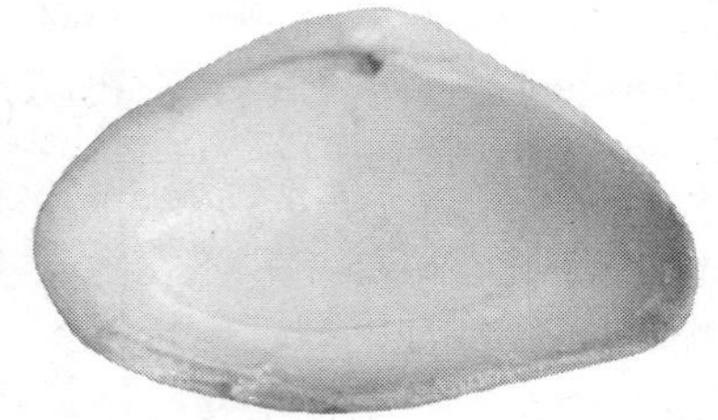

地方名：篮蛤

分类地位：软体动物门（Mollusca）、双壳纲（Bivalvia）、异齿亚纲（Heterodonta）、帘蛤目（Veneroida）、篮蛤科（Corbulidae）、河篮蛤属（*Potamocorbula*）

采集地：海州湾、莱州湾

分布：我国辽宁至广东沿岸皆有分布。

本种常成群生活于潮间带和浅水区泥沙底部，栖息密度大。壳小而薄脆，略呈三角形或长卵圆形。两壳不等，左壳小，右壳大而膨胀。壳的前腹缘圆，后缘略呈截状。壳顶位于背缘中央，膨胀不明显。壳表光滑被有黄褐色壳皮，饰有很细密的同心生长线，无放射肋。壳内面白色，铰合部狭，右壳具主齿1枚，左壳韧带匙突出，右壳的齿弯曲似钩。前闭壳肌痕长卵圆形，后闭壳肌痕近圆形，外套痕清楚，外套窦浅。为海州湾、莱州湾泥沙滩重要贝类，优势种，可以作为鱼、虾类的饲料。

（12）枪乌贼科（Loliginidae）

日本枪乌贼（*Loliolus japonica*）

地方名：子乌、墨鱼仔、笔管

英文名：Squid

分类地位：软体动物门（Mollusca）、头足纲（Cephalopoda）、鞘亚纲（Coleoidea）、枪形目（Teuthoidea）、闭眼亚目（Myopsida）、枪乌贼科（Loliginidae）、拟枪乌贼属（*Loliolus*）

采集地：海州湾、莱州湾

分布：主要分布在黄海、渤海，东海也有分布。日本群岛海域也有分布。

本种为沿岸游泳的种类，肉嫩味美，供食用。其体形较小。胴体呈锥形，后部削直，长度约为宽度的 4 倍，体表具大小相间的圆形色素斑，浓密明显。鳍位于胴体两侧，长度略长于胴部的 1/2，后部内弯，略呈三角形。无柄腕长度有差异，腕式一般为 3>4>2>1，腕吸盘 2 行，吸盘的角质环外缘具方形小齿。雄性左侧第四腕茎化，茎化方式为顶部约 1/2 部分特化为 2 行肉刺。触腕吸盘大小不一，大吸盘角质环外缘具方形小齿。内壳角质，薄而透明。为海州湾春季和莱州湾秋季捕获的无脊椎动物优势种。

（13）乌贼科（Sepiidae）

日本无针乌贼（*Sepiella japonica*）（异名曼氏无针乌贼 *Sepiella maindroni*）

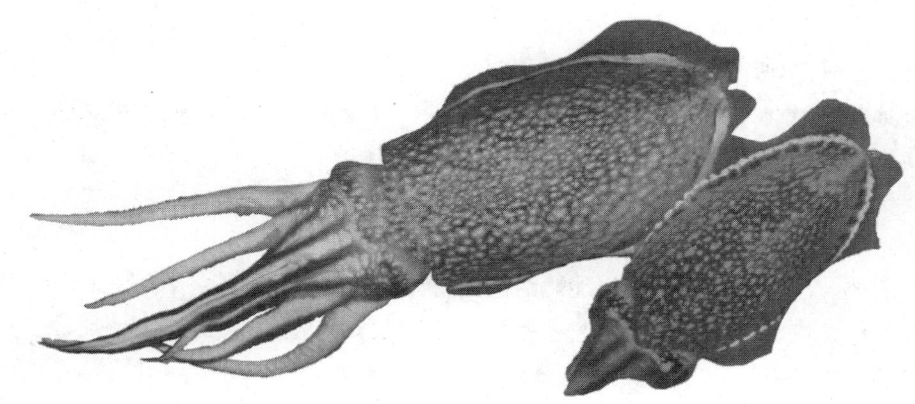

地方名：花粒子、麻乌贼、血墨

英文名：Cuttlefish

分类地位：软体动物门（Mollusca）、头足纲（Cephalopoda）、鞘亚纲（Coleoidea）、乌贼目（Sepioidea）、乌贼科（Sepiidae）、无针乌贼属（*Sepiella*）

采集地：海州湾

分布：主产于东海，黄海和南海也有分布。日本海、马来群岛海域、印度东海岸均有分布。

本种为游泳型贝类，为我国四大渔业之一。其胴部呈椭形，略瘦，胴长约为胴宽的 2 倍。胴背有很多近椭圆形的白花斑，为致密的褐色色素斑所衬托。胴的腹面后端有 1 腺孔，流出的液体具有腥臭味。周鳍形，后端分离。腕式一般为 4>3>1>2 或 4>3>2>1，吸盘 4 行，雄性腕吸盘角质环尖齿长而明显，雌性角质环小齿不明显。雄性左侧第 4 腕茎化。触腕穗吸盘角质环有颗粒状小齿。内壳石灰质呈长椭圆形，腹面横纹呈水波状，后端无骨针。为海州湾秋季捕获的无脊椎动物重要种。

（14）耳乌贼科（Sepiolidae）

四盘耳乌贼（*Euprymna morsei*）

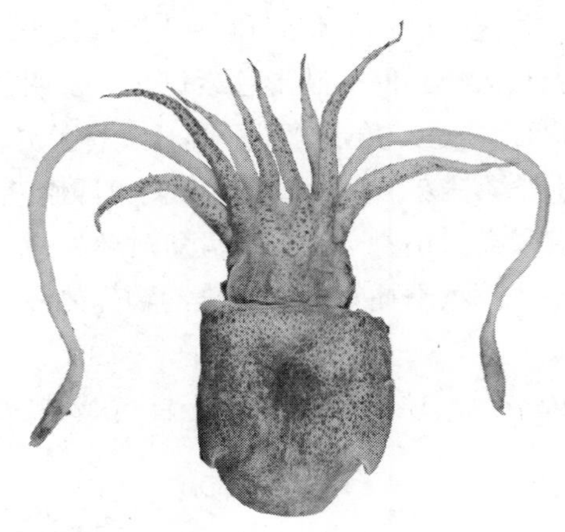

地方名：耳乌贼、双耳墨

分类地位：软体动物门（Mollusca）、头足纲（Cephalopoda）、鞘亚纲（Coleoidea）、乌贼目（Sepioidea）、耳乌贼科（Sepiolidae）、四盘耳乌贼属（*Euprymna*）

采集地：海州湾

分布：我国黄海北部。日本群岛北部海域也有分布。

本种主要营浅海底栖生活，也能短距离洄游。其胴部呈圆袋形，长宽之比约为 10∶7。体表有很多色素点斑，有的点斑较大，紫褐色素明显。中鳍型，肉鳍较小近圆形位于胴部两侧中部，形状如“两耳”。腕式一般为 3＞2＞4＞1，吸盘 4 行，角质环不具齿。雄性左侧第 1 腕茎化。触腕穗稍膨突，短小，约为全腕长度的 1/6，触腕穗上吸盘极小，细绒状。内壳退化。直肠两侧各有 1 个马鞍形的腺体发光器。为海州湾捕获的无脊椎动物次要种。

（15）蛸科（Octopodidae）

1）短蛸（*Amphioctopus fangsiao*）（异名 *Octopus ocellatus*）

地方名：饭蛸、章鱼、八带、短脚蛸、母猪章、长章、坐蛸、石柜、八带虫

英文名：Octopus

分类地位：软体动物门（Mollusca）、头足纲（Cephalopoda）、鞘亚纲（Coleoidea）、八腕目（Octopoda）、蛸科（Octopodidae）、蛸属（*Octopus*）

采集地：海州湾、莱州湾

分布：黄海、渤海习见，东海、南海也有分布。日本群岛海域也有分布。

本种为底栖肉食性贝类，肉味鲜美，是重要的经济贝类。其胴部呈卵圆形或球形，体表有很多近圆形颗粒。无肉鳍。胴背两眼前方，各生有 1 个近椭圆形的金圈，圈径与眼径相近，两眼之间还有 1 个明显近纺锤形的浅色斑。腕较短，各腕长度相近，腕吸盘 2 行。雄性右侧第 3 腕茎化，输精沟由腕侧膜形成，较左侧对应腕短，端器呈锥形。内壳退化。为海州湾和莱州湾春季和秋季无脊椎动物重要种，经济种。

2）长蛸（*Octopus minor*）（异名 *Octopus variabilis*）

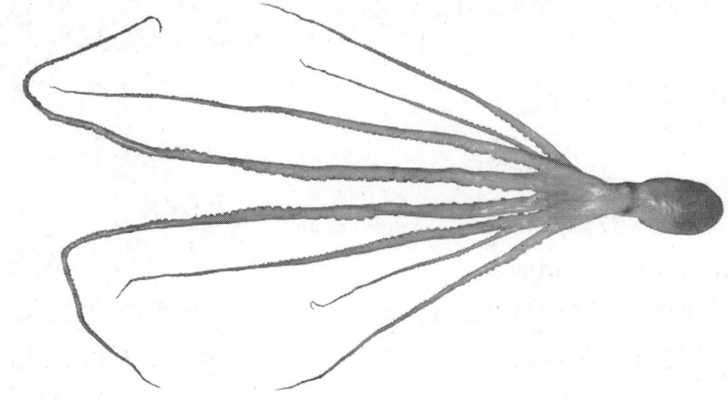

地方名：望潮、长章、坐蛸、石柜、八带虫

分类地位：软体动物门（Mollusca）、头足纲（Cephalopoda）、鞘亚纲（Coleoidea）、八腕目（Octopoda）、蛸科（Octopodidae）、蛸属（*Octopus*）

采集地：海州湾、莱州湾

分布：黄海、渤海习见种，东海、南海也有分布。日本群岛海域也有分布。

本种为沿岸底栖肉食性种类，在繁殖期间有短距离的洄游移动。肉味鲜美，为大型经济鱼类的钓饵。胴部呈长椭圆形，胴长约胴宽的 2 倍。无肉鳍。皮肤表面光滑，有极细的色素点斑。两眼间无斑块，两眼前方无金色圈。腕长，且长度相差甚悬殊，腕式为 1＞2＞3＞4，腕吸盘 2 行。雄性右侧第 3 腕茎化，茎化时的长度约为左侧相对腕的 3 倍，腕侧膜形成的输精沟，匙形的端器均明显。内壳退化。为海州湾和莱州湾春季和秋季无脊椎动物重要种，经济种。

## 2.2.3 重要节肢动物生物资源

### 2.2.3.1 虾类

（1）虾蛄科（Squillidae）

口虾蛄（*Oratosquilla oratoria*）

地方名：赖尿虾、螳螂虾、爬虾、口虾蛄、虾耙子

英文名：Edible Mantis Shrimp

分类地位：节肢动物门（Arthropoda）、甲壳动物亚门（Crustacea）、软甲纲（Malacostraca）、口足目（Stomatopoda）、虾蛄科（Squillidae）、口虾蛄属（*Oratosquilla*）

采集地：海州湾、莱州湾

分布：中国黄海、渤海常见种。

口虾蛄身体窄长筒状，略平扁，头胸甲短，胸节外露。有1对足呈螳臂状，有锐齿。尾肢与尾节形成强大的尾扇。头部与腹部的前四节愈合，背面头胸甲与胸节明显。腹部七节，分界亦明显，而较头胸两部大而宽，头部前端有大形的具柄的复眼一对，触角两对。第一对内肢顶端分为三个鞭状肢，第二对的外肢为鳞片状。胸部有五对附肢，其末端为锐钩状，以捕挟食物。胸部六节，前五节的附属肢具鳃，第六对腹肢发达，与尾节组成尾扇。口位于腹面两个大颚之间。肛门开口于尾节腹面。口虾蛄雌雄异体，雄者第八胸肢的基部内侧着生一对细长的交接器，雌者第六胸节腹面有一对产卵孔，在第六至第八胸节腹面有一“王”字形的胶质腺。本种为底栖穴居虾类，常穴居于海底泥沙砾的洞中。资源丰富。口虾蛄海州湾和莱州湾春秋季都有捕获，为无脊椎动物资源优势种。

（2）对虾科（Penaeidae）

1）周氏新对虾（*Metapenaeus joyneri*）

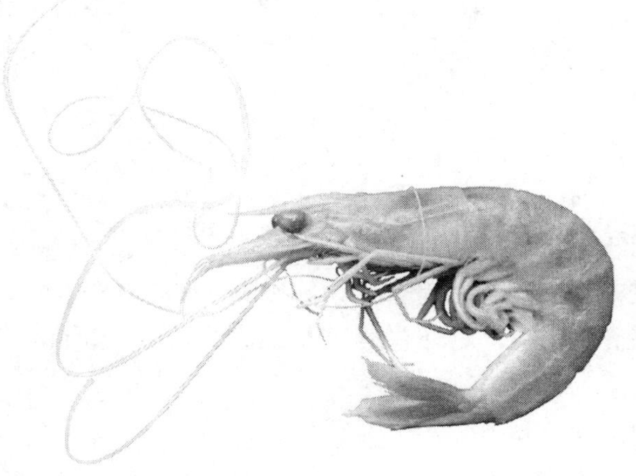

地方名：羊毛虾、黄虾、沙虾、站虾、麻虾、黄新对虾

英文名：Shiba Shrimp

分类地位：节肢动物门（Arthropoda）、甲壳动物亚门（Crustacea）、软甲纲（Malacostraca）、十足目（Decapoda）、对虾科 penaeidae、新对虾属（*Metapenaeus*）

采集地：海州湾

分布：山东半岛南岸以南沿海。

周氏新对虾的甲壳很薄，全身布有棕蓝色斑点，尾肢略呈棕褐色，边缘红色。体表有许多凹下部分，上生短毛，内脏清晰可见。额角平直，为头胸甲长的 2/3～3/4，前端 1/3 处不具齿，其后 2/3 处有 6～8 颗额上齿，并达到第一触角柄末端。第一触角上鞭稍长于第一触角下鞭，其长度约为头胸甲的 3/4。头胸甲上有多处凹陷部分，其上密布细毛。头胸甲上具有肝刺及触角刺，但不具眼上刺及颊刺。肝沟深入而且向上倾斜。雄性生殖器官对称，呈长方形，末端中央突起，向背后弯曲，顶端有呈叶片状的附属物，侧叶较中叶硬和厚，雄性生殖腺为乳白色；雌性交接器的中央板被具有新月形侧板包围，雌性生殖腺成熟之前呈绿色，成熟后呈棕褐色。本种主要栖息于海岸沙地和红树林附近，沿岸型生态类型。本次调查中海州湾秋季捕获，为少见种。海州湾周氏新对虾 20 世纪 70 年代后期产量 300 多 t，80 年代初以来维持在 50 t 左右。资源减少的原因除了河口建闸，淡水径流减少，引起产卵场水文条件好饵料基础变化外，连年滥捕亲虾和索饵幼虾也是主要原因之一。为了合理利用周氏新对虾资源，应加强对产卵亲虾和索饵幼虾的保护。

2）细巧仿对虾（*Parapenaeopsis tenella*）

英文名：Smooth Shell Littoral Shrimp

分类地位：节肢动物门（Arthropoda）、软甲纲（Malacostraca）、十足目（Decapoda）、枝鳃亚目（Dendrobranchiata）、对虾总科（Penaeoidea）、对虾科（Penaeidae）、仿对虾属（*Parapenaeopsis*）

采集地：海州湾、莱州湾

分布：中国黄海、东海和南海。

细巧仿对虾的体形纤细，甲壳薄而光滑，体表淡粉红色或稍带淡黄色，腹部有许多小蓝黑点。尾肢红色，缘毛带黄褐色。额角短，上缘微凸，末端尖锐，伸至第1触角柄刺第2节中部。全长具齿，齿数为6～8个，下缘无齿。头胸甲不具胃上刺。眼眶刺甚小。无额角后脊。额角侧脊伸至额角最后1齿下后方。肝脊明显而短，向前下方斜伸。肝刺前缘有一排小刺。颈沟，鳃心沟不明显。眼眶触角沟极浅，肝沟较深。触角刺上方的纵缝向后延伸，长度约为头胸甲长的2/3。鳃区中部有一短横缝，伸至头胸甲侧缘。雄性交接器较粗短，略呈锚状，侧叶中部甚宽，两端稍窄，端侧突发达，末端尖锐，向后侧方倒伸，约为雄交接器长的1/3。无末端中央突。雌性交接器前板略呈菱形，前缘宽圆，长与最大宽度相等，中央有较深的纵沟。前板与后板有膜质间隙，后板前缘中部深凹两侧不覆于前板之上。本种为暖水性虾类。细巧仿对虾海州湾莱州湾春季和秋季都有捕获，为海州湾春季无脊椎动物资源优势种；莱州湾春季无脊椎动物资源次要种、秋季少见种。

3）鹰爪虾（*Trachypenaeus curvirostris*）

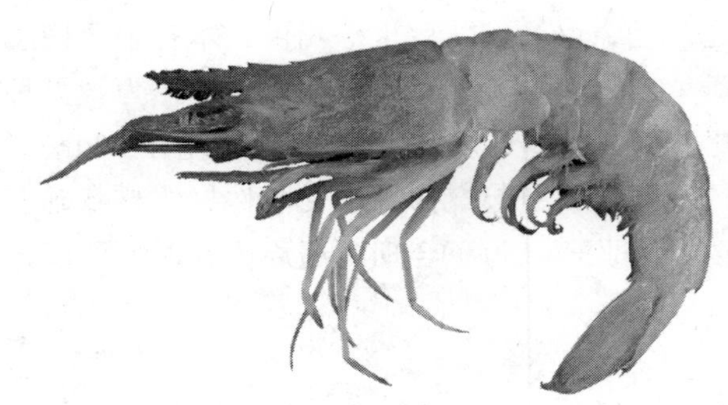

地方名：立虾

英文名：White-hair Rough Shrimp

分类地位：节肢动物门（Arthropoda）、甲壳动物亚门（Crustacea）、软甲纲（Malacostraca）、十足目（Decapoda）、对虾科（Penaeidae）、鹰爪虾属（*Trachypenaeus*）

采集地：海州湾、莱州湾

分布：中国沿海。

体较粗短，甲壳很厚，表面粗糙不平。额角上缘有锯齿。头胸甲的触角刺具有较短的纵缝。腹部背面有脊。尾节末端尖细，两侧有活动刺。眼大。体红黄色，腹部各节前缘白色，后背为红黄色，弯曲时颜色淡浓且形状似鸡爪，故称鹰爪虾。本种主要生活于浅海的泥沙地，近海型生态类型。鹰爪虾为海州湾春季和秋季无脊椎动物资源重要种，莱州湾秋季无脊椎动物资源重要种。鹰爪虾是海州湾渔场虾类产量较高的品种之一，主要渔场在秦山岛至连岛和埒子口以东、水深较深的沙质底海域，分布在周氏新对虾的外侧。20 世纪 80 年代主要是张网渔业兼捕对象，捕捞强度较弱，80 年代以后捕捞力量增强，年平均产量在 500～600 t。本次调查，海州湾鹰爪虾春季和秋季资源量分别为 0.09 万 t 和 1.19 万 t。

（3）樱虾科（Sergestdae）

中国毛虾（*Acetes chinensis*）

地方名：毛虾、红毛虾、虾皮、水虾、小白虾、苗虾

英文名：Acetes Chinensis

分类地位：节肢动物门（Arthropoda）、甲壳动物亚门（Crustacea）、软甲纲（Malacostraca）、十足目（Decapoda）、樱虾科（Sergestdae）、毛虾属（*Acetes*）

采集地：海州湾

分布：我国沿海均有分布，尤以渤海沿岸产量最多。产地主要有辽宁、山东、河北、江苏、浙江、福建沿海。

体形小，极侧扁，具一对长眼柄。甲壳极薄。额角短小，侧面略呈三角形，下缘斜而微曲，上缘具两齿。尾节很短，末端圆形无刺；侧缘的后半部及末缘具羽毛状。仅有3对步足并呈微小钳状。体无色透明，仅口器部分及第二触鞭呈红色，第六腹节的腹面微呈红色。本种属于浮游动物类群，随潮流推移而游动于沿岸、河口和岛屿一带。中国毛虾在海州湾春季和秋季有捕获，为无脊椎动物资源次要种，分布范围和丰度都很小。

（4）长臂虾科（Palaemonidae）

1）安氏白虾（*Exopalaemon annandlei*）

地方名：白虾

分类地位：节肢动物门（Arthropoda）、软甲纲（Malacostraca）、十足目（Decapoda）、腹胚亚目（Dendrobranchiata）、长臂虾科（Palaemonidae）、白虾属（*Exopalaemon*）

采集地：莱州湾

分布：中国近海。

安氏白虾甲壳较薄，体色透明，体表布有颜色较淡的色斑，腹部每节后缘有淡的红色横斑，尾肢上有红色纵斑。额角细长，基部鸡冠状隆脊较短，末部特别尖细，末端有附加小齿1～2个。第2步足腕节极短，其长度不到掌部的一半，故又名短腕白虾。其他步足有羽状毛，末节不呈爪状。本种为广温低盐性小型游泳虾类，主要生活在近岸线海河口区半咸水或淡水中，栖息水层较浅。安氏白虾杂食性，游泳能力弱，对环境的适应能力较强。安氏白虾为莱州湾春季无脊椎动物资源少见种。

2）脊尾白虾（*Exopalaemon carinicauda*）

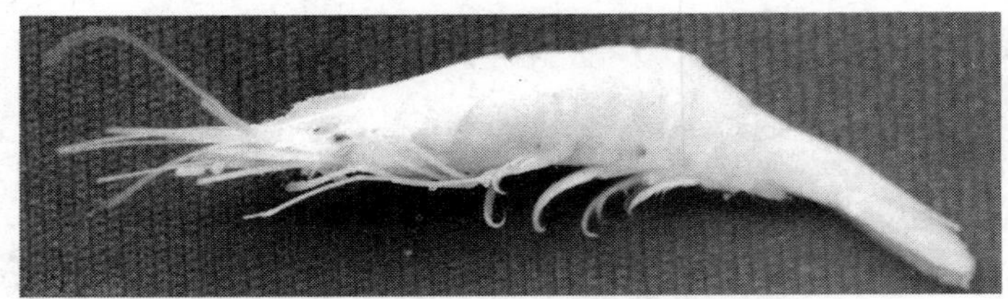

地方名：白虾、小白虾、青虾

分类地位：节肢动物门（Arthropoda）、甲壳动物亚门（Crustacea）、软甲纲（Malacostraca）、十足目（Decapoda）、长臂虾科（Palaemonidae）、白虾属（*Exopalaemon*）

采集地：海州湾

分布：黄海、东海及南海。

脊尾白虾身体透明，背部淡白色，腹部各节后缘颜色较深，微带蓝或红色小斑点，死亡个体体色呈白色。额角侧扁细长呈 S 形，基部隆起呈鸡冠状，上下缘均具锯齿。额角长度约为头胸甲长度的 1.5 倍。第 1 触角柄伸至第 2 触角鳞片的 2/3 处，其角状突起背面无刺，第 1、2 步足末端钳状，其他 3 对末端爪状，腹部第 3～6 节背面具明显的纵脊，尾节后部有活动刺 2 对，尖端两侧具 2 对小刺。雌雄异体，雄性第 2 附肢内缘有一细长带刺的棒状突起，称雄性附肢，以助交尾；雌性无此突起，亦无纳精囊。外部形态近似安氏白虾，个体较后者大。本种生活于浅海、近岸或河口附近的咸淡水中，喜泥沙底质。杂食性，对环境适应性强，沿岸型生态类群。脊尾白虾为海州湾春季和秋季均渔获的种类，为无脊椎动物资源次要种。

3）秀丽白虾（*Exopalaemon modestus*）

地方名：白米虾

英文名：Chinese White Prawn

分类地位：节肢动物门（Arthropoda）、甲壳动物亚门（Crustacea）、软甲纲（Malacostraca）、十足目（Decapoda）、长臂虾科（Palaemonidae）、白虾属（*Exopalaemon*）

采集地：海州湾

分布：中国沿海。

秀丽白虾额角较短，上缘有鸡冠状突起，有齿 7～11 个，前半部尖细无齿，稍向上扬；下缘中部具齿 2～4 个；上、下缘末端附近均无附加齿。头胸甲具触角刺、鳃甲刺和明显的鳃甲沟。腹部各节背面圆滑无脊。第二步足的指节长度与掌部相等或微长于掌部；腕节极长，长度约为掌部或指节的 2 倍；第 3 步足指节长度约为掌节的 2/3；第 5 步足指节长度约为掌节的 2/5；后 3 对步足掌节腹与缘皆具细刺。体色透明，有明显的棕色斑点。秀丽白虾是中国常见的重要经济淡水虾，色白壳薄，通体透明，属杂食性动物。幼体游泳生活，成体营底栖生活。秀丽白虾为海州湾春季无脊椎动物资源少见种。

4）锯齿长臂虾（*Palaemon serrifer*）

地方名：白虾

英文名：Carpenter Prawn

分类地位：甲壳动物亚门（Crustacea）、软甲纲（Malacostraca）、十足目（Decapoda）、长臂虾科（Palaemonidae）、长臂虾属（*Palaemon*）

采集地：海州湾

分布：全国沿海。日本、朝鲜半岛、西伯利亚、泰国、印度尼西亚、印度、澳大利亚也有分布。

锯齿长臂虾额角等于或稍短于头胸甲，约伸至第二触角鳞片的末端附近，额角末端平直，上缘具 9～11 齿，末端有 1～2 个附加小齿，通常与上缘末齿有较远的距离；下缘具 3～4 齿。头胸甲的触角刺与鳃甲刺大小相似，皆伸出头胸甲的前缘。腹部各节圆滑无脊仅在第三节的末部中央稍微隆起，尾节较短。体无色透明，头胸甲有纵行排列的棕色细纹，腹部各节有同样的横纹及纵纹，数目较少。生活于沙或泥沙底的浅海，常见种，产量不大。（参考《中国动物志　无脊椎动物　长臂虾总科》）

### 2.2.3.2　蟹类

（1）玉蟹科（Leucosiidae）

豆形拳蟹（*Philyra pisum*）

英文名：Pebble Crabs

分类地位：节肢动物门（Arthropoda）、软甲纲（Malacostraca）、十足目（Decapoda）、玉蟹科（Leucosiidae）、拳蟹属（*Philyra*）

采集地：海州湾、莱州湾

分布：我国渤海、黄海、东海及南海。日本、韩国、新加坡、菲律宾及美国加利福尼亚也有分布。

豆形拳蟹体型相当小，如一颗豆子，外壳坚硬，人称“千人捏不死”。头胸甲长度稍大于宽度，表面隆起呈半球形，具颗粒。头胸甲侧缘具分散的颗粒，雄性后缘较平直，雌性的稍突出。额角窄而短，前缘平直，表面中央稍凹。螯足粗壮，长节圆柱形，背面基部及前、后缘均密布颗粒，腕的背、腹面隆起，两指内缘具细齿。步足近圆柱形，光滑，前节的前缘具1隆线，后缘锋锐，指节扁平，中间有1纵行隆线，边缘薄而锐，末端尖锐。雄性第一腹肢末端针棒形，稍弯向外方。腹部锐三角形，第二至第五节愈合。雌性腹部圆形，第三至六节愈合，尾节长圆形。本种生活环境为海水，一般生活于浅水及低潮线的泥沙滩上。豆形拳蟹为海州湾莱州湾潮间带常见种，行动迟缓，生物量较大。

（2）梭子蟹科（Portunidae）

1）细点圆趾蟹（*Ovalipes punctatus*）

地方名：沙蟹

分类地位：节肢动物门（Arthropoda）、甲壳动物亚门（Crustacea）、软甲纲（Malacostraca）、真软甲亚纲（Eumalacostraca）、十足目（Decapoda）、腹胚亚目（Pleocyemata）、短尾下目（Brachyura）、梭子蟹总科（Portinoidea）、梭子蟹科（Portunidae）、多样蟹亚科（Polybiinae）、圆趾蟹属（*Ovalipes*）

采集地：莱州湾

分布：中国近海。

细点圆趾蟹甲长与甲宽之比约为 1∶1.25，一般雄性个体大于雌性。最明显的特征为甲中央有H字形痕迹，甲前缘各有5个锐齿。细点圆趾蟹属暖温性、广盐性的中型蟹类，主要生活于浅海的泥地里，一年四季摄食旺盛。其生命周期短、世代更新快，因此资源再生能力强，能承受较大的捕捞压力。细点圆趾蟹为莱州湾春季无脊椎动物重要种。

2）三疣梭子蟹（*Portunus trituberculatus*）

地方名：梭子蟹、枪蟹、海螃蟹

英文名：Blue Swimming Crab

分类地位：节肢动物门（Arthropoda）、软甲纲（Malacostraca）、十足目（Decapoda）、梭子蟹科（Portunidae）、梭子蟹属（*Portunus*）

采集地：海州湾、莱州湾

分布：中国广西、广东、福建、浙江、山东半岛、渤海湾、辽东半岛。生活于10～30 m的沙泥或沙质海底。日本、越南、朝鲜半岛也有分布。

三疣梭子蟹的体色随周围环境变化而不同。一般地，沙底生活的个体，其头胸甲呈浅灰绿色，前鳃区有一圆形白斑，螯足大部分为紫红色而略带白色斑点，部分腹面为白色，前3对步足长节和腕节也呈白色，掌部为蓝白色，软毛棕色，指节紫红色，第4对步足为绿色略带白斑点，指端呈紫蓝色。生活在海草间的个体则体色较深。三疣梭子蟹的蟹体前后端，两侧宽，呈梭形，其表面有3个显著的疣状隆起，1个在胃区，2个在心区。其体形似椭圆，两端尖尖如织布梭，由此得名。其两前侧缘各具9个锯齿，第9锯齿特别长大，向左右伸延。额缘具4枚小齿。额部两侧有1对能转动的带柄复眼。具胸足5对。螯足发达，长节呈棱柱形，内缘具钝齿。第4对步足指节扁平宽薄如桨，适于游泳。腹部扁平，雄蟹腹部呈三角形，雌蟹呈圆形，这是区分本种性别的最简单方法。雄蟹背面茶绿色，雌蟹紫色，腹面均为灰白色。三疣梭子蟹为杂食性，食性较广，多在低潮区下部活动，为我国重要的经济种类。三疣梭子蟹为莱州湾秋季无脊椎动物资源优势种，海州湾春季无脊椎动物资源次要种、秋季重要种。海州湾资源量超过1万t。自1994年起，海州湾莱州湾沿岸各省市有关部门已连续 15 年开展了经济生物资源的人工增殖放流活动，并进行了有效的管理与保护。其中三疣梭子蟹放流效果明显，给附近渔民秋季生产作业提供了资源保障，促进了沿海渔民收入，取得了显著经济、生态和社会效益。

3）日本蟳 [*Charybdis*（*Charybdis*）*japonica*]

地方名：石钳爬、赤甲红

英文名：Shore Swimming Crab

分类地位：节肢动物门（Arthropoda）、甲壳动物亚门（Crustacea）、软甲纲（Malacostraca）、真软甲亚纲（Eumalacostraca）、十足目（Decapoda）、腹胚亚目（Pleocyemata）、短尾下目（Brachyura）、梭子蟹总科（Portinoidea）、梭子蟹科（Portunidae）、短桨蟹亚科（Thalamitinae）、蟳属（*Charybdis*）、蟳亚属（*Charybdis*）

采集地：海州湾、莱州湾

分布：山东半岛、辽东半岛、浙江、福建、台湾、广东。日本、马来西亚、红海等也有分布。

日本蟳头胸甲颜色随栖息环境的不同而异，一般有青色、紫色和花色 3 种。头胸甲呈横卵形，表面有隆起，被有坚硬的甲壳。正前方的额缘有 6 个明显的尖齿；两边前侧缘，各有宽锯齿 6 个；前端有触角 2 对，口器由 3 对颚足组成。胸部附肢包括螯足 1 对、步足 3 对和游泳足 1 对，其中螯足相当发达。腹部位于头胸甲腹面的后方，雄蟹的腹部呈三角形，雌蟹的腹部呈圆形或钟形。腹肢退化，藏于腹部内侧。雌蟹共有 4 对腹肢，主要用来抱卵；雄性腹肢只有 2 对，特化为交配器。雌性生殖系统由 1 对卵巢、输卵管和受精囊 3 部分组成；雄性生殖系统由精巢、输精管和射精管组成，精巢为乳白色，位于头胸甲前侧缘肝脏表面；在游泳足基部，射精管开口于此。日本蟳是温热带海产蟹，主要生活于低潮线，有水草的泥沙地或岩石下。市场需求大。为海州湾秋季无脊椎动物优势种，资源量超过 1 万 t。

4）双斑蟳（*Charybdis*（*Gonioneptunus*）*bimaculata*）

分类地位：节肢动物门（Arthropoda）、软甲纲（Malacostraca）、十足目（Decapoda）、梭子蟹科（Portunidae）、蟳属（*Charybdis*）

采集地：海州湾、莱州湾

分布：黄海、东海、南海；印度西太平洋。

双斑蟳头胸甲表面覆以浓密的短绒毛和分散的颗粒，呈浅褐色。鳃区各具一圆形小红点。额缘具六齿，前侧缘亦具六齿，第一齿最大，第二齿最小，第六齿尖锐而突出。螯足不对称，第四对步足较扁平。本种生活于近岸水草间或水深 20～430 m 的泥质，以及沙质或泥沙混合而多碎贝壳的海底上。双斑蟳为海州湾春季和秋季都捕获种类，为海州湾春季无脊椎动物资源重要种、秋季普通种。

（3）弓蟹科（Varunidae）

1）伍氏拟厚蟹（*Helicana wuana*）

分类地位：节肢动物门（Arthropoda）、软甲纲（Malacostraca）、十足目（Decapoda）、

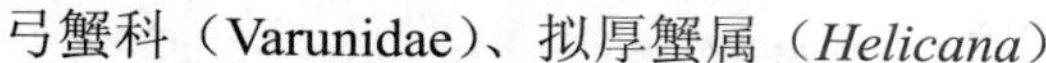
弓蟹科（Varunidae）、拟厚蟹属（*Helicana*）

采集地：海州湾、莱州湾

分布：我国广西、广东、福建、浙江、山东、河北（渤海湾）和辽东半岛。韩国也有分布。

头胸甲呈四方形，额向下倾斜弯曲，无锋利的额后脊。第三颚足有一斜行的短毛脊隆。第一、二步足腕节、长节的前面密具绒毛，幼体时绒毛不显著。雄性第 1 腹肢末端向背方弯指。穴居于泥滩或泥岸上，植食性。伍氏拟厚蟹为海州湾春季无脊椎动物资源重要种。（形态描述参考《长江河口大型底栖无脊椎动物》）

2）天津厚蟹（*Helice tientsinensis*）

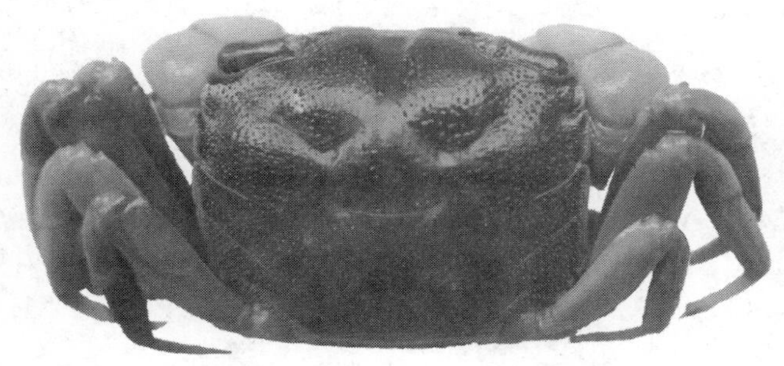

分类地位：节肢动物门（Arthropoda）、软甲纲（Malacostraca）、十足目（Decapoda）、弓蟹科（Varunidae）、厚蟹属（*Helice*）

采集地：海州湾、莱州湾

分布：我国福建、浙江、江苏、广东、福建、山东半岛、渤海湾、辽东半岛。朝鲜、韩国也有分布。

穴居于河口的泥滩或通海河流的泥岸上。头胸甲方形，前侧缘除外眼窝齿外共分三齿。第一对步足前节的前面具绒毛，第二对步足前节的绒毛稀少或无。本种常穴居于潮间带上区或潮上带的泥沙或泥沙滩上。数量多。为海州湾莱州湾潮间带高潮区常见种，生物量大。

3）肉球近方蟹（*Hemigrapsus sanguineus*）

分类地位：节肢动物门（Arthropoda）、软甲纲（Malacostraca）、十足目（Decapoda）、弓蟹科（Varunidae）、近方蟹属（*Hemigrapsus*）

采集地：海州湾、莱州湾

分布：我国广西、广东、福建、台湾、浙江、江苏、山东半岛、渤海湾和辽东半岛；韩国、日本、萨哈林岛也有分布。

头胸甲方形、光滑，黄棕色散生有红色斑点，前半部稍隆，后半平坦，胃、心域间有H形沟相隔。螯脚两指基部之间具一肉球，但雌性及幼蟹则不明显。头胸甲近方形，前半部微隆起，具颗粒和红色斑点半部平坦。胃区和心区间具一横沟，心区和肠区两侧凹陷。额宽，前缘平直，中间稍凹。眼窝下外侧由小颗粒组成一条细线。螯足雄的大，雌的小。各节肾面具红色斑点。长节内侧腹缘近末端具一发音隆背。腕内侧具齿状突起，掌节膨大，两指内缘具细齿。雄性两指基部间具一膜质球，雌性无此球。步足各节间具红色斑点，指节具 6 条纵列黑色刚毛。肉球近方蟹为莱州湾春季无脊椎动物重要种。

4）狭颚新绒螯蟹（*Neoeriocheir leptognathus*）

分类地位：节肢动物门（Arthropoda）、软甲纲（Malacostraca）、十足目（Decapoda）、弓蟹科（Varunidae）、新绒螯蟹属（*Neoeriocheir*）

采集地：海州湾

分布：我国福建、浙江、江苏、山东半岛、渤海湾和辽东湾。韩国西岸（黄海）、日本也有分布。

头胸甲呈圆方形，个体较小。第三颚足覆盖整个口框，外肢宽而有鞭。螯足掌部仅内面有毛。雄性第一腹肢的几丁质短小，稍弯向背外方，近末端的背外叶较贴近背内面。栖息于河口的泥滩上或近海河口区，肉食性。（参考《长江河口大型底栖无脊椎动物》）

（4）毛带蟹科（Dotillidae）

圆球股窗蟹（*Scopimera globosa*）

分类地位：节肢动物门（Arthropoda）、软甲纲（Malacostraca）、十足目（Decapoda）、毛带蟹科（Dotillidae）、股窗蟹属（*Scopimera*）

采集地：莱州湾

分布：广东、台湾、福建、山东半岛。

穴居于潮间带的泥沙滩上。头胸甲方形，背部隆起，呈球形。除了心、肠区光滑外，其他部分具分散的颗粒，鳃区的颗粒较密集。眼窝大，外眼窝三角形。长节背腹面均具长卵圆形鼓膜。雄性第一腹肢弯向背面，末端圆钝，内侧缘具一列排成扇形的长刺。为莱州湾潮间带常见种。（形态描述参考《长江河口大型底栖无脊椎动物》）

（5）大眼蟹科（Macrophthalmidae）

1）短身大眼蟹（*Macrophthalmus ababreviatus*）

地方名：哨兵蟹

分类地位：节肢动物门（Arthropoda）、软甲纲（Malacostraca）、十足目（Decapo）、大眼蟹科（Macrophthalmidae）、大眼蟹属（*Macrophthalmus*）

采集地：海州湾

分布：我国广西、广东、台湾、福建、浙江、山东半岛、渤海湾和辽东半岛。韩国西岸、日本也有分布。

短身大眼蟹体形矮胖，土棕色，密布淡色斑点。背甲扁平呈宽横的长方形，甲宽约为甲长的 2.5 倍。眼柄长，蓝白色。两螯等大，雄性螯较雌性螯大，雄螯掌节外侧密布黄色尖颗粒，雌蟹螯较小且无颗粒，但螯及步足都有密布的长绒毛。本种穴居于潮间带下半部沙质滩地，以沙滩上有机质为食。为海州湾潮间带常见种。

2）日本大眼蟹 [*Macrophthalmus*（*Mareolis*）*japonicus*]

地方名：大闸蟹、河蟹、毛蟹

分类地位：节肢动物门（Arthropoda）、软甲纲（Malacostraca）、十足目（Decapoda）、大眼蟹科（Macrophthalmidae）、大眼蟹属（*Macrophthalmus*）、鸟食蟹亚属（*Macrophthalmus*（*Mareolis*））

采集地：海州湾、莱州湾

分布：我国海南、台湾、福建、浙江、山东半岛、渤海湾和辽东半岛。日本、韩国西岸、新加坡、澳大利亚也有分布。

日本大眼蟹的头胸甲宽度不及长度的两倍，密被短毛及细小颗粒，雄性尤其明显。眼窝宽，眼柄细长，其长度约为体长的一半。额较窄，稍向下弯，表面中部有 1 纵痕。胃区略呈心形。心、肠区连成“T”字形，鳃区有 2 条平行的横行浅沟。前侧缘各有三齿，第一齿三角形，与第二齿有较深的缺刻相隔，末齿很小。雄性螯足长大，其长度约为体长的两倍，掌节的不可动指在基部向下方急弯成一大弧形。雌螯足短小，螯指节各有一大齿，两指间的空隙狭、第二、三对步足强大，第四对最短。本种常穴居于潮间带中潮区或上潮区的泥沙质或软泥质海岸中，洞口扁圆，不深、斜直向下。为海州湾莱州湾潮间带常见种。

（6）沙蟹科（Ocypodidae）

弧边招潮（*Uca arcuata*）

地方名：招潮蟹

英文名：Fiddler Crab

分类地位：节肢动物门（Arthropoda）、软甲纲（Malacostraca）、十足目（Decapoda）、沙蟹科（Ocypodidae）、招潮亚科（Ucinae）、招潮属（*Uca*）

采集地：海州湾、莱州湾

分布：我国广西、海南、广东、台湾、福建、浙江、江苏和山东；日本、韩国（黄海岸）也有分布。

弧边招潮蟹最大的特征是雄蟹具有一对大小悬殊的螯，大螯舞动似“招潮”，故此得名。弧边招潮蟹的头胸甲呈梯形，前宽后窄。额窄，眼眶宽，眼柄细长，状如火柴。雄体的大螯特大，甚至比身体还大，重量几乎为整体之半，小螯极小，用以取食。雌体的两螯均相当小，而对称，指节匙形。如果雄体失去大螯，则原处长出一个小螯，而原来的小螯则长成大螯，以代替失去的大螯。雄蟹的颜色较雌蟹鲜明。背甲具深色的网状花纹，大螯布满疣状颗粒，成橘红色。招潮蟹的生活习性与潮汐有密切关系。以藻类为食。多分布于潮间带，少数分布于靠近河口的内陆溪流岸边。为海州湾莱州湾潮间带常见种。

# 第二部分

## 分　述

# 调查方法及站位

## 1.1 调查方法

野外调查任务主要包括海州湾和莱州湾潮间带底栖生物、底泥底栖生物、游泳生物和浮游生物等水生生物资源调查，侧重各类群生物种类组成、群落结构、生物量、优势种和资源种类的生存现状及生境现状调查等，并进一步分析海州湾及莱州湾物种资源变化趋势及主要影响因素，对物种受威胁程度及濒危机制进行研究，提出需要保护的物种名录。

### 1.1.1 潮间带生物调查的研究方法

根据调查目的并结合历史调查资料，调查地点和断面选择在具有代表性的、滩涂底质类型相对均匀、潮带较完整、人为因素影响较小且相对稳定的岸段。在每个调查断面，按高、中、低潮分别设站，每条断面设 5～7 个站位（通常高潮区设 2 站，中潮区设 3 站，低潮区设 1～2 站；潮滩面退出较短的在高潮区设 1 站，中潮区设 3 站，低潮区设 1 站），每个站位取 2 个以上样方。

在沙滩、泥滩或泥沙滩断面的站位上，取 25 cm×25 cm×30 cm 的样方，用网目 1 mm 的筛子清洗分离，并将各站样品按大类或自然属性（大小、软硬、带刺与否）分类装瓶或袋。在岩礁岸段的站位上，取 25 cm×25 cm（生物稀少时）或 10 cm×10 cm（生物较密集时）的样方，细心剥去样方内的全部生物样品装入样品瓶或袋。

在沿潮滩面行进过程中进行潮间带定性样品采集，在进行定量样品采集的同时及前后一段时间里进行高、中、低潮定性样品的采集。

现场采集的样品带回住处后，底栖动物样品先用淡水清洗，经初步分拣后按大类装入写有站位及采集信息标签的塑料标本瓶中，用 75%酒精固定保存（刺胞动物、纽形动物等易引起收缩或自切的种类先用海水暂养，再用薄荷脑或硫酸镁麻醉，然后固定；某些多毛类先用淡水麻醉再进行固定）。样品在运回实验室前通常更换酒精 1 次。

藻类和海草类样品先用海水清洗干净，再用 5%的中性福尔马林溶液固定保存。

样品运回实验室后，按站位、定量和定性样品进行系统分拣，并将分拣出的各门类样品送交各门类专家鉴定。

对各站位经过鉴定的定量样品进行计数及称重。标本计数时，如遇残缺标本只计数具头部的个体。称重时将样品从标本瓶中取出，用吸水纸吸去标本表面水分，然后用感量为0.01 g 的电子天平称量。管栖动物的大型管子要剥去，小型管子可保留。软体动物称重时一般不去壳，如果个体大且数量多时，可将壳肉分离并分别称重。

按断面、站位、潮带、底质性质对数据进行系统整理，计算各生物类群的种数和比率、数量密度和生物量。分析种类组成、分布、密度和优势种类。

样品的取样、保存、分离和处理按国家标准《海洋调查规范》（GB/T 12763.6—2007）进行。

### 1.1.2 浅海水域生物资源调查

浮游植物用浅水III型浮游生物网进行从底至表垂直拖网取得，现场采集的样品用 5%福尔马林水溶液固定后带回实验室后进行镜检、鉴定及数量计数。

浮游动物用浅水 I 型浮游生物网进行从底至表垂直拖网取得，现场采集的样品用 5%福尔马林水溶液固定后带回实验室后进行镜检、分类鉴定及数量计数。

底栖动物样品采用开口面积为 0.05 $m^2$ 的抓斗式采泥器采集。样品采上后用 1 mm 及0.5 mm 筛过滤冲洗后装入瓶中并用 75%酒精固定保存。固定样品带回实验室后进行分样、鉴定、计数和称重。

渔业资源采取定点拖网调查。调查网具采用底拖网作业方式，每站拖网 40～60 min，拖网速度 2～2.5 节。在采样现场，立即进行主要种类的分类和计数，少数疑难样品带至实验室鉴定。同时，对少数重要经济种类，在现场计数和称重后，加冰保存，运回实验室后进行常规生物学测定和分析。

## 1.2 调查站位

### 1.2.1 海州湾调查站位

2007 年 10 月、2008 年 5 月、2008 年 10 月和 2008 年 12 月分 4 次，每次调查海上作业 6～8 人、潮间带 4～6 人历时 15 d 对海州湾浅海和潮间带进行了秋季、春季、秋季和冬季生物资源调查。取样范围和站位设置如图 2-1-1 所示。潮间带取样，北至连云港赣榆县的大兴庄，南至连云港灌云县的埒子口，根据环境和底质情况选定 8 条作业断面，见表2-1-1；浅海调查海区为 119.2～120.1°E，34.5～35°N，平均 10 海里预设一个站点，预设15 个调查站位，实际调查中，因海况和渔场位置及海中养殖设施、渔网等的影响，站位做了相应调整，实际调查站位见图 2-1-1 和表 2-1-2。

表 2-1-1 海州湾潮间带调查断面经纬度

| 序号 | 地市 | 县（区） | 地点 | 经度（E） | 纬度（N） | 环境 |
|---|---|---|---|---|---|---|
| 1 | 连云港 | 赣榆县 | 大兴庄 | 119°13′34.3″ | 35°03′49.1″ | 泥沙质，多黑色淤泥 |
| 2 | 连云港 | 赣榆县 | 海头 | 119°11′50.2″ | 34°56′48.7″ | 泥沙质 |
| 3 | 连云港 | 赣榆县 | 九里 | 119°12′23.9″ | 35°00′56.5″ | 泥沙质，沙质 |
| 4 | 连云港 | 赣榆县 | 下口 | 119°11′28.7″ | 34°50′22.7″ | 泥质，都为黑色淤泥 |
| 5 | 连云港 | 连云区 | 马湾 | 119°28′17.1″ | 34°45′43.1″ | 砂质 |
| 6 | 连云港 | 连云区 | 连岛 | 119°29′19.4″ | 34°45′19.2″ | 砂质 |
| 7 | 连云港 | 灌云县 | 燕尾港 | 119°46′22.6″ | 34°29′55.2″ | 泥沙质，泥质 |
| 8 | 连云港 | 灌云县 | 埒子口 | 119°43′20.7″ | 34°31′19.9″ | 泥沙质，泥质 |

表 2-1-2 海州湾浅海调查站位

| 站号 | 东经/（°） | 北纬/（°） |
|---|---|---|
| A1 | 119.56 | 34.90 |
| A2 | 119.32 | 35.05 |
| A4 | 119.46 | 35.02 |
| A5 | 119.63 | 34.95 |
| A6 | 119.65 | 35.09 |
| A8 | 119.82 | 34.83 |
| A10 | 120.02 | 34.67 |
| A11 | 119.96 | 35.04 |
| A13 | 120.31 | 34.71 |
| A14 | 120.17 | 34.85 |

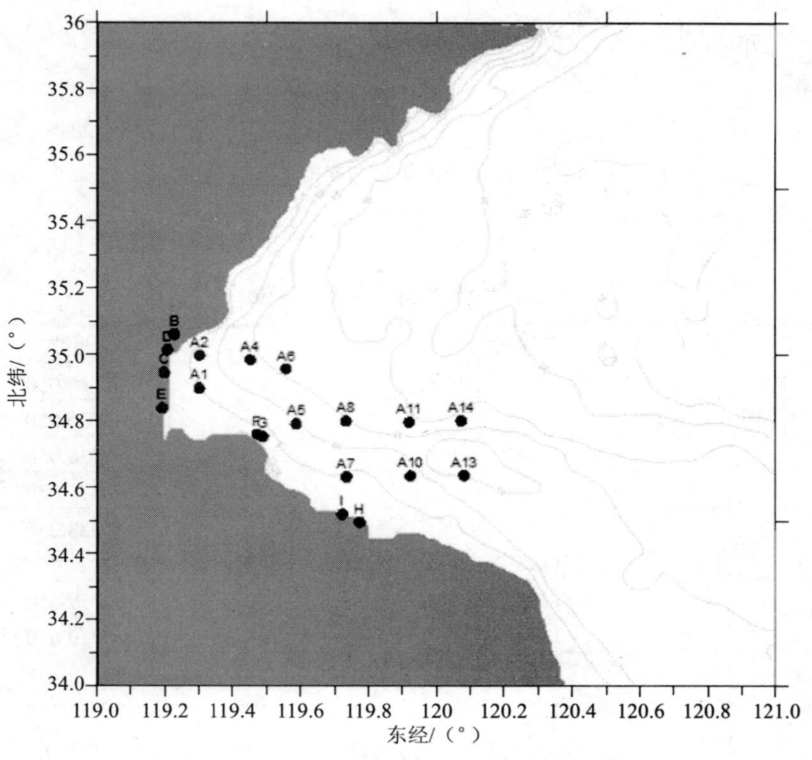


图 2-1-1 海州湾潮间带和浅海实际调查站位

### 1.2.2 莱州湾调查站位

2009 年 5 月 25 日至 6 月 15 日和 10 月 15 日至 11 月 5 日分两次进行，每次海上作业 6～8 人、潮间带 4～6 人历时 15 d 对莱州湾浅海和潮间带水生生物进行了春、秋季调查，调查站位如图 2-1-2 所示。浅海调查站位共 11 个，潮间带调查断面共 11 条，站位及断面设置见表 2-1-3、表 2-1-4。

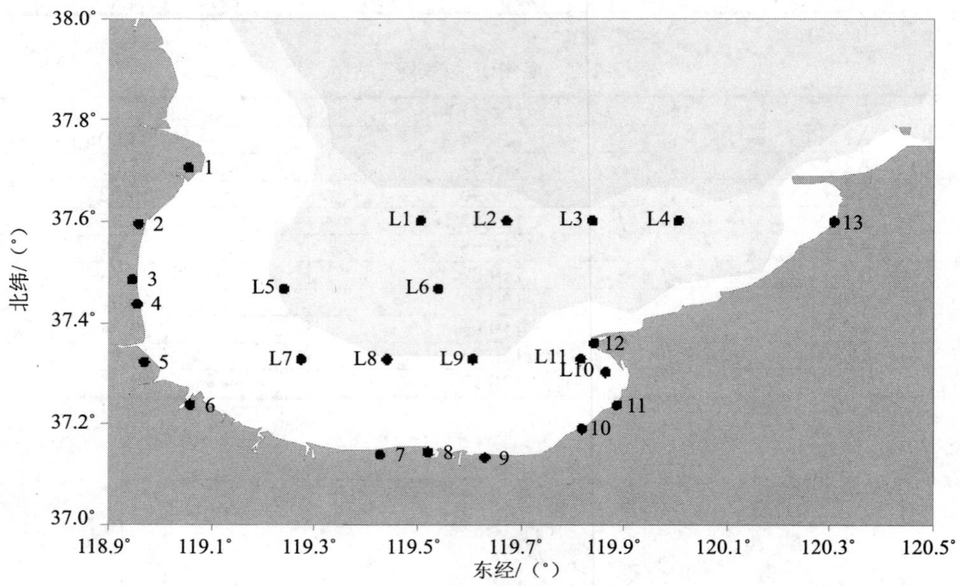


图 2-1-2 莱州湾浅海和潮间带调查站位

表 2-1-3 莱州湾浅海调查站位

| 站号 | 东经 | 北纬 |
|---|---|---|
| L1 | 119°30.300' | 37°36.050' |
| L2 | 119°40.300' | 37°36.050' |
| L3 | 119°50.300' | 37°36.050' |
| L4 | 120°0.300' | 37°36.050' |
| L5 | 119°14.400' | 37°28.050' |
| L6 | 119°32.400' | 37°28.050' |
| L7 | 119°16.400' | 37°19.650' |
| L8 | 119°26.400' | 37°19.650' |
| L9 | 119°36.400' | 37°19.650' |
| L10 | 119°51.900' | 37°18.100' |
| L11 | 119°49.000' | 37°19.700' |

表 2-1-4 莱州湾潮间带调查断面经纬度

| 站号 | 东经 | 北纬 |
|---|---|---|
| 1 | 119°01′28.98″ | 37°42′18.99″ |
| 2 | 118°57′30.00″ | 37°35′41.85″ |
| 3 | 118°55′31.68″ | 37°29′05.97″ |
| 4 | 118°54′55.86″ | 37°26′11.10″ |
| 5 | 118°56′58.75″ | 37°19′18.94″ |
| 6 | 119°03′31.35″ | 37°14′13.83″ |
| 7 | 119°25′33.94″ | 37°07′06.05″ |
| 8 | 119°31′14.67″ | 37°07′25.78″ |
| 9 | 119°37′50.82″ | 37°06′45.67″ |
| 10 | 119°49′07.82″ | 37°11′22.77″ |
| 11 | 119°53′13.61″ | 37°14′12.57″ |
| 12 | 119°50′33.05″ | 37°21′36.29″ |
| 13 | 120°18′25.90″ | 37°35′59.37″ |

## 1.3 群落多样性分析方法

（1）Shannon-Wiener 多样性指数（$H'$）

$$H' = -\sum_{i=1}^{S} P_i \log_2 P_i$$

式中：$S$——种数；

$P_i$——第 $i$ 种个体数占总个体数的比例（$N_i/N$）；

$H'$——物种多样性指数。

公式中对数的底可取 2，e 和 10。

（2）Pielou 均匀度指数（$J'$）

$$J' = H'/\ln S$$

式中：$H'$——香农-威纳指数；

$S$——物种数量。该指数的变化范围在 0～1。

（3）Margalef 物种丰富度指数（$d$）

$$d = (S-1)/\log_2 N$$

式中：$S$——种数；

$N$——总个体数量。

（4）Simpson 优势度指数（$D$）

$$D = 1 - \sum_{i=1}^{S} \frac{N_i(N_i-1)}{N(N-1)}$$

式中：$N_i$——第 $i$ 种的个体数；

$N$——总个体数。

# 调查成果

## 2.1 海州湾

### 2.1.1 潮间带生物资源的调查结果

（1）物种组成

所采集的动、植物标本，经初步整理鉴定，共有 83 种。软体动物种数居首位，有 40 种（占 48.2%），节肢动物 19 种（占 22.9%），多毛类 9 种（占 10.8%），鱼类 10 种（占 12%），苔藓动物 3 种（占 3.6%），棘皮动物 1 种（占 1.2%），腕足动物 1 种（占 1.2%）。

（2）不同类型潮间带生物

各类生物的分布，通常受环境影响因素较大，它们的栖息范围都是比较严格的。如节肢动物中的多数小型蟹类，栖息在高潮带穴洞而居，或栖息于岩石或石缝中，行动迟缓的豆形拳蟹多在中潮区活动，三疣梭子蟹多在低潮区下部活动。贝类以中潮区至低潮区上部最多，低潮区下部密度稀，但个体大。多毛类在各潮区都有，但种类差别很大。

岩礁：以营固着和附着生活的种类居优势。主要有：短滨螺、中间拟滨螺、疣荔枝螺、长牡蛎、贻贝、单齿螺、红条毛肤石鳖、史氏背尖贝等。

泥沙滩：主要是埋栖、管居的种类，也有自由生活的种类。常见的有托氏蜡螺、菲律宾蛤仔、四角蛤蜊、纵肋织纹螺、半褶织纹螺、红带织纹螺、丽核螺、中间拟滨螺、泥螺、光滑河篮蛤、毛蚶、绒螯近方蟹、肉球近方蟹、兰氏三强蟹、弹涂鱼、钟馗虾虎鱼、刺冠海龙、鸭嘴海豆芽等。

（3）数量分布

海洋生物的数量反映着此海域生物生产的基本特点，数量组成及其动态是生物资源合理开发利用的基础资料。海州湾潮间带总生物量平均为 101.80 g/m$^2$，其中密度及生物量最多的为软体动物，生物量为 88.95 g/m$^2$，占总量的 87.4%；其次为多毛类，生物量为 3.71 g/m$^2$，占总量的 3.6%；然后为蟹类，生物量为 2.73 g/m$^2$，占总量的 2.7%；海豆芽生物量为 0.83 g/m$^2$，占总量的 0.8%；其他类生物的生物量也比较大，生物量为 5.49 g/m$^2$，占总量的 5.4%。

共对海州湾 7 个断面的不同潮区进行了调查，各断面都以低潮区生物量最大，其次为中潮区，高潮区生物量最少。由于高潮区露空时间较长，在气温影响下环境条件变化剧烈，大多数海洋生物难以在高潮区栖息和发展，故高潮区生物量最小。低潮区生物量丰富，除了种类丰富外，也与摄食时间长、有利于生长有关。低、中潮区软体动物和多毛类占优势，高潮区蟹类和弹涂鱼生物量比较大，鸭嘴海豆芽和其他类生物的生物量则比较小。以泥沙滩为主的海头，光滑河篮蛤为优势种，低潮区生物量和密度达到 699 g/m$^2$ 和 2 770 个/m$^2$。大兴庄中、低潮区都以四角蛤蜊、泥螺的生物量最高。含砂量多的连岛以菲律宾蛤仔为优势种。含泥多的燕尾港、埒子口还是以四角蛤蜊、泥螺、拟蟹守螺为优势种。下口断面为典型泥滩，底内埋栖的动物比较少，在高潮区只有多毛类和蟹类分布。

此次调查表明海州湾潮间带不仅生物组成复杂，生产力也很高，主要是经济贝类，如四角蛤蜊的养殖。另外，作为鱼、虾饲料用的光滑河篮蛤的生物量也很高。由于受到人为采捕，潮间带总的生物量比以前都有所下降，尤其是文蛤和青蛤数量，这次调查中并没有发现青蛤。尽管贝类采捕量大，它在生物量组成中所处的优势地位仍未改变。

（4）经济动物分布及密度

长期以来，文蛤、青蛤、四角蛤蜊为海州湾沿岸重要经济贝类，但是文蛤、青蛤在此次调查断面都没有大量发现。在大兴庄、九里等都以四角蛤蜊为重点养殖对象。其他自然分布的经济种分别有光滑河篮蛤、泥螺、毛蚶、菲律宾蛤仔、纵肋织纹螺、长牡蛎、紫贻贝等。

1）四角蛤蜊

栖息于沙质泥滩，埋栖生活，埋深 3～10 cm。此次调查断面大兴庄、九里为四角蛤蜊养殖区，生物量丰富。在这些海区由于此种的大量养殖，导致其他贝类种类数明显减少。

2）光滑河篮蛤

河篮蛤为小型贝类，可供食用或作为养殖饲料，喜栖居于河口湾盐度较低的泥及泥沙质滩涂上，自低潮区至水深 10 m 左右的潮下带为主要栖息区。有迁移习性，常因海域盐度改变而迁移，适盐范围 3%～25%盐浓度。此次调查表明，海州湾滩涂内光滑河篮蛤的资源还非常丰富，有的地区甚至高达 699 g/m$^2$。

3）泥螺

淤泥质海滩多有分布。本次调查中，在大兴庄、燕尾港这些泥沙质滩涂高潮带下部至中潮带都见有泥螺的分布。只是多为小型个体，少见有大个体泥螺的出现。

4）菲律宾蛤仔

本种喜栖息于沙、泥沙底质的滩涂及浅海。本次调查只在连岛这一含砂量较多的底质中发现。资源量减少，应适当进行保护。

### 2.1.2 浮游植物的种类组成和分布特点

（1）浮游植物的种类组成

1）春季

春季浮游植物共记录了 19 科 24 属 44 种，其中硅藻门 13 科 8 属 34 种，甲藻门 5 科 5

属9种，金藻门1科1属1种。春季比秋季多记录15种。

春季所记录的硅藻中与秋季相同的种有8种：六幅辐裥藻（*Actinoptychus senarius*）、格式圆筛藻（*Coscinodiscus granii*）、虹彩圆筛藻（*Coscinodiscus oculus-iridis*）、太阳双尾藻（*Ditylum sol*）、尖刺伪菱形藻（*Pseudo-nitzschia pungens*）、中肋骨条藻（*Skeletonema costatum*）、佛氏海线藻（*Thalassionema frauenfeldii*）和菱形海线藻（*Thalassionema nitzschioides*）。仅在秋季出现的硅藻有15种：齿状角毛藻（*Ceratulina dentata*）、窄隙角毛藻（*Chaetoceros affinis*）、艾氏角毛藻（*Chaetoceros eibenii*）、洛氏角毛藻（*Chaetoceros lorenzianus*）、多束圆筛藻（*Coscinodiscus diversus*）、浮动弯角藻（*Eucampia zodiacus*）、痿软几内亚藻（*Guinardia flaccida*）、泰晤士旋鞘藻（*Helicotheca tamesis*）、中华齿状藻（*Odontella sinensis*）、具翼漂流藻（*Planktoniella blanda*）、舟形斜纹藻（*Pleurosigma naviculaceum*）、柔弱伪菱形藻（*Pseudo-nitzschia delicatissima*）、覆瓦根管藻（*Rhizosolenia imbricata*）、粗根管藻（*Rhizosolenia robusta*）和塔形冠盖藻（*Stephanopyxis turris*）。只在春季出现的有25种：线形双眉藻（*Amphora lineolata*）、辐杆藻（*Bacteriastrum* sp.）、小眼圆筛藻（*Coscinodiscus oculatus*）、中心圆筛藻（*Coscinodiscus centralis*）、辐射圆筛藻（*Coscinodiscus radiatus*）、布氏双尾藻（*Ditylum brightwellii*）、唐氏藻（*Donkinia* sp.）、脆杆藻（*Fragilaria* sp.）、柔弱几内亚藻（*Guinardia delicatula*）、斯氏几内亚藻（*Guinardia striata*）、舟形藻（*Navicula* sp.）、奇异菱形藻（*Nitzschia bipartitus*）、弯端长菱形藻（*Nitzschia longissima* v. *reversa*）、长菱形藻（*Nitzschia longissima*）、菱形藻（*Nitzschia* sp.）、长耳盒形藻（*Odontella longicruris*）、活动盒形藻（*Odontella mobiliensis*）、具槽帕拉藻（*Paralia sulcata*）、美丽曲舟藻（*Pleurosigma formosum*）、海洋曲舟藻（*Pleurosigma pelagicum*）、曲舟藻（*Pleurosigma* sp.）、翼根管藻印度变种（*Rhizosolenia alata* f. *indica*）、刚毛根管藻（*Rhizosolenia setigera*）、笔尖根管藻（*Rhizosolenia styliformis*）和海链藻（*Thalassiosira* sp.）。

春季所记录的甲藻中与秋季相同的种有2种：梭状角藻（*Ceratium fusus*）和夜光藻（*Noctiluca scintillans*）。仅在秋季出现的种有3种：链状亚历山大藻（*Alexandrium catenella*）、叉状角藻（*Ceratium furca*）和扁压原多甲藻（*Protoperidinium depressum*）。仅在春季出现的种有7种：科氏角藻（*Ceratium kofoidii*）、线性角藻（*Ceratium lineatum*）、大角角藻（*Ceratium macroceros*）、卵尖鳍藻（*Dinophysis ovum*）、新月孪甲藻（*Dissodinium lunula*）、双曲原多甲藻（*Protoperidinium conicoides*）和五角原多甲藻（*Protoperidinium pentagonum*）。

金藻门的小等刺硅鞭藻（*Dictyocha fibula*）只在春季出现。

2）秋季

秋季海州湾资源调查中共鉴定出浮游植物29种，其中硅藻种类多样性丰富，有24种，甲藻种类远远少于硅藻，只有5种（表2-2-1）。

总之，春季和秋季调查海区共记录浮游藻类62种，其中硅藻49种，甲藻12种，金藻1种。

表 2-2-1 海州湾春、秋季浮游植物调查物种总名录

| 中文名 | 拉丁名 |
|---|---|
| 硅藻门 | Bacillariophyta |
| 六幅辐裥藻 | *Actinoptychus senarius* |
| 线形双眉藻 | *Amphora lineolata* |
| 辐杆藻 | *Bacteriastrum* sp. |
| 齿状角管藻 | *Ceratulina dentata* |
| 窄隙角毛藻 | *Chaetoceros affinis* |
| 艾氏角毛藻 | *Chaetoceros eibenii* |
| 洛氏角毛藻 | *Chaetoceros lorenzianus* |
| 小眼圆筛藻 | *Coscinodiscus oculatus* |
| 中心圆筛藻 | *Coscinodiscus centralis* |
| 多束圆筛藻 | *Coscinodiscus diversus* |
| 格氏圆筛藻 | *Coscinodiscus granii* |
| 虹彩圆筛藻 | *Coscinodiscus oculus-iridis* |
| 辐射圆筛藻 | *Coscinodiscus radiatus* |
| 圆筛藻 | *Coscinodiscus* sp. |
| 布氏双尾藻 | *Ditylum brightwellii* |
| 太阳双尾藻 | *Ditylum sol* |
| 唐氏藻 | *Donkinia* sp. |
| 浮动弯角藻 | *Eucampia zodiacus* |
| 脆杆藻 | *Fragilaria* sp. |
| 柔弱几内亚藻 | *Guinardia delicatula* |
| 痿软几内亚藻 | *Guinardia flaccida* |
| 斯氏几内亚藻 | *Guinardia striata* |
| 泰晤士旋鞘藻 | *Helicotheca tamesis* |
| 舟形藻 | *Navicula* sp. |
| 奇异菱形藻 | *Nitzschia bipartitus* |
| 长菱形藻 | *Nitzschia longissima* |
| 弯端长菱形藻 | *Nitzschia longissima* v. *reversa* |
| 菱形藻 | *Nitzschia* sp. |
| 长耳齿状藻 | *Odontella longicruris* |
| 活动齿状藻 | *Odontella mobiliensis* |
| 中华齿状藻 | *Odontella sinensis* |
| 具槽帕拉藻 | *Paralia sulcata* |
| 具翼漂流藻 | *Planktoniella blanda* |
| 美丽斜纹藻 | *Pleurosigma formosum* |
| 舟形斜纹藻 | *Pleurosigma naviculaceum* |
| 海洋斜纹藻 | *Pleurosigma pelagicum* |
| 斜纹藻 | *Pleurosigma* sp. |

| 中文名 | 拉丁名 |
|---|---|
| 柔弱伪菱形藻 | *Pseudo-nitzschia delicatissima* |
| 尖刺伪菱形藻 | *Pseudo-nitzschia pungens* |
| 翼根管藻印度变种 | *Rhizosolenia alata* f. *indica* |
| 覆瓦根管藻 | *Rhizosolenia imbricata* |
| 粗根管藻 | *Rhizosolenia robusta* |
| 刚毛根管藻 | *Rhizosolenia setigera* |
| 笔尖根管藻 | *Rhizosolenia styliformis* |
| 中肋骨条藻 | *Skeletonema costatum* |
| 塔形冠盖藻 | *Stephanopyxis turris* |
| 佛氏海线藻 | *Thalassionema frauenfeldii* |
| 菱形海线藻 | *Thalassionema nitzschioides* |
| 海链藻 | *Thalassiosira* sp. |
| 甲藻门 | Dinophyta |
| 链状亚历山大藻 | *Alexandrium catenella* |
| 叉状角藻 | *Ceratium furca* |
| 梭状角藻 | *Ceratium fusus* |
| 科氏角藻 | *Ceratium kofoidii* |
| 线性角藻 | *Ceratium lineatum* |
| 大角角藻 | *Ceratium macroceros* |
| 卵尖鳍藻 | *Dinophysis ovum* |
| 新月孪甲藻 | *Dissodinium lunula* |
| 夜光藻 | *Noctiluca scintillans* |
| 双曲原多甲藻 | *Protoperidinium conicoides* |
| 扁压原多甲藻 | *Protoperidinium depressum* |
| 五角原多甲藻 | *Protoperidinium pentagonum* |
| 金藻门 | Chrysophyta |
| 小等刺硅鞭藻 | *Dictyocha fibula* |

（2）浮游植物的分布及丰度

1）春季

春季调查中各站位浮游植物的物种多样性统计结果显示，A13、A14 和 A10 站浮游植物的物种多样性较高，分别为 23 种、21 种和 20 种。A12 站浮游植物的物种多样性最低，仅出现了 1 种。调查中除 A12 站外，其他站位硅藻的种类最丰富，占绝对优势。A12 站仅出现一种甲藻。

从春季各站位浮游植物的数量百分比组成上可以看出，硅藻在绝大多数站位上占绝对的优势（>50%）。甲藻只在个别站位（A9 和 A12）细胞数量较高，而在绝大多数站位，甲藻的细胞数量只占总浮游植物细胞数量的 10%以下。金藻的细胞数量百分比较低，都低于 10%。

春季浮游植物总丰度虽较秋季低，但分布较均匀，多处站位出现了大于 100 000 个/m$^3$的丰度值，丰度范围在 2 254～196 560 个/m$^3$，平均丰度 98 769 个/m$^3$（图 2-2-1）。

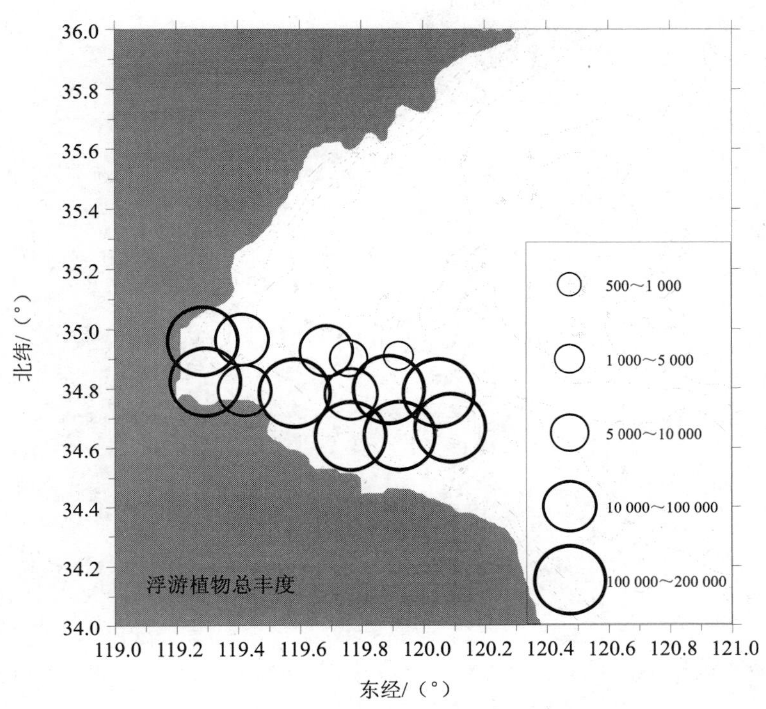


**图 2-2-1 春季浮游植物总丰度分布**

春季硅藻出现了 34 种，硅藻总丰度的分布趋势与浮游植物总丰度的分布趋势相同，分布较均匀，丰度范围为 4 680～169 448 个/m$^3$，平均丰度为 91 778 个/m$^3$。34 种硅藻中美丽斜纹藻、刚毛根管藻、虹彩圆筛藻、辐射圆筛藻、圆筛藻未定种和舟形藻未定种等 6 种是分布较广的种类，分布在 9 个以上的站位（图 2-2-2）。美丽斜纹藻是分布最广的种类，出现在 13 个站位上，它的分布较均匀，丰度范围为 1 560～32 725 个/m$^3$，平均丰度为 13 996 个/m$^3$。刚毛根管藻分布不均匀，在东部有高丰度区，最高丰度值出现在 A7 站，丰度范围为 2 124～106 486 个/m$^3$，平均丰度为 16 773 个/m$^3$，是平均丰度最高的一种硅藻。虹彩圆筛藻、辐射圆筛藻、圆筛藻未定种和舟形藻未定种，分布较均匀，丰度范围分别为 945～15 916 个/m$^3$、945～22 547 个/m$^3$、780～8 217 个/m$^3$ 和 780～5 766 个/m$^3$，平均丰度分别为 3 675 个/m$^3$、4 471 个/m$^3$、3 642 个/m$^3$ 和 2 053 个/m$^3$。

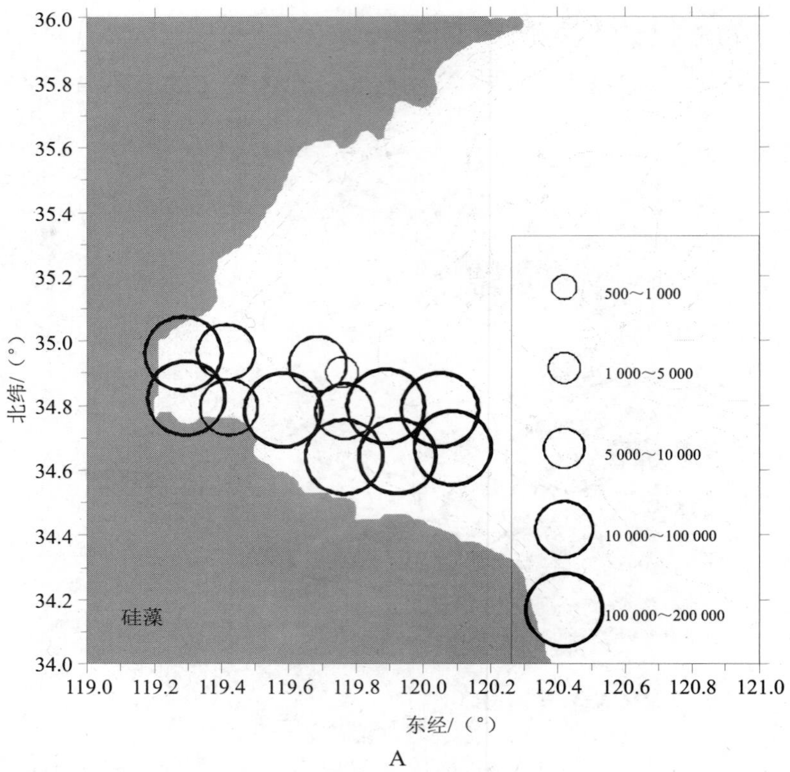
36.0
35.8
35.6
35.4
35.2
35.0
34.8
34.6
34.4
34.2
34.0
北纬/（°）
119.0 119.2 119.4 119.6 119.8 120.0 120.2 120.4 120.6 120.8 121.0
东经/（°）
硅藻
500～1 000
1 000～5 000
5 000～10 000
10 000～100 000
100 000～200 000

A

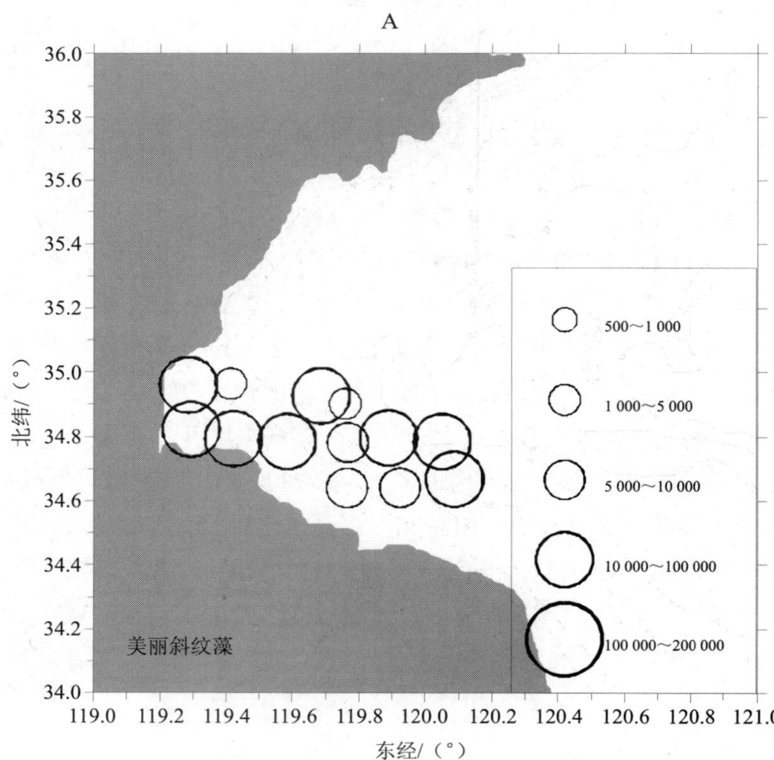
36.0
35.8
35.6
35.4
35.2
35.0
34.8
34.6
34.4
34.2
34.0
北纬/（°）
119.0 119.2 119.4 119.6 119.8 120.0 120.2 120.4 120.6 120.8 121.0
东经/（°）
美丽斜纹藻
500～1 000
1 000～5 000
5 000～10 000
10 000～100 000
100 000～200 000

B

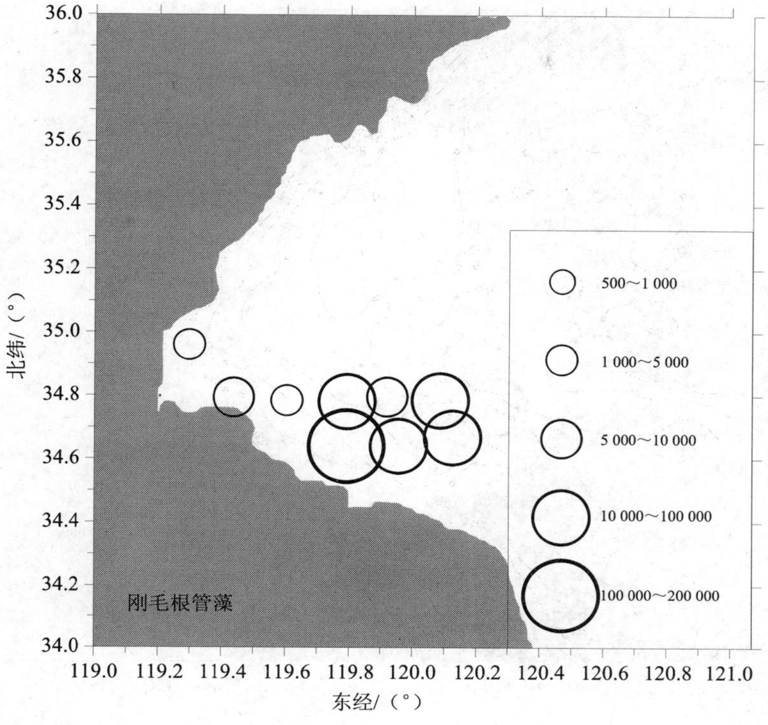
36.0
35.8
35.6
35.4
35.2
35.0
34.8
34.6
34.4
34.2
34.0
北纬/（°）
500～1 000
1 000～5 000
5 000～10 000
10 000～100 000
100 000～200 000
刚毛根管藻
119.0 119.2 119.4 119.6 119.8 120.0 120.2 120.4 120.6 120.8 121.0
东经/（°）

C

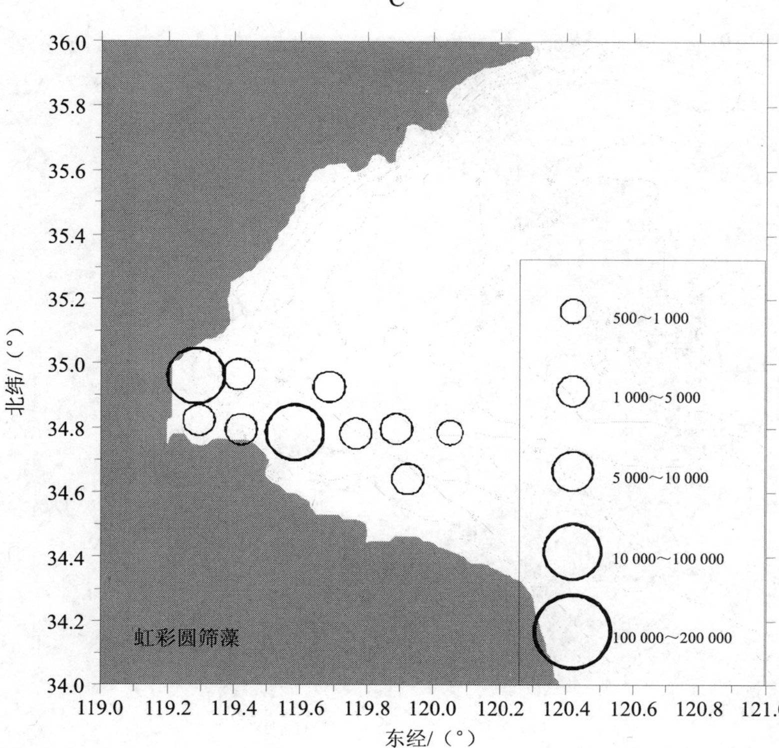
36.0
35.8
35.6
35.4
35.2
35.0
34.8
34.6
34.4
34.2
34.0
北纬/（°）
500～1 000
1 000～5 000
5 000～10 000
10 000～100 000
100 000～200 000
虹彩圆筛藻
119.0 119.2 119.4 119.6 119.8 120.0 120.2 120.4 120.6 120.8 121.0
东经/（°）

D

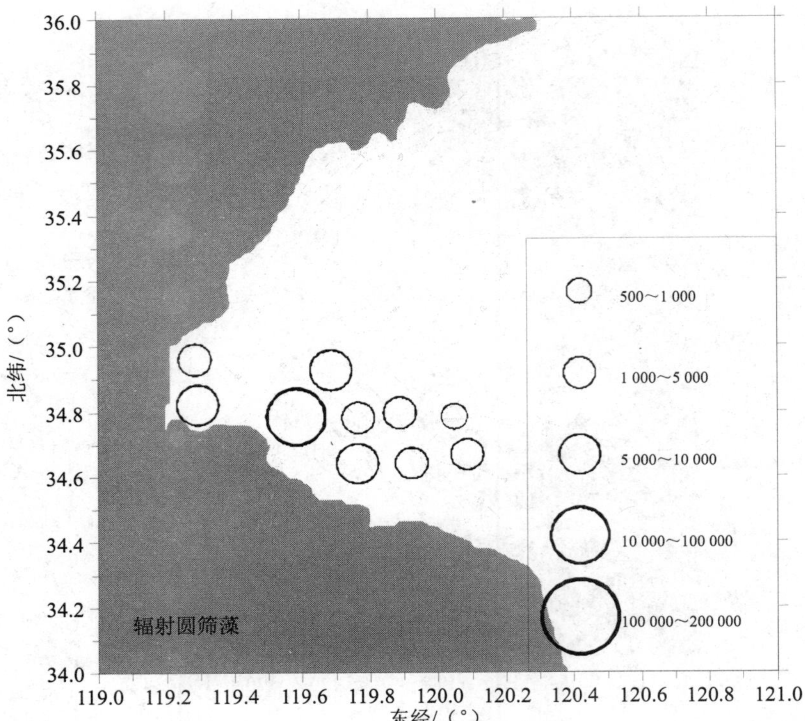
36.0
35.8
35.6
35.4
35.2
35.0
34.8
34.6
34.4
34.2
34.0
北纬/（°）
119.0 119.2 119.4 119.6 119.8 120.0 120.2 120.4 120.6 120.8 121.0
东经/（°）
辐射圆筛藻
500～1 000
1 000～5 000
5 000～10 000
10 000～100 000
100 000～200 000

E

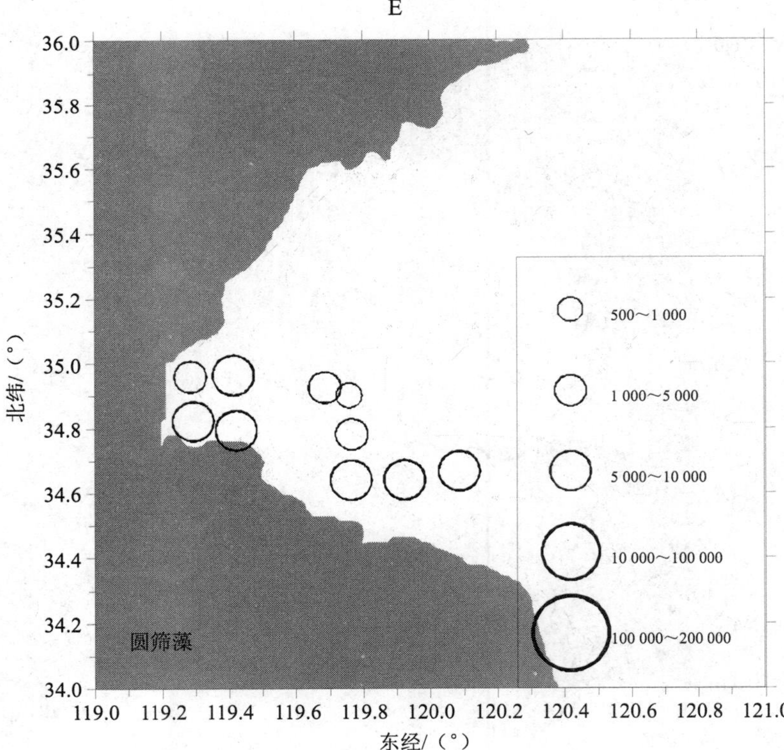
36.0
35.8
35.6
35.4
35.2
35.0
34.8
34.6
34.4
34.2
34.0
北纬/（°）
119.0 119.2 119.4 119.6 119.8 120.0 120.2 120.4 120.6 120.8 121.0
东经/（°）
圆筛藻
500～1 000
1 000～5 000
5 000～10 000
10 000～100 000
100 000～200 000

F

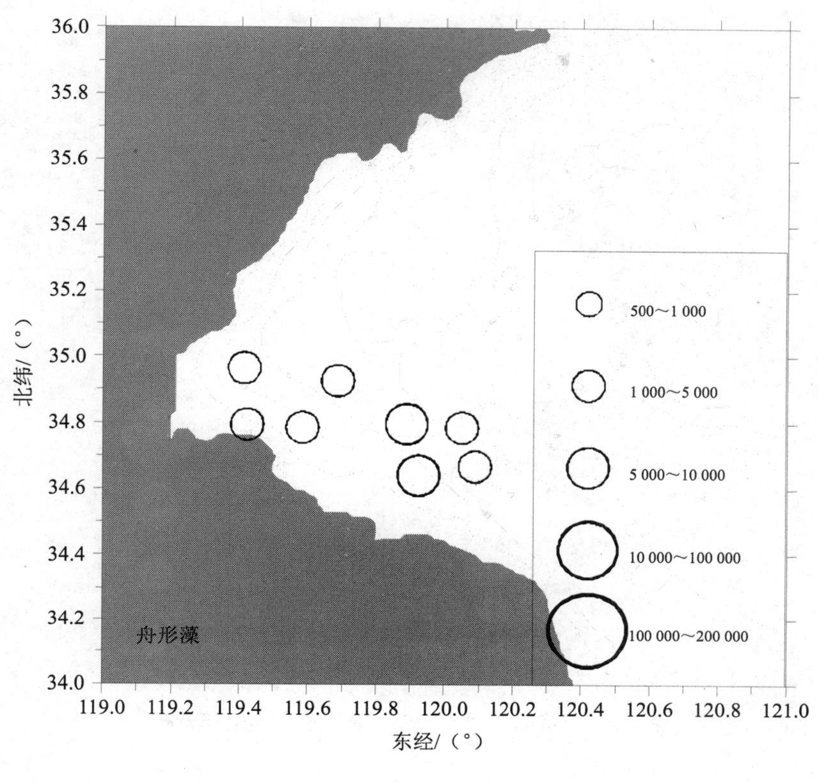


G

**图 2-2-2　春季海州湾调查区域硅藻及优势种的丰度和分布**

其余的 28 种硅藻分布的站位数都在 6 个以下，多数种类主要分布在海州湾湾底及东南部。其中具槽帕拉藻、奇异菱形藻、斯氏几内亚藻、海洋斜纹藻、菱形藻未定种、长菱形藻、中肋骨条藻、小眼圆筛藻和尖刺伪菱形藻等 9 种在单个站位上都有大于 10 000 个/$m^3$ 的高丰度值出现。具槽帕拉藻、奇异菱形藻、斯氏几内亚藻、海洋斜纹藻和菱形藻未定种的平均丰度都大于 3 000 个/$m^3$，平均丰度值依次分别为 7 733 个/$m^3$、8 656 个/$m^3$、5 105 个/$m^3$、3 242 个/$m^3$ 和 3 430 个/$m^3$。

春季甲藻分布不均匀。主要分布在海州湾中部和东部，高丰度区出现在东部 A13 和 A14 站上，甲藻总丰度范围为 1 326～17 955 个/$m^3$，平均丰度为 4 251 个/$m^3$（图 2-2-3）。单种甲藻在各站位上的丰度相差不大，单种甲藻在各站位上的丰度范围为 1 109～7 908 个/$m^3$，单种平均丰度值为 81～472 个/$m^3$。春季甲藻没有明显的优势种。

春季出现一种金藻，即小等刺硅鞭藻。此种金藻分布较广，在 9 个站位上都有分布，丰度最高值出现在 A13 站，丰度范围为 1 229～11 297 个/$m^3$，平均丰度 2 740 个/$m^3$（图 2-2-4）。

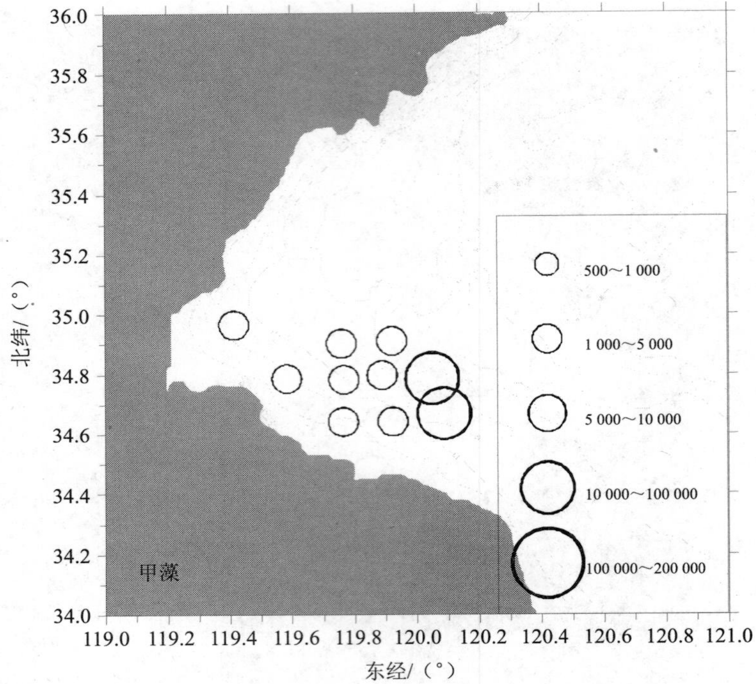


图 2-2-3　春季海州湾调查区域甲藻的丰度和分布

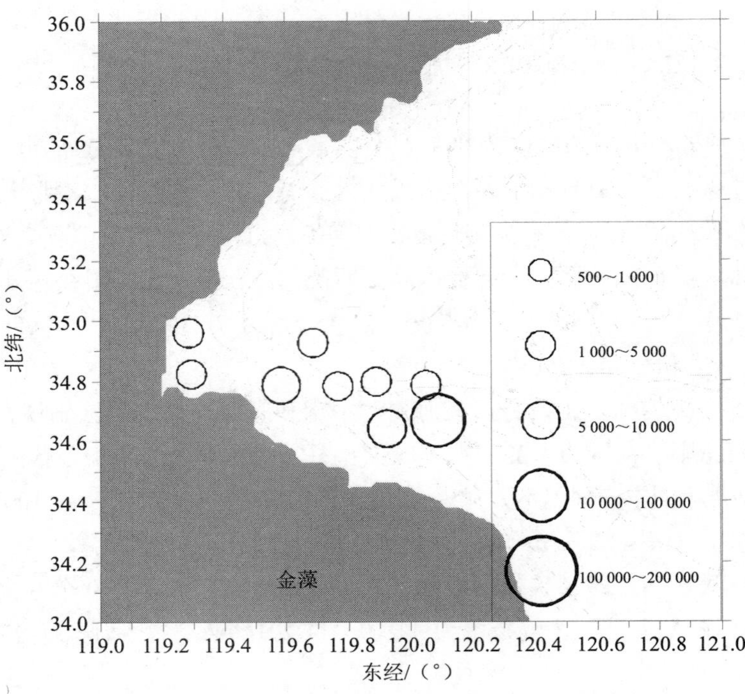


图 2-2-4　春季海州湾调查区域金藻的丰度和分布

总之，春季硅藻门美丽斜纹藻、刚毛根管藻、虹彩圆筛藻、辐射圆筛藻、圆筛藻未定种和舟形藻未定种等 6 种和金藻门小等刺硅鞭藻为分布较广的种类。它们通常分布在 9 个站位以上，其中美丽斜纹藻分布最广，出现在 13 个站位上，而且在多数站位上都有较大的密度。9 种甲藻和其余的 28 种硅藻通常只分布在 6 个以下站位。单种甲藻的密度都较小，都低于 10 000 个/$m^3$。硅藻中小眼圆筛藻、虹彩圆筛藻、辐射圆筛藻、斯氏几内亚藻、奇异菱形藻、长菱形藻、菱形藻未定种、具槽帕拉藻、美丽斜纹藻、海洋斜纹藻、尖刺伪菱形藻、刚毛根管藻和中肋骨条藻以及金藻门的小等刺硅鞭藻都在某些站位上有大于 10 000 个/$m^3$的密度，其中丰度占优势的几种为美丽斜纹藻、刚毛根管藻、具槽帕拉藻、奇异菱形藻和斯氏几内亚藻。

2）秋季

秋季海州湾浮游植物的物种多样性差别较大，在靠近湾底的 A1、A2 站浮游植物只有四五种，而在其他站位上都在 9 种以上，A10 和 A14 站位上的物种多样性最高，有 16 种。硅藻类在 A6、A13 和 A14 站出现得最多，为 12 种，在 A2 站出现的最少，只有 3 种。甲藻在 A11 站出现得最多，出现了 5 种，在 A1、A2 站最少，只有 1 种。

浮游植物总丰度的分布趋势与浮游动物的分布趋势相似，西部近岸站位是浮游植物的高丰度区，最高丰度出现在 A6 站，丰度值为 $5.25\times10^6$ 个/$m^3$，A1 站次之，丰度为 $3.40\times10^6$ 个/$m^3$。东部各站除 A13 站浮游植物的丰度稍高，为 $1.10\times10^5$ 个/$m^3$，其他都低于 $1\times10^5$ 个/$m^3$（图 2-2-5）。

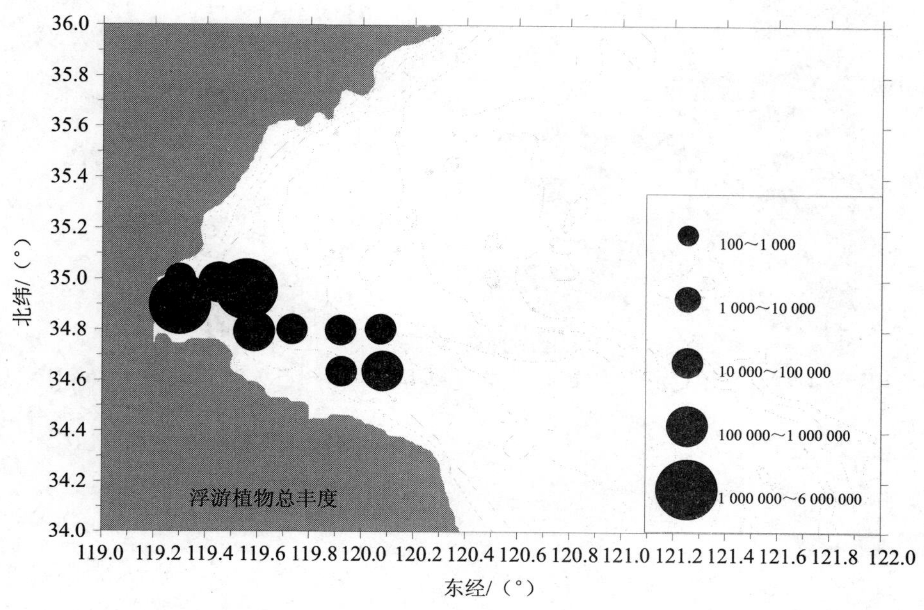


图 2-2-5 秋季浮游植物总丰度分布

浮游硅藻在海州湾秋季浮游植物的种类组成和数量组成上都占有重要的比例。浮游硅藻总丰度的分布趋势与浮游植物总丰度的分布趋势相同（图 2-2-6），表明秋季海州湾浮游植物的丰度主要由浮游硅藻类所控制。其中多束圆筛藻、虹彩圆筛藻、圆筛藻、佛氏海线藻和菱形海线藻是调查区域广泛分布的种类，通常 10 个站位中有 7 个以上站位有这些藻类出现。但前三种圆筛藻对硅藻的高丰度区贡献不大，而后两种海线藻对 A6 高丰度区有重要贡献（图 2-2-6）。齿状角管藻、洛氏角毛藻、太阳双尾藻、浮动弯角藻和泰晤士旋鞘藻的分布范围较前几种窄，但通常也在 4 个以上站位出现，其中齿状角管藻对 A6 站的高丰度区有重要的贡献，而洛氏角毛藻则在 A1 站有相当大的丰度，对浮游植物总丰度在此站的贡献较大。六幅辐裥藻、窄隙角毛藻、艾氏角毛藻、格氏圆筛藻、痿软几内亚藻、中华齿状藻、具翼漂流藻、舟形斜纹藻、软弱伪菱形藻、尖刺伪菱形藻、覆瓦根管藻、粗根管藻、中肋骨条藻和塔形冠盖藻在调查区域分布范围窄，通常出现在 3 个以下站位，丰度通常也较低，大多都低于 $5\times10^4$ 个/m$^3$，但尖刺伪菱形藻则在 A1 站有高达 $1.27\times10^6$ 个/m$^3$ 的丰度，是 A1 站浮游植物丰度的主要贡献者之一（图 2-2-6）。

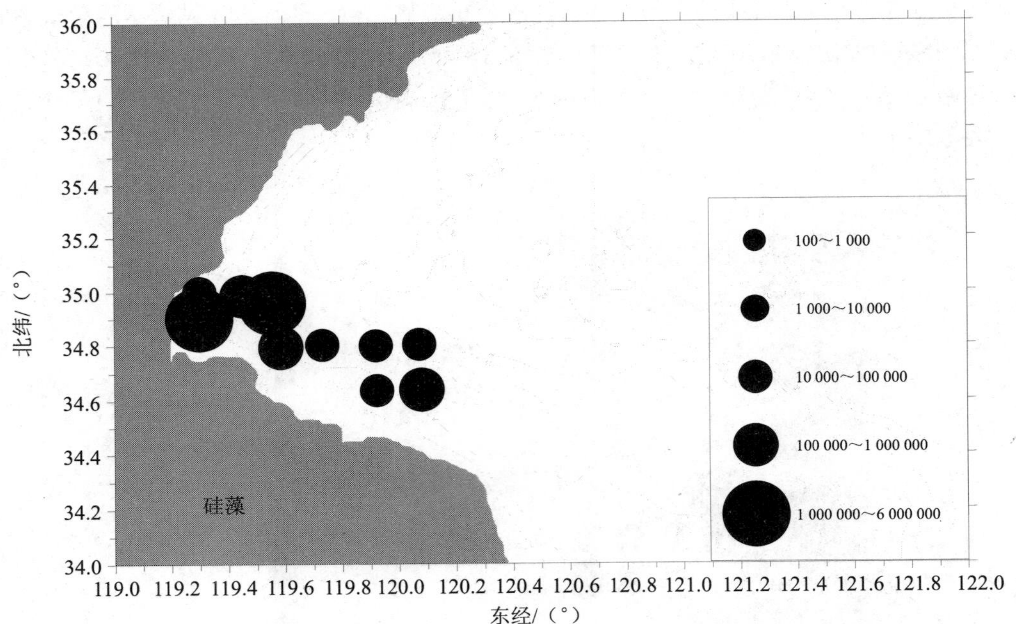


A

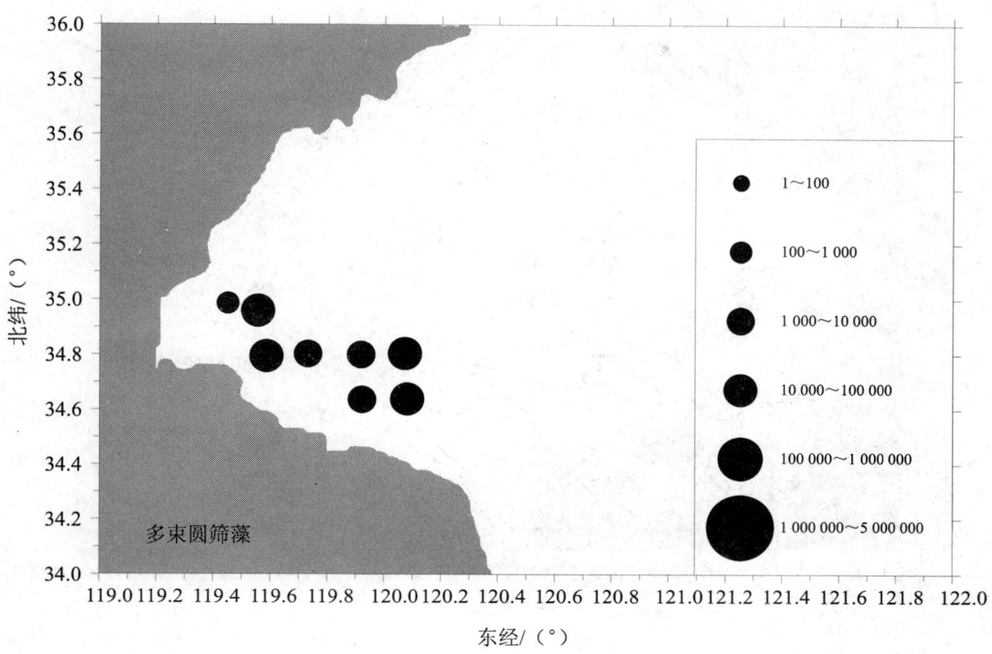

36.0
35.8
35.6
35.4
35.2
35.0
34.8
34.6
34.4
34.2
34.0
北纬/（°）
多束圆筛藻
1～100
100～1 000
1 000～10 000
10 000～100 000
100 000～1 000 000
1 000 000～5 000 000
119.0 119.2 119.4 119.6 119.8 120.0 120.2 120.4 120.6 120.8 121.0 121.2 121.4 121.6 121.8 122.0
东经/（°）


B

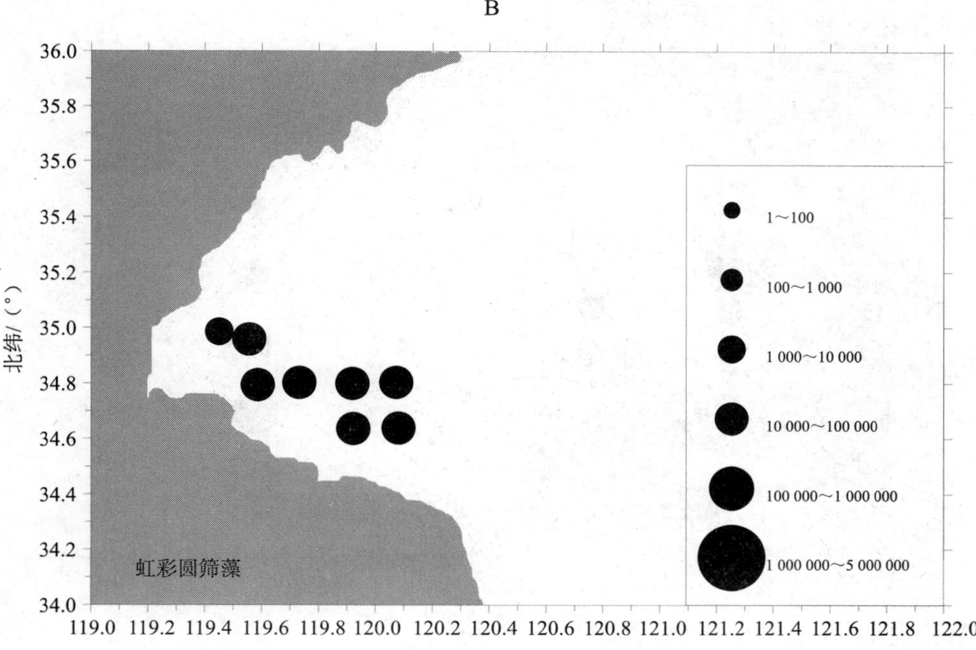

36.0
35.8
35.6
35.4
35.2
35.0
34.8
34.6
34.4
34.2
34.0
北纬/（°）
虹彩圆筛藻
1～100
100～1 000
1 000～10 000
10 000～100 000
100 000～1 000 000
1 000 000～5 000 000
119.0 119.2 119.4 119.6 119.8 120.0 120.2 120.4 120.6 120.8 121.0 121.2 121.4 121.6 121.8 122.0
东经/（°）


C

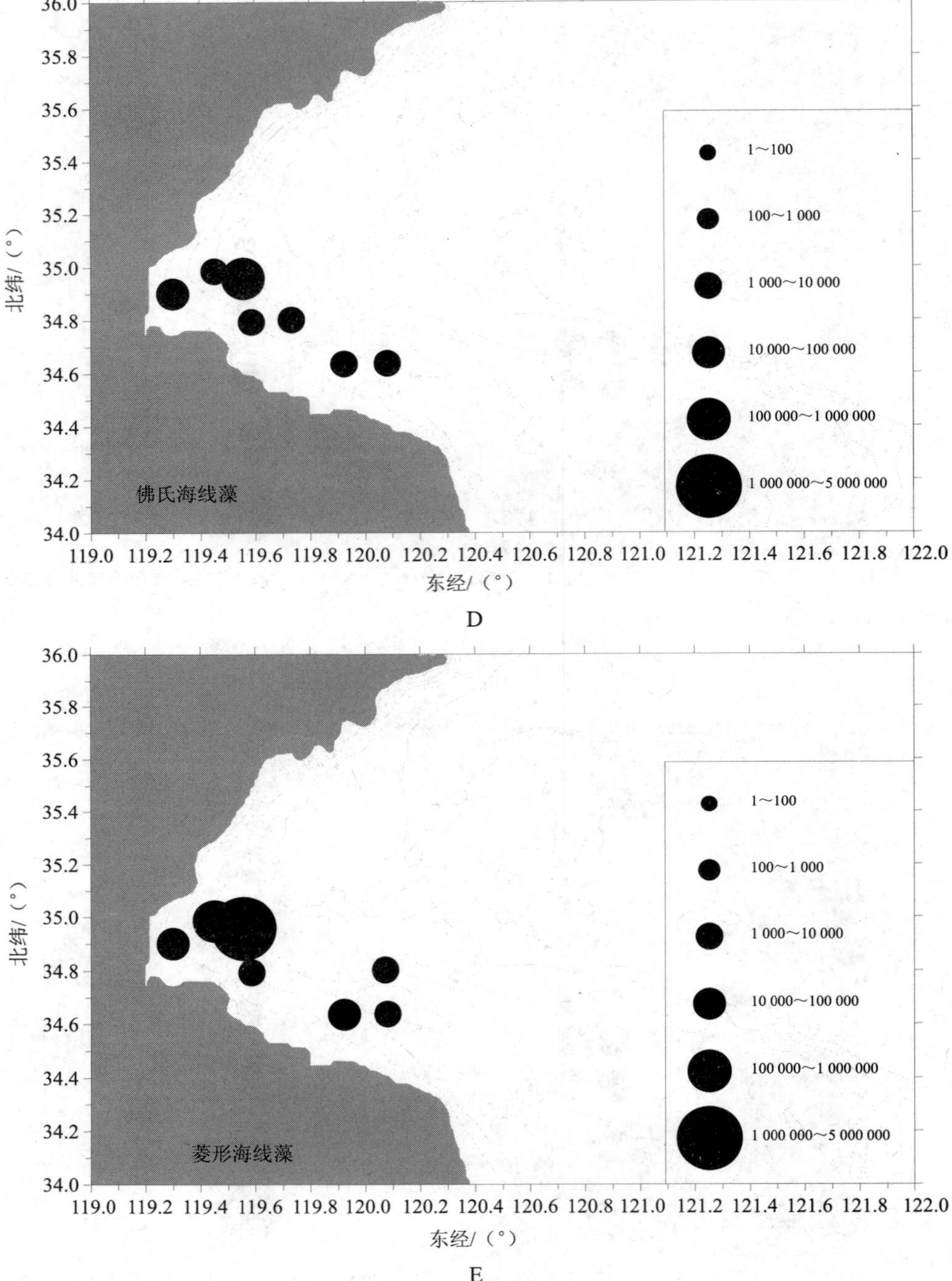


图 2-2-6 秋季海州湾浮游硅藻类的丰度和分布

浮游甲藻在秋季海州湾浮游植物的种类组成上并不占优势，只出现 5 种，但甲藻总丰度对 A1 站浮游植物总丰度高值区的出现也有一定的贡献（图 2-2-7）。其中梭状角藻和夜光藻在调查区域的分布较普遍，并且对甲藻的总丰度有重要的贡献，是甲藻中的优势种。叉状角藻的分布和丰度次之，链状亚历山大藻和扁压原多甲藻的分布仅在东部，而且最大丰度均低于 2 000 个/$m^3$。

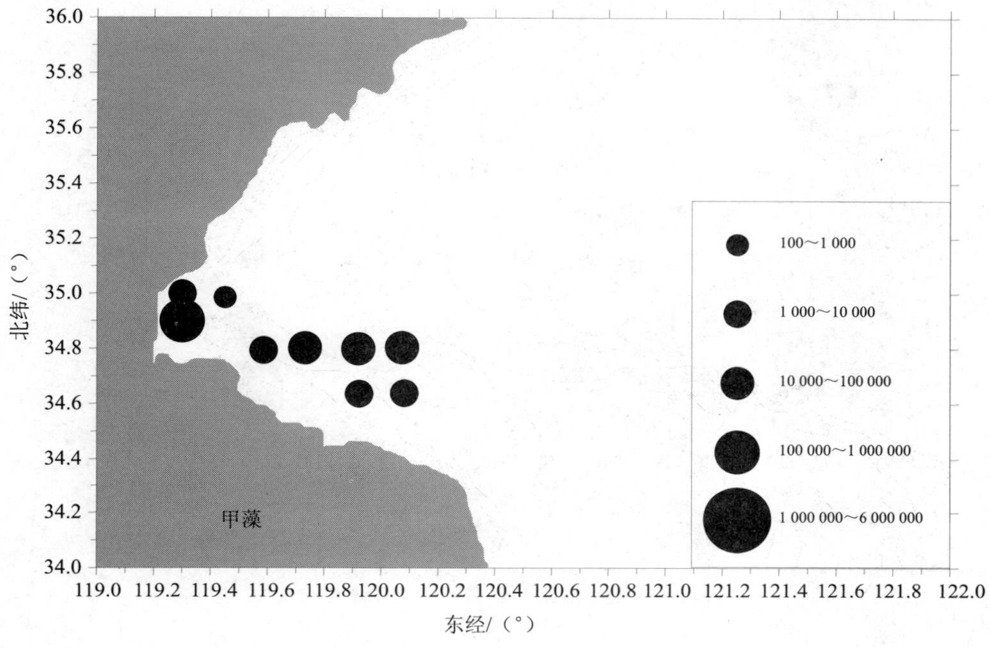


A

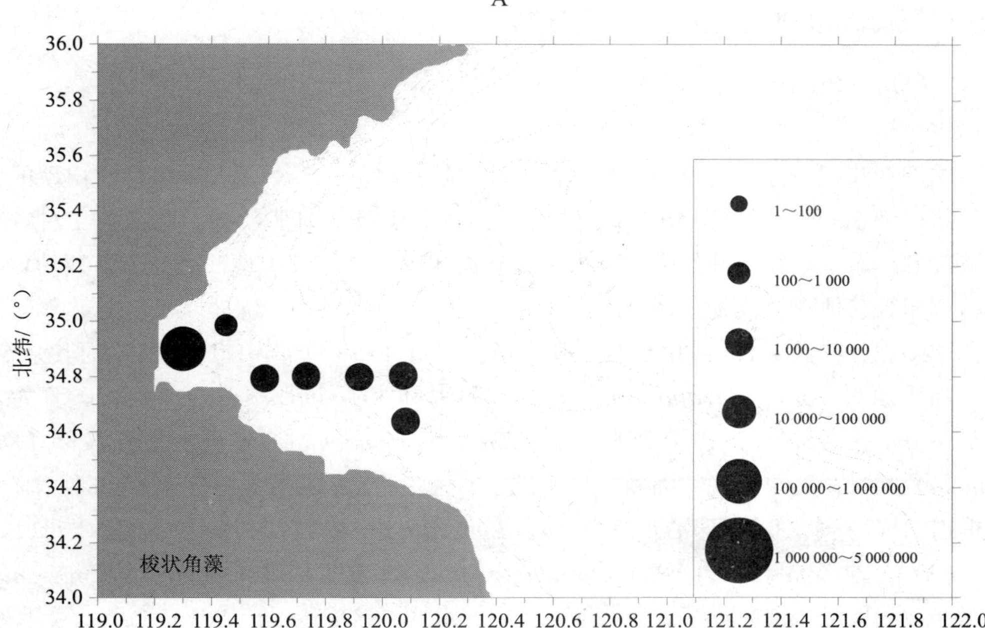


B

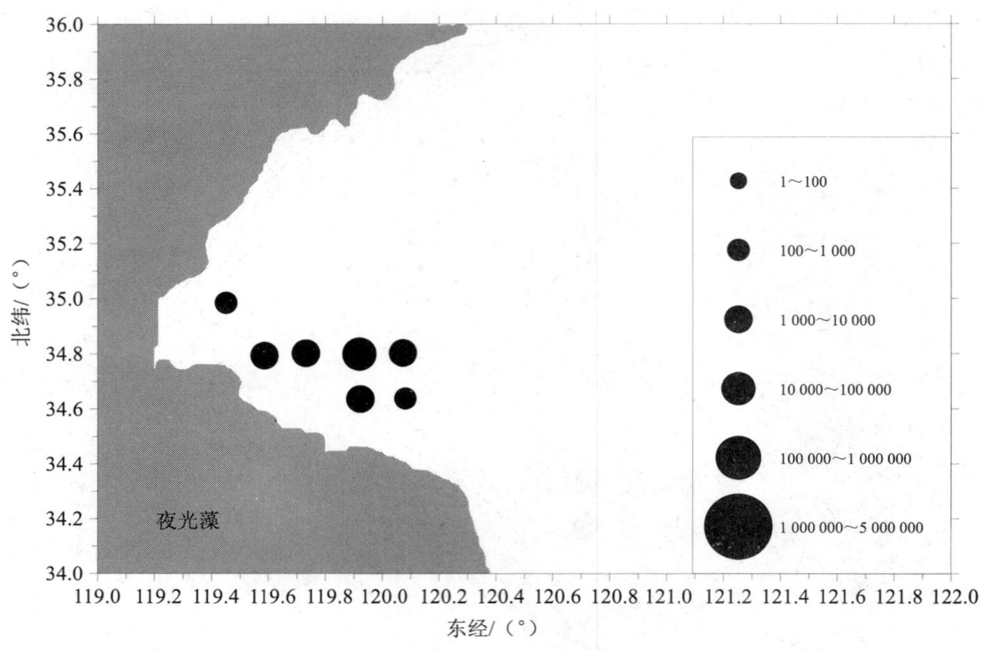


C

图 2-2-7 秋季海州湾浮游甲藻类的丰度和分布

## 2.1.3 浮游动物种类组成和数量分布

（1）浮游动物的种类组成

1）春季

春季调查共记录浮游动物 35 种，种类数比秋季略低。春季调查中桡足类出现的种类最多，共记录 10 种。其次为幼虫类，共记录 8 种。其次为刺胞动物，共记录 7 种。毛颚类记录 2 种。原生动物、端足类、涟虫、被囊类和鱼类各记录 1 种，另外还有虾幼体、仔稚鱼和鱼卵等其他浮游动物（表 2-2-2）。

春季刺胞动物共 7 种，其中薮枝螅和半球杯水母在秋季调查中也曾出现，而其余 5 种，即束状高手水母（*Bougainvillia ramosa*）、外肋水母（*Ectopleura dumortieri*）、真囊水母（*Euphysora bigelowi*）、八斑芮氏水母（*Rathkea octopunctata*）和日本长管水母（*Sarsia nipponica*）则只在春季出现。而秋季出现的 12 种刺胞动物中，除了薮枝螅和半球杯水母在春季也出现，其余 10 种，即心形真唇水母（*Eucheilota ventricularis*）、锡兰和平水母（*Eirene ceylonensis*）、球形侧腕水母（*Pleurobrachia globosa*）、双生水母（*Diphyes chamissonis*）、盘形酒杯水母（*Phialidium discoida*）、五角水母（*Muggiaea atlantica*）、双手水母（Amphinema sp.）、锥形多管水母（*Aequorea conica*）、马来侧须水母（*Helgicirrha malayensis*）和罗氏水母（*Lovenella assimilis*）只在秋季出现。

表 2-2-2　春季浮游动物的种类及分布

| 种　类 | 站　位 | | | | | | | | | | | | | |
|---|---|---|---|---|---|---|---|---|---|---|---|---|---|---|
| | A1 | A2 | A3 | A4 | A5 | A6 | A7 | A8 | A9 | A10 | A11 | A12 | A13 | A14 |
| 刺胞动物 Cnidaria | | | | | | | | | | | | | | |
| 束状高手水母 *Bougainvillia ramosa* | | | | | | | | + | + | | + | | | |
| 外肋水母 *Ectopleura dumortieri* | + | + | | + | | | | | | | | | | |
| 真囊水母 *Euphysora bigelowi* | | | | + | + | | | | | | | | | |
| 薮枝螅水母 *Obelia* spp. | | | | | | | | + | + | | + | | | |
| 半球杯水母 *Phialidium hemisphaericum* | | | | | + | | | + | | | + | | | + |
| 八斑芮氏水母 *Rathkea octopunctata* | + | + | + | + | + | + | | + | + | | + | | | |
| 日本长管水母 *Sarsia nipponica* | | | | | | | | | | + | + | | | |
| 桡足类 Copepoda | | | | | | | | | | | | | | |
| 双毛纺锤水蚤 *Acartia bifilosa* | + | + | + | + | + | + | + | + | + | + | + | + | + | + |
| 太平洋纺锤水蚤 *Acartia pacifica* | + | | | | | | | | | | | | | |
| 中华哲水蚤 *Calanus sinicus* | + | + | + | + | + | + | + | + | + | + | + | + | + | + |
| 墨氏胸刺水蚤 *Centropages mcmurrichi* | + | + | + | + | | + | + | | + | + | + | | + | |
| 近缘大眼剑水蚤 *Corycaeus affinis* | + | + | + | + | + | + | + | | + | + | + | + | + | + |
| 双刺唇角水蚤 *Labidocera bipinnata* | | + | | | + | | + | | | | | | | |
| 真刺唇角水蚤 *Labidocera euchaeta* | | | | | | | | | | + | | | | |
| 拟长腹剑水蚤 *Oithona similis* | + | + | | + | + | + | + | + | + | + | + | + | + | + |
| 小拟哲水蚤 *Paracalanus parvus* | + | + | + | + | + | + | + | + | + | + | + | + | + | + |
| 捷氏歪水蚤 *Tortanus derjugini* | + | | | | | | | | | | | | | |
| 端足类 Amphipoda | | | | | | | | | | | | | | |
| 钩虾 Gammaridea | | | | + | | | | | + | | | | | |
| 涟虫 Cumacea | | | | | | | | | | | | | | |
| 三叶针尾涟虫 *Diastylis tricincta* | + | | | | | | | | + | | | | | |
| 毛颚类 Chaetognatha | | | | | | | | | | | | | | |
| 强壮箭虫 *Sagitta crassa* | + | + | + | + | + | + | + | | + | + | + | + | + | + |
| 拿卡箭虫 *Sagitta nagae* | + | + | + | + | | + | + | + | + | + | + | + | + | + |
| 被囊类 Tunicata | | | | | | | | | | | | | | |
| 异体住囊虫 *Oikopleura dioica* | + | | | | + | | | + | + | + | + | + | + | + |
| 鱼类 Pisces | | | | | | | | | | | | | | |
| 海龙 Syngnathinae | | | | | | | | | | | + | | | |
| 幼虫 larvae | | | | | | | | | | | | | | |
| 短尾类幼虫 Brachyuea larva | + | + | + | + | | + | + | + | | + | + | | | |
| 腹足类幼虫 Gastropoda larva | + | | | | + | + | | + | + | + | + | + | | |
| 瓣鳃类幼虫 Lamellibranchiata larva | | | | | | | | + | | | + | + | + | + |
| 长尾类幼虫 Macrura larva | + | + | + | + | + | + | + | + | + | + | + | | + | + |
| 短尾大眼幼虫 Megalopa larva | + | | | | | | | | | | | | | |
| 糠虾幼虫 Mysidacea larva | + | | + | + | + | + | + | | + | + | | | | |
| 桡足类六肢幼虫 Nauplius larva | | | + | | | | | + | | | | + | | + |
| 长腕幼虫 Ophiopluteus larva | | | | | | | | | + | | + | + | | |
| 其他 | | | | | | | | | | | | | | |
| 虾幼体 | + | | + | + | + | | + | + | + | | | | | |
| 仔稚鱼 | + | + | + | + | + | + | + | + | + | | | | | |
| 鱼卵 | + | + | + | | + | + | + | | + | | | + | + | |

春季桡足类出现的种类数和秋季相同，都是 10 种。其中春季和秋季的共有种为 6 种：太平洋纺锤水蚤（*Acartia bifilosa*）、中华哲水蚤（*Calanus sinicus*）、近缘大眼剑水蚤（*Corycaeus affinis*）、双刺唇角水蚤（*Labidocera bipinnata*）、真刺唇角水蚤（*Labidocera euchaeta*）和小拟哲水蚤（*Paracalanus parvus*）。只在春季出现的种类有：双毛纺锤水蚤（*Acartia bifilosa*）、墨氏胸刺水蚤（*Centropages mcmurrichi*）、拟长腹剑水蚤（*Oithona similis*）和捷氏歪水蚤（*Tortanus derjugini*）。只在秋季出现的桡足类有：汤氏长足水蚤（*Calanopia thompsoni*）、背针胸刺水蚤（*Centropages dorsispinatus*）、钝简角水蚤（*Pontellopsis yamadae*）和瘦歪水蚤（*Tortanus gracilis*）。

春季幼虫共出现 8 种，比秋季多 1 种。春季和秋季共有种类 5 种，分别是：短尾类幼虫、腹足类幼虫、长尾类幼虫、短尾大眼幼虫和长腕幼虫。只在春季出现的幼虫有 3 种：瓣鳃类幼虫、糠虾幼虫和桡足类六肢幼虫。只在秋季出现的幼虫有 2 种：瓷蟹的蚤状幼虫和多毛类幼虫。

春季毛颚类出现了 2 种，比秋季多 1 种。拿卡箭虫（*Sagitta nagae*）在春、秋季都有出现。强壮箭虫（*Sagitta crassa*）只出现在春季。端足类的一种钩虾、被囊类的异体住囊虫（*Oikopleura dioica*）在春秋季都有出现。中华假磷虾（*Pseudeuphausia sinica*）、中国毛虾（*Acetes chinensis*）和细螯虾（*Leptochella gracilis*）只在秋季出现，而三叶针尾涟虫（*Diastylis tricincta*）和一种海龙只在春季出现。其他浮游动物中虾幼体、仔稚鱼和鱼卵在春秋季都有出现，乌贼幼体只在秋季出现在一个站位上。

2）秋季

根据秋季海州湾浮游动物调查航次的分析结果，秋季出现在海州湾的浮游动物经鉴定共有近 40 种，其中桡足类 10 种，水母类 12 种（11 种水螅水母，1 种栉水母），幼虫 7 种，原生动物、毛颚动物、被囊类、端足类、樱虾类、磷虾类和真虾类各 1 种，另外还有虾幼体、乌贼幼体、仔稚鱼和鱼卵等其他浮游动物（表 2-2-3）。桡足类和毛颚类的数量在很多站位上都占优势地位，通常分别占各采样站位浮游动物总量的 30%以上，水母类和幼虫的数量在局部区域也占一定的优势（表 2-2-4）。

**表 2-2-3 秋季浮游动物在调查海区的分布**

| 种 类 | 站 位 | | | | | | | | | | |
|---|---|---|---|---|---|---|---|---|---|---|---|
| | A1 | A2 | A4 | A5 | A6 | A7 | A8 | A10 | A11 | A13 | A14 |
| 刺胞动物 Cnidaria | | | | | | | | | | | |
| 半球杯水母 *Phialidium hemispharicum* | | + | | | | | | | | | + |
| 心形真唇水母 *Eucheilota ventricularis* | | | + | + | | | | | | | |
| 锡兰和平水母 *Eirene ceylonensis* | + | | + | | | | | + | + | + | |
| 薮枝螅水母 *Obelia* spp. | + | | + | + | | | | | | + | |
| 球形侧腕水母 *Pleurobrachia globosa* | + | + | + | + | + | + | | + | + | + | + |
| 双生水母 *Diplyes chemissonis* | + | | + | + | + | + | + | + | + | | + |
| 盘形酒杯水母 *Phialidium discoida* | + | | | | | | | | | | |

| 种 类 | 站 位 | | | | | | | | | | |
|---|---|---|---|---|---|---|---|---|---|---|---|
| | A1 | A2 | A4 | A5 | A6 | A7 | A8 | A10 | A11 | A13 | A14 |
| 五角水母 *Muggiaea atlantica* | | | + | | + | + | + | | + | | + |
| 双手水母 *Amphinema* sp. | | | | | + | | | | + | | |
| 锥形多管水母 *Aequorea conica* | | | | | | + | | | | | |
| 马来侧须水母 *Helgicirrha malayensis* | | | | | | + | | | | | |
| 罗氏水母 *Lovenella assimile* | | | + | | + | | | | + | | + |
| 桡足类 Copepoda | | | | | | | | | | | |
| 汤氏长足水蚤 *Calanopia thompsoni* | + | + | + | + | + | + | + | + | + | + | + |
| 中华哲水蚤 *Calanus sinicus* | | | | | + | | | | | + | + |
| 小拟哲水蚤 *Paracalanus parvus* | | | + | + | | + | | + | + | + | + |
| 太平洋纺锤水蚤 *Acartia pacifica* | + | + | + | + | + | + | + | + | + | + | + |
| 双刺唇角水蚤 *Labidocera bipinnata* | + | + | | + | | + | | + | | + | + |
| 真刺唇角水蚤 *Labidocera euchaeta* | + | + | | + | | + | | + | | + | + |
| 背针胸刺水蚤 *Centropages dorsispinatus* | + | + | | + | + | + | + | + | + | + | |
| 近缘大眼剑水蚤 *Corycaeus affinis* | | | | + | | | | | | + | + |
| 钝简角水蚤 *Pontellopsis yamadae* | | + | | | | | | | | | |
| 瘦歪水蚤 *Tortanus gracilis* | + | | + | + | | + | | | | | |
| 端足类 Amphipoda | | | | | | | | | | | |
| 钩虾 *Gammaridea* sp. | | + | | + | | | | + | | + | |
| 磷虾类 Euphausiid | | | | | | | | | | | |
| 中华假磷虾 *Pseudeuphausia sinica* | | | | + | + | + | + | + | + | + | + |
| 樱虾类 Sergestid | | | | | | | | | | | |
| 中国毛虾 *Acetes chinensis* | | | | | + | | | | | | |
| 真虾类 Caridea | | | | | | | | | | | |
| 细螯虾 *Leptochella gracilis* | | | | + | + | | | | | + | + |
| 毛颚类 Chaetognatha | | | | | | | | | | | |
| 拿卡箭虫 *Sagitta nagae* | + | + | + | + | + | + | + | + | + | + | + |
| 被囊类 Tunicata | | | | | | | | | | | |
| 异体住囊虫 *Oikopleura dioica* | | | + | | + | | | + | + | + | + |
| 幼虫 larvae | | | | | | | | | | | |
| 长尾类幼虫 Macrura Larva | + | + | + | + | + | + | | + | + | + | + |
| 短尾类幼虫 Brachyuea Larva | + | | + | | + | | | + | | + | + |
| 瓷蟹的蚤状幼虫 Porcella larva | + | | + | | + | | | | | + | + |
| 多毛类幼虫 Polychaeta larva | + | + | + | + | + | | | + | + | + | + |
| 腹足类幼虫 Gastropoda larva | + | | + | + | + | + | + | + | + | + | + |
| 短尾大眼幼虫 Megalopa larva | | | + | | | | | | | | |
| 长腕幼虫 Ophiopluteus larva | | | + | | | | | + | + | + | + |
| 其他 | | | | | | | | | | | |
| 虾幼体 | + | + | | + | | | | | | + | + |
| 仔稚鱼 | + | | + | + | + | | | + | | | + |
| 鱼卵 | + | | + | + | + | + | | + | | + | |
| 乌贼幼体 | | | | | + | | | | | | |

表 2-2-4 秋季调查海区各站位上浮游动物的百分比组成

| 类群 | 站位 | | | | | | | | | | |
|---|---|---|---|---|---|---|---|---|---|---|---|
| | A1 | A2 | A4 | A5 | A6 | A7 | A8 | A10 | A11 | A13 | A14 |
| 桡足类 | 0.354 | 0.101 | 0.161 | 0.556 | 0.253 | 0.636 | 0.409 | 0.390 | 0.114 | 0.376 | 0.245 |
| 水母类 | 0.056 | 0.011 | 0.130 | 0.013 | 0.120 | 0.020 | 0.273 | 0.030 | 0.516 | 0.021 | 0.146 |
| 幼虫类 | 0.035 | 0.051 | 0.267 | 0.091 | 0.228 | 0.006 | 0.091 | 0.140 | 0.068 | 0.079 | 0.208 |
| 原生动物 | — | — | — | — | — | — | 0.136 | — | 0.037 | — | 0.003 |
| 端足类 | — | 0.006 | — | 0.002 | — | — | — | 0.006 | — | 0.007 | — |
| 樱虾类 | — | — | — | — | 0.008 | — | — | — | — | — | — |
| 磷虾类 | — | — | — | 0.095 | 0.012 | 0.180 | 0.045 | 0.061 | 0.091 | 0.110 | 0.065 |
| 毛颚类 | 0.514 | 0.826 | 0.397 | 0.224 | 0.336 | 0.150 | 0.045 | 0.213 | 0.169 | 0.362 | 0.314 |
| 被囊类 | — | — | 0.007 | — | 0.017 | — | — | 0.006 | 0.005 | 0.007 | 0.003 |
| 其他 | 0.041 | 0.006 | 0.038 | 0.020 | 0.025 | 0.008 | — | 0.152 | — | 0.038 | 0.016 |
| 总和 | 1.000 | 1.000 | 1.000 | 1.000 | 1.000 | 1.000 | 1.000 | 1.000 | 1.000 | 1.000 | 1.000 |

总之，春季和秋季海州湾调查中共记录浮游动物 55 种，其中刺胞动物 17 种，桡足类 14 种，幼虫类 10 种，其他甲壳动物（钩虾、磷虾、毛虾、细螯虾和涟虫）5 种，毛颚类 2 种，原生动物、被囊类和鱼类各 1 种，其他浮游生物 4 种。

（2）浮游动物的分布及丰度

1）春季

春季调查中各站位上浮游动物的物种多样性统计结果显示，A1、A9 和 A11 站上浮游动物的物种多样性较高，分别为 23 种、22 种和 21 种。A13 和 A14 站上浮游动物的物种多样性较低，均为 13 种。调查中各站位上桡足类的物种多样性较高，通常在 6～8 种；其次为幼虫类，多数站位有 3～5 种；春季水母类的物种多样性较低，通常在 3 种以下。2 种毛颚类在各站位上都有出现。

从春季各站位上浮游动物的数量百分比组成上可以看出，多数站位上桡足类都占数量上的绝对优势（＞50%）。春季水母类、端足类、毛颚类、被囊类、幼虫和其他类别的浮游动物在数量组成上都占很小的比例，除极个别站位（即 A8 站水母类数量百分比为 15%）外数量百分比都在 10%以下。

春季调查区域浮游动物总丰度较高，丰度范围在 812.5～8 898.6 个/m$^3$，平均丰度 3 744.8 个/m$^3$。调查区域西部和中部都出现了大于 5 000 个/m$^3$ 的高丰度区（图 2-2-8）。

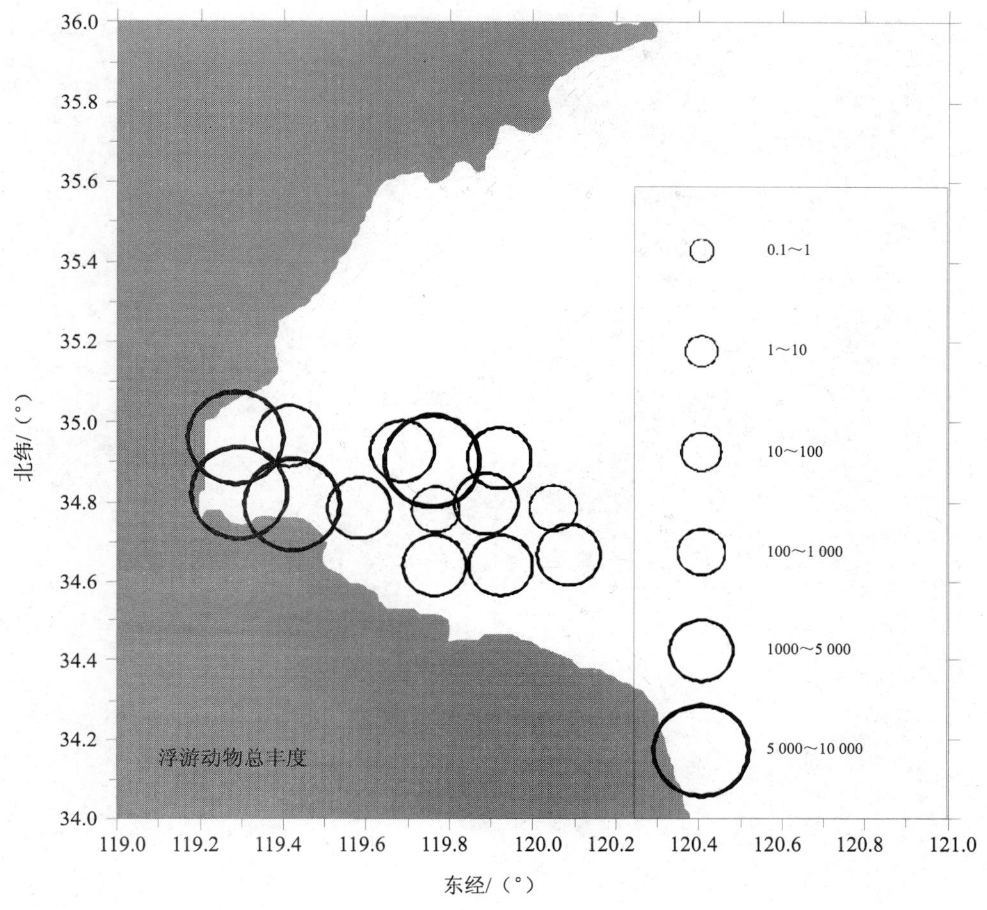


**图 2-2-8　春季浮游动物总丰度分布**

春季调查区域桡足类丰度分布较均匀，丰度值为 559.2～8 256.3 个/m$^3$，平均丰度 2 497.8 个/m$^3$，高丰度值出现在调查区域西部海州湾湾底（图 2-2-9）。春季出现的 10 种桡足类中双毛纺锤水蚤、中华哲水蚤、墨氏胸刺水蚤、近缘大眼剑水蚤、拟长腹剑水蚤和小拟哲水蚤等 6 种在调查区域有较广泛的分布，出现的站位都在 10 个以上。其中双毛纺锤水蚤、中华哲水蚤和小拟哲水蚤在所调查的 14 个站位上都有出现，而且丰度较高，丰度值范围分别为 10.5～3 433.3 个/m$^3$、199.2～4 263.9 个/m$^3$ 和 110.7～2 392.2 个/m$^3$，平均丰度值分别为 790.5 个/m$^3$、1 049.9 个/m$^3$ 和 543.2 个/m$^3$，它们是调查区域桡足类总丰度的主要贡献者。春季双刺唇角水蚤、真刺唇角水蚤、太平洋纺锤水蚤和捷氏歪水蚤仅在调查区域的个别站位（低于 3 个）上出现，丰度通常也都很低，平均丰度都低于 1 个/m$^3$。

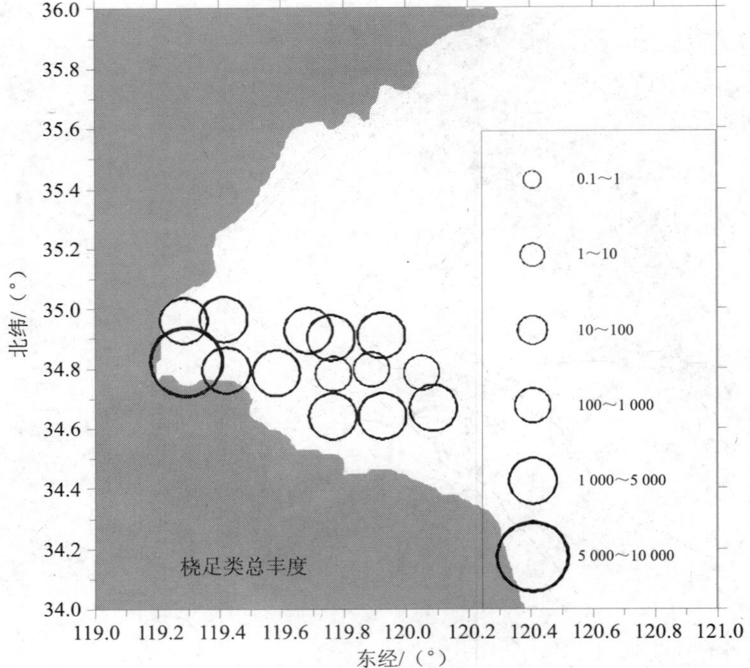
36.0
35.8
35.6
35.4
35.2
35.0
34.8
34.6
34.4
34.2
34.0
北纬/（°）
119.0 119.2 119.4 119.6 119.8 120.0 120.2 120.4 120.6 120.8 121.0
东经/（°）
0.1～1
1～10
10～100
100～1 000
1 000～5 000
5 000～10 000
桡足类总丰度

A

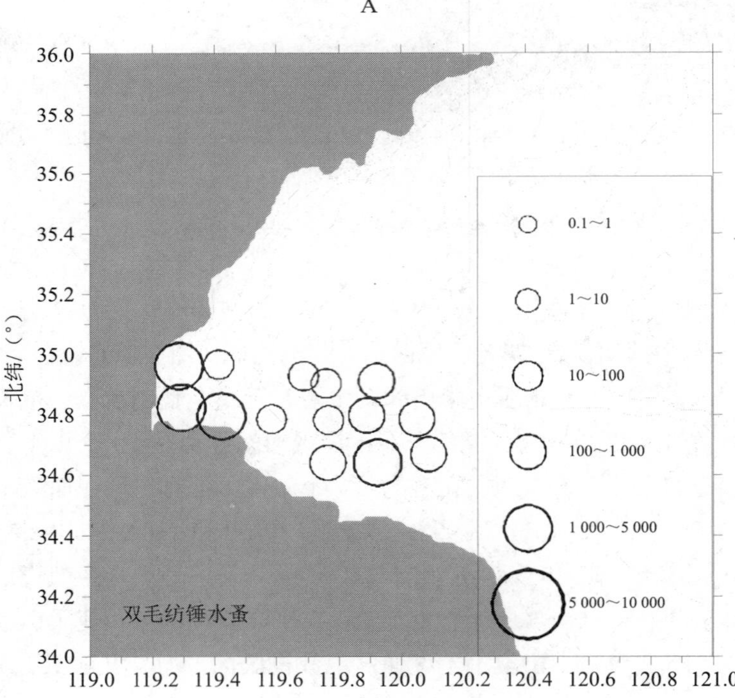
36.0
35.8
35.6
35.4
35.2
35.0
34.8
34.6
34.4
34.2
34.0
北纬/（°）
119.0 119.2 119.4 119.6 119.8 120.0 120.2 120.4 120.6 120.8 121.0
东经/（°）
0.1～1
1～10
10～100
100～1 000
1 000～5 000
5 000～10 000
双毛纺锤水蚤

B

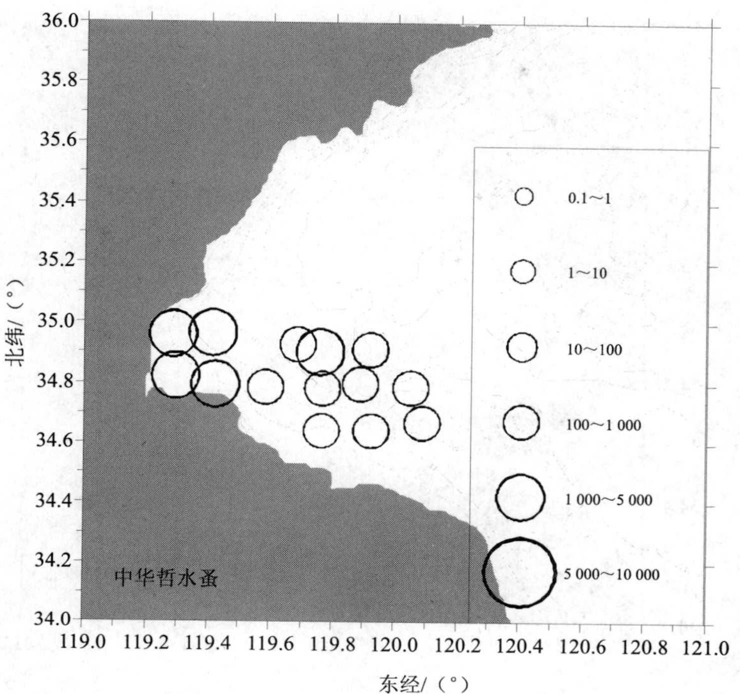
36.0
35.8
35.6
35.4
35.2
35.0
34.8
34.6
34.4
34.2
34.0
北纬/（°）
119.0 119.2 119.4 119.6 119.8 120.0 120.2 120.4 120.6 120.8 121.0
东经/（°）
0.1～1
1～10
10～100
100～1 000
1 000～5 000
5 000～10 000
中华哲水蚤

C

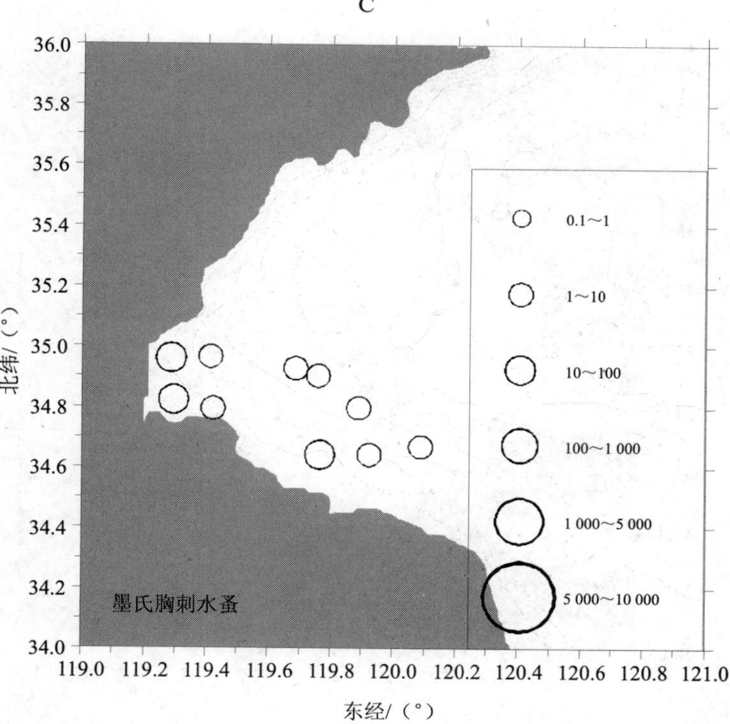
36.0
35.8
35.6
35.4
35.2
35.0
34.8
34.6
34.4
34.2
34.0
北纬/（°）
119.0 119.2 119.4 119.6 119.8 120.0 120.2 120.4 120.6 120.8 121.0
东经/（°）
0.1～1
1～10
10～100
100～1 000
1 000～5 000
5 000～10 000
墨氏胸刺水蚤

D

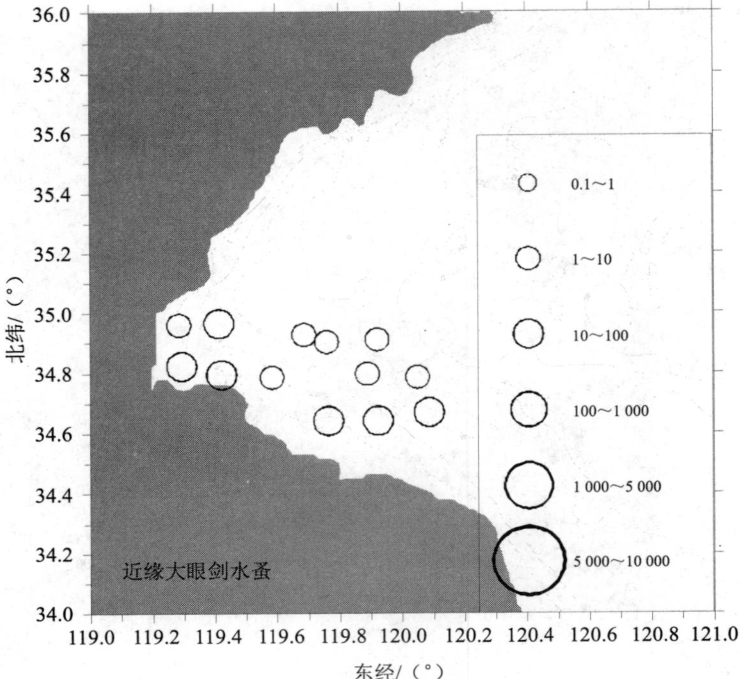
36.0
35.8
35.6
35.4
35.2
35.0
34.8
34.6
34.4
34.2
34.0
北纬/（°）
119.0 119.2 119.4 119.6 119.8 120.0 120.2 120.4 120.6 120.8 121.0
东经/（°）
0.1～1
1～10
10～100
100～1 000
1 000～5 000
5 000～10 000
近缘大眼剑水蚤

E

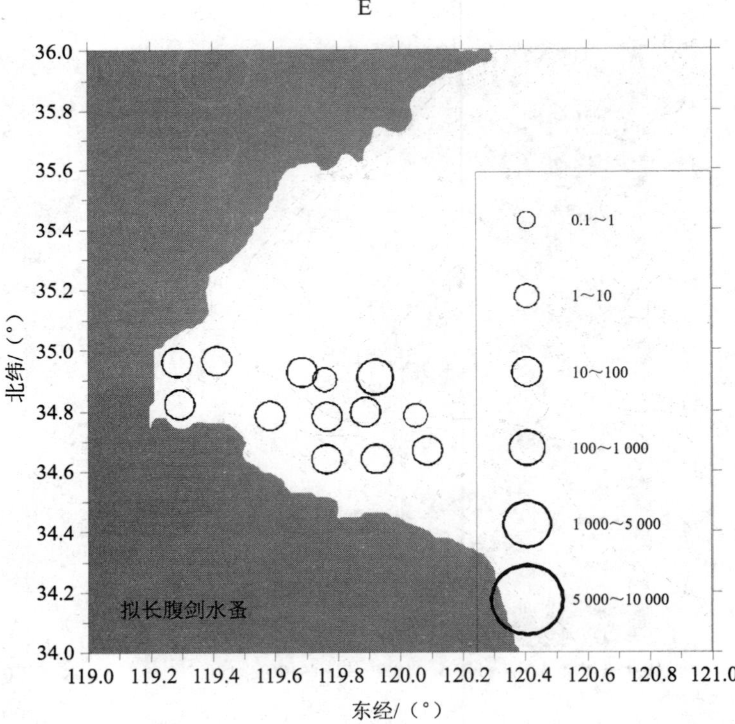
36.0
35.8
35.6
35.4
35.2
35.0
34.8
34.6
34.4
34.2
34.0
北纬/（°）
119.0 119.2 119.4 119.6 119.8 120.0 120.2 120.4 120.6 120.8 121.0
东经/（°）
0.1～1
1～10
10～100
100～1 000
1 000～5 000
5 000～10 000
拟长腹剑水蚤

F

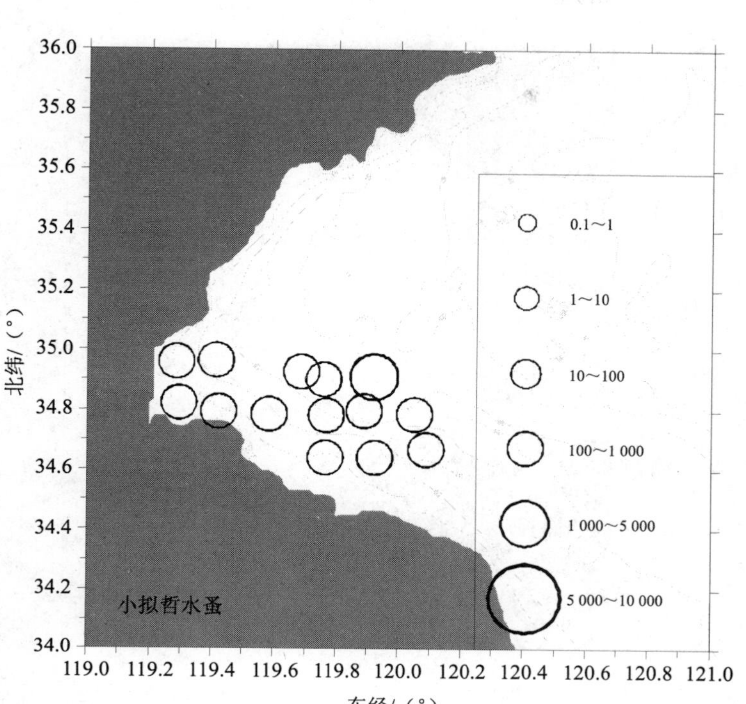


G

**图 2-2-9 春季海州湾桡足类的分布和丰度**

春季水母类在调查区域的大多数站位上都有出现，但丰度远低于桡足类的丰度，丰度值范围为 1.3～258.4 个/m$^3$，平均丰度 52.5 个/m$^3$。调查区域只出现了两处大于 100 个/m$^3$ 的高丰度值，分别出现在湾底部的 A2 站和东中部的 A8 站上（图 2-2-10）。春季出现的 7 种水母类中只有八斑芮氏水母有较广的分布和较高的丰度，丰度值为 20.2～256.7 个/m$^3$，平均丰度 48.9 个/m$^3$，这种水母是春季水母类的优势种。其余 6 种水母类只在调查区域零星出现，平均丰度值大多都低于 1 个/m$^3$。

春季海州湾幼虫类在调查区域的大多数站位上也都有出现，不过丰度都不高，丰度范围为 2.8～152.1 个/m$^3$，平均丰度 45.4 个/m$^3$，高丰度值出现在湾底南侧的 A1 和 A3 站（图 2-2-11）。春季出现的 8 种幼虫中，长尾类幼虫、短尾类幼虫、糠虾幼虫和腹足类幼虫 4 种分布较广，在 8 个以上站位都有出现。分布较广的 4 种幼虫中，长尾类幼虫的分布范围最广，出现在 13 个站位上，丰度也较高，丰度范围为 1.7～137.0 个/m$^3$，平均丰度 35.8 个/m$^3$。其次为短尾类幼虫，出现在 9 个站位上，丰度范围为 1.5～193.1 个/m$^3$，平均丰度 30.2 个/m$^3$。糠虾类幼虫和腹足类幼虫都在 8 个站位上出现，但丰度都不高，平均丰度分别为 5.8 个/m$^3$ 和 5.5 个/m$^3$。瓣鳃类幼虫、桡足类六肢幼虫、长腕幼虫和短尾大眼幼虫分布较窄。除瓣鳃类幼虫在 A12 站丰度较高（151.2 个/m$^3$），从而平均丰度稍高外，其余 3 种幼虫的平均丰度都低于 5 个/m$^3$。

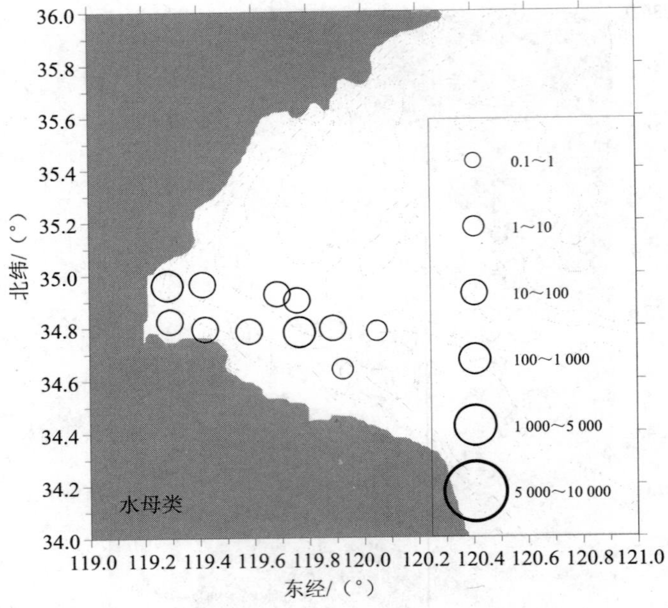


A

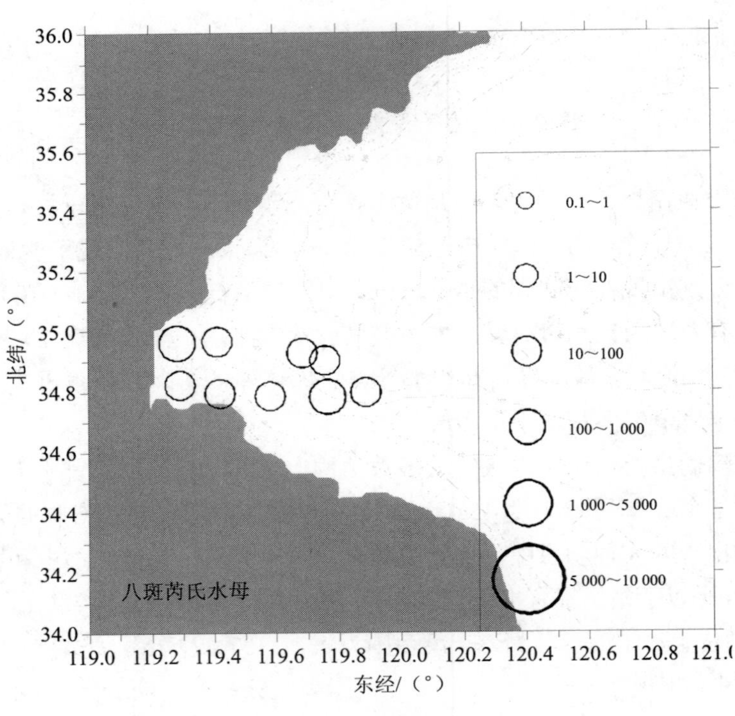


B

图 2-2-10　春季海州湾水母类的分布和丰度

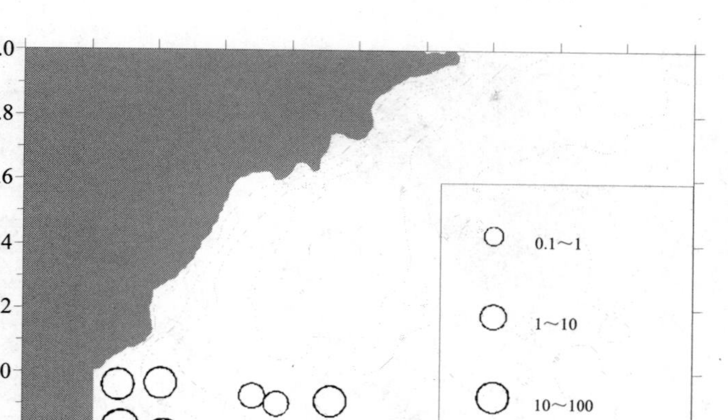
36.0
35.8
35.6
35.4
35.2
35.0
34.8
34.6
34.4
34.2
34.0
北纬/（°）
119.0 119.2 119.4 119.6 119.8 120.0 120.2 120.4 120.6 120.8 121.0
东经/（°）
幼虫类
0.1～1
1～10
10～100
100～1 000
1 000～5 000
5 000～10 000

A

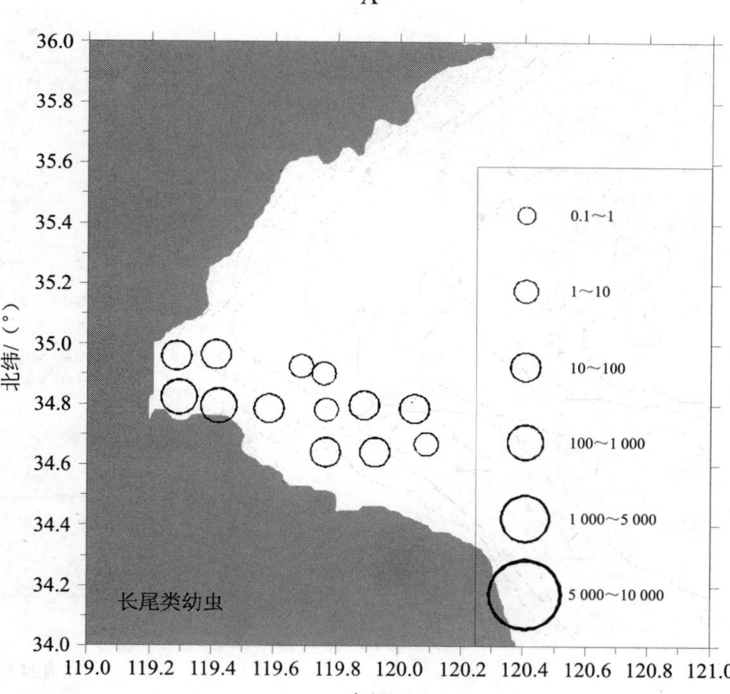
36.0
35.8
35.6
35.4
35.2
35.0
34.8
34.6
34.4
34.2
34.0
北纬/（°）
119.0 119.2 119.4 119.6 119.8 120.0 120.2 120.4 120.6 120.8 121.0
东经/（°）
长尾类幼虫
0.1～1
1～10
10～100
100～1 000
1 000～5 000
5 000～10 000

B

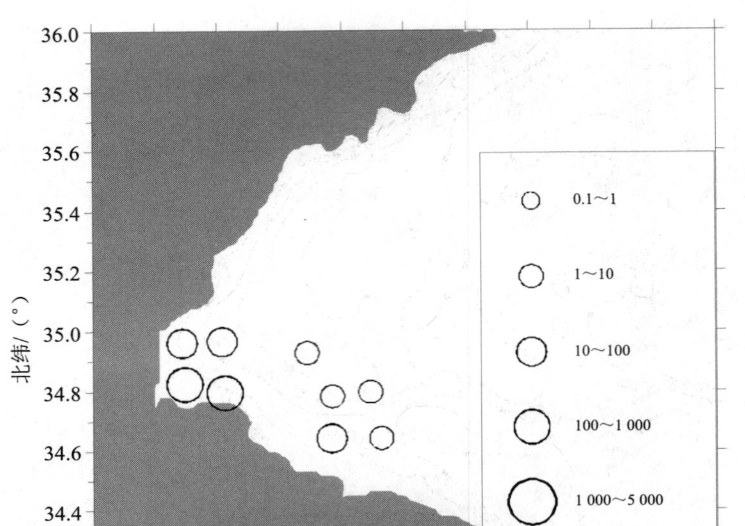
36.0
35.8
35.6
35.4
35.2
35.0
34.8
34.6
34.4
34.2
34.0
北纬/（°）
119.0 119.2 119.4 119.6 119.8 120.0 120.2 120.4 120.6 120.8 121.0
东经/（°）
0.1～1
1～10
10～100
100～1 000
1 000～5 000
5 000～10 000
短尾类幼虫

C

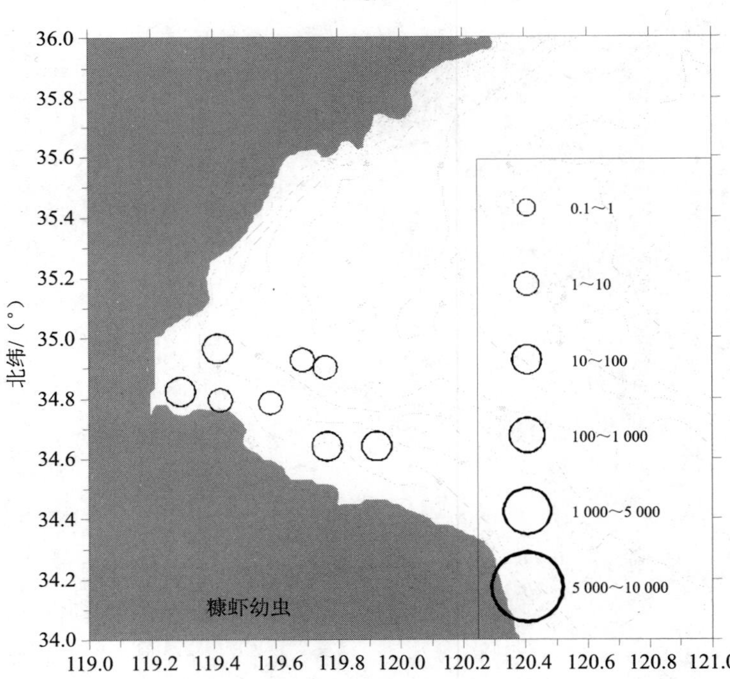
36.0
35.8
35.6
35.4
35.2
35.0
34.8
34.6
34.4
34.2
34.0
北纬/（°）
119.0 119.2 119.4 119.6 119.8 120.0 120.2 120.4 120.6 120.8 121.0
东经/（°）
0.1～1
1～10
10～100
100～1 000
1 000～5 000
5 000～10 000
糠虾幼虫

D

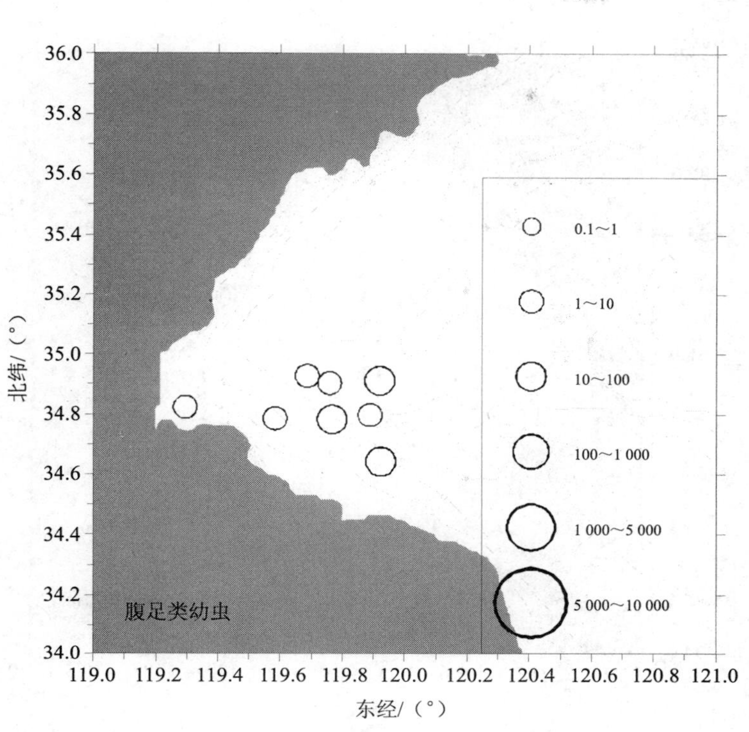


E

图 2-2-11 春季海州湾幼虫类的分布和丰度

春季毛颚类在调查区域分布较广，14 个站位上都有记录，丰度范围为 4.4～152.8 个/m$^3$，平均丰度 40.6 个/m$^3$。最高丰度值出现在湾底南部的 A1 站上（图 2-2-12）。强壮箭虫和拿卡箭虫在 13 个站位上都有分布，丰度范围分别为 2.1～91.7 个/m$^3$ 和 3.4～61.1 个/m$^3$，平均丰度分别为 20.7 个/m$^3$ 和 19.9 个/m$^3$。

春季被囊类、端足类、涟虫和鱼类分别记录到 1 种，即异体住囊虫、钩虾未定种、三叶针尾涟虫和海龙未定种。异体住囊虫分布较广，出现在 9 个站位上，丰度也较高，丰度范围为 2.6～138.1 个/m$^3$，平均丰度 24.7 个/m$^3$（图 2-2-13）。除异体住囊虫外，其他 3 种都只在一两个站上有零星的分布而且丰度也很低（低于 1 个/m$^3$）。

春季其他类浮游动物有鱼卵、仔稚鱼和虾幼体。其他类浮游动物在多数站位上都有出现，总丰度范围为 2.8～626.4 个/m$^3$，总平均丰度 85.1 个/m$^3$。鱼卵和仔稚鱼分别在 9 个站位上出现，高丰度值都出现在湾底部，丰度范围分别为 2.8～592.7 个/m$^3$ 和 1.5～50 个/m$^3$，平均丰度为 68.2 个/m$^3$ 和 13.4 个/m$^3$。虾幼体在 7 个站位上出现，丰度分布较均匀，丰度范围为 1.9～24.3 个/m$^3$，平均丰度 3.5 个/m$^3$（图 2-2-14）。

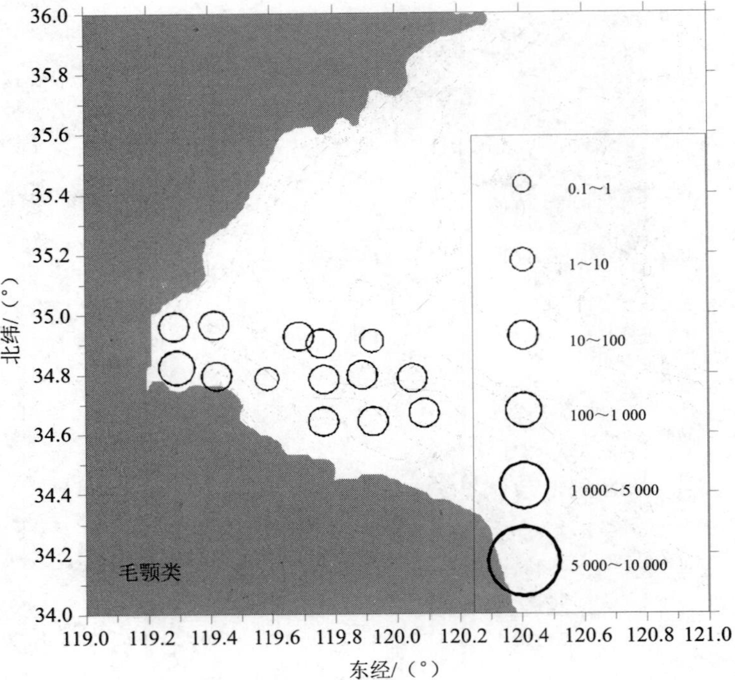
36.0
35.8
35.6
35.4
35.2
35.0
34.8
34.6
34.4
34.2
34.0
北纬/（°）
119.0 119.2 119.4 119.6 119.8 120.0 120.2 120.4 120.6 120.8 121.0
东经/（°）
毛颚类
0.1～1
1～10
10～100
100～1 000
1 000～5 000
5 000～10 000

A

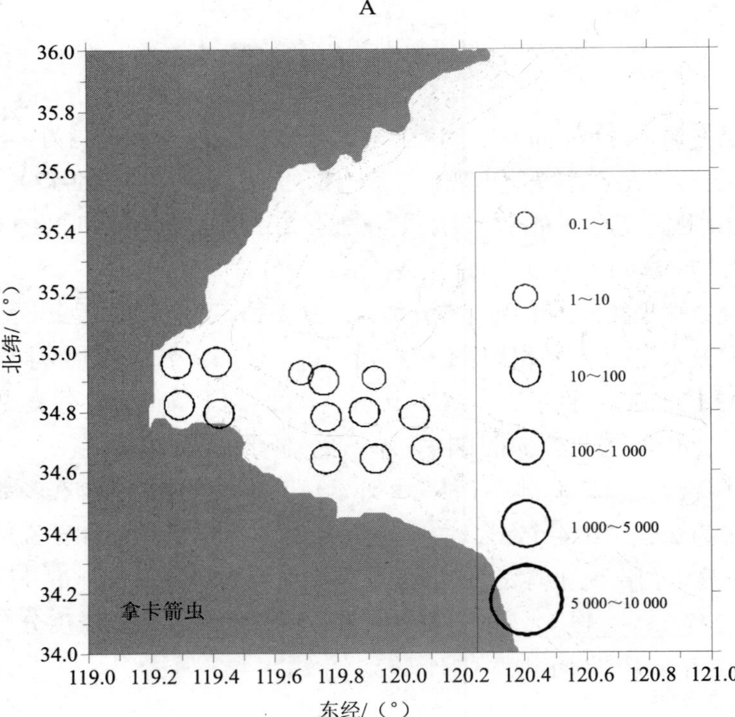
36.0
35.8
35.6
35.4
35.2
35.0
34.8
34.6
34.4
34.2
34.0
北纬/（°）
119.0 119.2 119.4 119.6 119.8 120.0 120.2 120.4 120.6 120.8 121.0
东经/（°）
拿卡箭虫
0.1～1
1～10
10～100
100～1 000
1 000～5 000
5 000～10 000

B

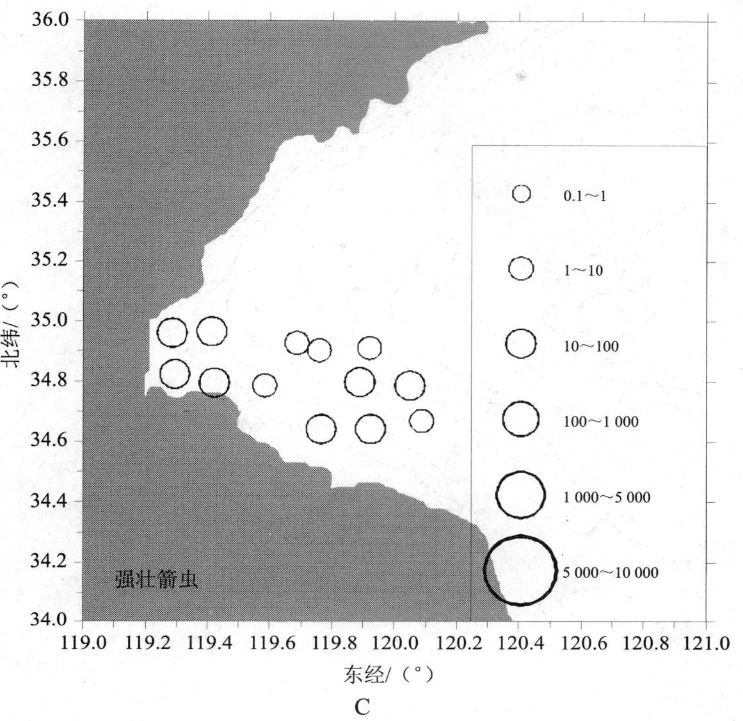


图 2-2-12 春季毛颚动物的分布及丰度

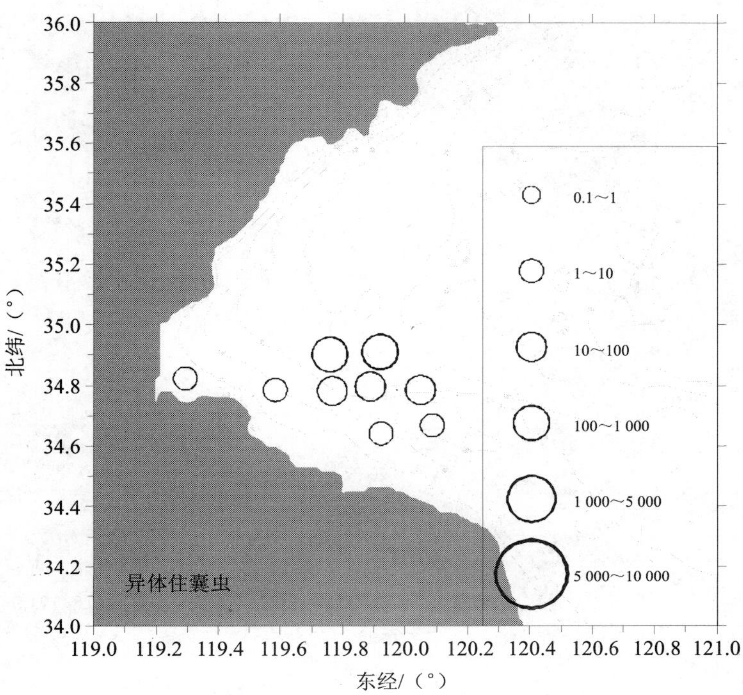


图 2-2-13 春季被囊类的分布及丰度

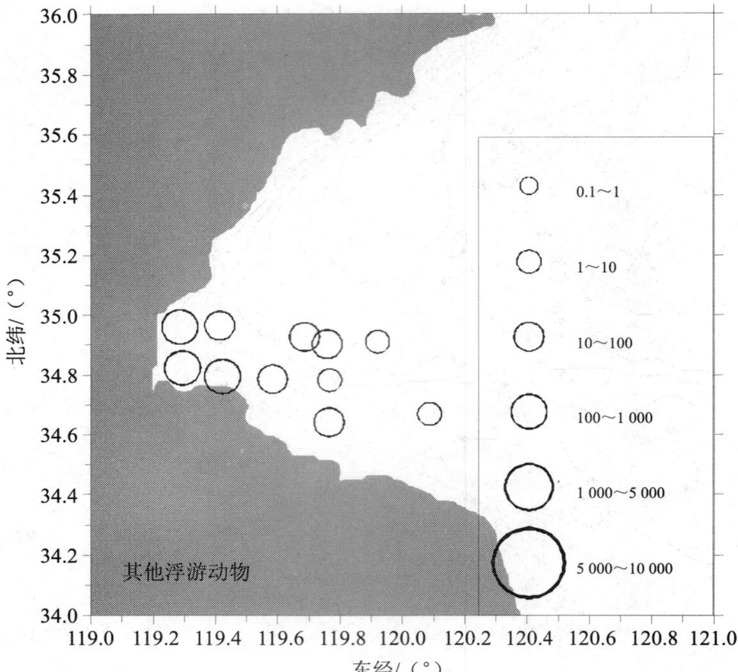
36.0
35.8
35.6
35.4
35.2
35.0
34.8
34.6
34.4
34.2
34.0
北纬/（°）
119.0 119.2 119.4 119.6 119.8 120.0 120.2 120.4 120.6 120.8 121.0
东经/（°）
其他浮游动物
0.1～1
1～10
10～100
100～1 000
1 000～5 000
5 000～10 000

A

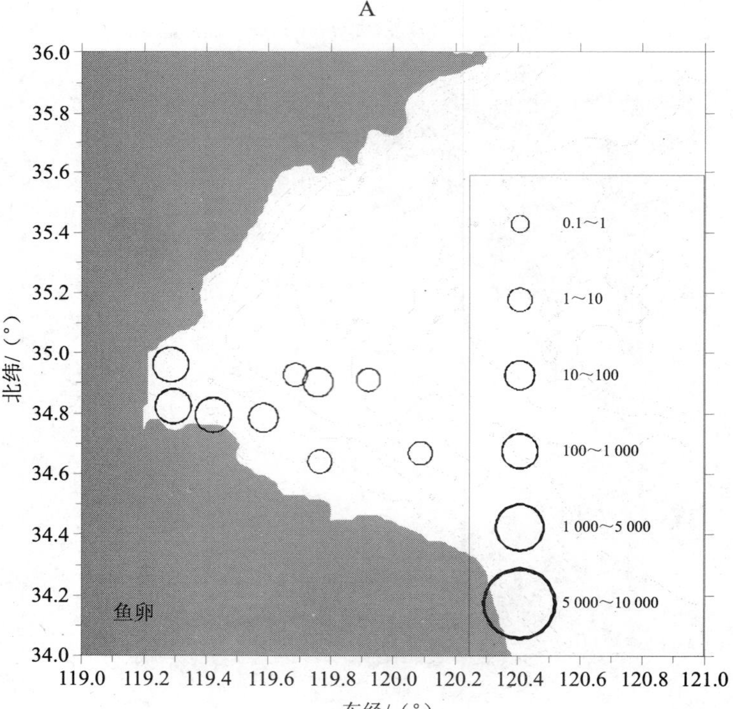
36.0
35.8
35.6
35.4
35.2
35.0
34.8
34.6
34.4
34.2
34.0
北纬/（°）
119.0 119.2 119.4 119.6 119.8 120.0 120.2 120.4 120.6 120.8 121.0
东经/（°）
鱼卵
0.1～1
1～10
10～100
100～1 000
1 000～5 000
5 000～10 000

B

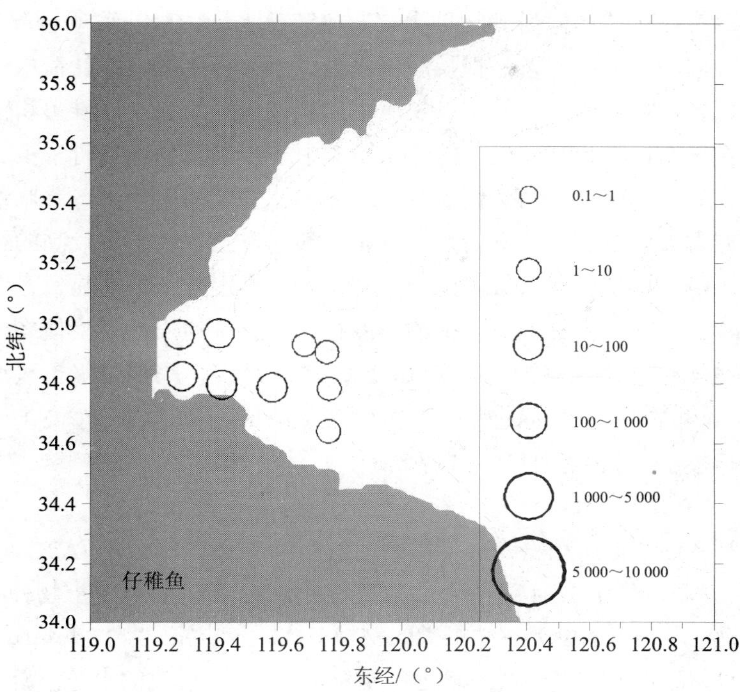


C

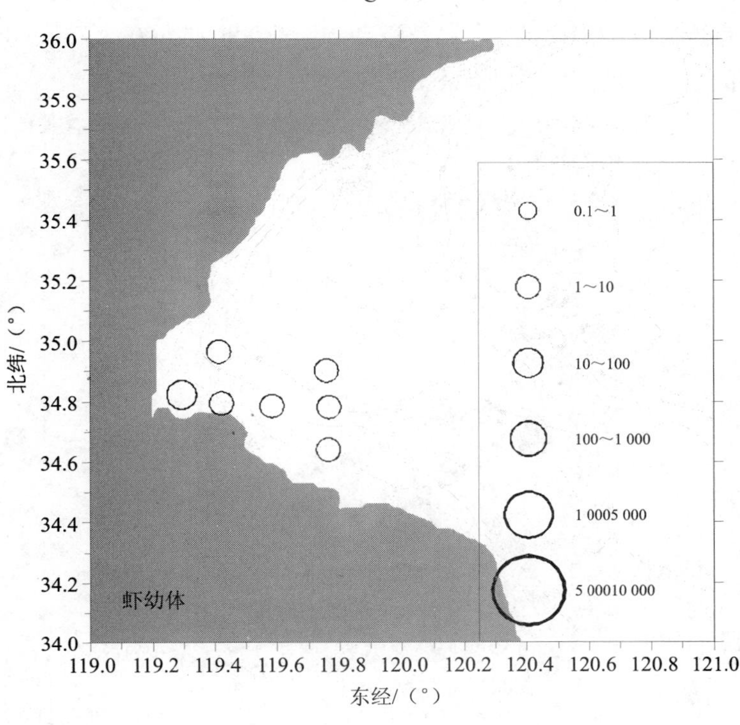


D

图 2-2-14　春季其他类浮游动物的分布及丰度

总之，春季分布较广的浮游动物种类有八斑芮氏水母、双毛纺锤水蚤、中华哲水蚤、墨氏胸刺水蚤、近缘大眼剑水蚤、拟长腹剑水蚤、小拟哲水蚤、强壮箭虫、拿卡箭虫、异体住囊虫、短尾类幼虫、腹足类幼虫、长尾类幼虫、糠虾幼虫、仔稚鱼和鱼卵。这些种类出现的站位都在 8 个以上，其中双毛纺锤水蚤、中华哲水蚤和小拟哲水蚤 3 种在所有调查站位（14 个）上都有分布。此外，近缘大眼剑水蚤、拟长腹剑水蚤、强壮箭虫、拿卡箭虫和长尾类幼虫在调查的 13 个站位上都有分布。各站位上数量丰度较高的种类有双毛纺锤水蚤、中华哲水蚤和小拟哲水蚤。其中中华哲水蚤的丰度优势最明显，在 5 个站位上有大于 10 000 个/m$^3$ 的丰度值，其他站位上的丰度也都是各站前三高丰度值之一。双毛纺锤水蚤次之，分别在 4 个站位上有大于 10 000 个/m$^3$ 的丰度值。小拟哲水蚤只在 1 个站位上有大于 10 000 个/m$^3$ 的丰度值，但它的丰度在大多数站位上都是前三个高丰度之一。调查区域其他种类的丰度值绝大多数低于 100 个/m$^3$。

2）秋季

秋季海州湾各站位浮游动物物种多样性差别不大，除个别区域（A2、A8 站）外，物种总数都在 20 种左右，其中 A14 站出现的种类最多达 25 种。各站位上物种组成虽然不尽相同，但总的来说桡足类、水母类和幼虫类的物种多样性较丰富，都占重要比例。浮游动物总丰度的分布趋势是近岸站位高于离岸较远的站位，在 10 m 以浅的水域浮游动物丰度通常大于 100 个/m$^3$（图 2-2-15）。调查海区西南部 A7 站位上浮游动物的丰度最高，达 5 001 个/m$^3$，其次为西北部靠近海州湾湾底的 A1 站浮游动物的丰度也在 500 个/m$^3$ 以上。10 m 以深站位上浮游动物的数量丰度绝大多数都不超过 100 个/m$^3$。

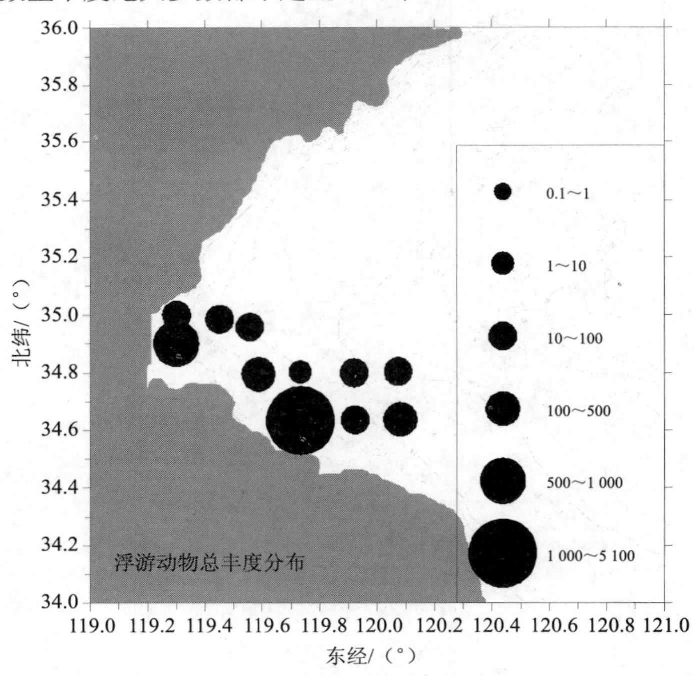


图 2-2-15　秋季浮游动物总丰度分布

桡足类共出现 10 种，在大多数站位上，桡足类都有 4 种以上，只有 A8 站只出现了 3 种，A5 站和 A13 站桡足类种类最多，有 8 种。桡足类总丰度的分布趋势和浮游动物总丰度的分布趋势基本一致，这说明桡足类在浮游动物的丰度组成中有重要意义。该区域出现的 10 种桡足类中，汤氏长足水蚤和太平洋纺锤水蚤在整个调查区域均有分布，并且是数量丰度上占优势的种类。小拟哲水蚤、双刺唇角水蚤、真刺唇角水蚤、背针胸刺水蚤的分布和丰度次之，钝简角水蚤、近缘大眼剑水蚤、中华哲水蚤和瘦歪水蚤的分布范围较窄，在数量上也很少占优势（图 2-2-16）。

共出现 12 种水母类，其中 A4 站出现的种类最多有 7 种，A2 和 A8 站最少，只有 2 种。水母类总丰度的分布趋势与浮游动物总丰度的分布趋势相似，也是近岸高于近海。球形侧腕水母、双生水母和五角水母是分布最广泛的 3 种水母，并且也是丰度占优势水母种类，而盘形酒杯水母、锥形多管水母、马来侧须水母、双手水母和半球杯水母则只在个别站位上零星出现，丰度一般也不大，很少占优势（图 2-2-17）。

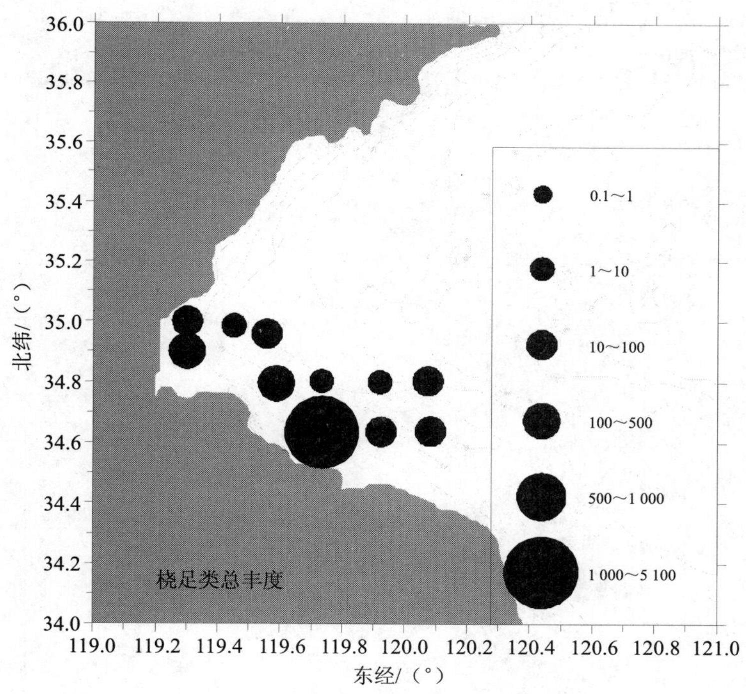


A

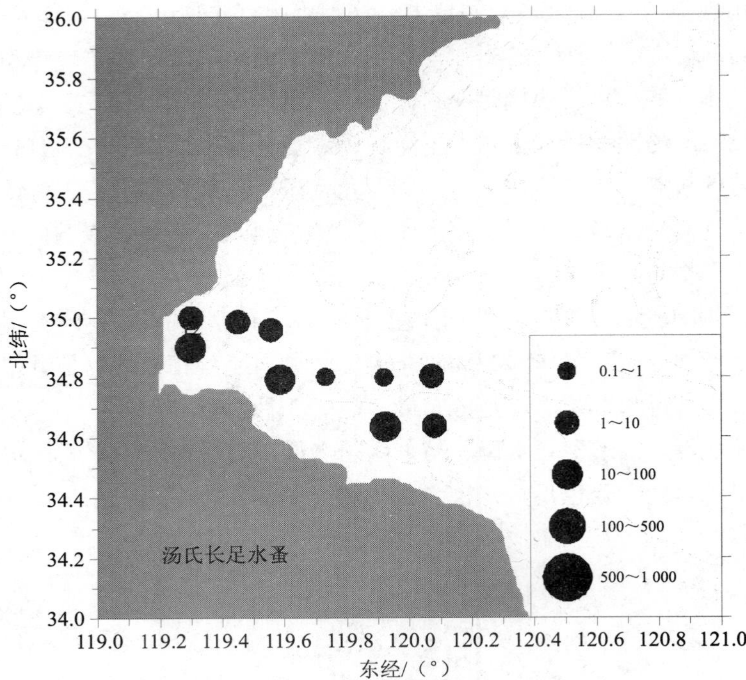


B

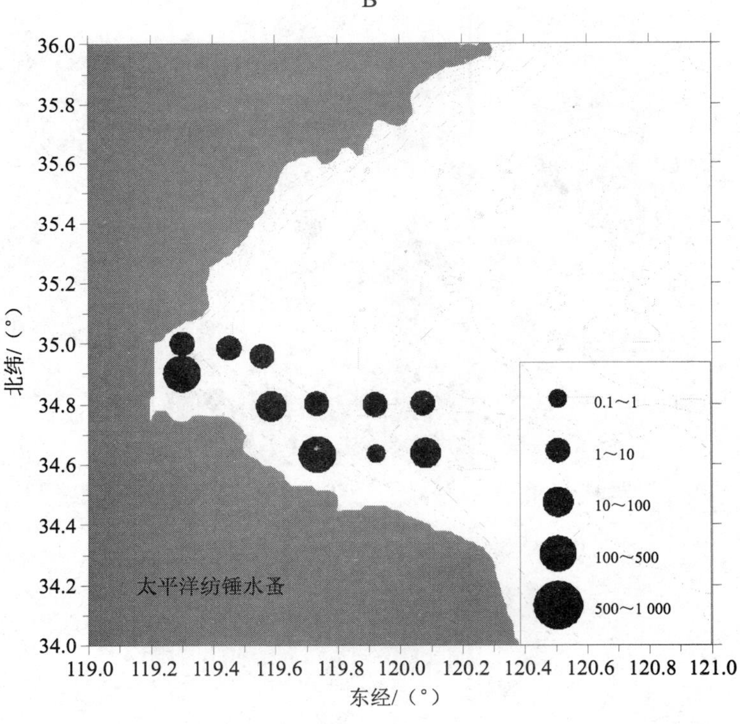


C

**图 2-2-16 秋季海州湾桡足类及优势种的分布及丰度**

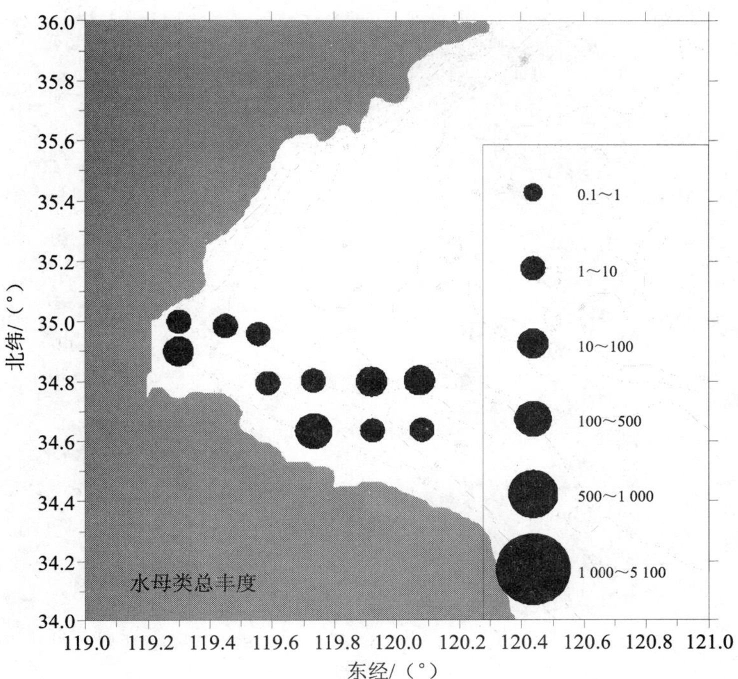
36.0
35.8
35.6
35.4
35.2
35.0
34.8
34.6
34.4
34.2
34.0
北纬/（°）
119.0
119.2
119.4
119.6
119.8
120.0
120.2
120.4
120.6
120.8
121.0
东经/（°）
0.1～1
1～10
10～100
100～500
500～1 000
1 000～5 100
水母类总丰度

A

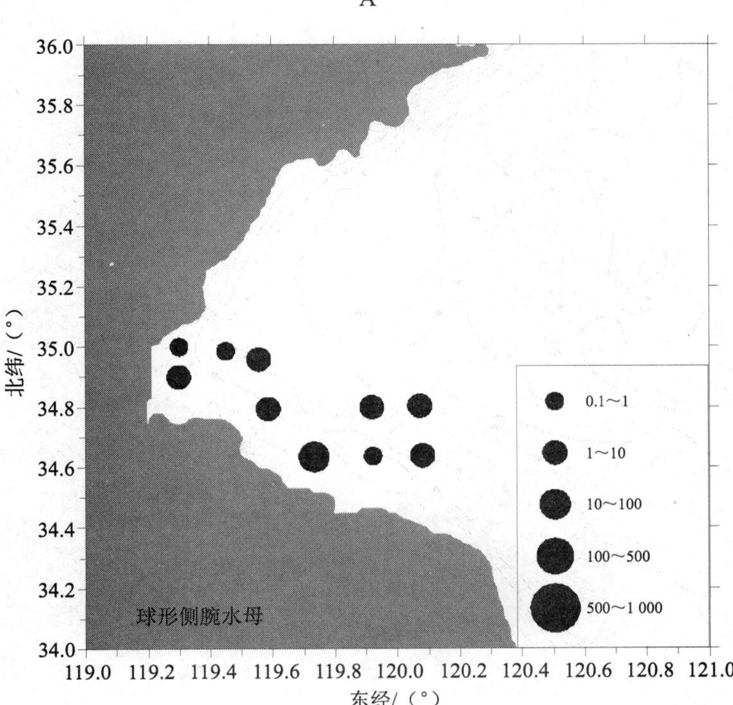
36.0
35.8
35.6
35.4
35.2
35.0
34.8
34.6
34.4
34.2
34.0
北纬/（°）
119.0
119.2
119.4
119.6
119.8
120.0
120.2
120.4
120.6
120.8
121.0
东经/（°）
0.1～1
1～10
10～100
100～500
500～1 000
球形侧腕水母

B

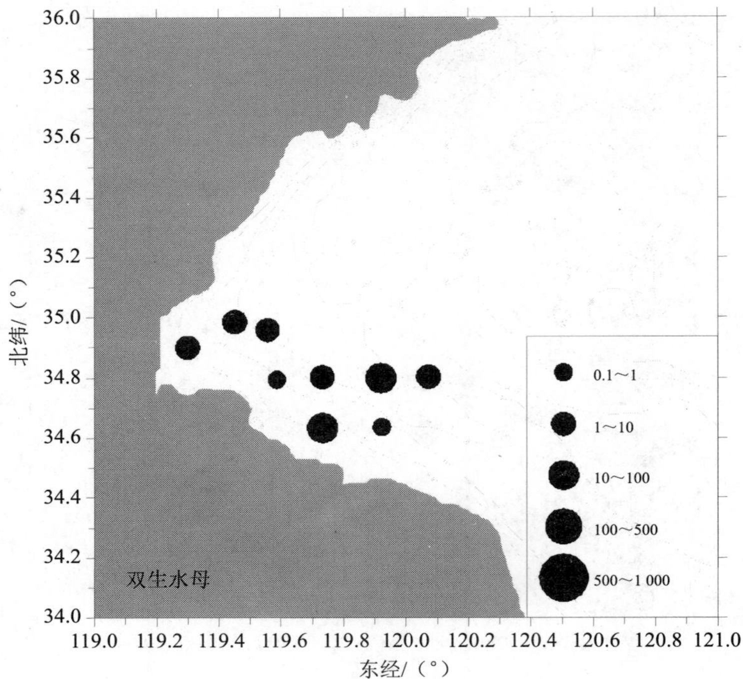


C

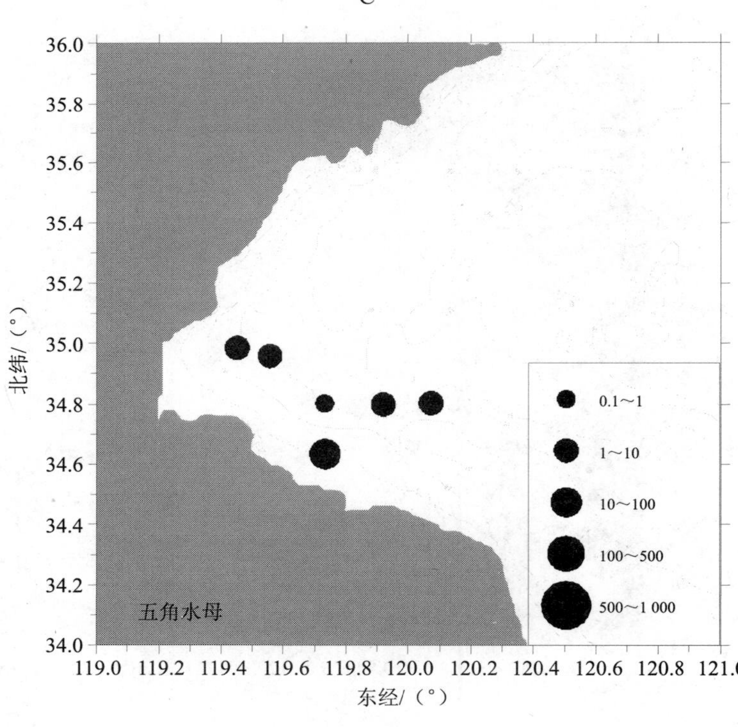


D

图 2-2-17　秋季海州湾水母类及优势种的分布及丰度

秋季海州湾浮游幼虫共 7 种，除 A2、A7 和 A8 站上出现的种类低于 2 种外，其他站位上都有 4 种以上幼虫出现，在 A4 站 7 种幼虫全部出现。虽然某站位上单种幼虫的丰度并不大，但其总丰度在浮游动物总量中都占有一定比例，最高可达 25%以上。长尾类幼虫、腹足类幼虫和多毛类幼虫具有广泛的分布，是各站浮游幼虫的主要组成成分，瓷蟹的蚤状幼虫、短尾类幼虫和长腕幼虫的分布和丰度次之，短尾大眼幼虫偶尔出现，丰度也非常小（图 2-2-18）。

调查区域出现的毛颚类只有一种即拿卡箭虫，此种箭虫秋季在海州湾分布广、丰度大，是秋季海州湾浮游动物的优势种之一。除靠近湾底的几个站外，中华假磷虾在整个调查区域几乎都有分布，但丰度通常都低于 50 个/m$^3$，但在 A7 站有丰度值达 900 个/m$^3$（图 2-2-19）。

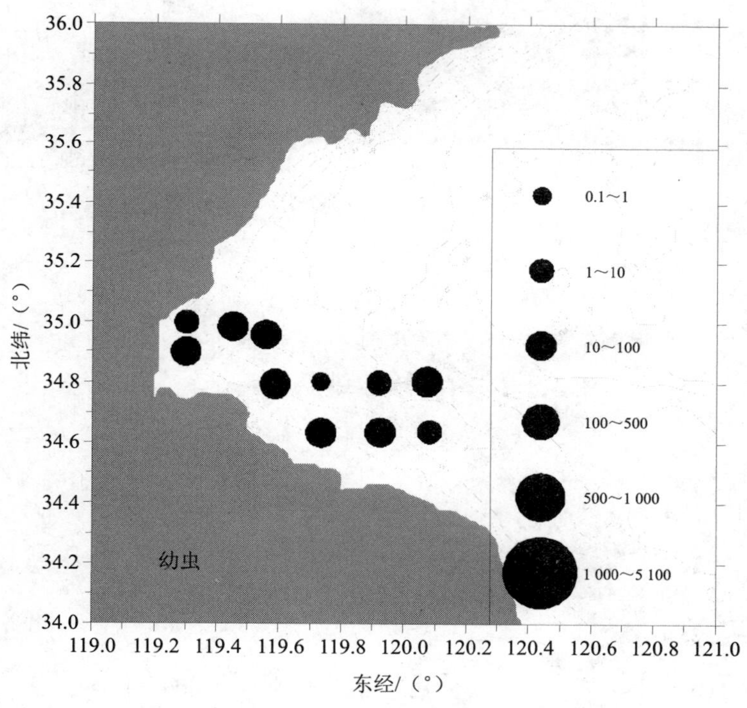


A

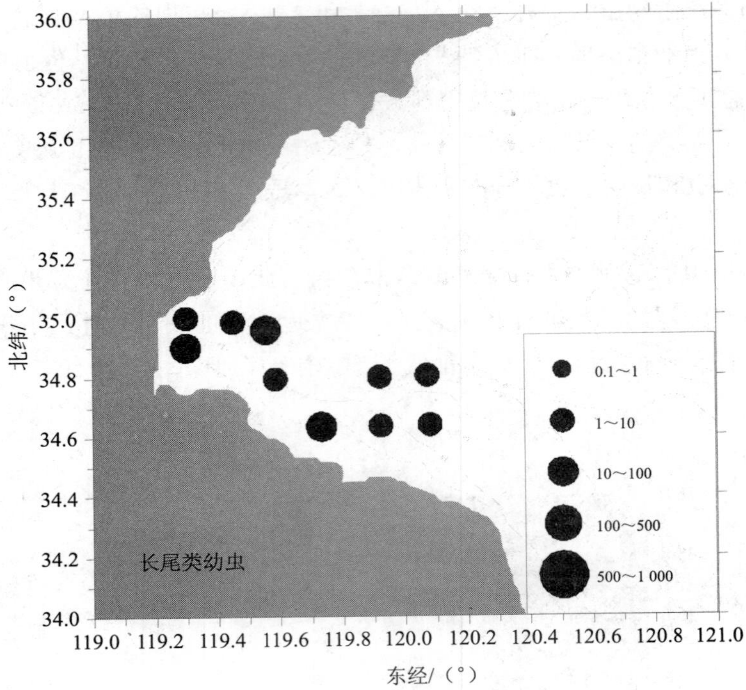
36.0
35.8
35.6
35.4
35.2
35.0
34.8
34.6
34.4
34.2
34.0
北纬/（°）
119.0 119.2 119.4 119.6 119.8 120.0 120.2 120.4 120.6 120.8 121.0
东经/（°）
长尾类幼虫
0.1～1
1～10
10～100
100～500
500～1 000

B

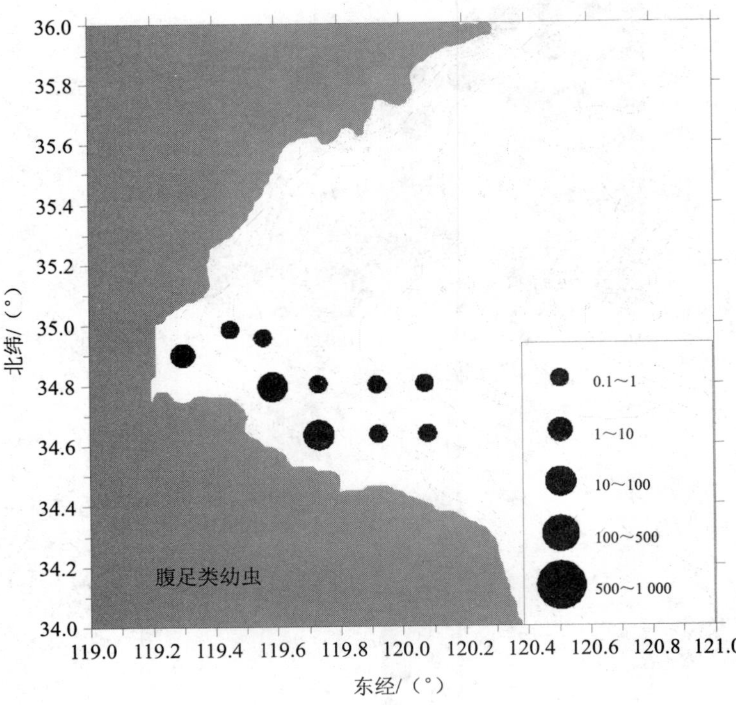
36.0
35.8
35.6
35.4
35.2
35.0
34.8
34.6
34.4
34.2
34.0
北纬/（°）
119.0 119.2 119.4 119.6 119.8 120.0 120.2 120.4 120.6 120.8 121.0
东经/（°）
腹足类幼虫
0.1～1
1～10
10～100
100～500
500～1 000

C

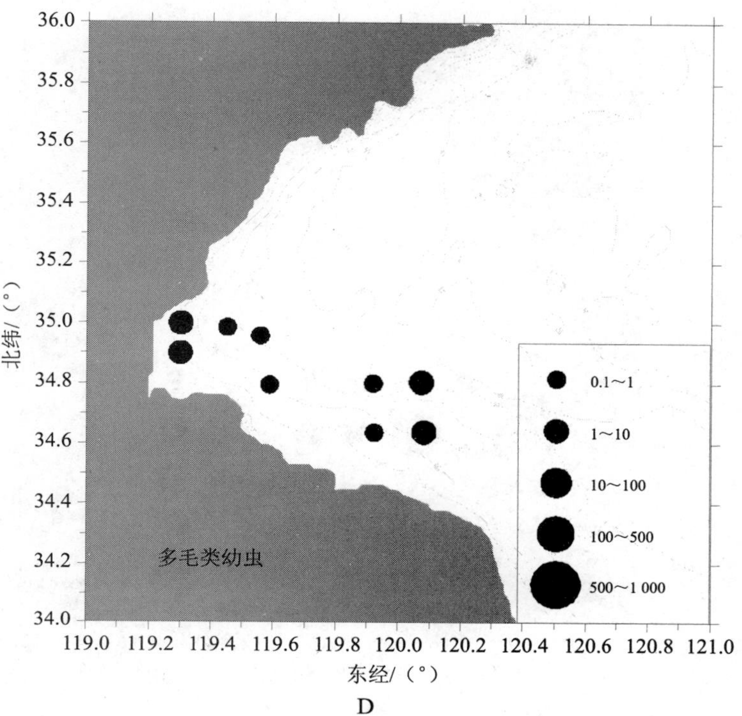


D

图 2-2-18　秋季海州湾幼虫类及优势种的分布及丰度

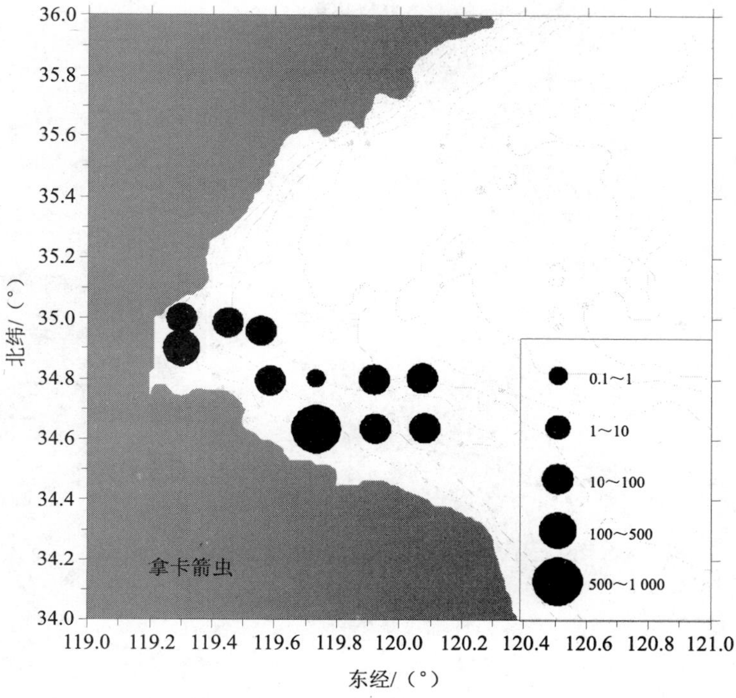


A

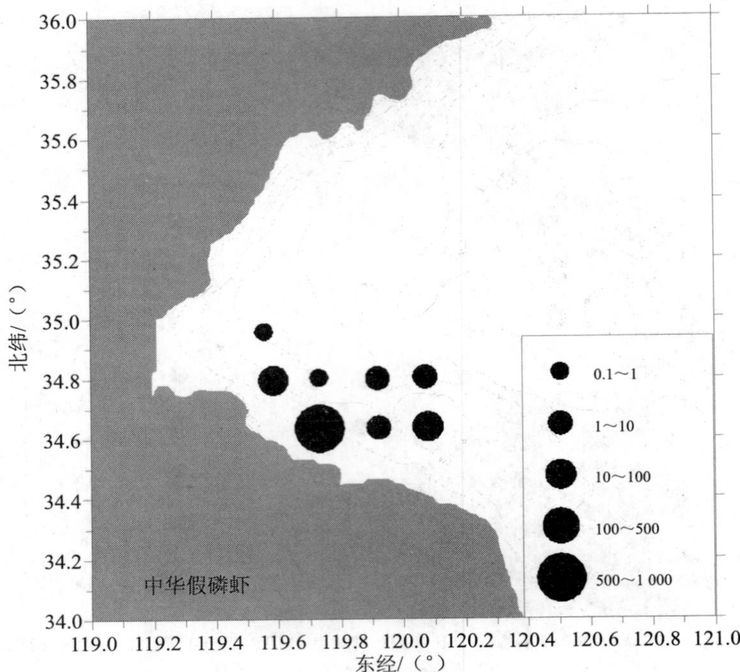


B

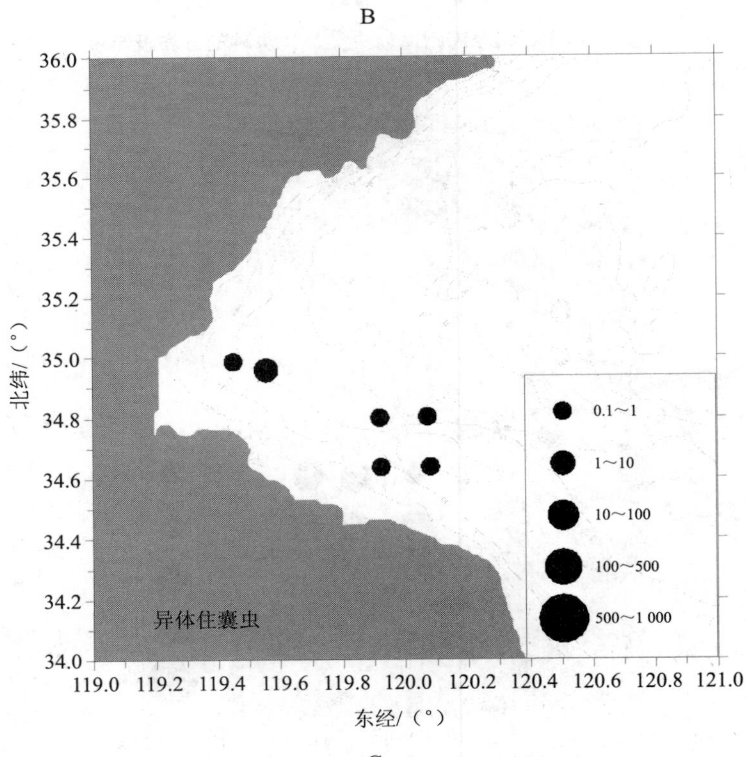


C

图 2-2-19　秋季海州湾拿卡箭虫、中华假磷虾和异体住囊虫的分布及丰度

甲壳动物端足类的钩虾、樱虾类的中国毛虾及真虾类细螯虾分布的范围和丰度都很小。浮游被囊类的分布范围较原生动物等部分稍广，但除 A6 站的丰度大于 1 个/$m^3$ 外，其他均低于 1 个/$m^3$。其他还有虾幼体、乌贼幼体、仔稚鱼和鱼卵，其中鱼卵的分布范围和丰度较前三者大，乌贼幼体仅出现在调查区域的一个站位上。

### 2.1.4 底栖采泥中底栖生物种类组成和数量分布

（1）春季底栖动物的种类组成和数量分布

1）春季底栖动物的种类组成与物种多样性

春季底栖采泥样品中的底栖动物经鉴定至少有 27 种，全部为无脊椎动物。其中软体动物 10 种，多毛类至少 13 种，甲壳动物至少 4 种。各站位上底栖动物的物种多样性较高，除多毛动物的单独指虫、刚鳃虫、拟特须虫和西方似蜇虫在 2 个站位上出现及未鉴定到种的虾类和多毛类碎片在 2 个以上站位出现，其余种类都只在一个站位上出现（表 2-2-5）。

表 2-2-5 春季底栖动物种类及其分布

| 种类 | | 站位 | | | | | | | | |
|---|---|---|---|---|---|---|---|---|---|---|
| | | A1 | A2 | A3 | A4 | A5 | A6 | A8 | A11 | A14 |
| 甲壳 | 沟纹拟盲蟹 *Typhlocarcinops canaliculata* | | | | | | + | | | |
| | 豆形短眼蟹 *Xenophthalmus pinnotheroides* | | | | | | | + | | |
| | 寄居蟹 | | | | | | | | | + |
| | 虾类 | | | | | + | | | | + |
| 软体 | 薄云母蛤 *Yoldia similis* | | | | | + | | | | |
| | 耳口露齿螺 *Ringicula doliaris* | + | | | | | | | | |
| | 光滑河篮蛤 *Potamocorbula laevis* | + | | | | | | | | |
| | 镜蛤 sp. | | + | | | | | | | |
| | 微小海螂 *Leptomya minuta* | | | | | | + | | | |
| | 小刀蛏 *Cultellus attenuatus* | | | + | | | | | | |
| | 圆蛤 sp. | | | | | | + | | | |
| | 圆筒原核螺 *Eocylichna braunsi* | | | | | | | | | |
| | 小塔螺 sp. | | + | | | | | | | |
| | 织纹螺 sp. | | + | | | | | | | |
| 多毛 | 不倒翁虫 *Sternaspis scutata* | | | + | | | | | | |
| | 单独指虫 *Dactylogyrus singularis* | | | | | | + | | | + |
| | 独毛虫 sp. | | | | | | | + | | |
| | 多齿围沙蚕 *Perinereis nuntia* | | | | | | | | | + |
| | 多毛类碎片 | + | | + | + | + | + | + | + | + |
| | 刚鳃虫 *Chaetozone sefosa* | | | + | + | | | | | |
| | 寡节甘吻沙蚕 *Glycinde gurjanovae* | | | | + | | | | | |
| | 寡鳃齿吻沙蚕 *Nephtys oligobranchia* | | | | + | | | | | |
| | 花冈钩毛虫 *Sigambra hanaokai* | | | | | | + | | | |
| | 拟特须虫 *Paralacydonia paradoxa* | | | | + | | + | | | |
| | 鳃卷须虫 *Cirrophorus branchiatus* | | | | + | | | | | |
| | 西方似蜇虫 *Amaeana occidentalis* | | | | + | | | + | | |
| | 杂毛虫 sp. | | | | | | + | | | |

春季调查中各站位上底栖动物的物种多样性统计结果显示，整个调查区域物种多样性较高，各站位上的底栖动物种类差别很大，相同种类出现在不同站位上的概率很小。物种多样性最高的站位是 A6 站，至少出现 8 种；其次为 A4 站，至少出现 7 种，物种多样性最低的是 A11 站，可能只有 1 种出现。调查中多毛类的物种多样性较高，除 A1、A2 和 A5 站外，其他 6 个站位上多毛类是优势类群，种类数都占到一半以上。A1 和 A2 站上贝类占优势（表 2-2-6）。

**表 2-2-6　春季调查区域底栖动物多样性统计**

| 种 类 | 站 位 | | | | | | | | |
|---|---|---|---|---|---|---|---|---|---|
| | A1 | A2 | A3 | A4 | A5 | A6 | A8 | A11 | A14 |
| 甲壳类 | — | — | — | — | ≥1 | 1 | 1 | — | ≥2 |
| 软体动物 | 2 | 3 | 1 | — | 1 | 2 | — | — | — |
| 多毛类 | ≥1 | — | ≥3 | ≥7 | ≥1 | ≥5 | ≥3 | ≥1 | ≥3 |
| 总和 | ≥3 | 3 | ≥4 | ≥7 | ≥3 | ≥8 | ≥4 | ≥1 | ≥5 |

2）春季底栖动物的生物量和丰度分布

春季调查区域底栖动物总生物量的分布比较均匀，生物量范围在 0.2～10.2 g/m$^2$，平均生物量 3.3 g/m$^2$，最大值出现在 A6 站上，最小值出现在 A8 站上。底栖动物总数量丰度的分布趋势与总生物量的分布趋势相同，也比较均匀，在海州湾底部、中部和东部都有大于 200 个/m$^2$ 的高丰度值出现，丰度值范围为 60～280 个/m$^2$，平均丰度 164.4 个/m$^2$，最高丰度值出现在 A14 站，最低丰度值出现在 A2 站（图 2-2-20）。

春季甲壳动物的出现频率最低，只在 9 个站位中的 A5、A6、A8 和 A14 等 4 个站位上出现。生物量值范围 0.4～9.8 g/m$^2$，平均生物量 1.9 g/m$^2$，最高值出现在 A6 站，最低值出现在 A5 站；数量丰度值范围 20～160 个/m$^2$，调查区域平均丰度值 28.9 个/m$^2$，最高值出现在 A14 站，最低值出现在 A6 和 A8 站（图 2-2-20）。

春季软体动物出现的频率稍高于甲壳类，出现在 A1、A2、A3、A5 和 A6 等 5 个站位上。生物量值范围 0.2～2 g/m$^2$，平均生物量 0.8 g/m$^2$，最高值出现在 A2 和 A5 站，最低值出现在 A6 站；数量丰度值范围 20～140 个/m$^2$，平均丰度值 31.1 个/m$^2$，最高值出现在 A1 站，最低值出现在 A3 和 A5 站（图 2-2-20）。

春季多毛类是调查区域分布最广的一类动物，除 A2 站外其余 8 个站位都有多毛类出现，在数量丰度上也是优势种类，但平均生物量丰度则是调查区域最低的类群。春季多毛类生物量值范围在 0.2～2.4 g/m$^2$，平均生物量 0.6 g/m$^2$，最高值出现在 A8 站，最低值出现在 A1、A3、A5、A6 和 A11 站；数量丰度值范围在 60～220 个/m$^2$，调查区域平均丰度值 104.4 个/m$^2$，最高值出现在 A4 站，最低值出现在 A3 和 A5 站（图 2-2-20）。

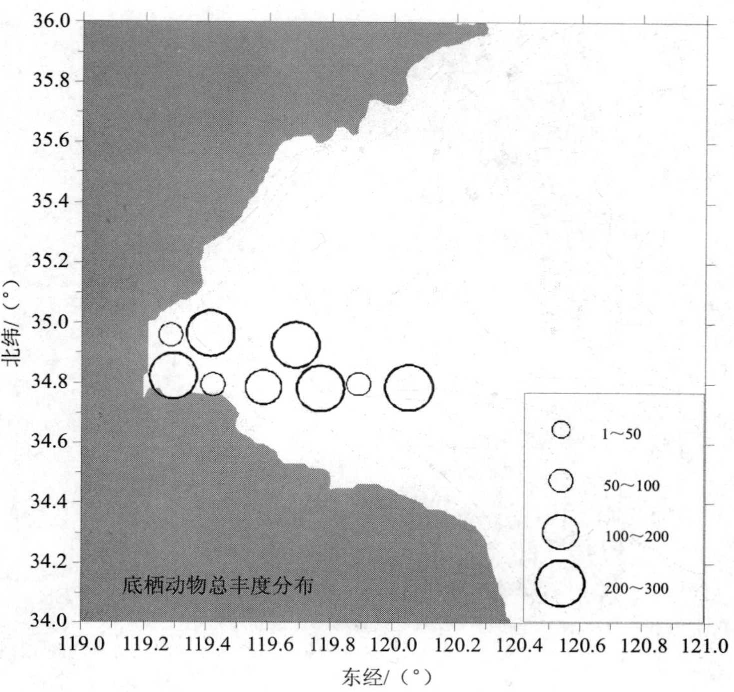
36.0
35.8
35.6
35.4
35.2
35.0
34.8
34.6
34.4
34.2
34.0
北纬/（°）
119.0 119.2 119.4 119.6 119.8 120.0 120.2 120.4 120.6 120.8 121.0
东经/（°）
底栖动物总丰度分布
1～50
50～100
100～200
200～300

A

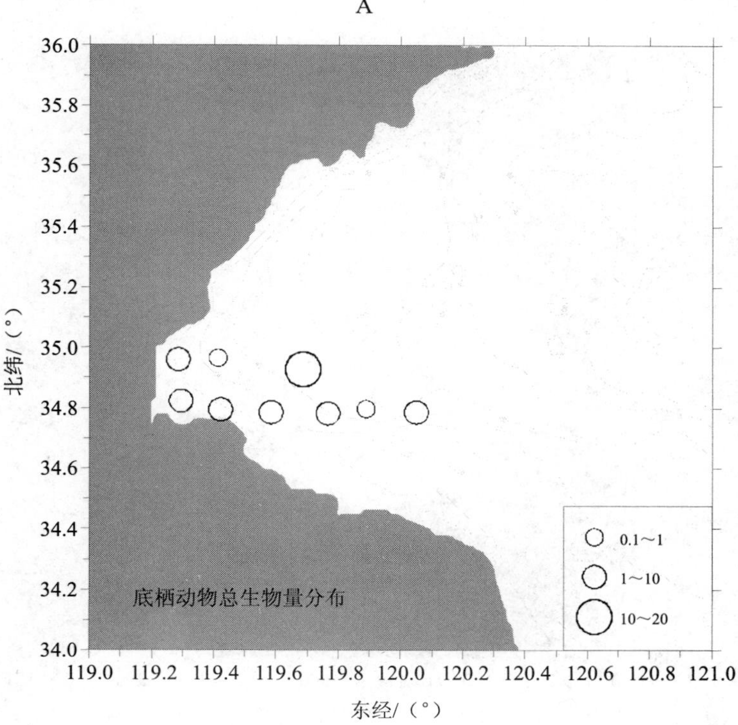
36.0
35.8
35.6
35.4
35.2
35.0
34.8
34.6
34.4
34.2
34.0
北纬/（°）
119.0 119.2 119.4 119.6 119.8 120.0 120.2 120.4 120.6 120.8 121.0
东经/（°）
底栖动物总生物量分布
0.1～1
1～10
10～20

B

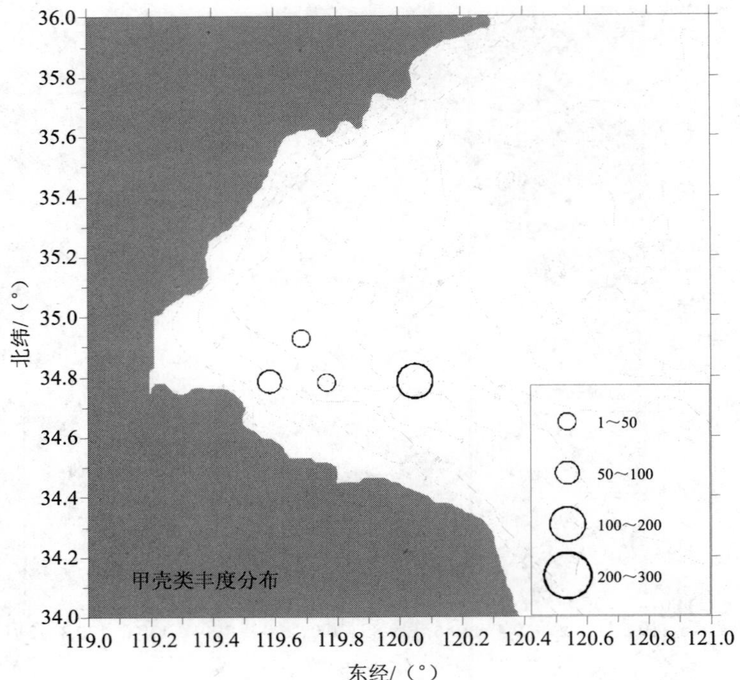


C

36.0
35.8
35.6
35.4
35.2
35.0
34.8
34.6
34.4
34.2
34.0
北纬/（°）
0.1～1
1～10
10～20
甲壳类生物量分布
119.0 119.2 119.4 119.6 119.8 120.0 120.2 120.4 120.6 120.8 121.0
东经/（°）

D

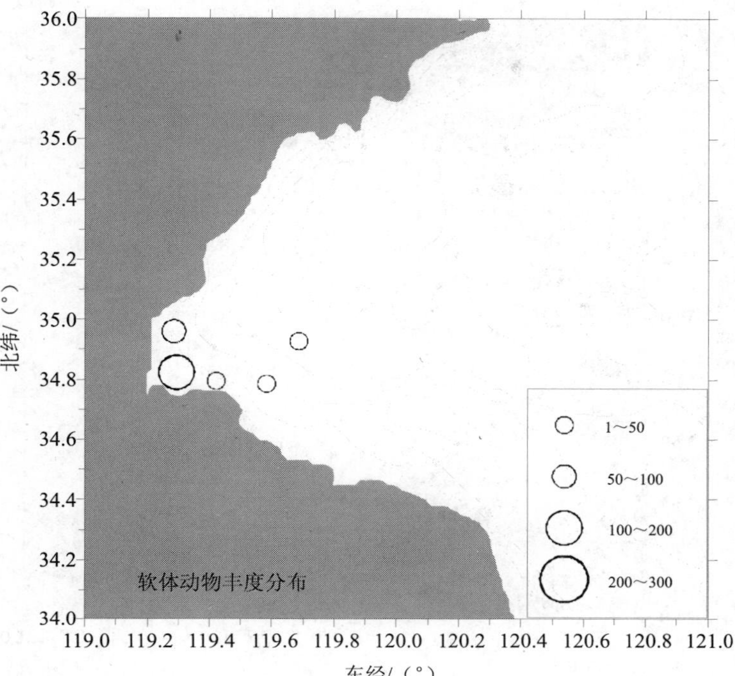
36.0
35.8
35.6
35.4
35.2
35.0
34.8
34.6
34.4
34.2
34.0
北纬/（°）
119.0 119.2 119.4 119.6 119.8 120.0 120.2 120.4 120.6 120.8 121.0
东经/（°）
软体动物丰度分布
1～50
50～100
100～200
200～300

E

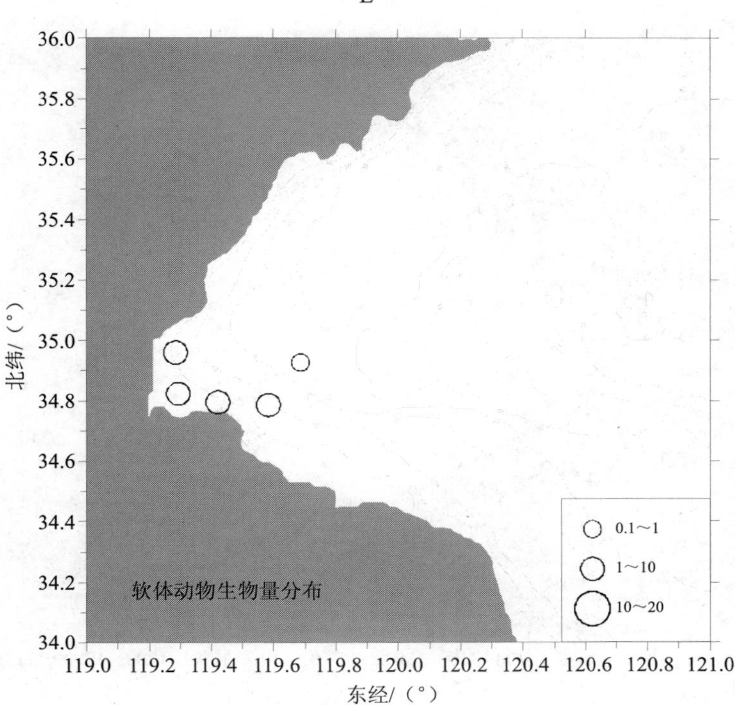
36.0
35.8
35.6
35.4
35.2
35.0
34.8
34.6
34.4
34.2
34.0
北纬/（°）
119.0 119.2 119.4 119.6 119.8 120.0 120.2 120.4 120.6 120.8 121.0
东经/（°）
软体动物生物量分布
0.1～1
1～10
10～20

F

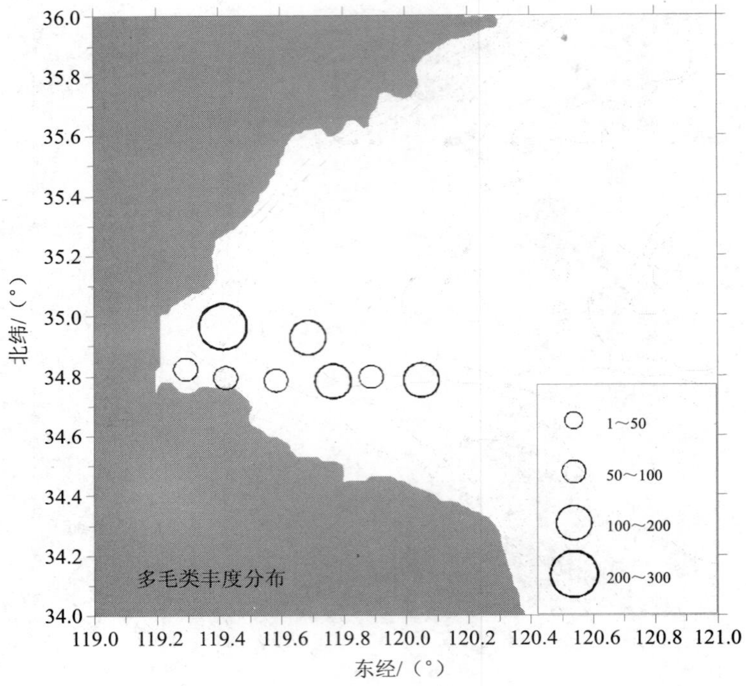


G

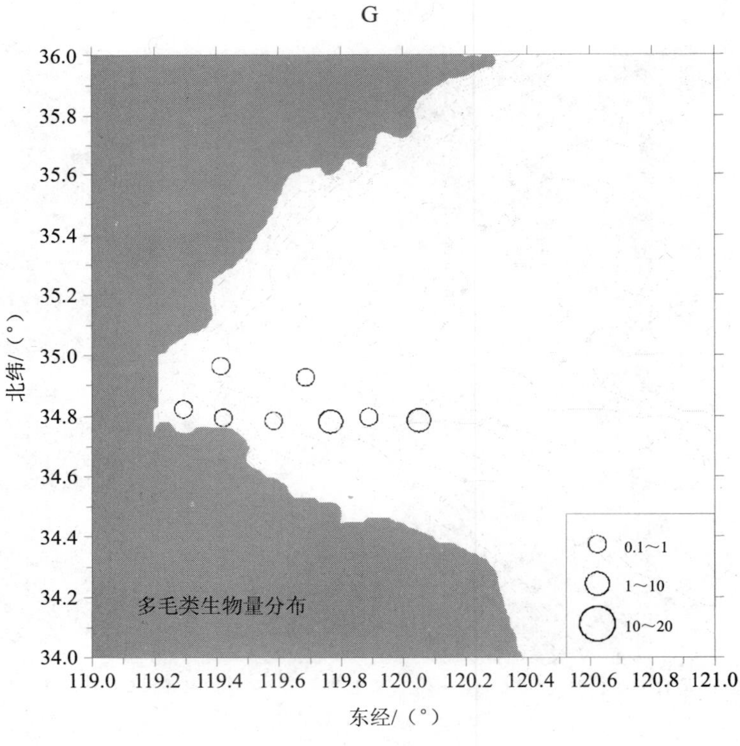


H

图 2-2-20 春季底栖动物丰度及生物量分布

总之，春季构成海州湾底栖动物生物量的主要成分是甲壳动物，而构成底栖动物数量丰度的主要成分是多毛类（图 2-2-21）。多毛类也是调查区域分布最广的类群。

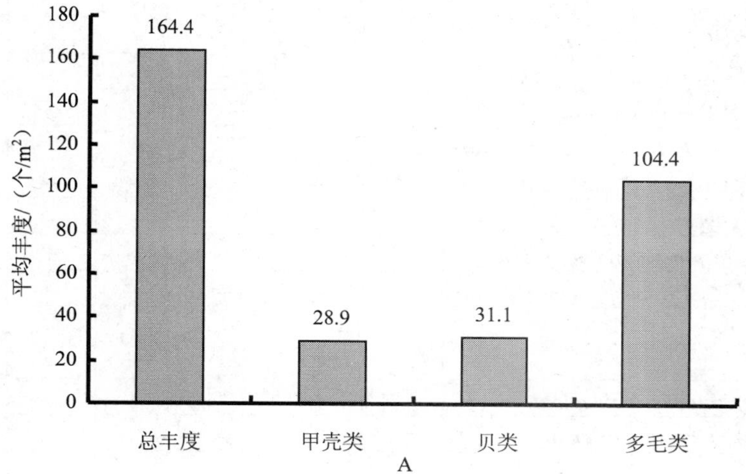


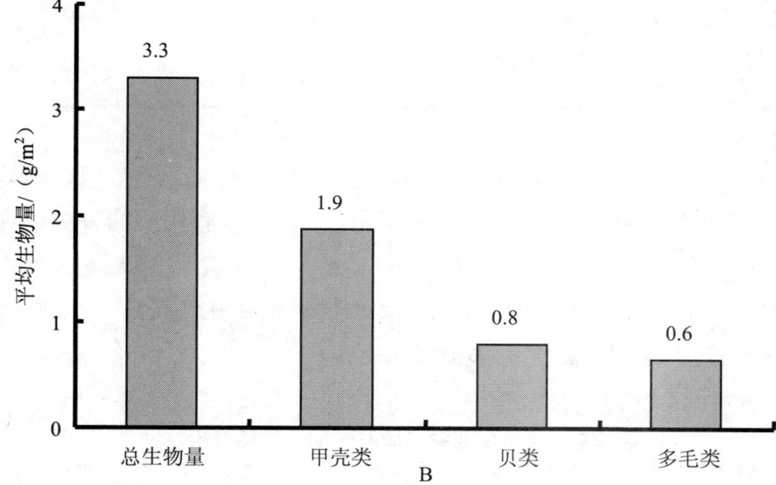


**图 2-2-21　春季调查区域底栖动物平均丰度和平均生物量**

（2）秋季底栖动物的种类组成和数量分布

1）秋季底栖动物的种类组成和物种多样性

秋季底栖采泥中的底栖动物经鉴定共有 17 种，其中无脊椎动物共 14 种：软体动物 5 种，多毛类 5 种，甲壳动物 2 种，棘皮动物 1 种，扁虫 1 种；脊椎动物鱼类 3 种（表 2-2-7）。

表 2-2-7 秋季底栖采泥样品中底栖动物种类及其分布

| 种类 | | 站位 | | | | | |
|---|---|---|---|---|---|---|---|
| | | A1 | A2 | A4 | A5 | A6 | A7 |
| 软体 | 三角凸卵蛤 *Pelecyora trigona* | — | — | — | — | — | + |
| | 红带织纹螺 *Nassarius succinctus* | — | — | — | + | — | — |
| | 圆筒原核螺 *Eocylichna braunsi* | — | — | — | + | — | — |
| | 胶州湾管角贝 *Episiphon kiaochowwanensis* | — | — | — | + | — | — |
| | 金星蝶铰蛤 *Trigonothracia jinxingae* | — | + | — | — | — | — |
| 多毛 | 长吻沙蚕 *Glycera chirori* | + | — | — | — | — | — |
| | 拟特须虫 *Paralacydonia paradoxa* | — | — | — | + | — | — |
| | 昆士兰稚齿虫 *Prionospio queenslandica* | — | — | — | — | + | — |
| | 沙蚕 | — | — | — | — | + | — |
| | 多毛类 | — | — | + | — | — | — |
| 棘皮 | 棘刺锚参 *Protankyra bidentata* | + | — | — | — | — | — |
| 甲壳 | 东方长眼虾 *Ogyrides orientalis* | — | + | — | — | — | — |
| | 鼓虾 | — | — | + | — | — | — |
| 鱼 | 细条天竺鱼 *Apogon lineatus* | — | — | — | — | + | — |
| | 红狼牙虾虎鱼 *Odontamblyopus rubicundus* | — | — | — | + | — | — |
| | 中华栉孔虾虎鱼 *Ctenotrypauchen chinensis* | — | + | — | — | — | — |
| 扁虫 | 扁虫 | — | — | + | — | — | — |

秋季调查中各站位上底栖动物的物种多样性统计结果显示，整个调查区域物种多样性较高，各站位上的底栖动物种类差别非常大，不同站位上没有相同的种类出现。物种多样性最高的站位是 A5 站，出现 5 种；其次为 A2、A4 和 A6 站，都出现 3 种，物种多样性最低的是 A7 站，只有 1 种。调查中 A5 站软体动物物种多样性较高，A6 站上多毛类物种多样性相对较高。其他站位上各类群都至多只有 1 种（表 2-2-8）。

表 2-2-8 秋季调查区域底栖动物多样性统计

| 种类 | 站位 | | | | | |
|---|---|---|---|---|---|---|
| | A1 | A2 | A4 | A5 | A6 | A7 |
| 软体 | — | 1 | — | 3 | — | 1 |
| 多毛 | 1 | — | 1 | 1 | 2 | — |
| 棘皮 | 1 | — | — | — | — | — |
| 甲壳 | — | 1 | 1 | — | — | — |
| 鱼 | — | 1 | — | 1 | 1 | — |
| 扁虫 | — | — | 1 | — | — | — |
| 总和 | 2 | 3 | 3 | 5 | 3 | 1 |

2）秋季底栖动物的生物量和丰度分布

秋季调查区域底栖动物总生物量分布是西部靠近海州湾底的 A1 站有最大值 82.2 g/m$^2$，A2 站次之，为 48.2 g/m$^2$，A6 站也较高，为 19.8 g/m$^2$，其他均低于 10 g/m$^2$，平均值为 26.8 g/m$^2$。底栖动物总数量丰度的分布趋势与总生物量的分布趋势不同，高丰度值出现在 A4 站和 A7 站，分别为 360 个/m$^2$ 和 200 个/m$^2$，而生物量较高的 A1、A2 和 A6 站数量丰度则较低，平均值为 180 个/m$^2$。软体动物生物量密度分布在整个调查区域差别不大，为 0～7.2 g/m$^2$，平均值为 1.8 g/m$^2$。但数量丰度显示在东部的 A7 站软体动物丰度最高，达 200 个/m$^2$，平均值为 63.3 个/m$^2$（图 2-2-22）。

甲壳动物只出现在西部的 A2 和 A4 两个站上，生物量密度和数量丰度都很小，平均值分别为 0.1 g/m$^2$ 和 6.7 个/m$^2$（图 2-2-22）。

棘皮动物仅出现在 A1 站，生物量密度较高，达 80.2 g/m$^2$，对总生物量密度的贡献较大，而数量丰度为 80 个/m$^2$，对总丰度的贡献一般（图 2-2-22）。

多毛类在调查区域出现的站位最多，7 个站位上有 5 个站位都有多毛类出现，多毛类生物量密度分布差别不大，为 0.2～4 g/m$^2$，平均值为 1.4 g/m$^2$。但数量丰度分布差别很大，最大值为 320 个/m$^2$，出现在 A4 站，最小值为 20 个/m$^2$，出现在 A1、A2 和 A5 三个站位上，平均值为 83.3 个/m$^2$（图 2-2-22）。

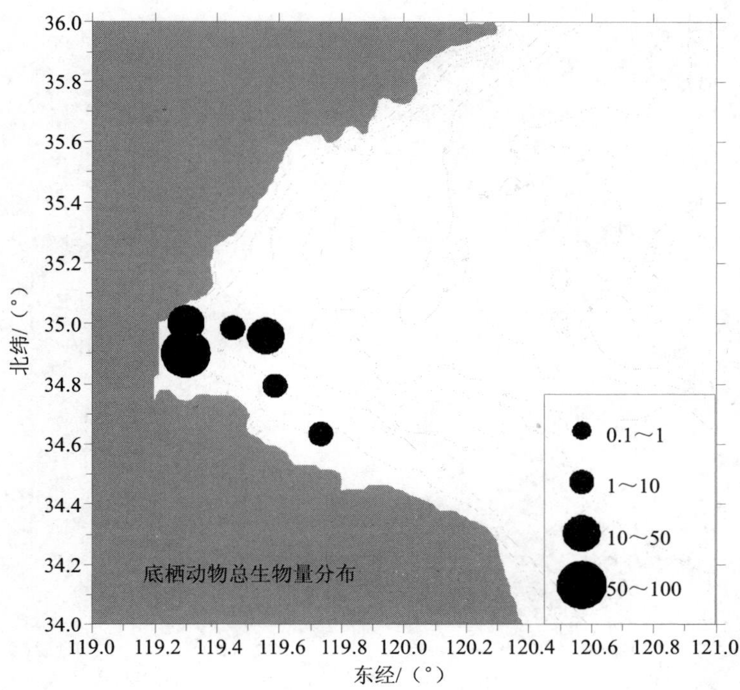


A

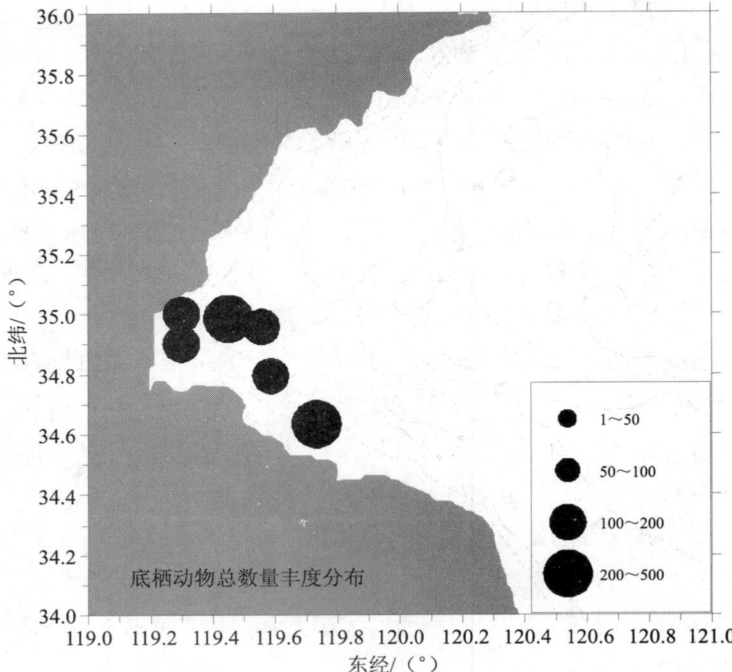
36.0
35.8
35.6
35.4
35.2
35.0
34.8
34.6
34.4
34.2
34.0
北纬/（°）
119.0 119.2 119.4 119.6 119.8 120.0 120.2 120.4 120.6 120.8 121.0
东经/（°）
底栖动物总数量丰度分布
1～50
50～100
100～200
200～500

B

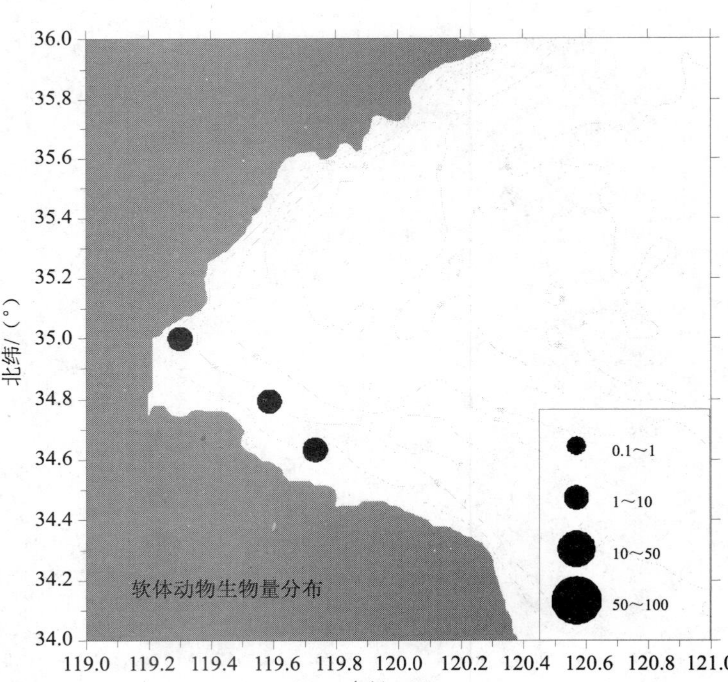
36.0
35.8
35.6
35.4
35.2
35.0
34.8
34.6
34.4
34.2
34.0
北纬/（°）
119.0 119.2 119.4 119.6 119.8 120.0 120.2 120.4 120.6 120.8 121.0
东经/（°）
软体动物生物量分布
0.1～1
1～10
10～50
50～100

C

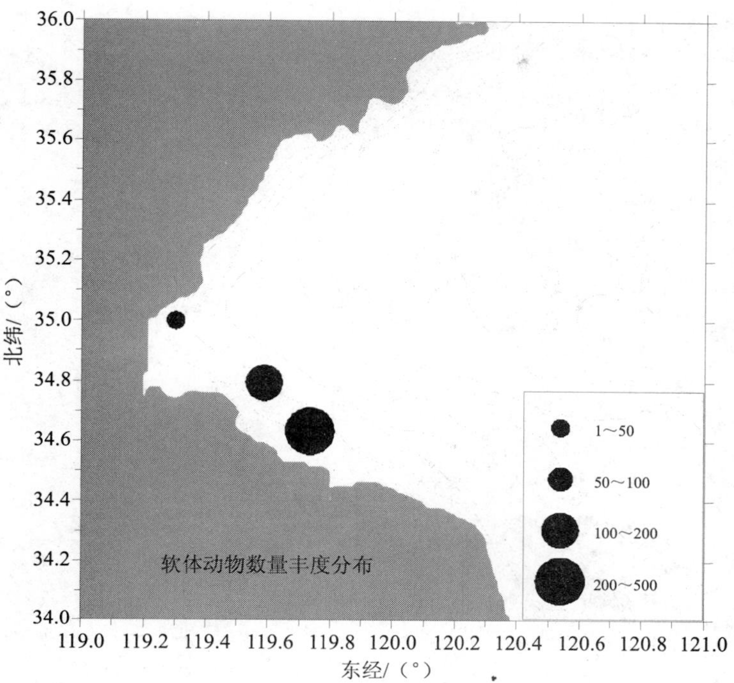
36.0
35.8
35.6
35.4
35.2
35.0
34.8
34.6
34.4
34.2
34.0
北纬/（°）
119.0 119.2 119.4 119.6 119.8 120.0 120.2 120.4 120.6 120.8 121.0
东经/（°）
软体动物数量丰度分布
1～50
50～100
100～200
200～500

D

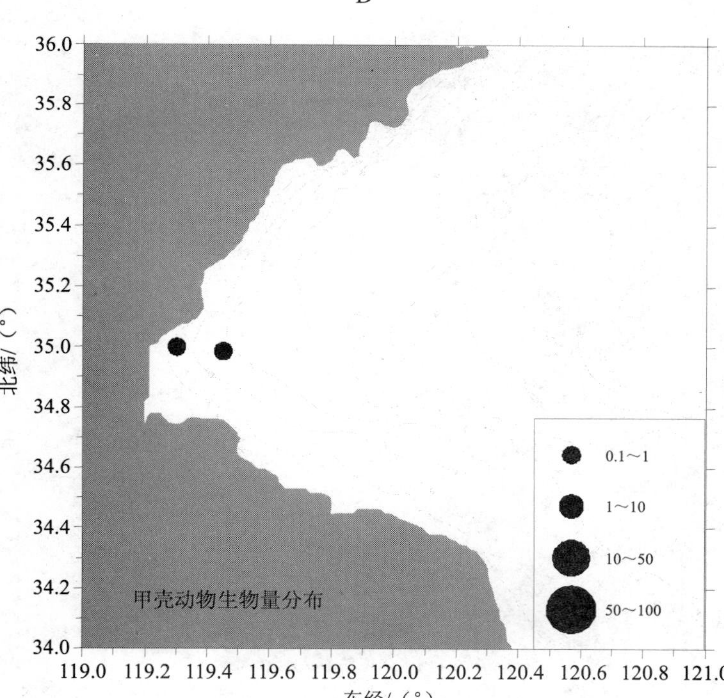
36.0
35.8
35.6
35.4
35.2
35.0
34.8
34.6
34.4
34.2
34.0
北纬/（°）
119.0 119.2 119.4 119.6 119.8 120.0 120.2 120.4 120.6 120.8 121.0
东经/（°）
甲壳动物生物量分布
0.1～1
1～10
10～50
50～100

E

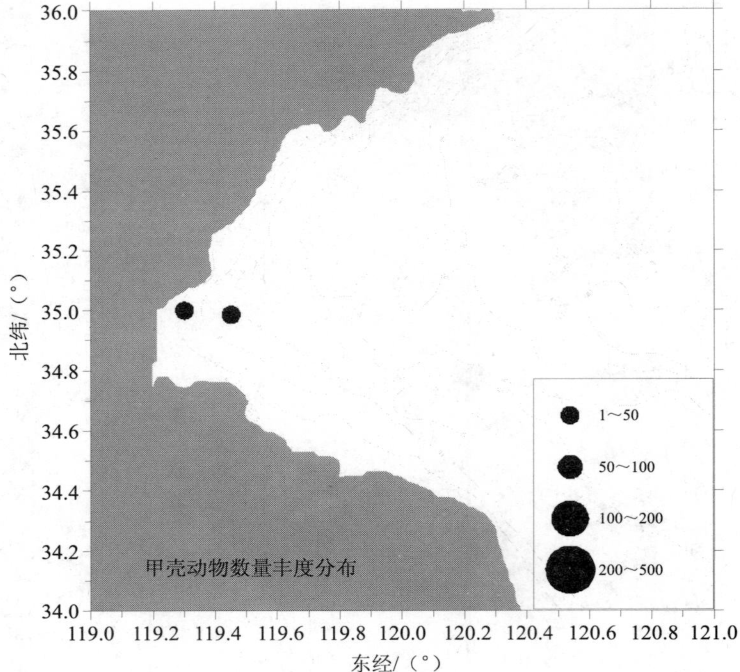

36.0
35.8
35.6
35.4
35.2
35.0
34.8
34.6
34.4
34.2
34.0
北纬/（°）
1～50
50～100
100～200
200～500
甲壳动物数量丰度分布
119.0 119.2 119.4 119.6 119.8 120.0 120.2 120.4 120.6 120.8 121.0
东经/（°）


F

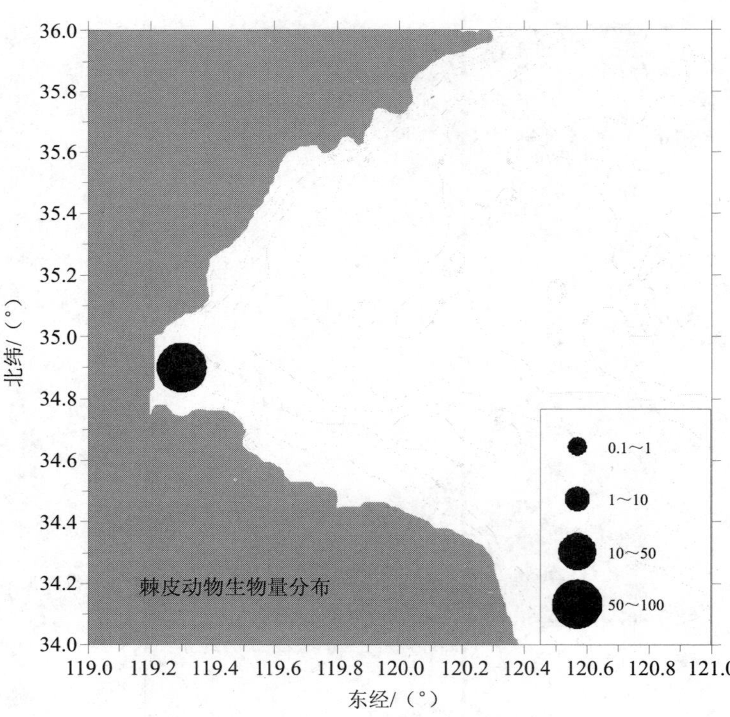

36.0
35.8
35.6
35.4
35.2
35.0
34.8
34.6
34.4
34.2
34.0
北纬/（°）
0.1～1
1～10
10～50
50～100
棘皮动物生物量分布
119.0 119.2 119.4 119.6 119.8 120.0 120.2 120.4 120.6 120.8 121.0
东经/（°）


G

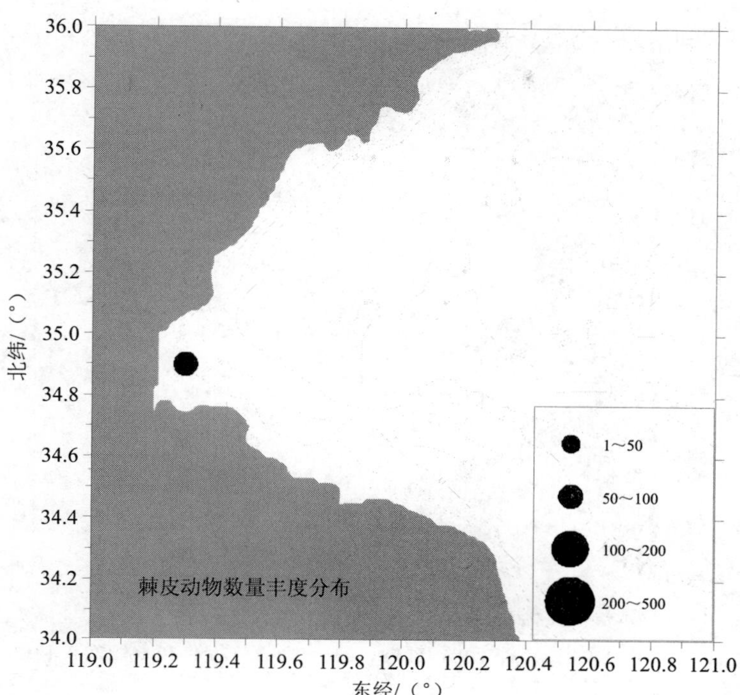

36.0
35.8
35.6
35.4
35.2
35.0
34.8
34.6
34.4
34.2
34.0
北纬/（°）
119.0 119.2 119.4 119.6 119.8 120.0 120.2 120.4 120.6 120.8 121.0
东经/（°）
棘皮动物数量丰度分布
1～50
50～100
100～200
200～500


H

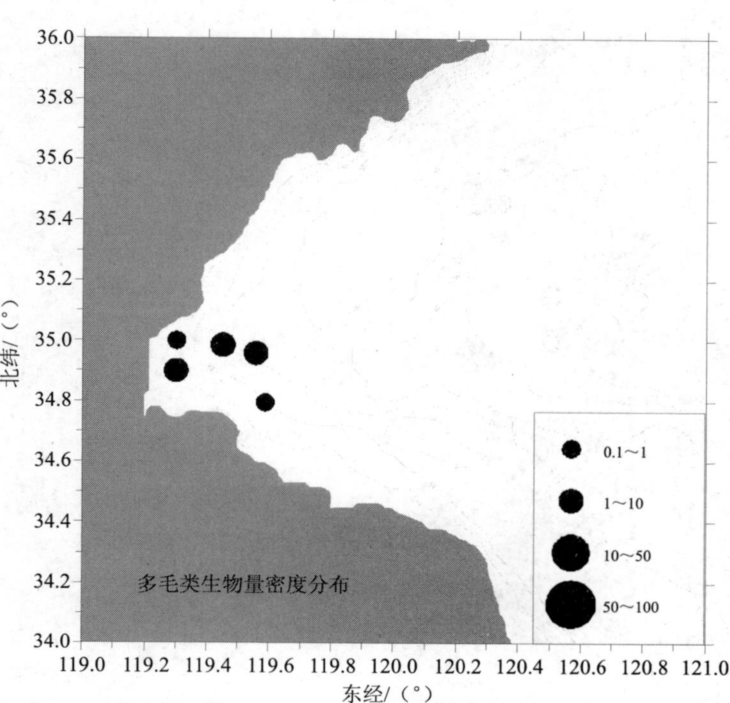

36.0
35.8
35.6
35.4
35.2
35.0
34.8
34.6
34.4
34.2
34.0
北纬/（°）
119.0 119.2 119.4 119.6 119.8 120.0 120.2 120.4 120.6 120.8 121.0
东经/（°）
多毛类生物量密度分布
0.1～1
1～10
10～50
50～100


I

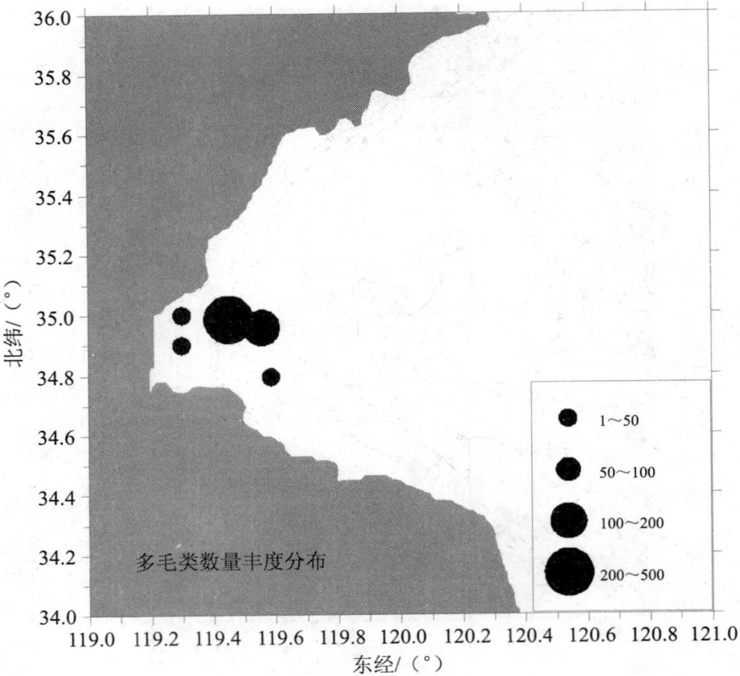
36.0
35.8
35.6
35.4
35.2
35.0
34.8
34.6
34.4
34.2
34.0
北纬/（°）
119.0 119.2 119.4 119.6 119.8 120.0 120.2 120.4 120.6 120.8 121.0
东经/（°）
1～50
50～100
100～200
200～500
多毛类数量丰度分布

J

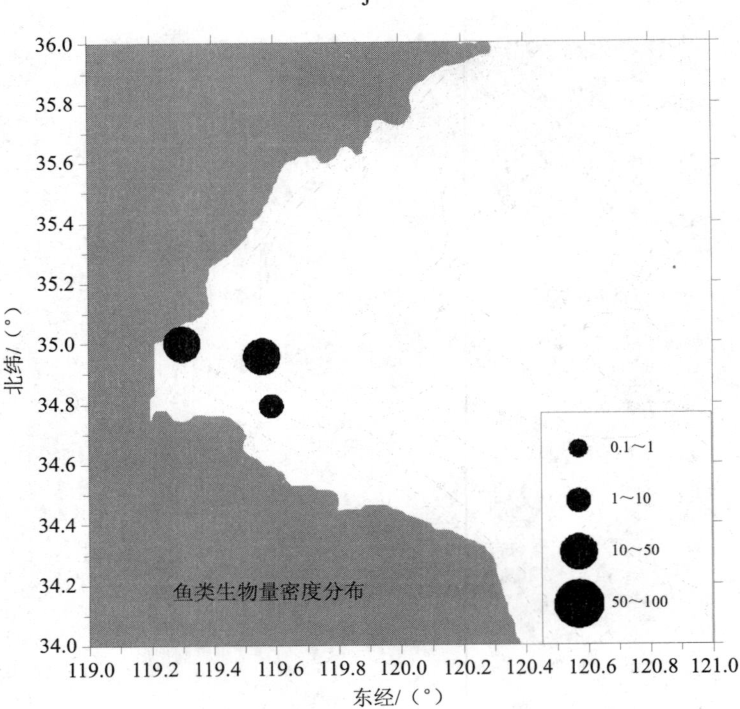
36.0
35.8
35.6
35.4
35.2
35.0
34.8
34.6
34.4
34.2
34.0
北纬/（°）
119.0 119.2 119.4 119.6 119.8 120.0 120.2 120.4 120.6 120.8 121.0
东经/（°）
0.1～1
1～10
10～50
50～100
鱼类生物量密度分布

K

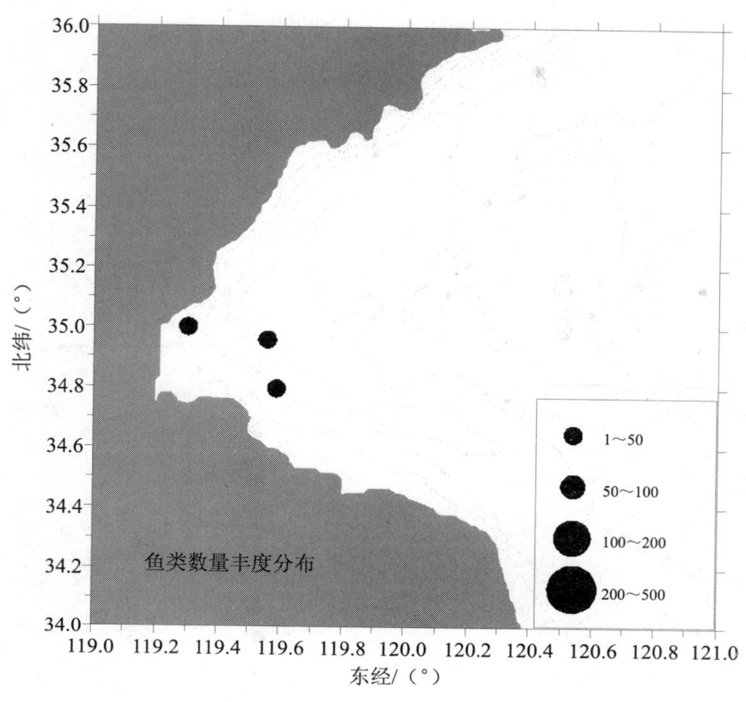


L

图 2-2-22 秋季底栖动物丰度及生物量分布

鱼类只出现在 A2、A5 和 A6 三个站位上，数量丰度相同，均为 20 个/$m^2$，平均值为 10.0 个/$m^2$，但生物量密度有一定差别，A2 站最高，为 40.6 g/$m^2$；A5 站最低，为 4.6 g/$m^2$，平均值为 10.2 g/$m^2$（图 2-2-22）。

总之，秋季构成海州湾底栖动物生物量的主要种类是棘皮动物和鱼类，而多毛类和软体动物则是在数量上占优势的类群（图 2-2-23）。多毛类还是调查区域分布最广的类群。

综上所述，春季和秋季海州湾底栖动物共记录 41 种，其中甲壳动物 6 种，软体动物 14 种，多毛动物 16 种，棘皮动物 1 种，鱼类 3 种，扁虫 1 种。其中春、秋季共有种类 2 种，一种是软体动物的圆筒原核螺，一种是多毛类的拟特须虫。

仅在春季记录到的种类有 25 种，其中甲壳类至少 4 种，为沟纹拟盲蟹、豆形短眼蟹、寄居蟹和虾类；软体动物 9 种，为薄云母蛤、耳口露齿螺、光滑河篮蛤、镜蛤、微小海螂、小刀蛏、圆蛤、小塔螺和织纹螺；多毛类 12 种，为不倒翁虫、单独指虫、独毛虫、多齿沙蚕、刚鳃虫、寡节甘吻沙蚕、寡鳃齿吻沙蚕、花冈钩毛虫、鳃卷须虫、西方似蜇虫、杂毛虫和多毛类碎片。

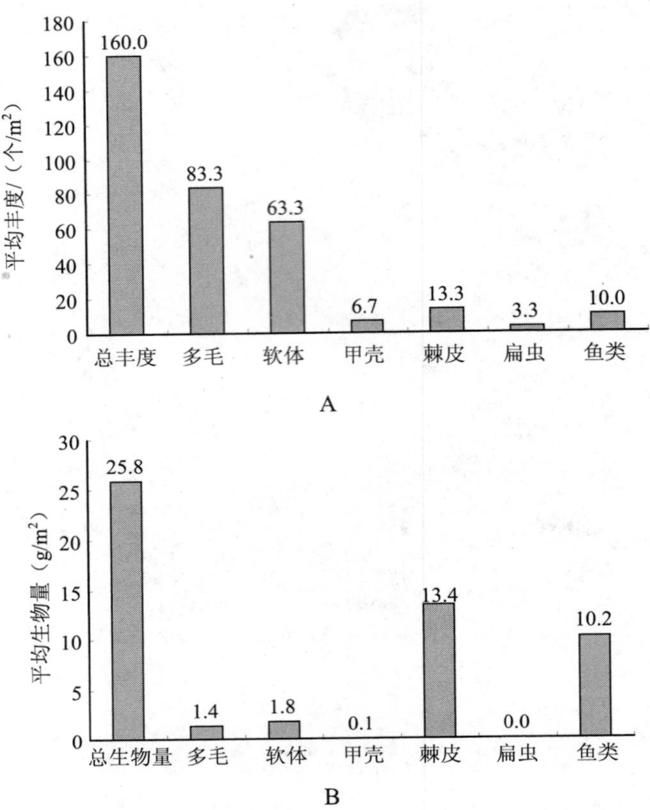


图 2-2-23 秋季调查区域底栖动物平均丰度和平均生物量

仅在秋季记录的种类有 15 种，其中甲壳动物 2 种，为东方长眼虾和鼓虾；软体动物 4 种，为三角凸卵蛤、红带织纹螺、胶州湾管角贝和金星蝶铰蛤；多毛类 4 种，为长吻沙蚕、昆士兰稚齿虫、沙蚕和多毛类；棘皮动物 1 种，为棘刺锚参；鱼类 3 种，为细条天竺鱼、红狼牙虾虎鱼和中华栉孔虾虎鱼；扁虫 1 种，为扁虫。

### 2.1.5 渔业拖网生物种类组成、数量分布及渔业资源评估

（1）渔业种类组成的季节变化

春季（5 月）共捕获渔业生物 65 种。其中鱼类 25 种，隶属 1 纲 8 目 17 科，鲱形目（Clupeiformes）1 科 2 种，鳗鲡目（Anguilliformes）1 科 1 种，刺鱼目（Gasterosteiforms）1 科 1 种，鲻形目（Mugiliformes）1 科 1 种，鲈形目（Perciformes）8 科 13 种，鲉形目（Scorpaeniformes）3 科 3 种，鲽形目（Pleuronectiformes）2 科 4 种。捕获无脊椎动物 40 种，其中甲壳类 18 种，软体动物 16 种，其他类生物 6 种。

秋季（10 月）共捕获渔业生物 58 种。其中鱼类 29 种，隶属 1 纲 7 目 22 科，鲱形目（Clupeiformes）2 科 3 种，灯笼鱼目（Myctophiformes）1 科 1 种，鳗鲡目（Anguilliformes）

1 科 1 种，鲻形目（Mugiliformes）1 科 1 种，鲈形目（Perciformes）10 科 14 种，鲉形目（Scorpaeniformes）4 科 4 种，鲽形目（Pleuronectiformes）3 科 5 种。捕获无脊椎动物 29 种，其中甲壳类 12 种，软体动物 12 种，其他类生物 5 种。

1）种数的季节变化

春季：共渔获 65 种资源动物，个体数 8 796 尾，36 809.00 g，平均个体重量 4.18 g，其中，鱼类 23 种，无脊椎动物 40 种。

秋季：共渔获 58 种资源生物，个体数 10 409 尾，110 696.00 g，平均个体重量 10.63 g，其中，鱼类 29 种，无脊椎动物 30 种。

可以看出，春季的渔获物种数多于秋季，但春季渔获的鱼类种数却少于秋季。

2）种类的季节变化

春节和秋季均渔获的种类包括白姑鱼、半滑舌鳎、赤鼻棱鳀、短吻红舌鳎、短吻三线舌鳎、大泷六线鱼、红狼牙虾虎鱼、矛尾虾虎鱼、皮氏叫姑鱼、条鳎、小黄鱼、星康吉鳗、鲬、长蛸、短蛸、多棘海盘车、哈氏刻肋海胆、黄裁判螺、脊尾白虾、口虾蛄、伶鼬榧螺、脉红螺、日本滑海盘车、日本鲟、三疣梭子蟹、双斑鲟、细雕刻肋海胆、细巧仿对虾、鲜明鼓虾、圆十一刺栗壳蟹等 30 种，为春季和秋季均栖息在海州湾的种类。

仅在秋季调查渔获的种类有细条天竺鱼、暗缟虾虎鱼、斑鳍鲉、长蛇鲻、带鱼、多鳞鱚、黄鲫、朴蝴蝶鱼、银鲳、葛氏长臂虾、甲虫螺、魁蚶、略胀管蛾螺、曼氏无针乌贼、密鳞牡蛎等。仅在春季出现的种类有方氏云鳚、纹缟虾虎鱼、尖海龙、绿鳍马面鲀、细纹狮子鱼、赵氏狮子鱼、斑鳍鲉、扁玉螺、侧平扁螺、朝鲜笋螺、东方缝栖蛤、关公蟹、微点舌片腮海牛、狭额绒螯蟹等。

3）渔业生物优势种

群落优势种是指在群落中其丰盛度占有很大优势，其动态能控制和影响整个群落的数量和动态的少数种类或者类群。从结构和功能上，将丰盛度大、时空分布广的种定为优势种。本书根据 Pinkas（1971）提出的相对重要性指数（IRI）来确定鱼类和无脊椎渔业种类在群落中的重要性。其中，选取 IRI 值大于 1 000 的种类为优势种，IRI 值在 10～1 000 的为普通种，与优势种合称为重要种，IRI 值在 1～10 为次要种，IRI 值小于 1 为少见种。

①春季

春季（5 月）海州湾鱼类生物群落以尖海龙和白姑鱼为优势种，其栖息密度（NED）占总个体数的 85.23%，生物量密度（BED）占总重量的 54.02%；普通种有 15 种，分别为小黄鱼、矛尾虾虎鱼、短吻红舌鳎、鲬、半滑舌鳎、鮻、条鳎、皮氏叫姑鱼、短吻三线舌鳎、细纹狮子鱼、赵氏狮子鱼、方氏云鳚、绿鳍马面鲀、星康吉鳗和斑鳍鲉，与优势种共同构成春季鱼类生物群落重要种，17 种重要种的 NED 和 BED 分别占总种数和重量的 99.47%和 99.35%；鱼类生物群落 5 种次要种 NED 和 BED 的累计比例分别为 0.50%和 0.05%（表 2-2-9）。

表 2-2-9 春季（5 月）海州湾鱼类群落重要组成

| | 种类 | NED | BED | 平均个体大小 | N% | W% | F | IRI |
|---|---|---|---|---|---|---|---|---|
| 优势种 | 尖海龙 | 7.276 | 6.550 | 0.90 | 76.80 | 8.80 | 6 | 6 421.08 |
| | 白姑鱼 | 0.803 | 33.437 | 41.66 | 8.50 | 45.20 | 4 | 2 681.85 |
| 普通种 | 小黄鱼 | 0.334 | 9.197 | 27.53 | 3.50 | 12.40 | 5 | 996.80 |
| | 矛尾虾虎鱼 | 0.491 | 2.549 | 5.19 | 5.20 | 3.40 | 4 | 431.24 |
| | 短吻红舌鳎 | 0.202 | 2.965 | 14.68 | 2.10 | 4.00 | 5 | 383.43 |
| | 鲬 | 0.037 | 6.270 | 169.55 | 0.40 | 8.50 | 3 | 332.26 |
| | 半滑舌鳎 | 0.007 | 2.781 | 413.81 | 0.10 | 3.80 | 2 | 95.70 |
| | 鲮 | 0.011 | 2.244 | 196.25 | 0.10 | 3.00 | 2 | 78.80 |
| | 条鳎 | 0.021 | 1.900 | 89.03 | 0.20 | 2.60 | 2 | 69.79 |
| | 皮氏叫姑鱼 | 0.048 | 1.127 | 23.28 | 0.50 | 1.50 | 2 | 50.81 |
| | 短吻三线舌鳎 | 0.019 | 1.196 | 63.04 | 0.20 | 1.60 | 2 | 45.39 |
| | 细纹狮子鱼 | 0.018 | 0.678 | 37.00 | 0.20 | 0.90 | 2 | 27.74 |
| | 赵氏狮子鱼 | 0.041 | 0.935 | 22.67 | 0.40 | 1.30 | 1 | 21.23 |
| | 方氏云鳚 | 0.040 | 0.233 | 5.82 | 0.40 | 0.30 | 2 | 18.40 |
| | 绿鳍马面鲀 | 0.004 | 0.919 | 260.00 | 0.01 | 1.20 | 1 | 15.99 |
| | 星康吉鳗 | 0.006 | 0.363 | 58.78 | 0.10 | 0.50 | 2 | 13.87 |
| | 斑鳍鲉 | 0.069 | 0.206 | 3.00 | 0.70 | 0.30 | 1 | 12.55 |
| 次要种 | 赤鼻棱鳀 | 0.017 | 0.096 | 5.57 | 0.20 | 0.10 | 2 | 7.81 |
| | 纹缟虾虎鱼 | 0.009 | 0.137 | 15.00 | 0.10 | 0.20 | 1 | 3.53 |
| | 红狼牙虾虎鱼 | 0.012 | 0.074 | 6.00 | 0.10 | 0.10 | 1 | 2.86 |
| | 鲱衔 | 0.005 | 0.110 | 20.00 | 0.10 | 0.10 | 1 | 2.58 |
| | 鳀 | 0.003 | 0.038 | 12.00 | 0.01 | 0.10 | 1 | 1.06 |
| 少见种 | 大泷六线鱼 | 0.003 173 | 0.022 | 7.00 | 0.01 | 0.01 | 1 | 0.79 |

注：*N* 为资源数量，*W* 为资源重量，*F* 为出现频率。

无脊椎动物资源的优势种为细巧仿对虾、日本枪乌贼和口虾蛄，其重要种还包括扁玉螺、脉红螺、微点舌片腮海牛、日本鲟、鲜明鼓虾、日本滑海盘车、细螯虾、侧平扁螺、长蛸、双斑鲟、多棘海盘车、疣荔枝螺、密鳞牡蛎、鹰爪虾、黄裁判螺、日本鼓虾、伍氏厚蟹、伶鼬榧螺、短沟纹鬘螺、细肋蕾螺、海燕、细雕刻肋海胆、短蛸、朝鲜笋螺、哈氏刻肋海胆等 25 种，重要种的 NED 和 BED 分别占资源数量和重量的 99.42%和 98.64%（表 2-2-10）。

表 2-2-10 春季（5 月）海州湾无脊椎动物重要组成

| | 种类 | NED | BED | 平均个体大小 | $N$% | $W$% | $F$ | IRI |
|---|---|---|---|---|---|---|---|---|
| 优势种 | 细巧仿对虾 | 7.324 | 6.761 | 0.92 | 48.90 | 19.50 | 7 | 5 989.39 |
| | 日本枪乌贼 | 4.187 | 2.746 | 0.66 | 28.00 | 7.90 | 7 | 3 141.41 |
| | 口虾蛄 | 0.292 | 4.381 | 14.98 | 2.00 | 12.60 | 8 | 1 460.09 |
| 普通种 | 扁玉螺 | 0.448 | 2.163 | 4.83 | 3.00 | 6.20 | 5 | 577.29 |
| | 脉红螺 | 0.053 | 4.020 | 75.56 | 0.40 | 11.60 | 3 | 448.56 |
| | 微点舌片腮海牛 | 0.205 | 1.392 | 6.78 | 1.40 | 4.00 | 5 | 336.81 |
| | 日本蟳 | 0.024 | 1.687 | 71.03 | 0.20 | 4.90 | 4 | 251.39 |
| | 鲜明鼓虾 | 0.217 | 0.998 | 4.59 | 1.50 | 2.90 | 4 | 216.70 |
| | 日本滑海盘车 | 0.027 | 1.290 | 48.61 | 0.20 | 3.70 | 4 | 195.06 |
| | 细螯虾 | 0.546 | 0.219 | 0.40 | 3.60 | 0.60 | 3 | 160.53 |
| | 侧平扁螺 | 0.615 | 0.705 | 1.15 | 4.10 | 2.00 | 2 | 153.62 |
| | 长蛸 | 0.010 | 1.550 | 158.72 | 0.10 | 4.50 | 2 | 113.48 |
| | 双斑蟳 | 0.097 | 0.498 | 5.14 | 0.60 | 1.40 | 4 | 104.17 |
| | 多棘海盘车 | 0.013 | 0.818 | 65.35 | 0.10 | 2.40 | 3 | 91.73 |
| | 疣荔枝螺 | 0.131 | 0.654 | 4.98 | 0.90 | 1.90 | 2 | 69.15 |
| | 密鳞牡蛎 | 0.006 | 1.454 | 235.00 | 0.01 | 4.20 | 1 | 52.99 |
| | 鹰爪虾 | 0.127 | 0.274 | 2.16 | 0.80 | 0.80 | 2 | 40.97 |
| | 黄裁判螺 | 0.053 | 0.228 | 4.28 | 0.40 | 0.70 | 3 | 38.08 |
| | 日本鼓虾 | 0.268 | 0.322 | 1.20 | 1.80 | 0.90 | 1 | 34.02 |
| | 伍氏厚蟹 | 0.037 | 0.116 | 3.11 | 0.20 | 0.30 | 4 | 29.14 |
| | 伶鼬榧螺 | 0.064 | 0.238 | 3.70 | 0.40 | 0.70 | 2 | 27.87 |
| | 短沟纹鬘螺 | 0.009 | 0.319 | 33.97 | 0.10 | 0.90 | 2 | 24.58 |
| | 细肋蕾螺 | 0.064 | 0.513 | 8.00 | 0.40 | 1.50 | 1 | 23.88 |
| | 海燕 | 0.006 | 0.287 | 45.69 | 0.01 | 0.80 | 2 | 21.77 |
| | 细雕刻肋海胆 | 0.009 | 0.195 | 22.91 | 0.10 | 0.60 | 2 | 15.49 |
| | 短蛸 | 0.008 | 0.110 | 13.94 | 0.10 | 0.30 | 3 | 13.89 |
| | 朝鲜笋螺 | 0.030 | 0.096 | 3.22 | 0.20 | 0.30 | 2 | 11.95 |
| | 哈氏刻肋海胆 | 0.010 | 0.135 | 13.81 | 0.10 | 0.40 | 2 | 11.36 |
| 次要种 | 三疣梭子蟹 | 0.004 | 0.238 | 55.00 | 0.01 | 0.70 | 1 | 8.96 |
| | 中国毛虾 | 0.028 | 0.028 | 1.00 | 0.20 | 0.10 | 1 | 3.32 |
| | 脊尾白虾 | 0.004 | 0.029 | 6.52 | 0.1 | 0.10 | 2 | 2.85 |
| | 关公蟹 | 0.022 | 0.022 | 1.00 | 0.10 | 0.10 | 1 | 2.59 |
| | 狭额绒螯蟹 | 0.004 | 0.036 | 10.00 | 0.01 | 0.10 | 1 | 1.59 |
| | 圆十一刺栗壳蟹 | 0.004 | 0.032 | 9.00 | 0.01 | 0.10 | 1 | 1.46 |
| | 细足寄居蟹 | 0.006 | 0.019 | 3.00 | 0.01 | 0.10 | 1 | 1.19 |
| | 寄居蟹 | 0.003 | 0.022 | 8.00 | 0.01 | 0.10 | 1 | 1.03 |
| 少见种 | 东方缝栖蛤 | 0.002 | 0.022 | 10.00 | 0.01 | 0.10 | 1 | 0.96 |
| | 中国蛤蜊 | 0.004 | 0.009 | 2.00 | 0.01 | 0.01 | 1 | 0.67 |
| | 耳乌贼 | 0.003 | 0.008 | 3.00 | 0.01 | 0.01 | 1 | 0.53 |
| | 秀丽白虾 | 0.003 | 0.006 | 2.00 | 0.01 | 0.01 | 1 | 0.48 |

②秋季

秋季海州湾鱼类生物群落优势种为细条天竺鱼、小黄鱼和皮氏叫姑鱼 3 种（表 2-2-11），其栖息密度（NED）占总个体数的 83.08%，生物量密度（BED）占总重量的 42.42%；普通种有 14 种，分别为深海红娘鱼、短吻红舌鳎、黄鲫、白姑、长蛇鲻、矛尾虾虎鱼、星康吉鳗、斑鰆鲉、赤鼻棱鳀、鲬、银鲳、半滑舌鳎、带鱼和钟馗虾虎鱼，与优势种共同构成秋季鱼类生物群落重要种，在总个体数中占 99.47%，而 BED 占 98.27%；鱼类生物群落次要种 8 种，NED 和 BED 的比例分别为 0.42%和 1.63%，4 种少见种的累计数量和重量分别为 8.274 尾/$km^2$ 和 0.054 kg/$km^2$，仅占总渔获物种数和重量的 0.10%和 0.01%（表 2-2-11）。

表 2-2-11　秋季（10 月）海州湾鱼类群落重要组成

| | 种类 | NED | BED | 平均个体大小 | *N*% | *W*% | *F* | IRI |
|---|---|---|---|---|---|---|---|---|
| 重要种 | 细条天竺鱼 | 5.643 | 4.164 | 0.74 | 70.70 | 7.90 | 7 | 6 880.74 |
| | 小黄鱼 | 0.509 | 12.708 | 24.95 | 6.40 | 24.10 | 5 | 1 904.51 |
| | 皮氏叫姑鱼 | 0.475 | 5.507 | 11.60 | 6.00 | 10.40 | 6 | 1 229.39 |
| 普通种 | 深海红娘鱼 | 0.130 | 7.066 | 54.39 | 1.60 | 13.40 | 5 | 938.82 |
| | 短吻红舌鳎 | 0.178 | 3.640 | 20.48 | 2.20 | 6.90 | 6 | 684.64 |
| | 黄鲫 | 0.238 | 2.190 | 9.21 | 3.00 | 4.20 | 6 | 535.04 |
| | 白姑 | 0.177 | 4.140 | 23.37 | 2.20 | 7.80 | 4 | 503.43 |
| | 长蛇鲻 | 0.044 | 3.039 | 69.86 | 0.50 | 5.80 | 4 | 315.26 |
| | 矛尾虾虎鱼 | 0.123 | 1.209 | 9.80 | 1.50 | 2.30 | 6 | 287.85 |
| | 星康吉鳗 | 0.043 | 2.092 | 48.21 | 0.50 | 4.00 | 4 | 225.48 |
| | 斑鰆鲉 | 0.125 | 1.380 | 11.01 | 1.60 | 2.60 | 4 | 209.32 |
| | 赤鼻棱鳀 | 0.133 | 1.038 | 7.79 | 1.70 | 2.00 | 4 | 181.83 |
| | 鲬 | 0.044 | 1.125 | 25.45 | 0.60 | 2.10 | 5 | 167.89 |
| | 银鲳 | 0.019 | 0.915 | 49.33 | 0.20 | 1.70 | 2 | 49.16 |
| | 半滑舌鳎 | 0.004 | 0.755 | 181.01 | 0.10 | 1.40 | 2 | 37.08 |
| | 带鱼 | 0.025 | 0.597 | 23.75 | 0.30 | 1.10 | 2 | 36.20 |
| | 钟馗虾虎鱼 | 0.024 | 0.279 | 11.67 | 0.30 | 0.50 | 1 | 10.34 |
| 次要种 | 大泷六线鱼 | 0.005 | 0.160 | 35.00 | 0.10 | 0.30 | 1 | 4.50 |
| | 角木叶鲽 | 0.002 | 0.166 | 73.00 | 0.01 | 0.30 | 1 | 4.30 |
| | 蓝园鲹 | 0.009 | 0.095 | 10.00 | 0.10 | 0.20 | 1 | 3.72 |
| | 油魣 | 0.002 | 0.129 | 68.00 | 0.01 | 0.20 | 1 | 3.34 |
| | 短吻三线舌鳎 | 0.002 | 0.114 | 50.00 | 0.01 | 0.20 | 1 | 3.06 |
| | 条鳎 | 0.004 | 0.097 | 22.50 | 0.10 | 0.20 | 1 | 2.98 |
| | 多鳞鱚 | 0.007 | 0.050 | 7.33 | 0.10 | 0.10 | 1 | 2.26 |
| | 斑鰶 | 0.002 | 0.050 | 23.00 | 0.01 | 0.10 | 1 | 1.51 |
| 少见种 | 暗缟虾虎鱼 | 0.003 | 0.024 | 9.50 | 0.01 | 0.01 | 1 | 0.96 |
| | 朴蝴蝶鱼 | 0.002 | 0.013 | 7.00 | 0.01 | 0.01 | 1 | 0.61 |
| | 小牙石斑鱼 | 0.002 | 0.013 | 7.00 | 0.01 | 0.01 | 1 | 0.61 |
| | 红狼牙虾虎鱼 | 0.002 | 0.004 | 2.00 | 0.01 | 0.01 | 1 | 0.41 |

无脊椎动物资源以口虾蛄、日本枪乌贼、密鳞牡蛎和葛氏长臂虾为优势种，NED 和 BED 的比例分别为 76.96%和 72.45%；其重要种还包括日本鲟、鹰爪虾、三疣梭子蟹、多棘海盘车、长蛸、短蛸、哈氏刻肋海胆、双斑鲟、脊尾白虾、脉红螺等 10 种（表 2-2-12），占资源数量和重量的 22.26%和 25.91%（表 2-2-12）。

表 2-2-12 秋季（10 月）海州湾无脊椎动物重要组成

| | 种类 | NED | BED | 平均个体大小 | *N*% | *W*% | *F* | IRI |
|---|---|---|---|---|---|---|---|---|
| 优势种 | 口虾蛄 | 6.173 | 58.613 | 9.50 | 31.60 | 28.60 | 5 | 3 762.53 |
| | 日本枪乌贼 | 3.949 | 21.455 | 5.43 | 20.20 | 10.50 | 8 | 3 068.16 |
| | 密鳞牡蛎 | 0.245 | 64.298 | 262.03 | 1.30 | 31.40 | 6 | 2 447.95 |
| | 葛氏长臂虾 | 4.671 | 4.068 | 0.87 | 23.90 | 2.00 | 5 | 1 618.04 |
| 普通种 | 日本鲟 | 0.203 | 18.495 | 90.98 | 1.00 | 9.00 | 7 | 80.91 8 |
| | 鹰爪虾 | 2.988 | 3.660 | 1.22 | 15.30 | 1.80 | 4 | 853.97 |
| | 三疣梭子蟹 | 0.379 | 7.714 | 20.35 | 1.90 | 3.80 | 5 | 356.57 |
| | 多棘海盘车 | 0.168 | 7.434 | 44.25 | 0.90 | 3.60 | 5 | 280.51 |
| | 长蛸 | 0.071 | 7.661 | 107.24 | 0.40 | 3.70 | 4 | 205.24 |
| | 短蛸 | 0.105 | 5.300 | 50.30 | 0.50 | 2.60 | 5 | 195.40 |
| | 哈氏刻肋海胆 | 0.217 | 1.267 | 5.83 | 1.10 | 0.60 | 3 | 64.84 |
| | 双斑鲟 | 0.095 | 0.337 | 3.53 | 0.50 | 0.20 | 3 | 24.47 |
| | 脊尾白虾 | 0.106 | 0.444 | 4.18 | 0.50 | 0.20 | 2 | 19.02 |
| | 脉红螺 | 0.016 | 0.781 | 48.42 | 0.10 | 0.40 | 3 | 17.39 |
| 次要种 | 黄裁判螺 | 0.031 | 0.210 | 6.86 | 0.20 | 0.10 | 2 | 6.49 |
| | 细雕刻肋海胆 | 0.038 | 0.624 | 16.50 | 0.20 | 0.30 | 1 | 6.23 |
| | 栉江珧 | 0.005 | 0.912 | 200.00 | 0.01 | 0.40 | 1 | 5.85 |
| | 略胀管蛾螺 | 0.014 | 0.547 | 40.00 | 0.10 | 0.30 | 1 | 4.21 |
| | 魁蚶 | 0.002 | 0.520 | 275.00 | 0.01 | 0.30 | 1 | 3.29 |
| | 甲虫螺 | 0.014 | 0.054 | 3.86 | 0.10 | 0.01 | 2 | 2.47 |
| | 伶鼬榧螺 | 0.022 | 0.050 | 2.30 | 0.10 | 0.01 | 1 | 1.68 |
| | 沙箸（海笔） | 0.003 | 0.065 | 20.00 | 0.01 | 0.01 | 2 | 1.21 |
| | 日本滑海盘车 | 0.004 | 0.047 | 10.62 | 0.01 | 0.01 | 2 | 1.14 |
| | 曼氏无针乌贼 | 0.005 | 0.128 | 28.00 | 0.01 | 0.10 | 1 | 1.07 |
| 少见种 | 强壮菱蟹 | 0.002 | 0.046 | 20.00 | 0.01 | 0.01 | 1 | 0.42 |
| | 鲜明鼓虾 | 0.004 | 0.019 | 4.50 | 0.01 | 0.01 | 1 | 0.39 |
| | 细巧仿对虾 | 0.002 | 0.017 | 8.00 | 0.01 | 0.01 | 1 | 0.24 |
| | 周氏新对虾 | 0.002 | 0.014 | 7.00 | 0.01 | 0.01 | 1 | 0.21 |
| | 圆十一刺栗壳蟹 | 0.002 | 0.009 | 4.00 | 0.01 | 0.01 | 1 | 0.20 |

③优势种的季节变化

由以上的分析可以看出，春季海州湾鱼类生物群落优势种为尖海龙和白姑鱼，秋季为细条天竺鱼、小黄鱼和皮氏叫姑鱼 3 种。无脊椎动物群落中，细巧仿对虾、日本枪乌贼和口虾蛄 3 种为春季优势种，口虾蛄、日本枪乌贼、密鳞牡蛎和葛氏长臂虾 4 种为秋季优势种。

（2）渔业资源空间分布

以栖息密度（NED）和生物量密度（BED）为渔业资源量的衡量标准，研究海州湾渔业的动态变化。

1）春季

调查区域内资源生物量分布不均匀，高分布区位于调查区的东部和西部水域，中部水域相对较少。高 BED 的站区 A5、A10 和 A14 站的生物量密度分别为 311.90 kg/km$^2$、135.65 kg/km$^2$ 和 88.93 kg/km$^2$，分别占全部调查区总生物量密度的 39.22%、17.06%和 11.18%，合计 67.46%。最低 BED 的站区为 A11 站，仅为 0.02 kg/km$^2$，其次为 A7 站，为 0.05 kg/km$^2$（图 2-2-24）。

其中，鱼类资源生物量占总 BED 的 65.16%，平均 BED 为 64.77 kg/km$^2$，分布也很不均匀，BED 最高的站区是 A5，高达 301.71 kg/km$^2$，其次为 A8 和 A14，分别为 61.35 kg/km$^2$ 和 56.69 kg/km$^2$；低生物量密度站区在 A7 站，仅为 9.27 kg/km$^2$，其次是 A13，为 19.15 kg/km$^2$（图 2-2-25）。

无脊椎BED值在 10.19～135.65 kg/km$^2$，平均为 34.64 kg/km$^2$，占资源生物量的 34.84%，分布趋势与鱼类生物量密度不一致，以 A10 站最高，达 85.92 kg/km$^2$，其次是 A13 站（43.20 kg/km$^2$），无脊椎动物 BED 较低的站区有 A5、A8 和 A11，分别为 10.19 kg/km$^2$、19.74 kg/km$^2$ 和 16.46 kg/km$^2$（图 2-2-26）。

调查区内资源生物数量密度在调查区域的中部有一个明显的低值区，其他水域相对较高。低 NED 区位于 A11 站区，仅为 0.82 千尾/km$^2$；A13 和 A14 站区 NED 最高，分别为 54.48 千尾/km$^2$ 和 64.04 千尾/km$^2$（图 2-2-27）。

鱼类 NED 占总 NED 的 35.65%，与资源生物数量密度分布趋势一致，高值区在调查水域的东部，以 A14 为最高，达 28.07 千尾/km$^2$，其次是 A13 站 16.59 千尾/km$^2$；低值区在调查区的中部近岸水域，以 A7 和 A10 最低，分别为 1.73 千尾/km$^2$ 和 1.92 千尾/km$^2$（图 2-2-28）。

无脊椎生物数量密度占总 NED 的 64.35%，分布趋势与资源生物数量分布基本一致，高 NED 的站区有 A7、A13 和 A14 站，分别为 21.08 千尾/km$^2$、37.89 千尾/km$^2$ 和 35.98 千尾/km$^2$，A5 和 A11 站无脊椎栖息密度最低，分别为 0.77 千尾/km$^2$ 和 0.82 千尾/km$^2$（图 2-2-29）。

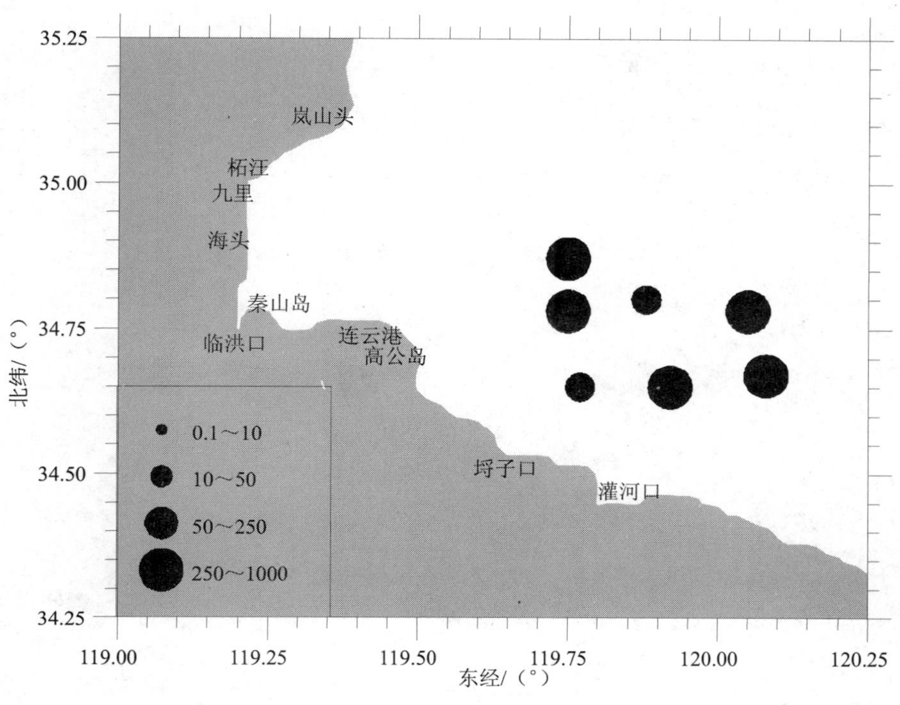


图 2-2-24 春季海州湾资源生物量密度分布图

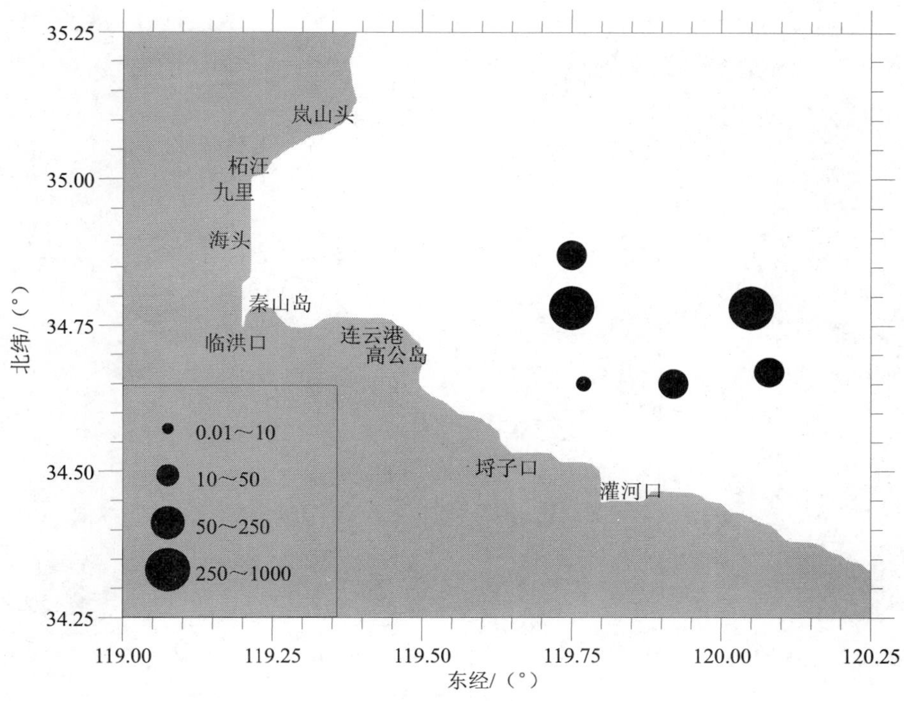


图 2-2-25 春季海州湾鱼类生物量密度分布图

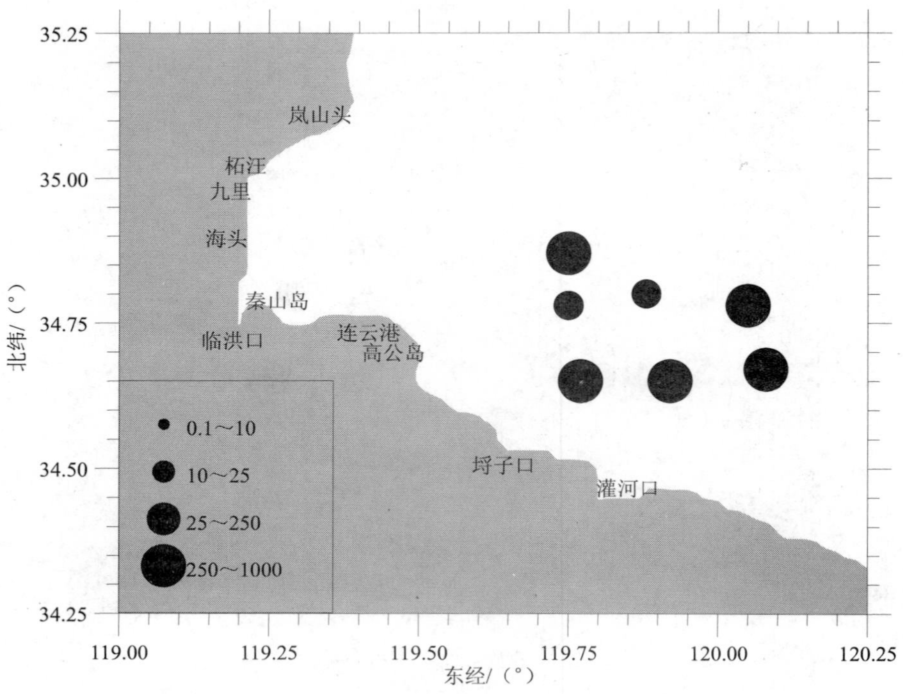


图 2-2-26　春季海州湾无脊椎动物生物量密度分布图

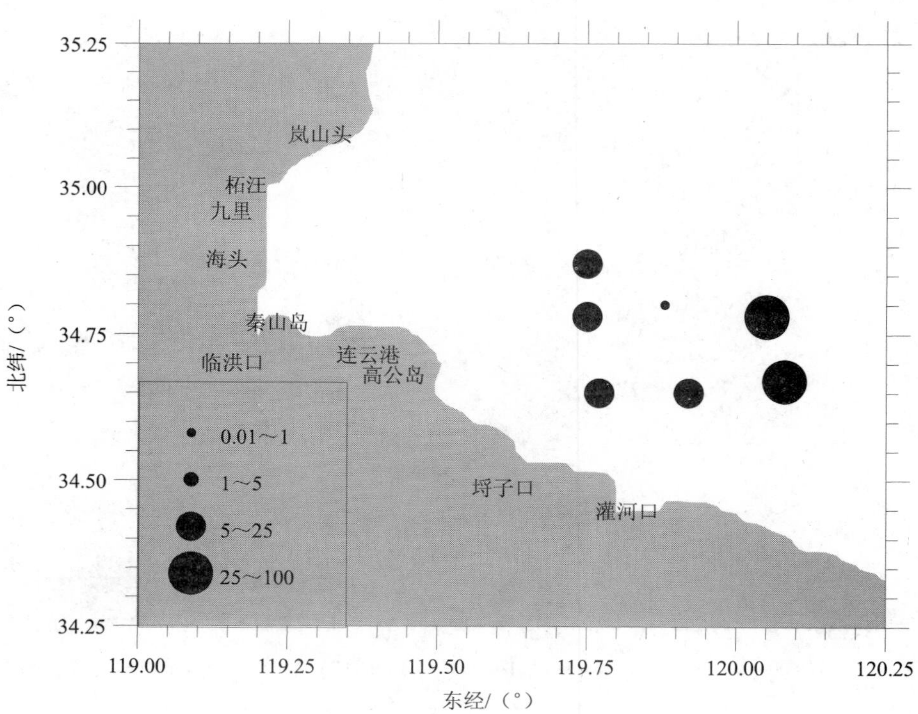


图 2-2-27　春季海州湾资源生物栖息密度分布图

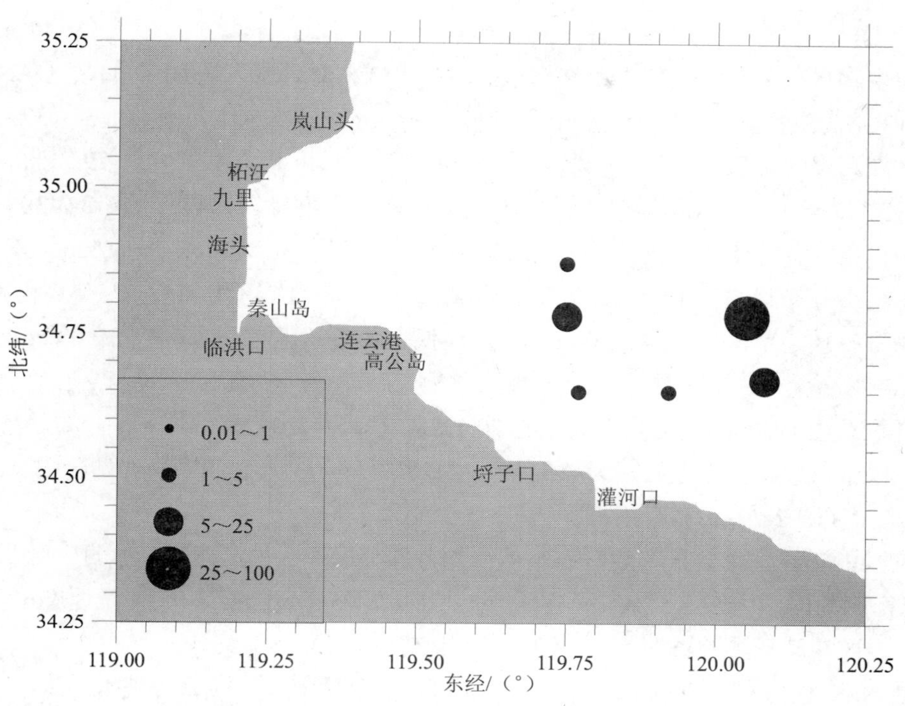


图 2-2-28 春季海州湾鱼类栖息密度分布图

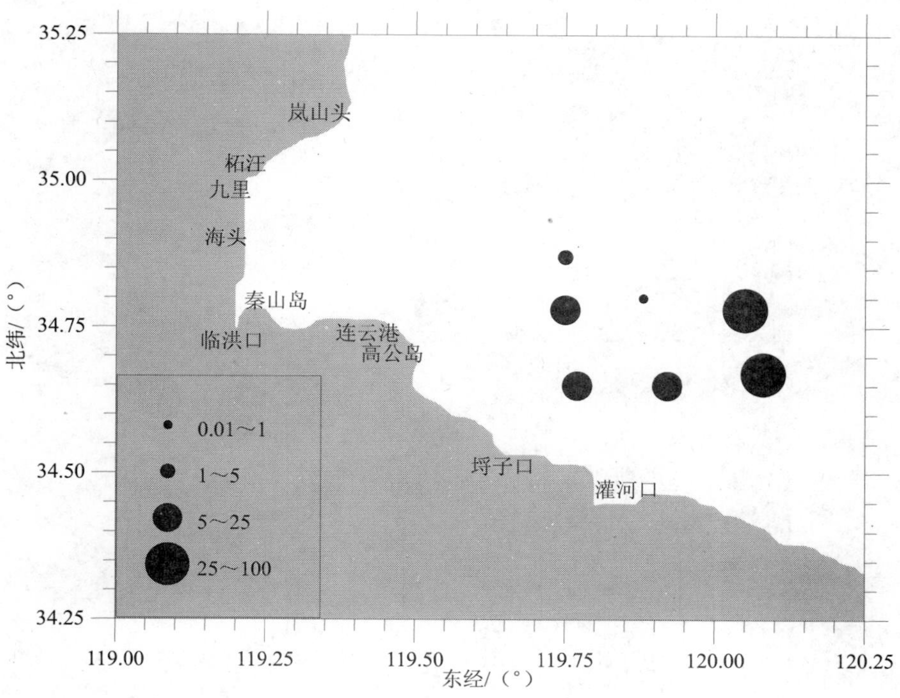


图 2-2-29 春季海州湾无脊椎动物栖息密度分布图

2）秋季

资源生物量高分布区多位于近岸水域，远岸水域相对较少。高 BED 的站区 A5、A11、A4 和 A13 站的生物量为 482.65 kg/km$^2$、430.50 kg/km$^2$、415.50 kg/km$^2$ 和 314.32 kg/km$^2$，分别占全部调查区总生物量的 23.42%、20.89%、20.16%和 15.25%，合计 79.71%，其他仅占 20.29%。低于 100 kg/km$^2$ 有 A10 和 A8 站，仅在总生物量的 5.43%（图 2-2-30）。

其中，鱼类资源生物量仅占总 BED 的 20.48%，平均 BED 为 52.76 kg/km$^2$，分布趋势与资源生物量分布趋势基本一致，超过生物量 50 kg/km$^2$ 的站区为 A4、A5、A6 和 A11 站，最高生物量站区是 A6，达 147.23 kg/km$^2$；最低生物量站区是 A13，仅 10.03 kg/km$^2$（图 2-2-31）。

无脊椎动物 BED 占总资源生物量的 79.52%，平均为 204.89 kg/km$^2$，分布趋势与总资源生物量一致。最高生物量站区为 A5 站，达 428.79 kg/km$^2$，最低生物量站区为 A8，仅为 73.45 kg/km$^2$（图 2-2-32）。

调查区内资源生物数量密度分布很不平均，部分近岸水域高于远岸水域，数量相差悬殊。栖息密度高的站区有 A5、A4 和 A11，分别达 118.05 千尾/km$^2$、44.24 千尾/km$^2$ 和 38.71 千尾/km$^2$，而离岸较远的 A14 站，仅为 1.75 千尾/km$^2$（图 2-2-33）。

鱼类 NED 仅占总 NED 的 28.99%，与资源生物数量密度分布趋势基本一致，以 A5 站为最高，达 41.95 千尾/km$^2$，其次是 A11 站 7.98 千尾/km$^2$；鱼类 NED 较低的站位有 A8、A13 和 A14 站，分别为 1.07 千尾/km$^2$、0.91 千尾/km$^2$ 和 0.75 千尾/km$^2$（图 2-2-34）。

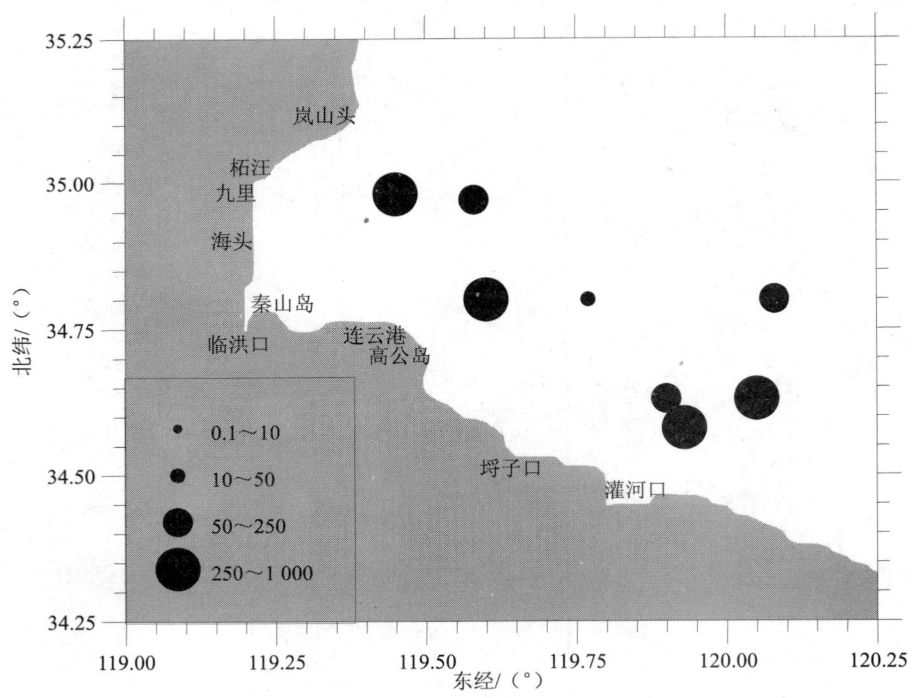


图 2-2-30 秋季海州湾资源生物量密度分布图

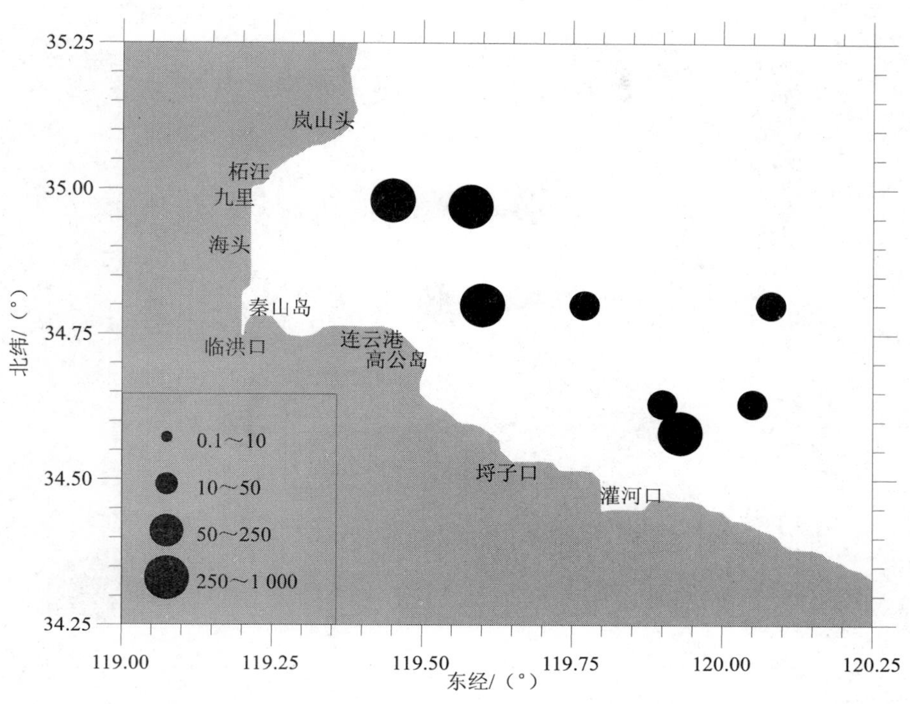


图 2-2-31　秋季海州湾鱼类生物量密度分布图

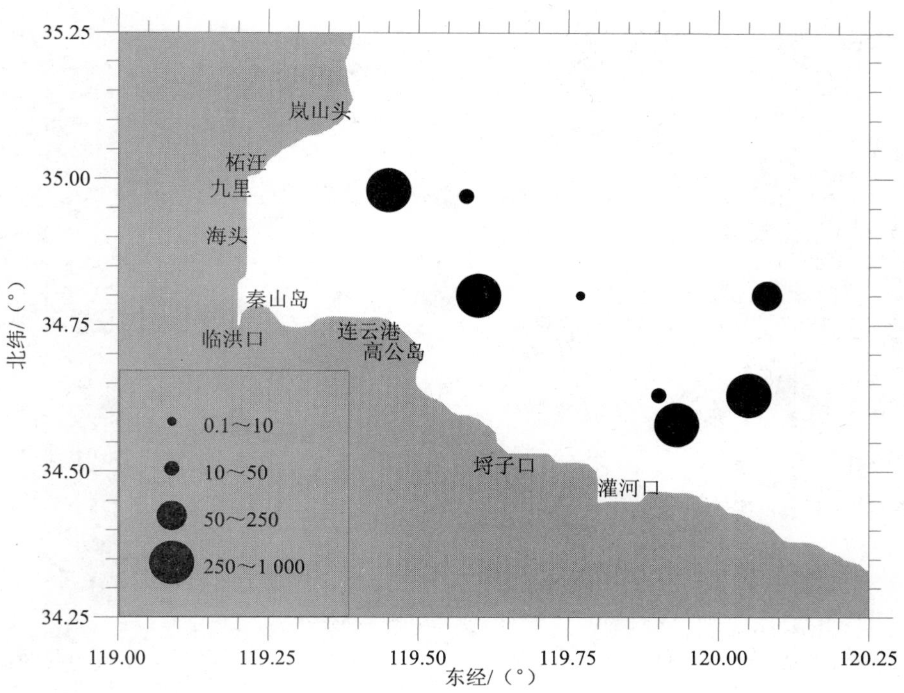


图 2-2-32　秋季海州湾无脊椎动物栖息密度分布图

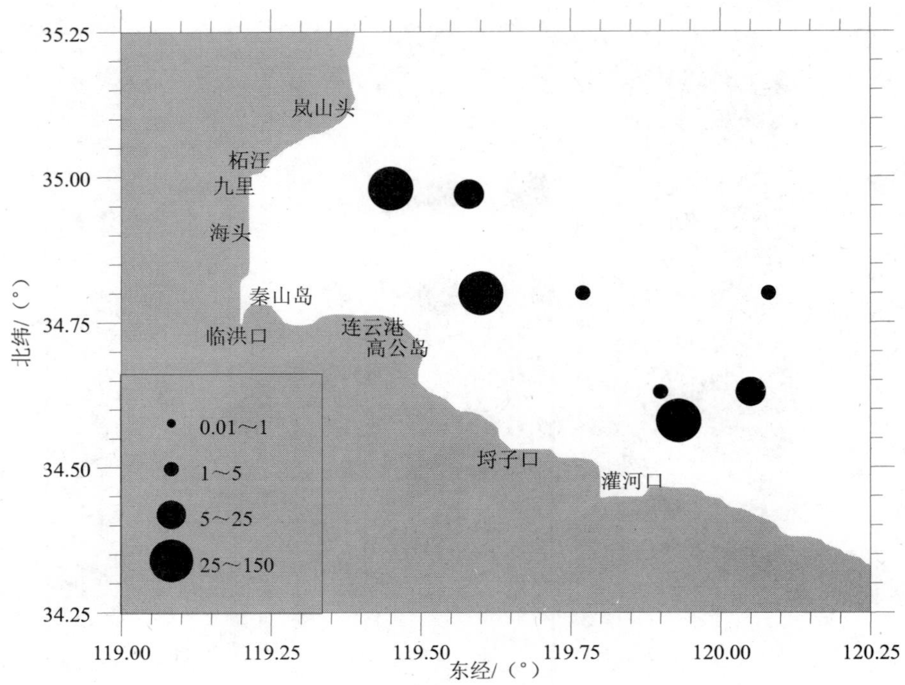


图 2-2-33 秋季海州湾资源生物栖息密度分布图

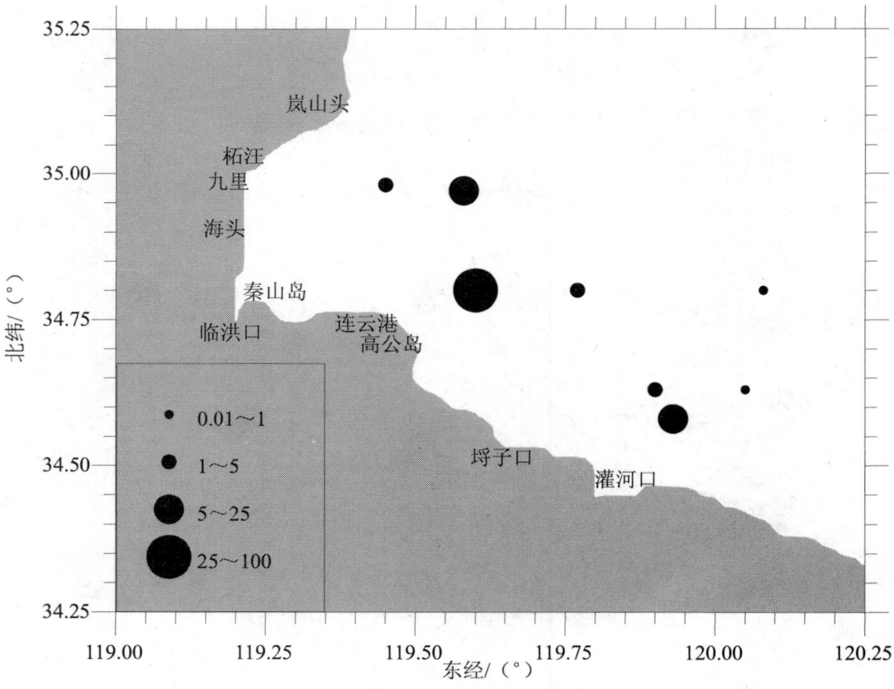


图 2-2-34 秋季海州湾鱼类栖息密度分布图

无脊椎动物数量密度分布也与资源生物数量密度的分布趋势相似，栖息密度高的站区有 A5、A4 和 A11 站，分别为 76.10 千尾/km$^2$、39.57 千尾/km$^2$ 和 30.73 千尾/km$^2$；A8 和 A14 站无脊椎动物栖息密度低，分别为 0.08 千尾/km$^2$ 和 1.00 千尾/km$^2$（图 2-2-35）。

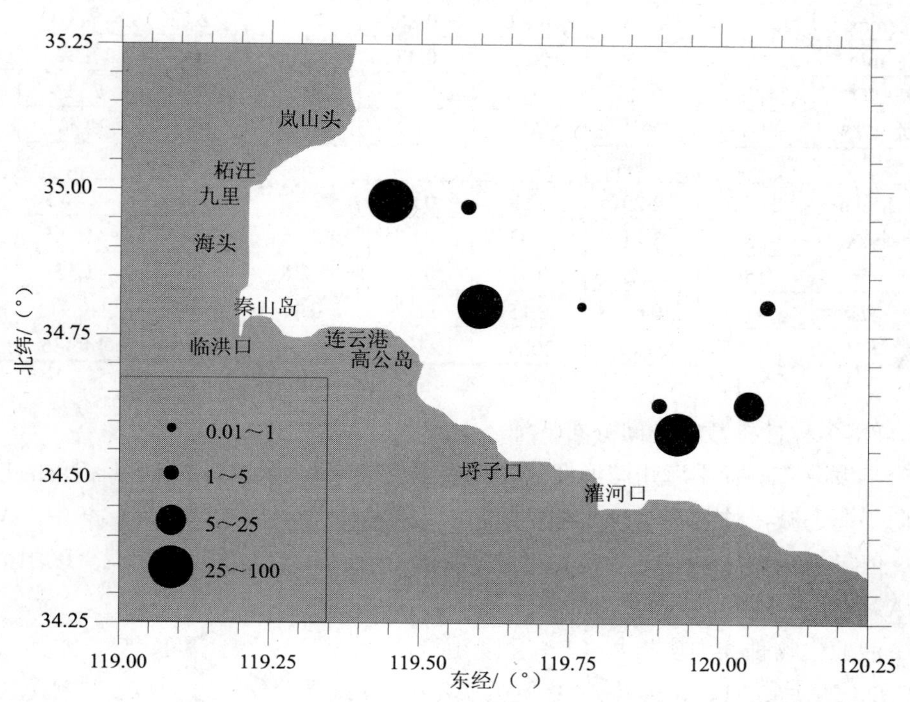


图 2-2-35 秋季海州湾无脊椎动物栖息密度分布图

（3）群落多样性特征

本书选用如下生物多样性指标描述海州湾渔业生物多样性特征：种类数、种类丰度（$D$）、Shannon-Wiener 多样性指数（$H'$）、均匀度指数（$J'$）、栖息密度（NED）和生物量密度（BED）。

1）季节变化

春季和秋季的种类数量和种类丰度（$D$）都无显著差别，Shannon-Wiener 多样性指数 $H'_n$ 和 $H'_w$ 也没有显著性的差别，但均匀度指数 $J'_n$ 在春季和秋季之间存在显著性差异（$p<0.05$），而均匀度指数 $J'_w$ 在春季和秋季之间无显著性差异（$p>0.05$）；春季和秋季的栖息密度之间无显著性差异，但秋季的生物量密度却显著高于春季的生物量密度（$p<0.05$）（表 2-2-13）。

表 2-2-13 春季和秋季海州湾渔业生物多样性指数

| | $N_{sp}$ | D | $H'_n$ | $H'_w$ | $J'_n$ | $J'_w$ | NED | BED |
|---|---|---|---|---|---|---|---|---|
| 春季 | | | | | | | | |
| 平均值 Mean | 19.5 | 1.94 | 0.53 | 0.72 | 1.53 | 2.11 | 23.26 | 99.41 |
| 最大值 max | 24 | 2.46 | 0.87 | 0.86 | 2.06 | 2.52 | 64.04 | 311.9 |
| 最小值 min | 9 | 1.19 | 0.25 | 0.37 | 0.77 | 1.13 | 0.82 | 16.46 |
| 标准差 *SD* | 4.78 | 0.43 | 0.2 | 0.15 | 0.47 | 0.44 | 23.29 | 92.94 |
| 变异系数 *CV*% | 24.52 | 22.3 | 37 | 21.2 | 30.73 | 20.88 | 100 | 93.49 |
| 秋季 | | | | | | | | |
| 平均值 Mean | 21.25 | 2.29 | 0.69 | 0.62 | 2.11 | 1.88 | 27.52 | 257.64 |
| 最大值 max | 25 | 3.21 | 0.85 | 0.82 | 2.65 | 2.47 | 118.05 | 482.65 |
| 最小值 min | 15 | 1.2 | 0.42 | 0.25 | 1.36 | 0.8 | 1.15 | 39.84 |
| 标准差 *SD* | 4.2 | 0.63 | 0.15 | 0.17 | 0.46 | 0.5 | 40.41 | 175.12 |
| 变异系数 *CV*% | 19.77 | 27.62 | 20.96 | 27.52 | 21.91 | 26.62 | 146.86 | 67.97 |

2）群落多样性指数的空间分布特征

种类丰度分布：春季海州湾渔业生物种类丰度分布与秋季相比，呈现相反的趋势，即从近岸向外海递减，并且在 A11、A14 站区附近存在一个明显的低值区。其中，A11 站区最低，*D* 值仅为 1.19（9 种），A14 站区次之，*D* 值为 1.45（17 种）。在调查区中，*D* 值最高的是 A9 站区，高达 2.46（23 种）。

秋季渔业生物种类丰度指数（*D*）呈现由近岸向外海逐渐递增的趋势，尤其以 A14 站区最高，*D* 值高达 3.21，其次是 A13、A6、A8 和 A4 站区，分别为 2.74（25 种）、2.73（25 种）、2.27（17 种）和 2.24（25 种），见图 2-2-36 及图 2-2-37。

群落多样性指数：春季群落多样性指数 *H'* 分布的高值区中部偏北水域，以 A9 站区为最高，高达 2.52，其次为 A8 站区，*H'* 值为 2.49。

秋季群落多样性指数 *H'* 分布的高值区在调查区的中北部，并沿西北—东南和东北—西南向两个方向递减。以 A6 站区为最高，其次为 A8、A11，*H'* 值均超过了 2.0，见图 2-2-38 及图 2-2-39。

均匀度指数：春季海州湾渔业生物均匀度指数 *J'* 分布呈由近岸至外海递增的趋势，*J'* 值以 A11、A9 和 A8 站区为最高，分别高达 0.86、0.82 和 0.80，见图 2-2-40。

秋季的均匀度指数 *J'* 分布与群落多样性指数的分布相似，高值区在中部，沿东—西和西北—东南两个方向递减。以 A8 最高，其次为 A6、A11、A10 站区，*J'* 值均超过了 0.6，见图 2-2-41。

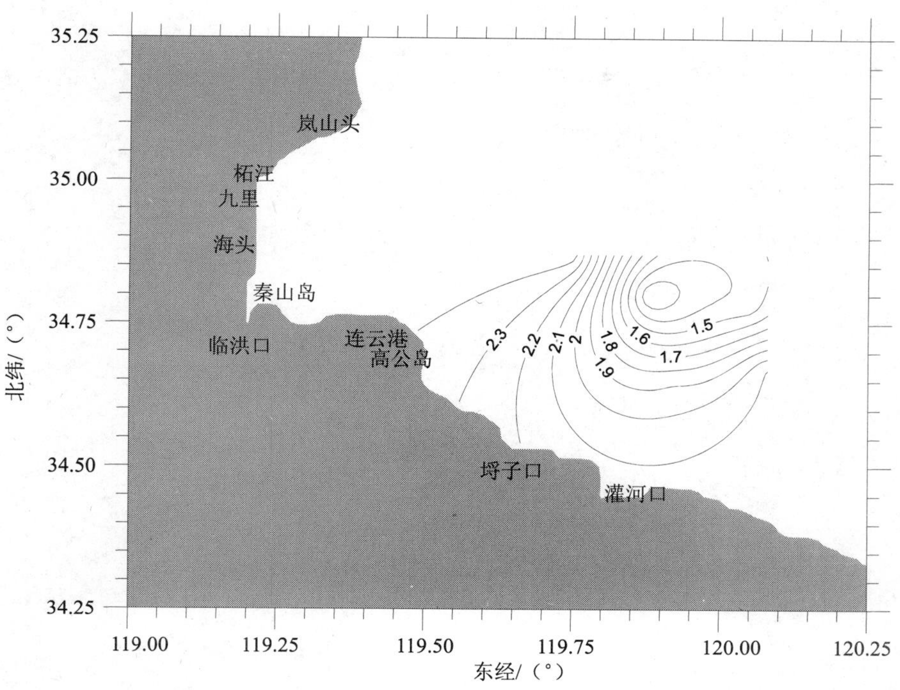


图 2-2-36 春季海州湾渔业生物种类丰度分布特征

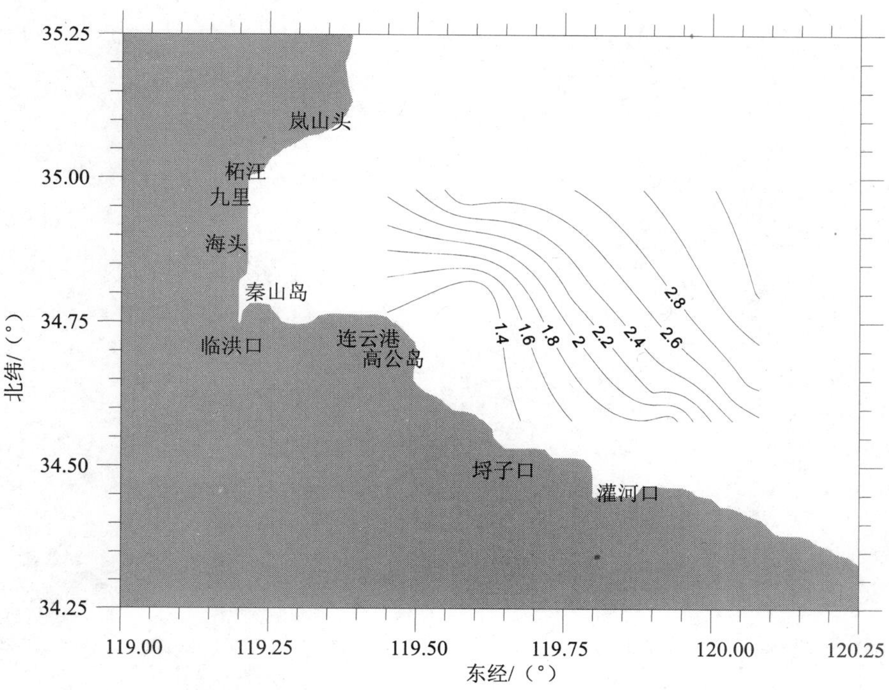


图 2-2-37 秋季海州湾渔业生物种类丰度分布特征

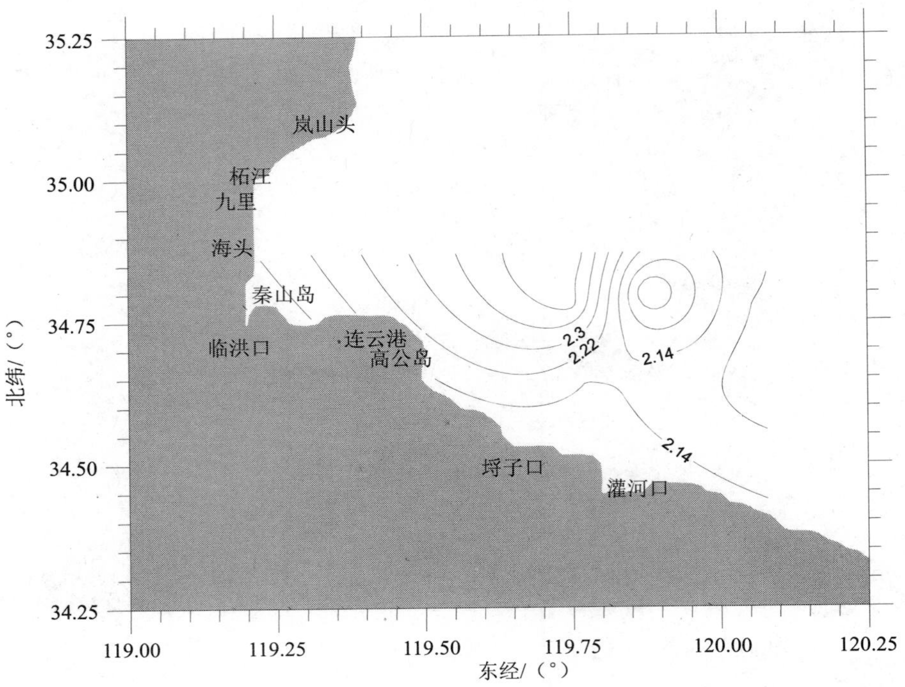


图 2-2-38　春季海州湾渔业生物 Shannon-Weiner 多样性指数分布特征

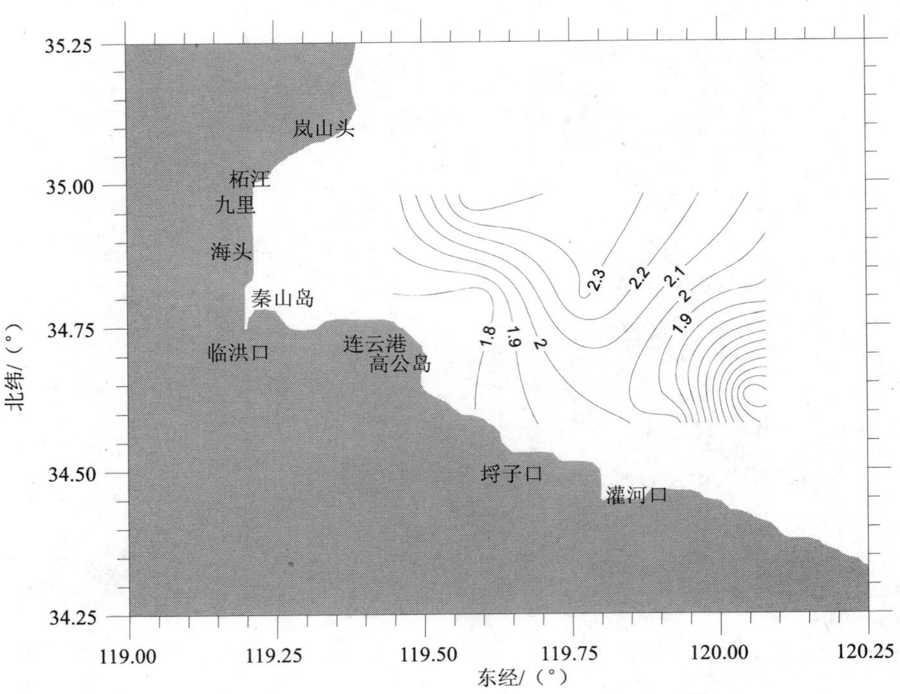


图 2-2-39　秋季海州湾渔业生物 Shannon-Weiner 多样性指数分布特征

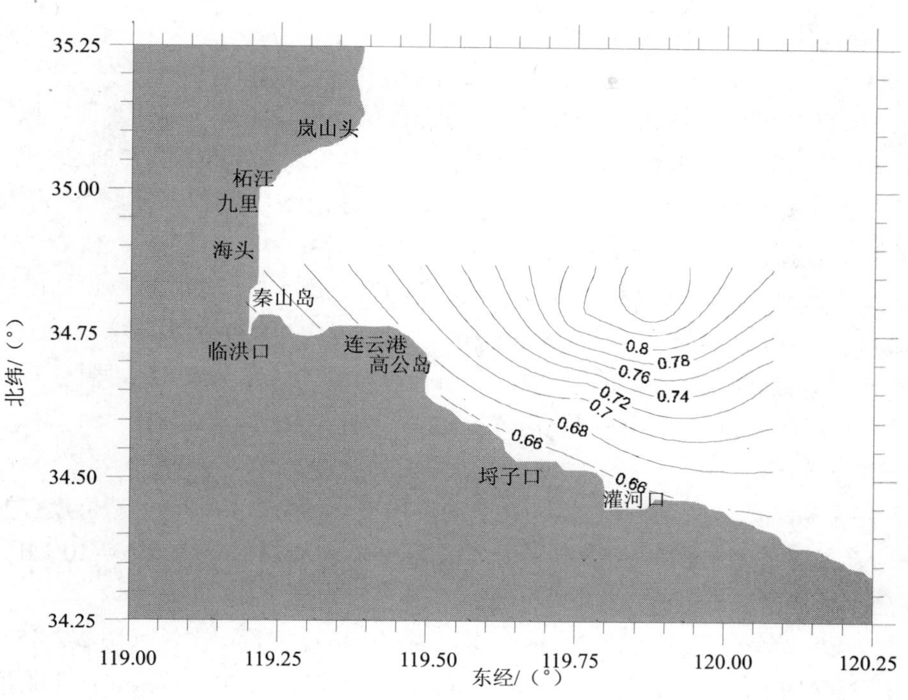


图 2-2-40　春季海州湾渔业生物均匀度指数分布特征

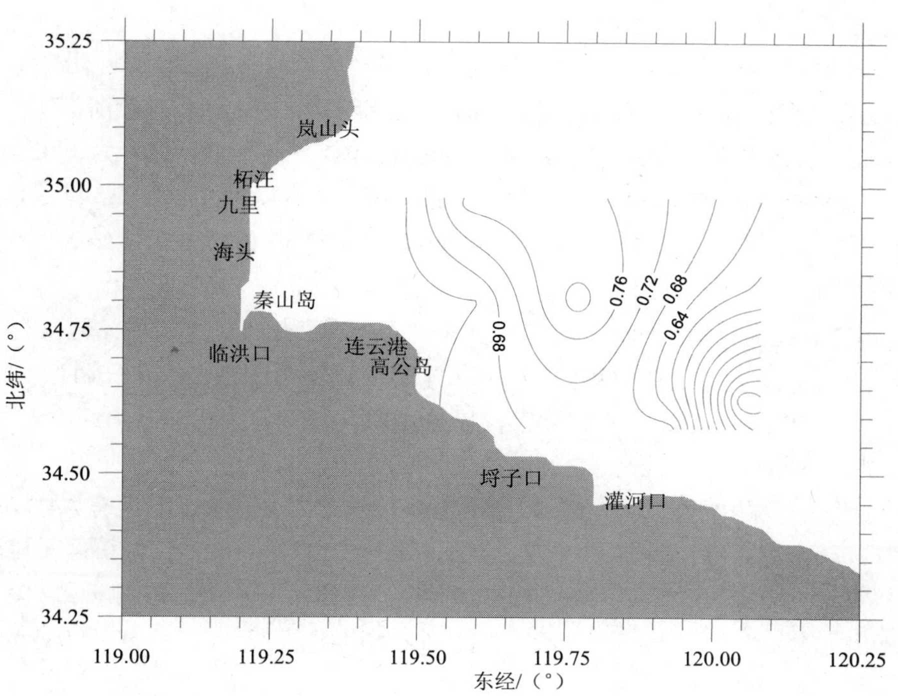


图 2-2-41　秋季海州湾渔业生物均匀度指数分布特征

（4）海州湾优势种资源空间分布

1）白姑鱼

春季白姑鱼资源生物量密度（BED）的分布区位于调查区的中部和东部水域，以 A5 站区为最高，达 230.38 kg/km$^2$，最低的站区为 A13，为 0.33 kg/km$^2$；生物栖息密度（NED）分布趋势与生物量密度（BED）一致（图 2-2-42），高值区在 A5 站，为 5.53 千尾/km$^2$，A13 站最低，仅为 0.02 千尾/km$^2$。

秋季白姑鱼资源生物量密度（BED）主要分布在近岸水域，其中以 A6 站值最高，为 21.93 kg/km$^2$，A4 站区最低，仅为 2.87 kg/km$^2$；调查区内白姑鱼的生物栖息密度（NED）分布趋势与其生物量密度（BED）一致，分布也很不均匀（图 2-2-43）。栖息密度最高是 A6 站，为 0.98 千尾/km$^2$，以 A8 站区分布最低，仅为 0.10 千尾/km$^2$。

2）皮氏叫姑鱼

春季仅在调查区域的 A7 和 A10 站区捕获皮氏叫姑鱼，其他调查站位没有捕到（图 2-2-44）。A7 站区的 BED 和 NED 分别为 4.67 kg/km$^2$ 和 0.24 千尾/km$^2$；A10 站区的 BED 和 NED 分别为 3.21 kg/km$^2$ 和 0.10 千尾/km$^2$。

秋季皮氏叫姑鱼在调查区域内全区分布，高值区分布在近岸水域（图 2-2-45）。其中，A5 和 A11 站区的 BED 超过 10 kg/km$^2$；A10 站区最低，仅为 0.64 kg/km$^2$；生物栖息密度（NED）与 BED 分布相类似（图 2-2-45），A5 和 A11 站区最高，分别为 1.55 千尾/km$^2$ 和 1.59 千尾/km$^2$，以 A10 站区最低，仅为 0.06 千尾/km$^2$。

3）细条天竺鱼

春季在调查区域内没有捕获到细条天竺鱼。

秋季细条天竺鱼在调查的水域全区分布，以近岸水域的 BED 相对较高，其中，A5 站区的 BED 高达 25.89 kg/km$^2$，A8 和 A10 站区的 BED 相对较低，分别为 0.02 kg/km$^2$ 和 0.08 kg/km$^2$。NED 的分布与 BED 分布趋势一致（图 2-2-46），高值区在 A5 站区，为 38.84 千尾/km$^2$，低值区为 A8 和 A10 站区，分别为 0.01 千尾/km$^2$ 和 0.03 千尾/km$^2$。

4）小黄鱼

春季调查水域内小黄鱼的分布多集中在东部水域，超过 25 kg/km$^2$ 的站区仅有 A10 站，为 35.93 kg/km$^2$，其他站区相对较低，以 A7 站最低，仅为 2.08 kg/km$^2$；调查区内小黄鱼 NED 的分布与 BED 相类似（图 2-2-47），以 A10 站区最高，为 1.35 千尾/km$^2$，其他站区均低于 1.0 千尾/km$^2$，最低的是 A7 站区，仅为 0.09 千尾/km$^2$。

秋季小黄鱼资源生物量密度（BED）全区分布，超过 25 kg/km$^2$ 的站区有 A4、A6 和 A11 站，其中，以 A6 站最高，达 39.32 kg/km$^2$；A13 站区 BED 值最低，仅为 0.64 千尾/km$^2$。调查区内小黄鱼资源生物栖息密度（NED）分布趋势与资源生物量密度（BED）一致（图 2-2-48），A6 站区 NED 值最高，为 1.51 千尾/km$^2$，A13 站区 NED 值最低，仅为 0.02 千尾/km$^2$。

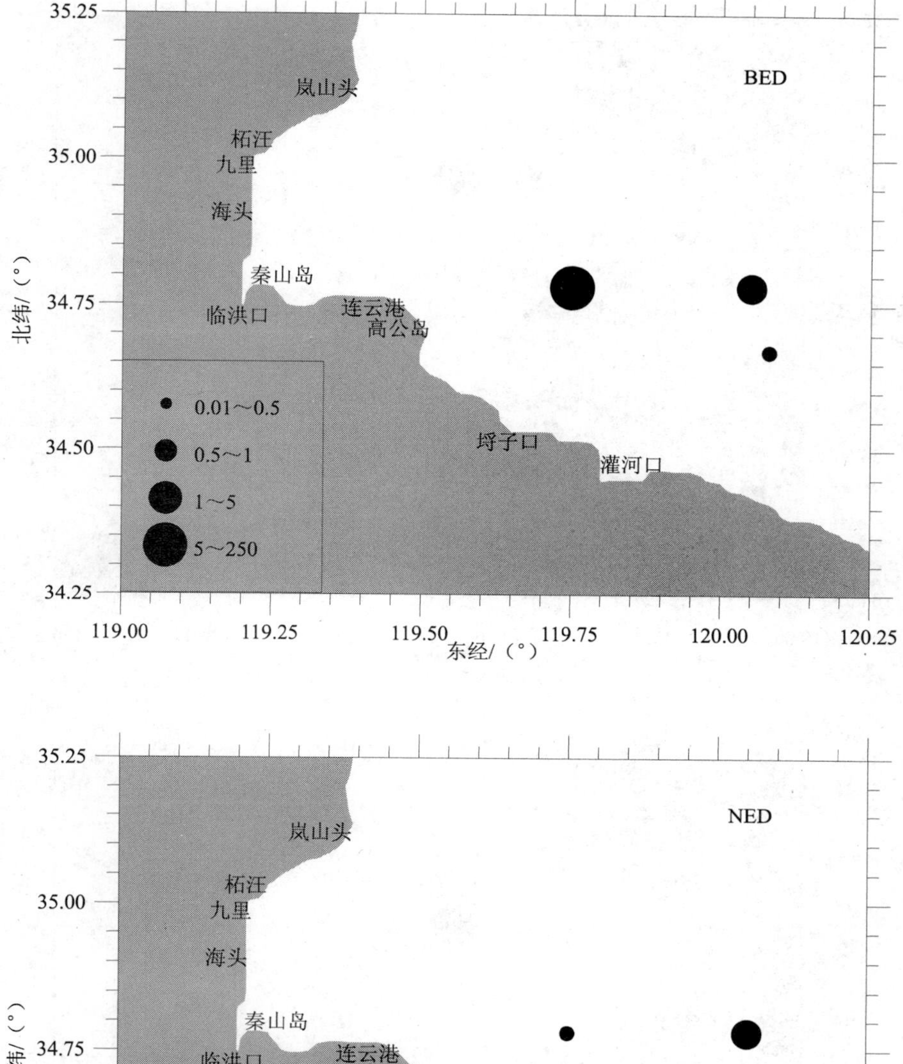




图 2-2-42　春季海州湾白姑鱼 BED、NED 分布图

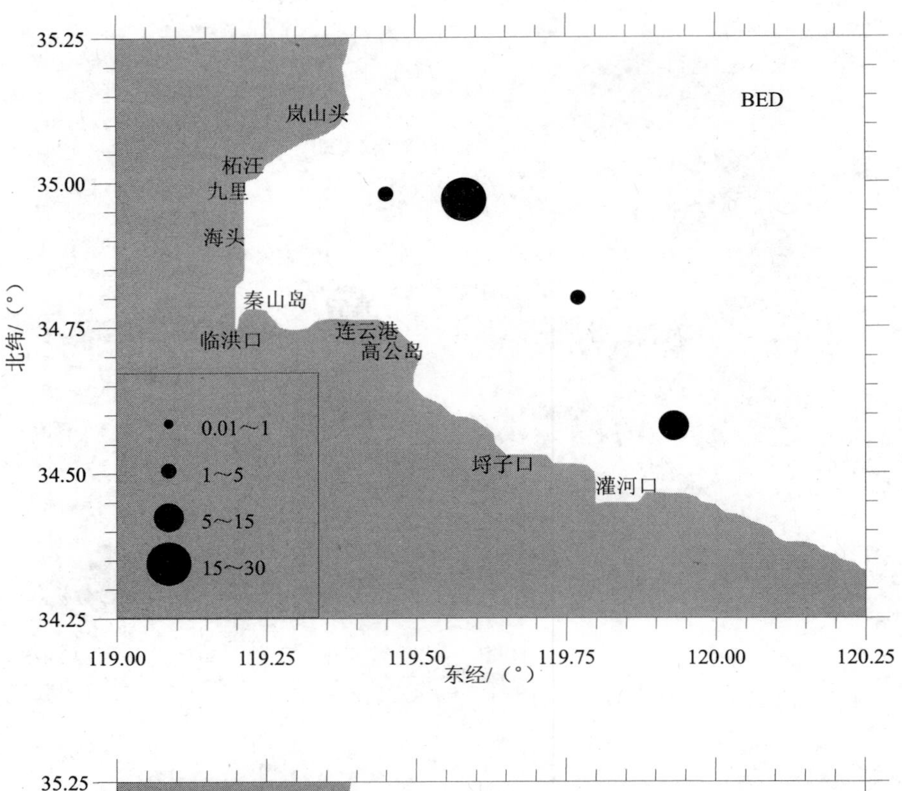


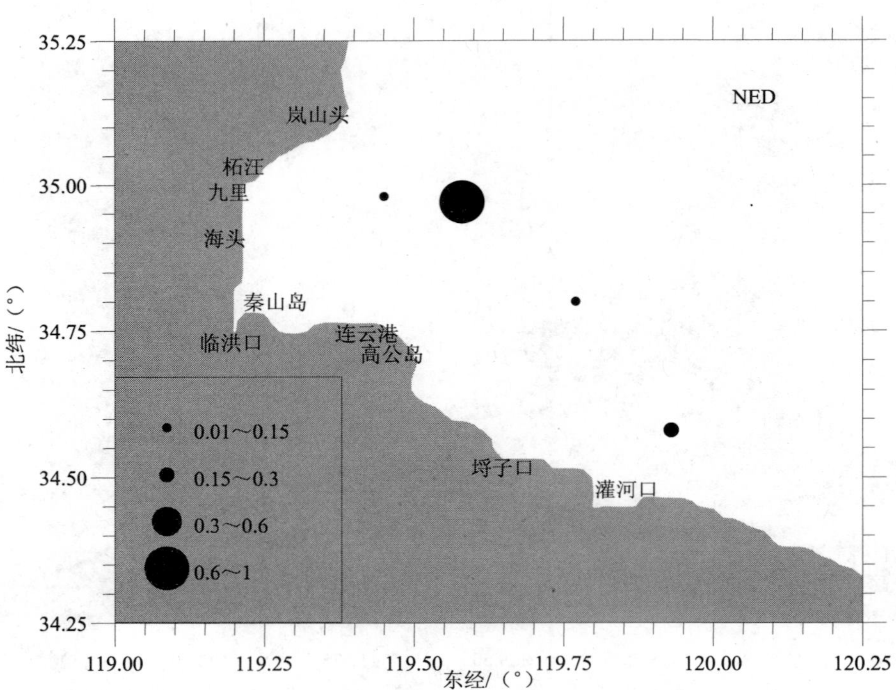


图 2-2-43 秋季海州湾白姑鱼 BED、NED 分布图

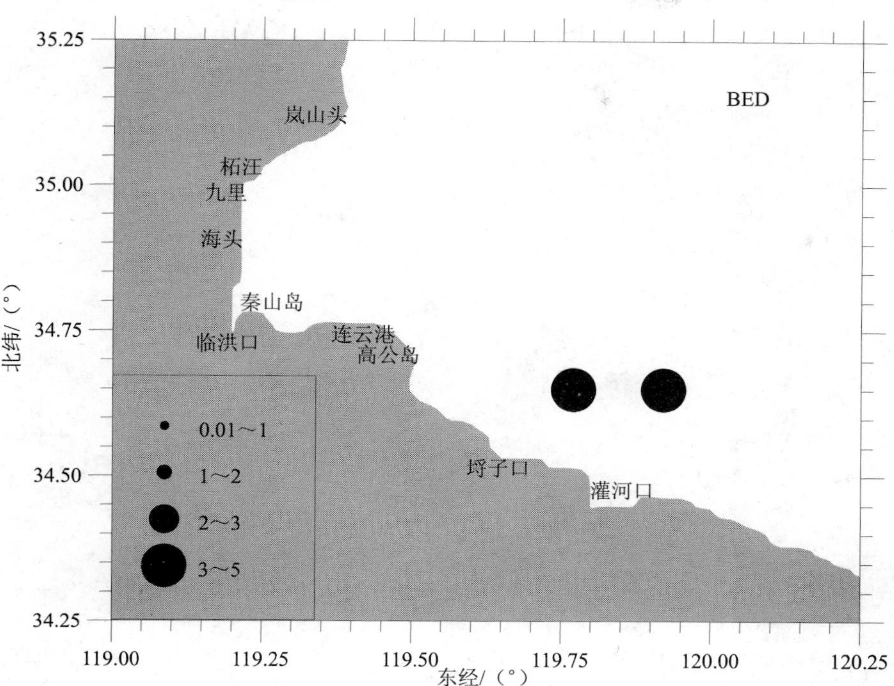


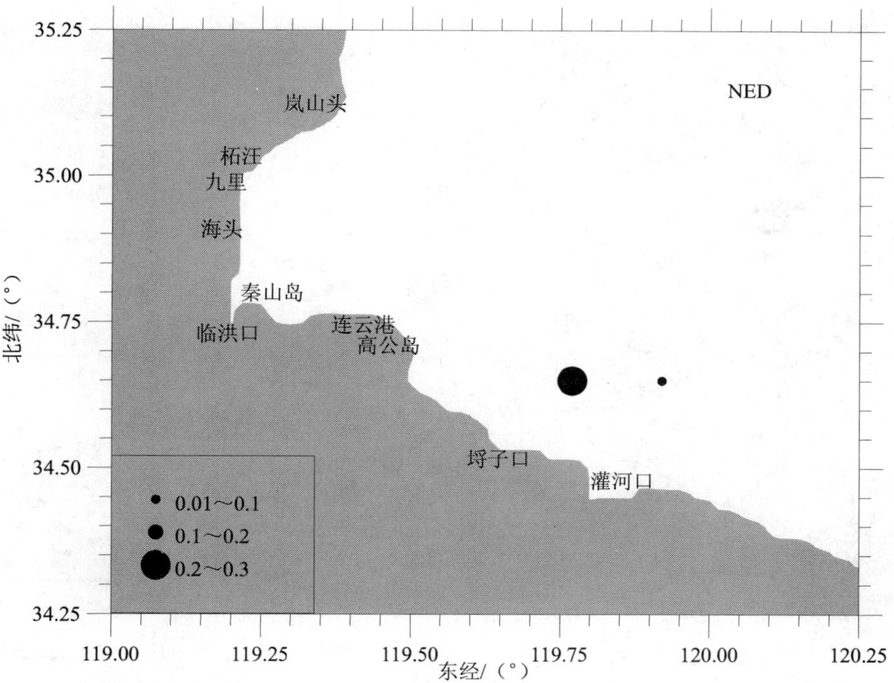


图 2-2-44　春季海州湾皮氏叫姑鱼 BED、NED 分布图

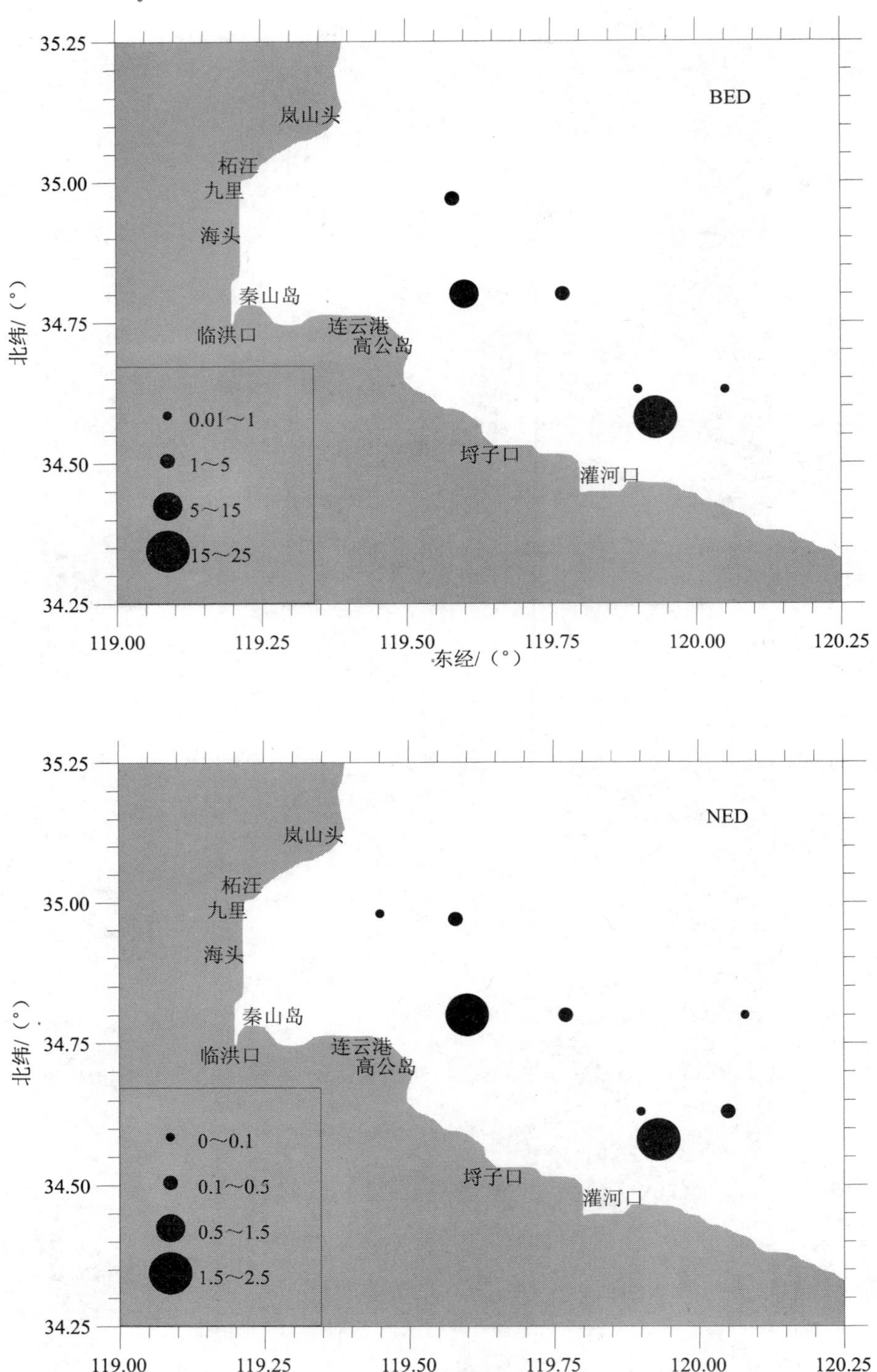


图 2-2-45　秋季海州湾皮氏叫姑鱼 BED、NED 分布图

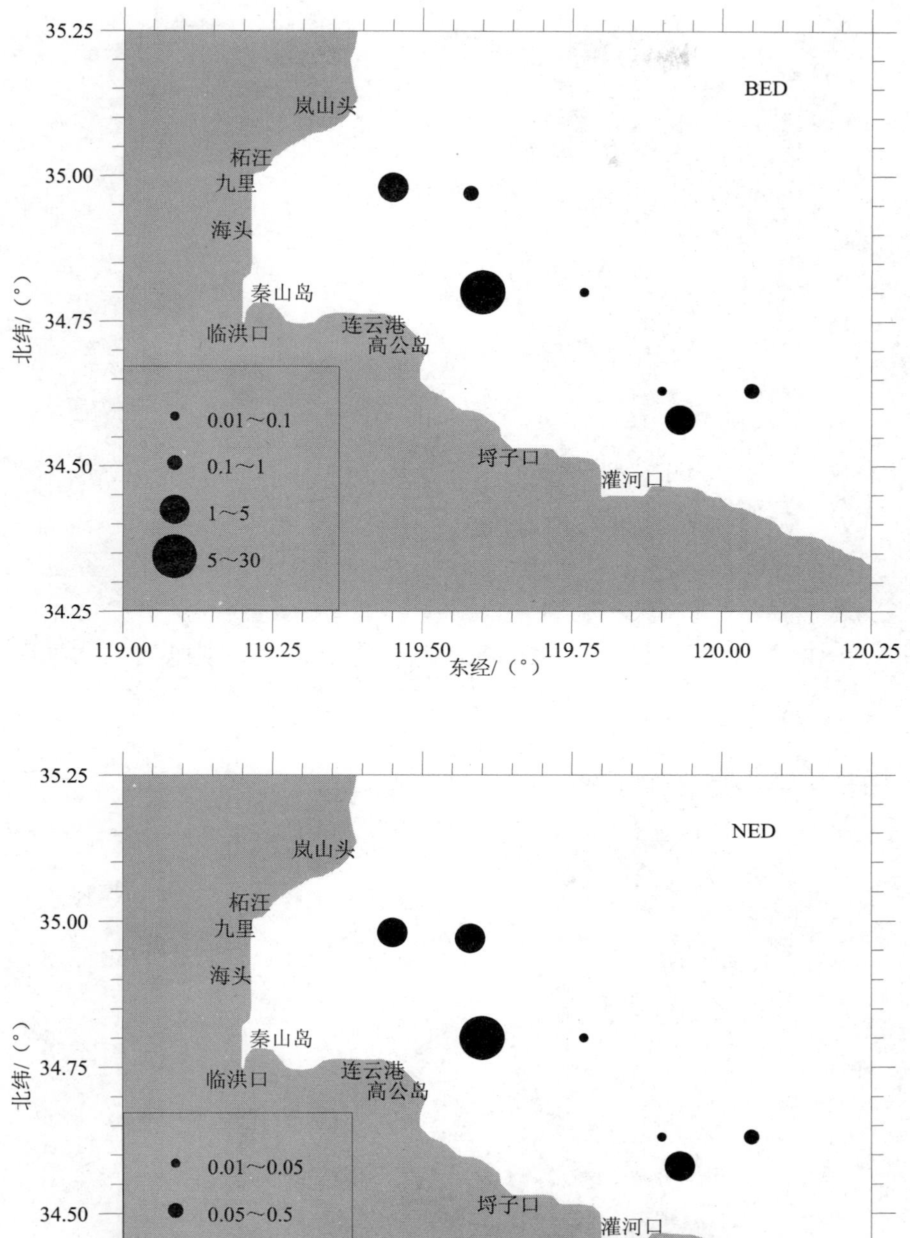


图 2-2-46　秋季海州湾细条天竺鱼 BED、NED 分布图

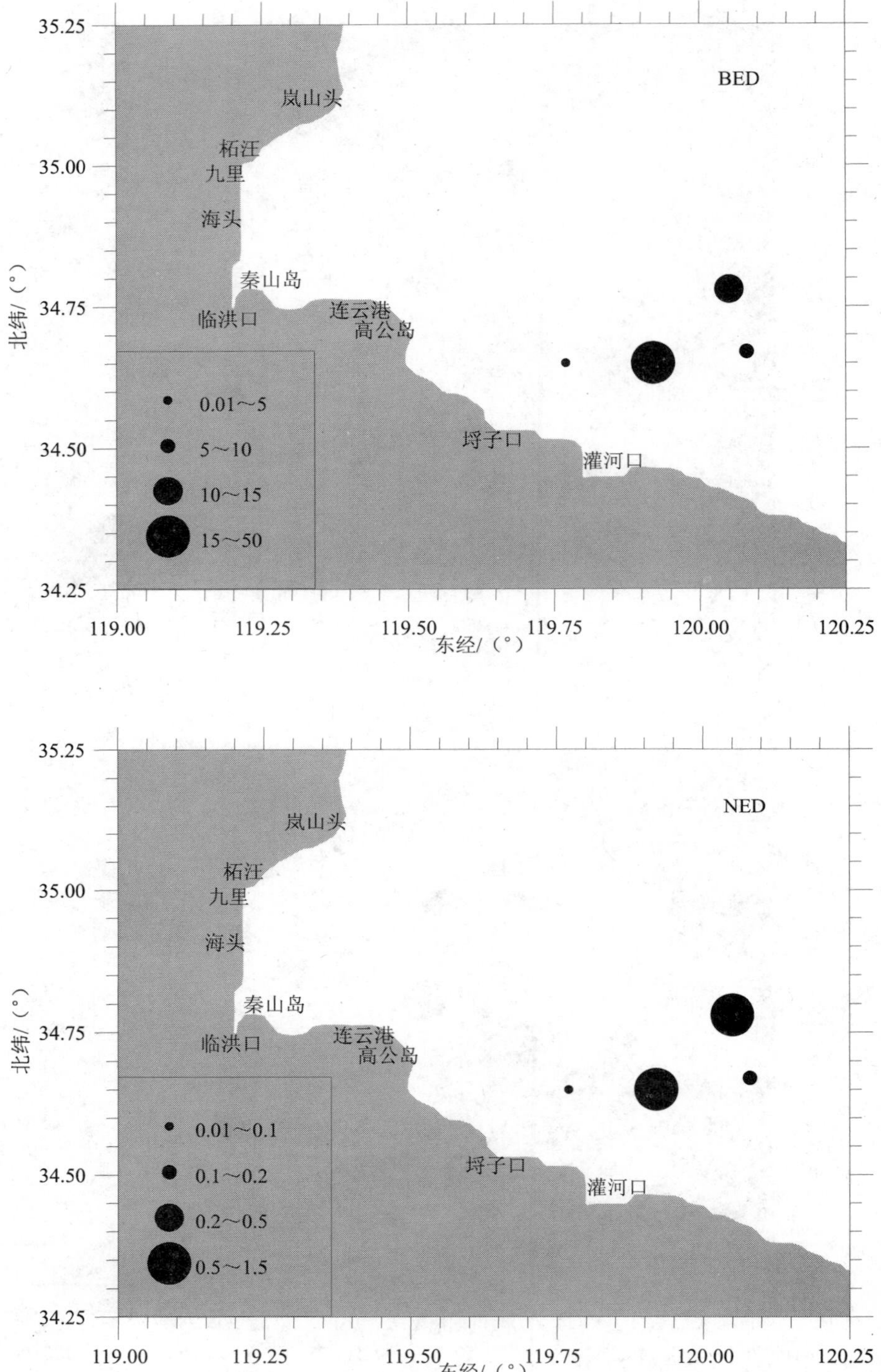


图 2-2-47　春季海州湾小黄鱼 BED、NED 分布图

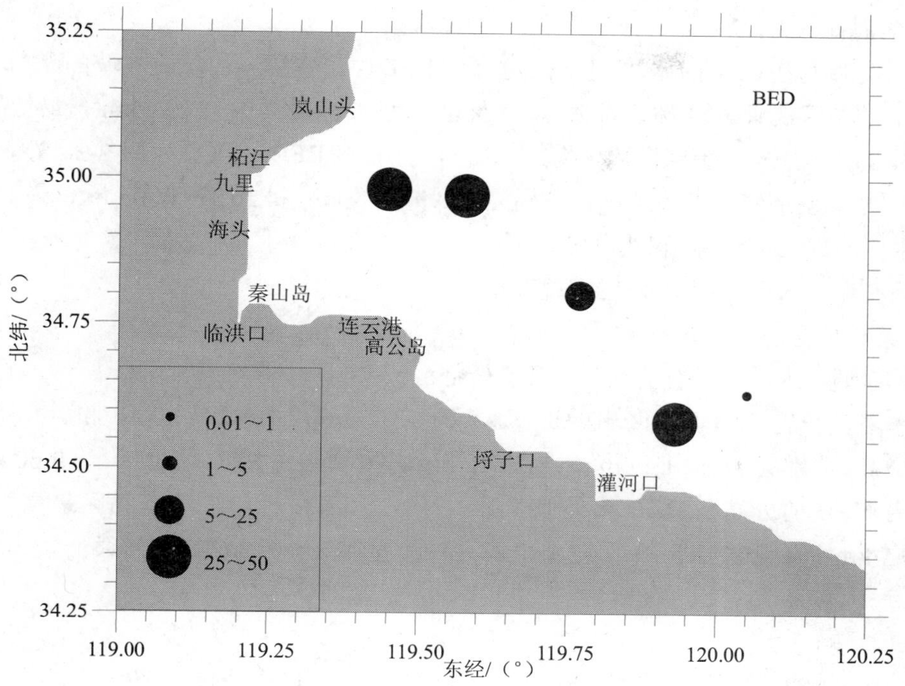


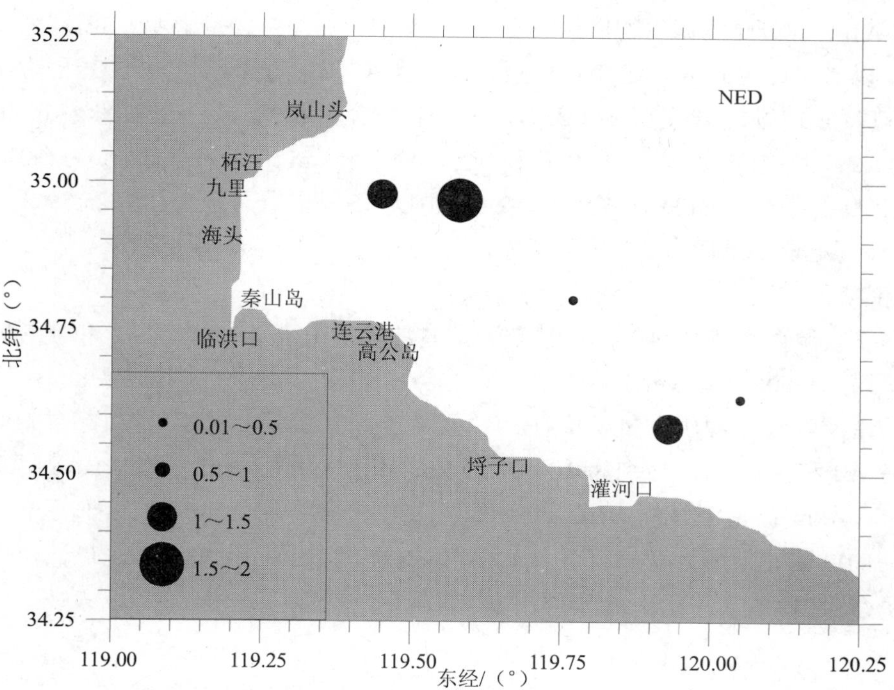


图 2-2-48 秋季海州湾小黄鱼 BED、NED 分布图

5）尖海龙

春季尖海龙在调查的水域内全区分布，BED 高值区位于调查水域的东部，超过 25 kg/km$^2$ 的站区仅有 A14 站，为 28.87 kg/km$^2$，其他站区均低于 10 kg/km$^2$，最低的是 A5 站，仅为 0.06 kg/km$^2$；调查区内尖海龙 NED 的分布与 BED 相类似（图 2-2-49），高值区在东部水域，包括 A13 和 A14 站，分别为 15.99 千尾/km$^2$ 和 26.47 千尾/km$^2$，最低的是位于调查水域西部的 A5 站，仅为 0.02 千尾/km$^2$。

秋季在调查水域内没有捕获到尖海龙。

6）葛氏长臂虾

春季在调查水域内没有捕获到葛氏长臂虾。

秋季葛氏长臂虾在调查区内的近岸水域的广泛分布，BED 值以 A5 和 A4 所在的西部水域最高，分别为 16.64 kg/km$^2$ 和 7.77 kg/km$^2$，A6 站区的 BED 值最低，为 0.60 kg/km$^2$；调查区内 NED 的分布与 BED 相类似（图 2-2-50），以 A4 和 A5 所在站区最高，均超过 15.0 千尾/km$^2$，分别达 15.15 千尾/km$^2$ 和 15.54 千尾/km$^2$，A6 站区为最低，为 0.53 千尾/km$^2$。

7）口虾蛄

春季口虾蛄资源生物量密度（BED）在调查的水域内全区分布，超过 10 kg/km$^2$ 的站区仅有 A10 站，为 17.00 kg/km$^2$，其次是 A5 站，为 6.08 kg/km$^2$，低于 0.5 kg/km$^2$ 的站区有 A7 和 A14。口虾蛄资源生物栖息密度（NED）的分布与生物量密度（BED）相类似（图 2-2-51），以 A10 站区最高，达 0.67 千尾/km$^2$，以 A7 站区最低，仅为 0.03 千尾/km$^2$。

秋季口虾蛄资源生物量密度（BED）在近岸水域广泛分布，超过 150 kg/km$^2$ 的站区有 A5 和 A11 站，其中以 A5 站 BED 值最高，达 258.93 kg/km$^2$，A8 站最低，仅为 0.07 kg/km$^2$。口虾蛄 NED 的分布与 BED 一致（图 2-2-52），以 A5 站区分布最高，达 25.89 千尾/km$^2$，低于 1.0 千尾/km$^2$ 的站区有 A8 和 A10 站。

8）密鳞牡蛎

春季仅在调查水域的 A9 站区捕获到密鳞牡蛎（图 2-2-53），BED 和 NED 分别为 11.63 kg/km$^2$ 和 0.05 千尾/km$^2$。

秋季密鳞牡蛎资源生物量密度（BED）主要分布于近岸水域，BED 值超过 100 kg/km$^2$ 的站区有 A4 和 A13 站，分别为 105.87 kg/km$^2$ 和 258.93 kg/km$^2$，以 A10 站区为最低，仅为 7.96 kg/km$^2$；密鳞牡蛎 NED 的分布与 BED 一致（图 2-2-54），高值区位于 A4 和 A13 所在的站区，分别为 0.45 千尾/km$^2$ 和 0.86 千尾/km$^2$，以 A10 站区最低，仅为 0.03 千尾/km$^2$。

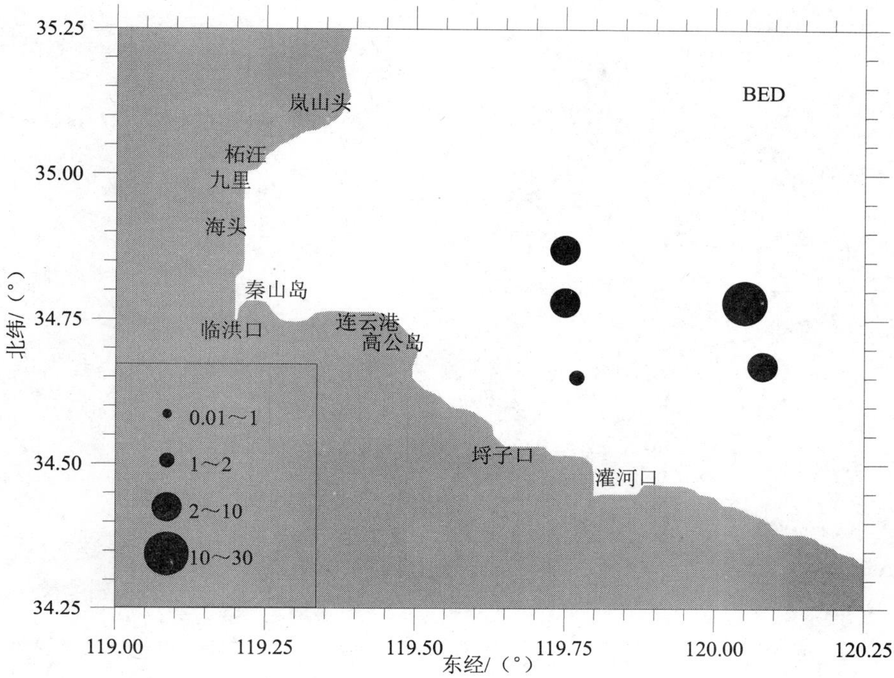

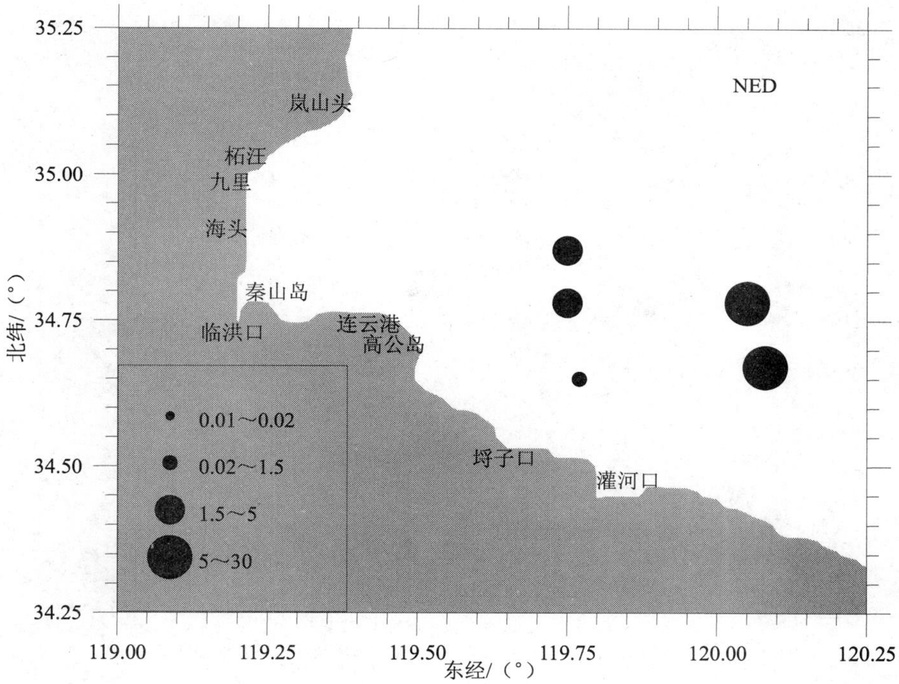

图 2-2-49 春季海州湾尖海龙 BED、NED 分布图

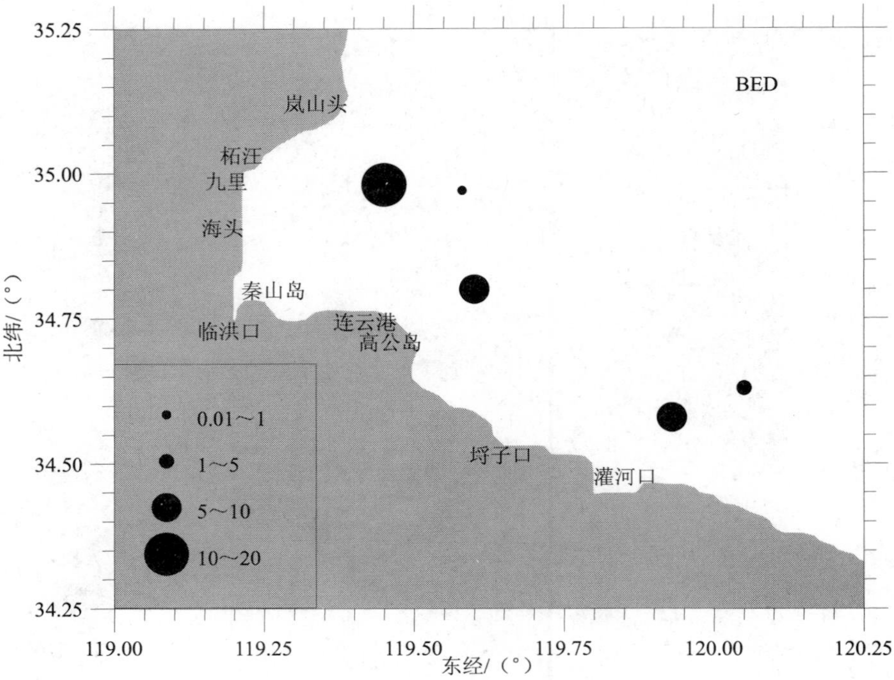

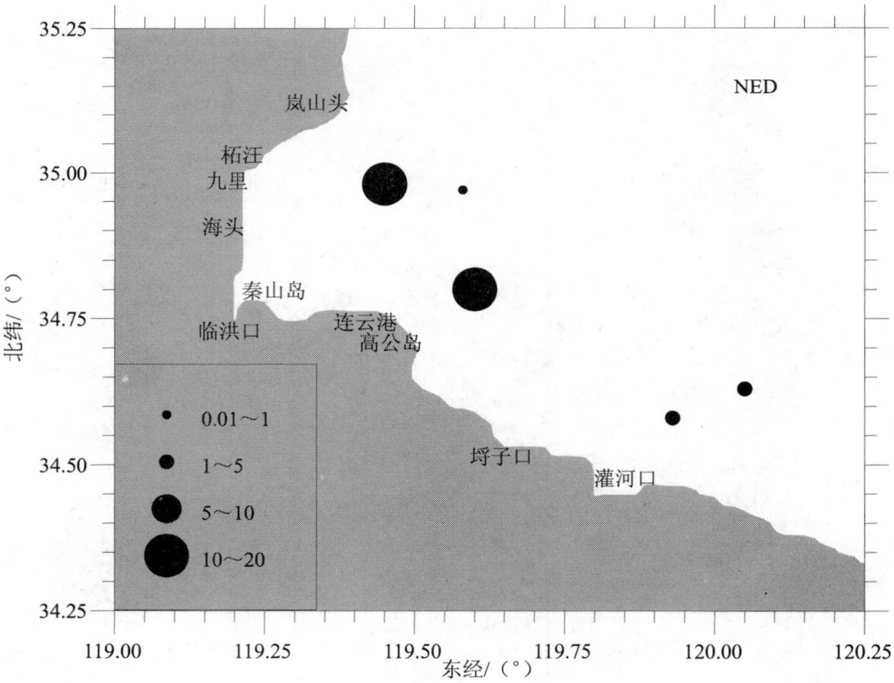

图 2-2-50 秋季海州湾葛氏长臂虾 BED、NED 分布图

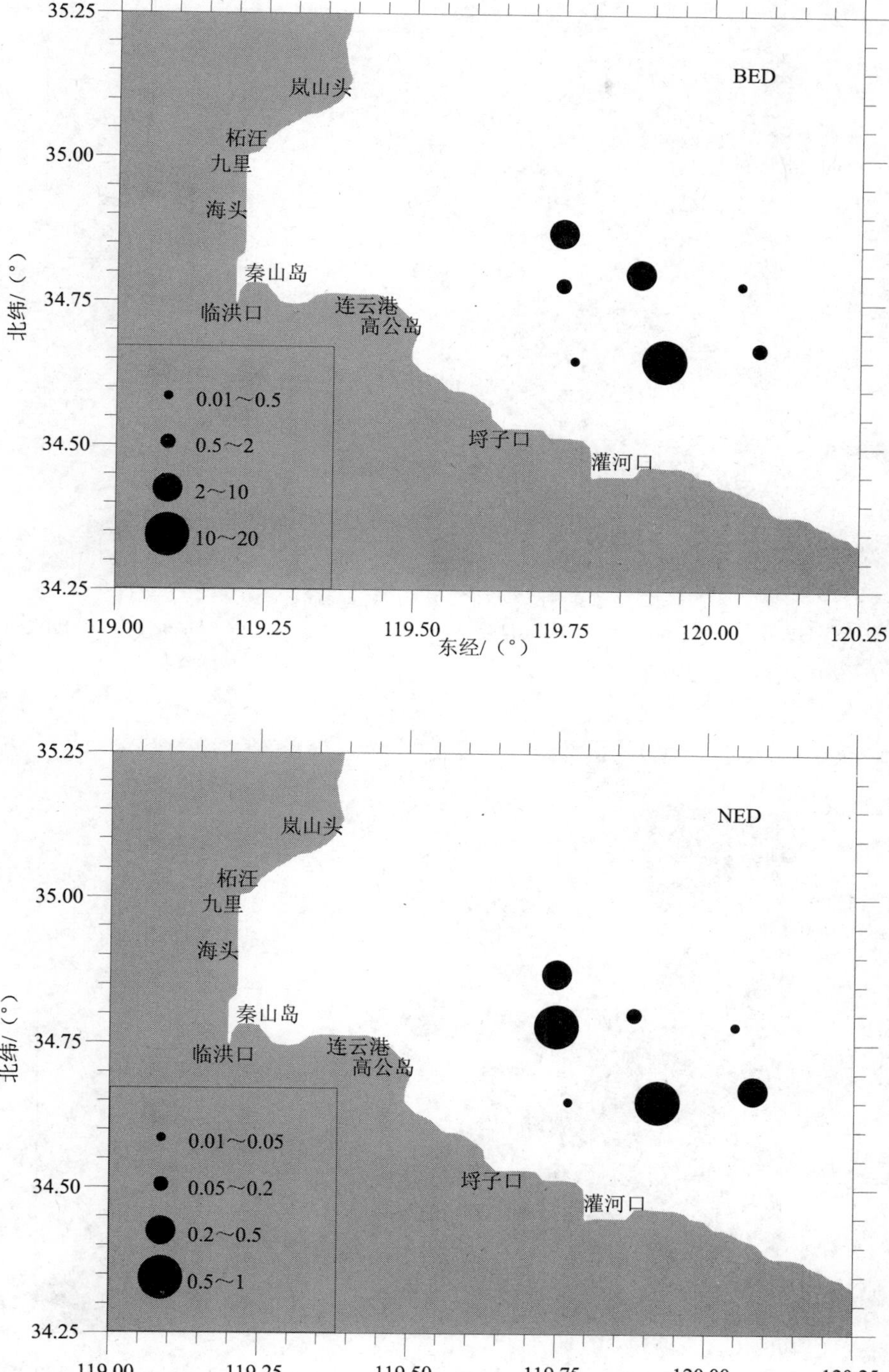


图 2-2-51　春季海州湾口虾蛄 BED、NED 分布图

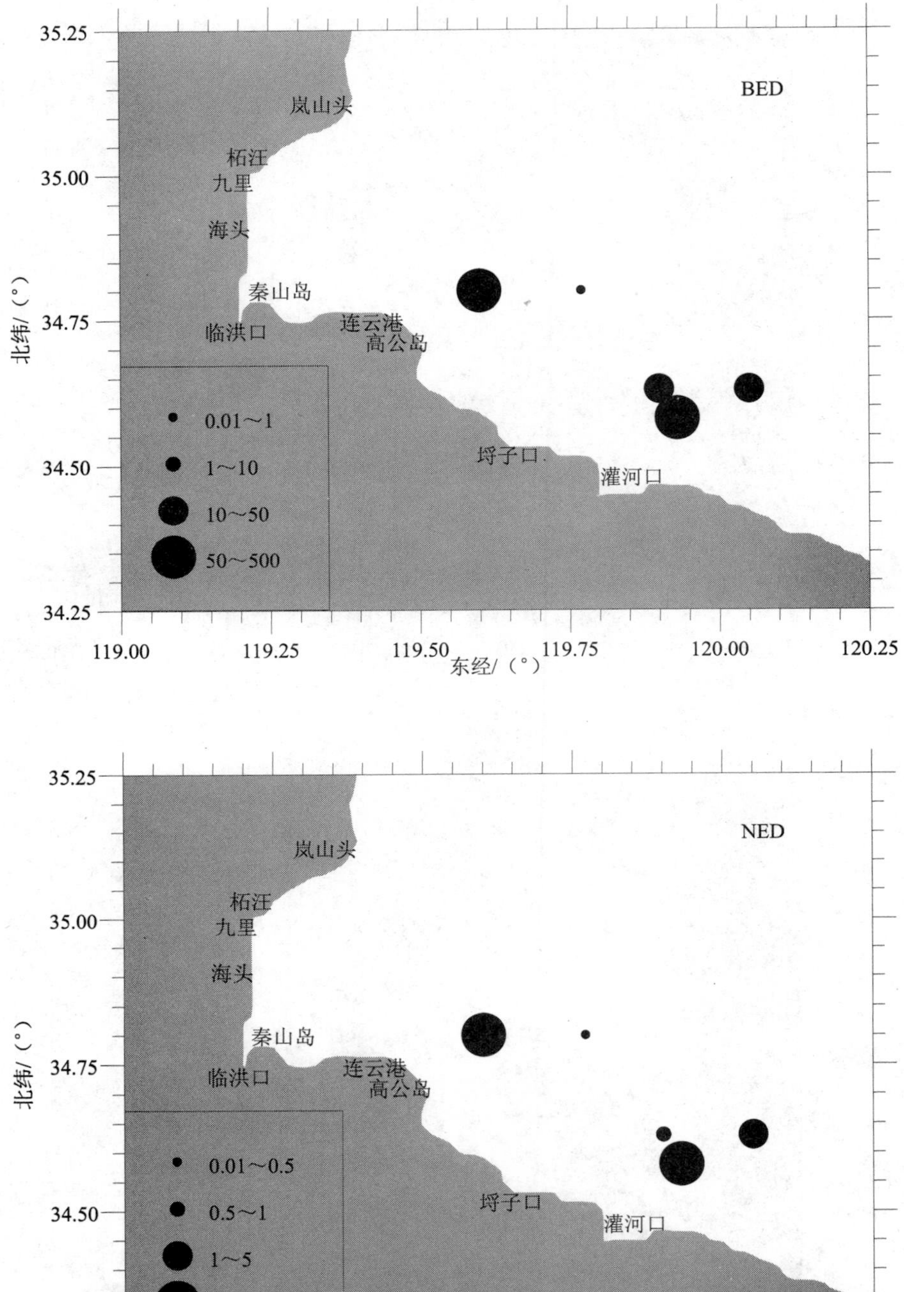


图 2-2-52　秋季海州湾口虾蛄 BED、NED 分布图

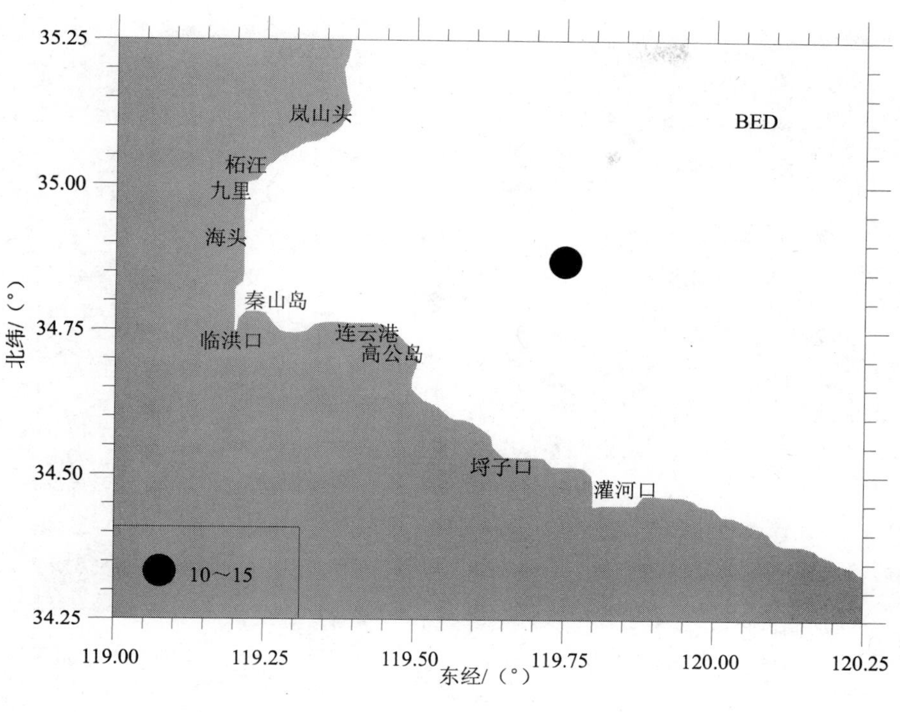


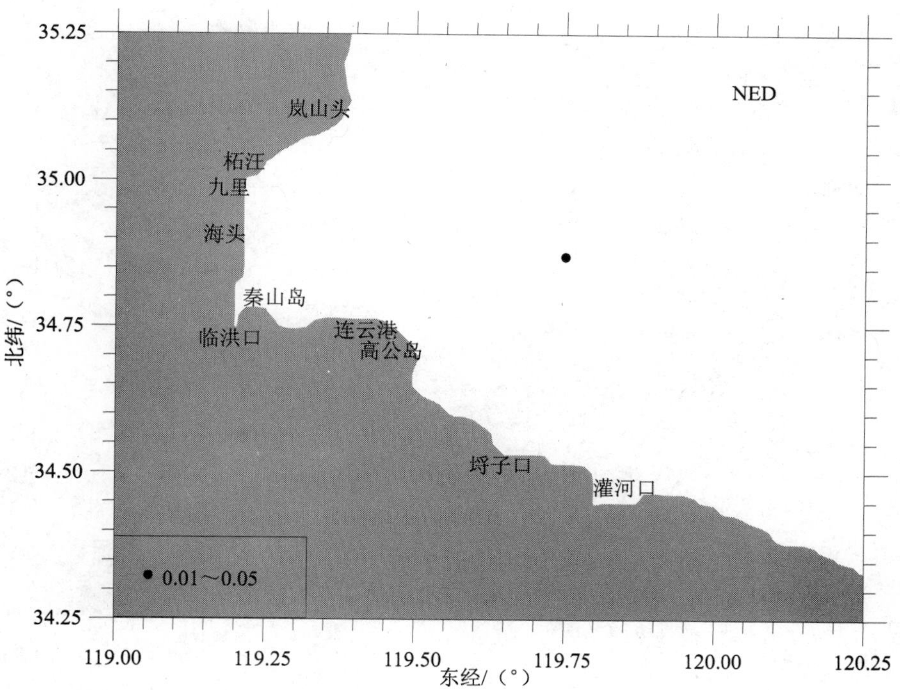


图 2-2-53　春季海州湾密鳞牡蛎 BED、NED 分布图

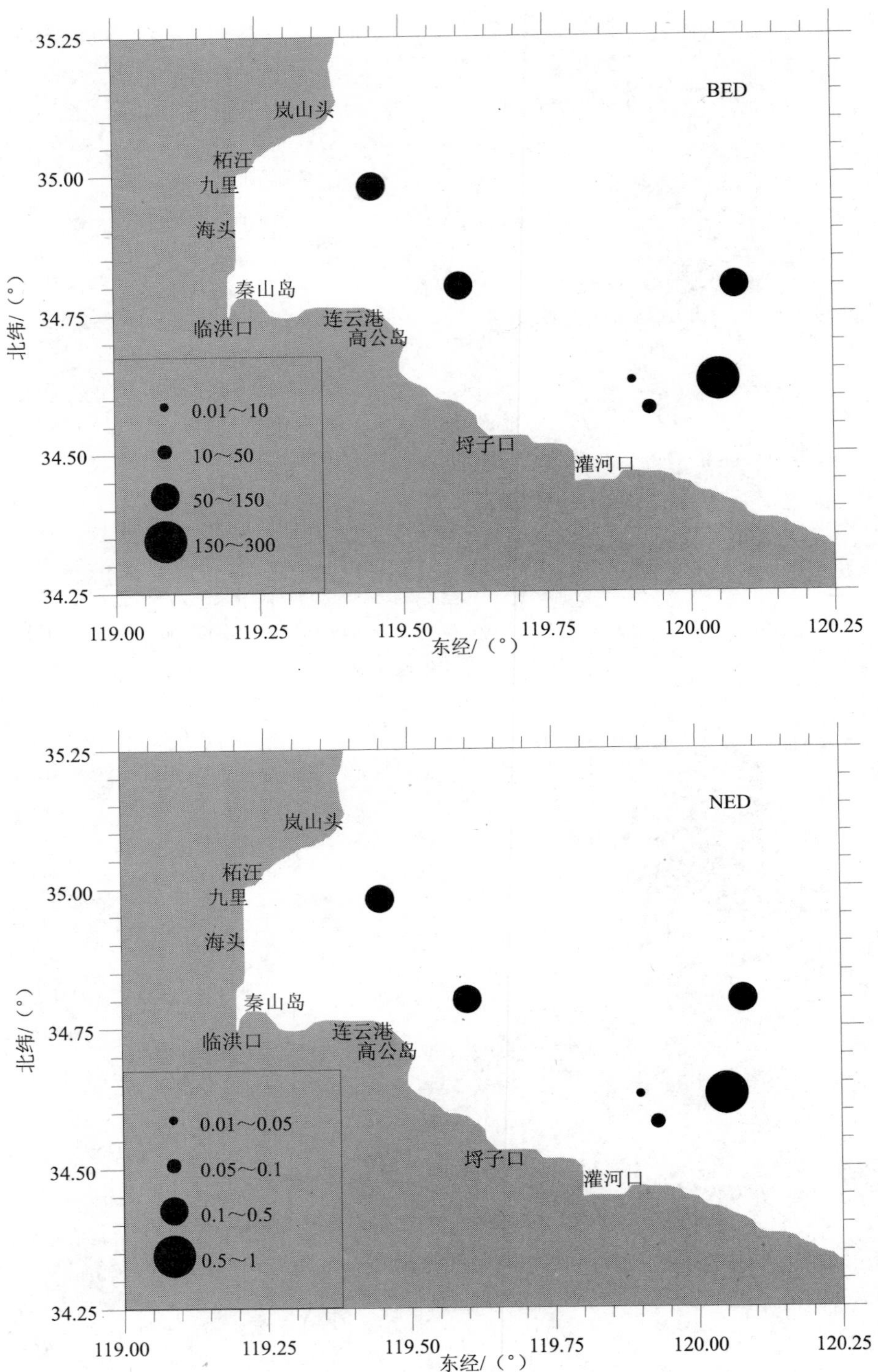


图 2-2-54　秋季海州湾密鳞牡蛎 BED、NED 分布图

9）日本枪乌贼

春季日本枪乌贼亦全区分布，以 A10 和 A14 所在站区 BED 值为最高，分别为 7.76 kg/km$^2$ 和 7.70 kg/km$^2$，A5 和 A9 所在站区最低，分别为 0.55 kg/km$^2$ 和 0.49 kg/km$^2$；日本枪乌贼 NED 分布与 BED 相类似（图 2-2-55），NED 高值区在 A14 站区，高达 30.80 千尾/km$^2$，其他站区 BED 值均较低，低于 0.1 千尾/km$^2$ 的站区有 A5 和 A9 站。

秋季日本枪乌贼在调查水域全区分布，BED 高值区在 A4 站区，高达 105.87 kg/km$^2$，其次是 A5 站，为 15.54 kg/km$^2$，以 A10 站区最低，仅为 0.03 kg/km$^2$；日本枪乌贼 NED 分布与 BED 一致（图 2-2-56），A4 站区最高，为 22.38 千尾/km$^2$，A10 站区最低，仅为 0.02 千尾/km$^2$。

10）细巧仿对虾

春季细巧仿对虾在调查水域内广泛分布（图 2-2-57），BED 高值区主要集中在近岸水域的 A7、A10 和 A13 站，分别为 14.66 kg/km$^2$、10.27 kg/km$^2$ 和 19.99 kg/km$^2$，低于 1.0 kg/km$^2$ 的站区有 A5 和 A9 站，分别为 0.46 kg/km$^2$ 和 0.10 kg/km$^2$；细巧仿对虾 NED 的分布与 BED 一致，高值区在 A7、A10 和 A13 站，其中，A13 站最高，为 25.10 千尾/km$^2$，低于 1.0 千尾/km$^2$ 的站区有 A5 和 A9 站。

秋季仅在调查水域的 A13 站捕获细巧仿对虾，其他站区没有捕获（图 2-2-58），其 BED 和 NED 分别为 0.14 千尾/km$^2$ 和 0.02 千尾/km$^2$。

（5）海州湾渔场资源现状

海州湾渔场位于我国黄海中纬度地区的近海大陆架内，北接石岛渔场，南连吕泗渔场，为一开口型海湾，是我国八大渔场之一。本次调查的作业面积为 6 530 km$^2$，为江苏省近海渔场作业面积的 25%左右。

海州湾渔场，渔业自然资源种类繁多，据初步鉴定有鱼类 40 种，无脊椎动物 51 种，形成了底栖和游泳动物并茂的生态系。这些丰富的自然资源，为海岛发展渔业生产提供了物质基础。当前，在一些传统性经济鱼类资源衰退的情况下，在加强科学管理、认真做好资源利用和保护的前提下，海岛渔业大有发展前途。

1）鱼类资源

①种类资源结构

鱼类是海洋水产资源的主体，也是海洋渔业主要生产对象。据春季和秋季拖网调查统计，分布洄游于江苏北部岛屿海域的鱼类有 39 种，低于 20 世纪 90 年代初的 81 种。

主要底层鱼类有：带鱼、小黄鱼、黄姑、白姑、叫姑、梭鱼、鲬鱼、黑鲷、六线鱼、多鳞鱚、蛇鲻、油魣、绿鳍鱼、海鳗、星鳗、绵鳚、狮子鱼、木叶鲽、半滑舌鳎、焦氏舌鳎、短吻舌鳎、绿鳍马面鲀、矛尾复虾虎鱼、矛尾虾虎鱼、红狼牙虾虎鱼、黄鳍东方鲀等。未捕获到 90 年代在该水域出现的大黄鱼、鮸鱼、棘头梅童、鲈鱼、黑鲳和软骨鱼类孔鳐、美鳐、团扇鳐、赤魟等种类。

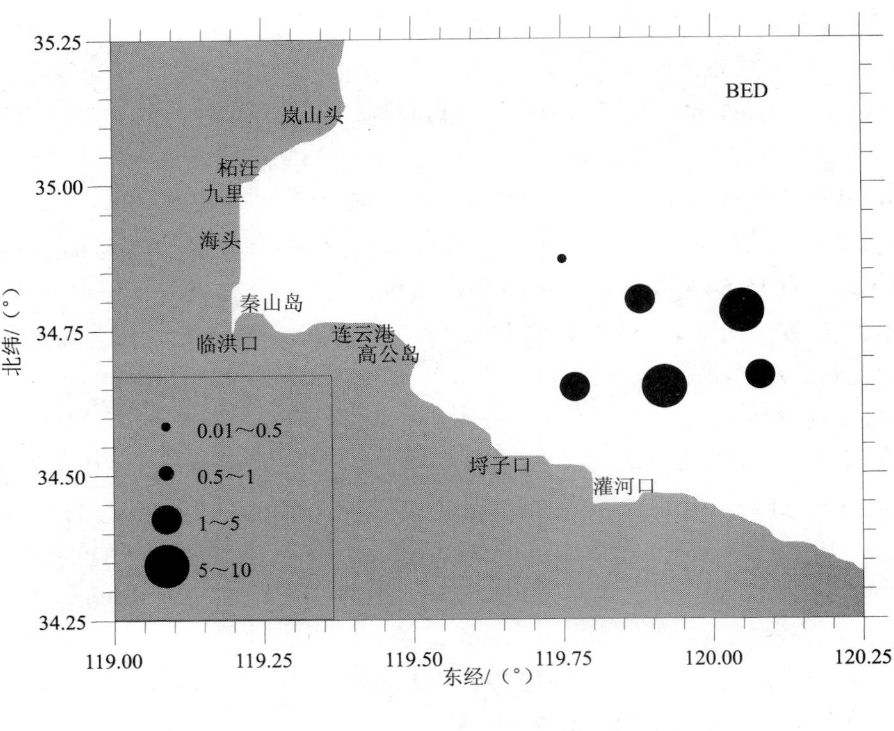


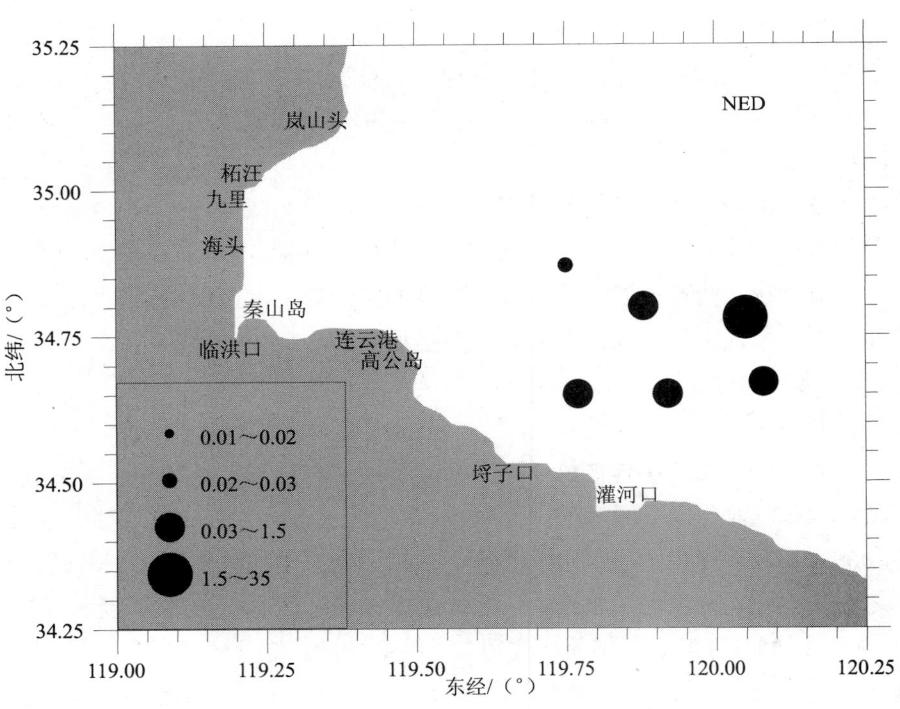


图 2-2-55　春季海州湾日本枪乌贼 BED、NED 分布图

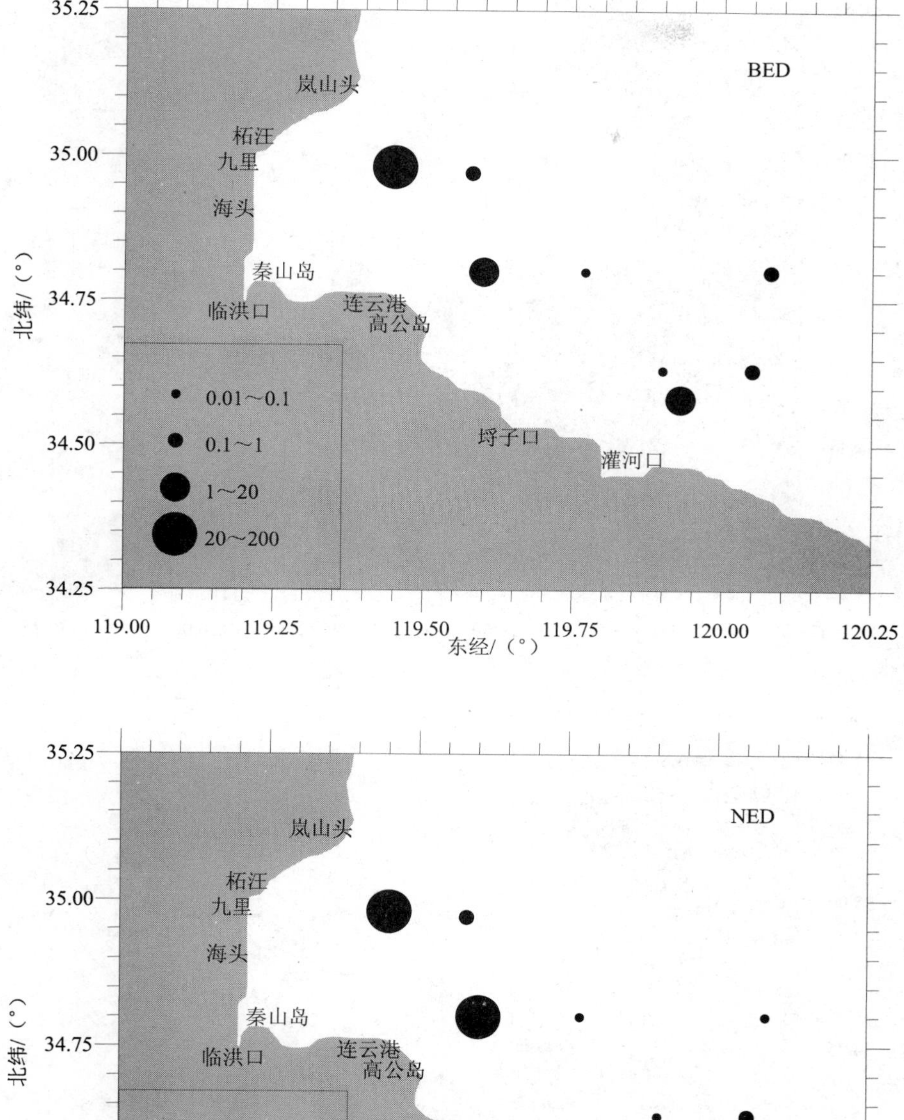


图 2-2-56　秋季海州湾日本枪乌贼 BED、NED 分布图

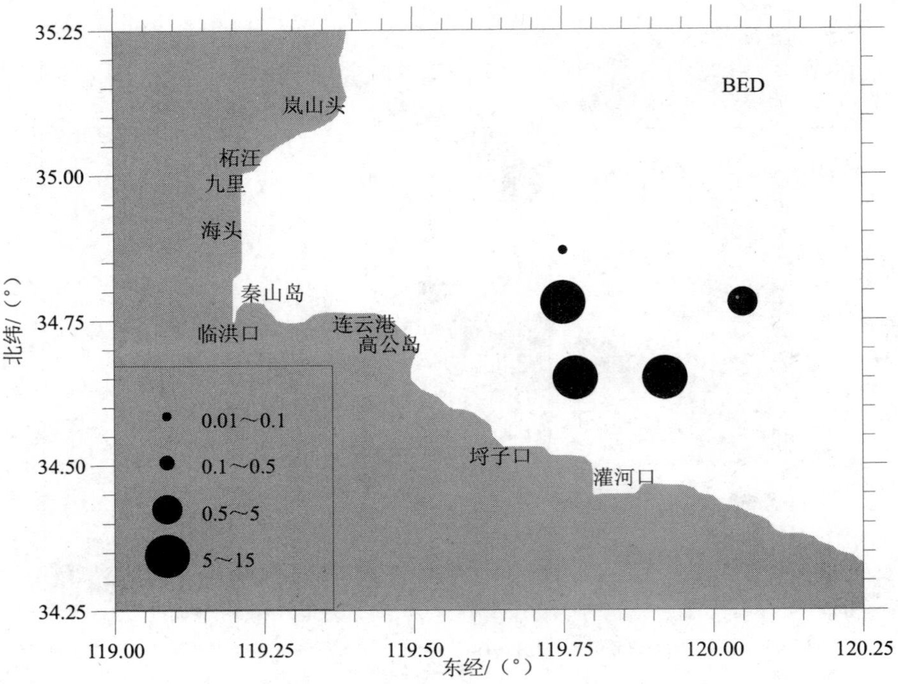

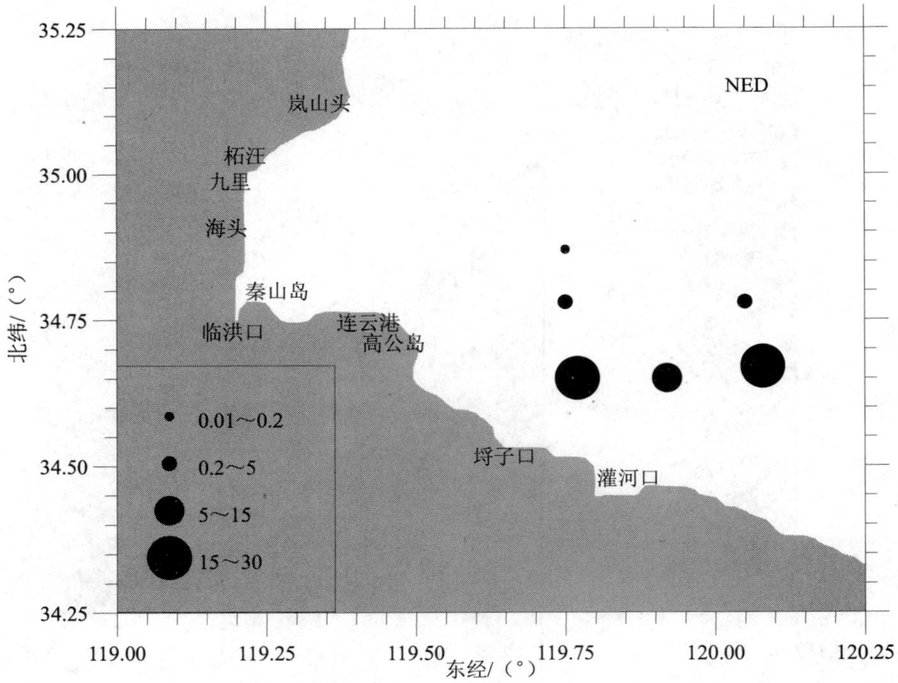

图 2-2-57　春季海州湾细巧仿对虾 BED、NED 分布图

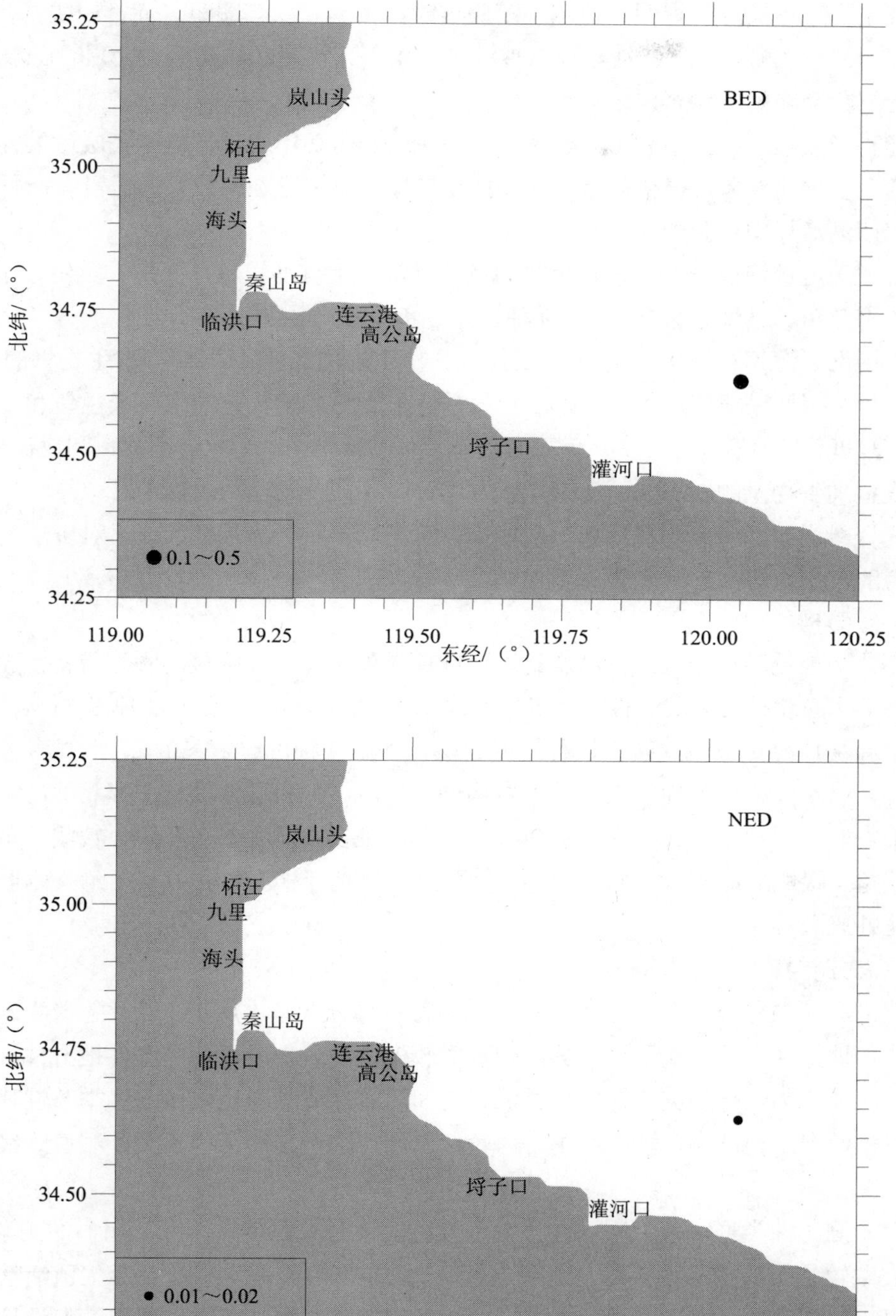


图 2-2-58 秋季海州湾细巧仿对虾 BED、NED 分布图

主要中上层鱼类有：银鲳、蓝点马鲛、黄鲫、斑鰶、日本鳀鱼、赤鼻棱鳀、绯衔等。青鳞鱼、刀鲚、凤鲚、太平洋鲱、远东拟沙丁、鳓鱼、竹筴鱼、燕鳐等20世纪90年代初出现的上层鱼类在两次调查中未见。

上述种类仅极少数能单独形成渔汛。20世纪50～60年代，带鱼等底层鱼类曾是海州湾渔场的主要捕捞对象。但目前这个主要捕捞对象已不复存在，故目前已没有一种底层鱼类能在海州湾渔场中单独形成明显的渔汛。

从海州湾海域渔业产量看，较重要的渔业经济种类有马鲛鱼、白姑、黄姑、小黄鱼、叫姑鱼、梅童鱼、黄鲫、斑鰶等近10种，约占鱼类总产量的15%。

本次拖网资源调查结果表明：春季（5月）主要资源种类为白姑鱼等，占生物量的45.2%，其他资源为22种，占生物量的54.8%。春秋季位于优势种第一位的细条天竺鱼和尖海龙的经济价值较低，虽然资源量较高，但可利用率较低。秋季（10月）为小黄鱼和皮氏叫姑鱼，占该季度鱼类生物量的34.5%，其他资源为27种，占生物量的64.5%。

上述资料说明，江苏北部岛屿海域鱼类资源是以多种类为特征，缺乏对资源量起绝对控制作用的大宗优势品种，鱼类产量由种类集合而成。

②生态结构

江苏北部地处暖温带南缘，沿岸岛屿海域鱼类种类具有较明显的暖温带特点。若按种类计，在全年渔获种类中暖温性种占57%，暖水性种占35.4%，冷水性种占7.6%。若按重量计，暖温性种约占70%，暖水性种约占20%，冷温性种占5%～10%。

另外，从不同栖息习性的生态种类结构看，目前，中上层鱼类在江苏北部岛屿海域鱼类资源中占有重要地位，其次为底层鱼类。中上层主要资源种类为鳀鱼、棱鳀、黄鲫、青鳞、马鲛鱼、银鲳、斑鰶等。底层鱼类主要资源种类为小黄鱼、白姑、舌鳎、木叶鲽、叫姑、矛尾虾虎鱼等。

③生态分布特点

海州湾海域的鱼类资源按分布区域和范围特点划分，基本属于三个生态类群：

第一，地方性类群。属于这一类群的种类较多，多为暖温性及冷温性地方性种群。如叫姑鱼、比目鱼类、鲆鲽类、虾虎鱼类等。它们随着环境的变化，做深浅季节性移动。一般春、夏季游向岸边产卵，秋、冬季游向较深水域。由于移动范围不大，洄游路线一般不明显。

第二，洄游性类群。多为暖温性及暖水性种类，分布范围较大，有明显的洄游路线，少数种类做较长距离的洄游（如马鲛鱼等），一般春季游向近岸水域进行生殖活动，夏季分散索饵，秋季随着水温下降，鱼群游向较深、较暖的水域，冬季主要在黄海洼地及东海北部深水区越冬。这一类群种类数不如前一种多，但资源数量较大，多为本区主要渔业种类，如马鲛鱼、带鱼、小黄鱼、白姑、黄姑、银鲳、鳀鱼、棱鳀等。

上述两种类群分布区域互有交叉，季节性移动趋向基本一致，因此，在本区形成了明显的季节性渔汛：春季和秋季。春汛资源分布属向岸移动型，秋汛资源分布属向外移动型。

第三，岩礁性类群。多为暖温性及冷温性种类，如六线鱼、虾虎鱼类等，这一类群种类，分布移动范围不大，数量也较少，但肉质鲜美，多为优质经济种。

④资源评估

根据面积法计算，调查海域面积为 6 530 km$^2$，拖网水层的鱼类，春季（5 月）现存资源量较低，为 24.17 万 t，其中资源量超过 1 万 t 种类有尖海龙、白姑鱼、小黄鱼和鲬，其中白姑鱼现存资源量最高，达 10.92 万 t，占总资源现存量的 31.96%。秋季（10 月）现存资源量为 17.22 万 t。其中资源量超过 1 万 t 种类有细条天竺鱼、小黄鱼、皮氏叫姑鱼、深海红娘鱼、短吻红舌鳎和白姑鱼，其中小黄鱼最高，达 4.15 万 t。

目前，海州湾海域鱼类产量主要靠这些鱼类来支持。这些鱼类大多为兼捕对象，与 20 世纪 60 年代以前带鱼、小黄鱼、鲳鱼、马鲛鱼、鳓鱼、鲆鲽类等几种鱼类占鱼类总渔获量的 70%左右的情况相比，今天的鱼类资源则是几十种鱼类并存，构成鱼类的捕捞对象，其中每种鱼的资源量都不大。经济价值较高的优质经济鱼类仅占总资源量的 12%，次经济鱼类占 15%，二者合占总资源量的 27%，剩下的均为经济价值较低的种类和非经济鱼类。

当前，海州湾渔场的主要经济鱼类资源，根据其资源状况，大体上可归纳为三类，即严重衰退的种类、利用过度的种类和利用不足的种类。

A. 严重衰退的种类

a）带鱼。海州湾渔场的带鱼主要是黄渤海群系的分支，伏季进入海州湾渔场产卵的产卵群体，俗称伏带。20 世纪 50 年代资源比较稳定，汛期平均产量每年为 5 100 多 t，50 年代末至 60 年代初，大批机帆船参加作业，渔轮又侵入海州湾底拖网禁渔区拖捕带鱼，捕捞强度不断增加，资源很快遭到破坏，到 60 年代后期已形不成渔汛，以后几乎无鱼可捕。90 年代山东拖网船在前三岛外拖捕带鱼，网产高达 30～40 箱，资源有所恢复。根据本次拖网调查结果看，带鱼仅在秋季（10 月）捕获，资源量仅为 2 000 多 t，资源严重衰退。

b）真鲷。这是海州湾渔场的名贵鱼类。历史上每年 4 月下旬至 5 月下旬有一路真鲷鱼群进入海州湾渔场产卵。由于日本渔轮的连年滥捕，20 世纪 30 年代中期以后，资源急剧下降。50 年代海州湾真鲷年产量不过 10～40 t。60 年代以后，渔轮不断侵入海州湾底拖网禁渔区捕鱼，资源又进一步遭到破坏，至今真鲷已成为稀有品种。本次调查未捕获到。

c）小黄鱼。海州湾历史上是黄渤海群系小黄鱼的主要产卵场之一，产卵期为 5 月。由于对亲鱼和幼鱼多年的过度捕捞，60 年代中期开始资源衰退，以后逐渐枯竭。但在本次拖网调查中，秋季和春季的小黄鱼现存资源量分别为 4.15 万 t 和 3 万 t，说明该鱼种的资源密度比过去有所提高，但仍应继续加强保护，特别要加强对其幼鱼的保护，以利于资源得到恢复。

d）鳓鱼。一向为海州湾渔场捕捞的主要品种之一。每年 4 月下旬开始，鱼群分批进入渔场，产卵期为 5—7 月。50 年代到 60 年代中期，产量比较稳定，年产 500 t 左右，60 年代中期以后，资源趋向下降，70 年代平均年产量仅 100～200 t，80 年代由于捕捞强度继续加强，目前鳓鱼资源已遭受严重破坏。本次拖网调查期间，未捕获到该资源种类。

B. 利用过度的种类

据调查，海州湾渔场已过度利用的底层鱼类主要有鲆鲽类、黄姑鱼、白姑鱼、鲬鱼、海鳗、梅童鱼、叫姑鱼、马面鲀、鳐类、绵鳚、鲈鱼、梭鱼等。过度利用的中上层鱼类主要有马鲛鱼、鲐鱼、银鲳等。现择要评述如下：

a）鲆鲽类（包括鳎类）。过去海州湾渔场鲆、鲽、舌鳎有好多种，以牙鲆、桂皮斑鲆、短吻舌鳎和半滑舌鳎占主要比重，以水深 10～20 m 海域为主要分布区。由于多年来的过度捕捞，产量已明显下降，而且鲆鲽类内部种间的数量比例也已发生了明显的变化：牙鲆已很少见，短吻舌鳎和半滑舌鳎明显减少，桂皮斑鲆鱼体显著变小。目前，数量较多的只有莱氏舌鳎、焦氏舌鳎等小型种类。由于鲆鲽类仅作深水浅水移动，便于管理，增殖放流是增加其资源的有效途径。

b）白姑鱼。一向为海州湾渔场主要经济鱼类之一。每年 5 月中旬至 6 月下旬有一批白姑鱼自外海进入本渔场近岸水深 10 m 以内浅海产卵。连云港市群众渔业，包括拖、围、钓各种作业，每年春夏汛都捕到一定数量的白姑鱼。随着主要经济鱼类资源的衰退，它的捕捞压力也越来越大，因此资源逐渐减少，鱼体也比过去变小。从本次拖网调查结果看，春季和秋季白姑鱼的资源量分别为 10.92 万 t 和 1.35 万 t，说明尚有一定的资源数量，但要注意合理利用和保护。

c）黄姑鱼。海州湾近岸海域是黄姑鱼产卵场之一。每年 5 月下旬至 7 月上旬为产卵期。20 世纪 50 年代连云港市群众渔业年产黄姑 60～180 t，作业渔具主要有流网、钓钩等。70 年代以来，由于捕捞强度不断加大，特别是机轮捕捞越冬场鱼群，资源逐渐衰退，本次调查未捕获到。

d）马鲛鱼。海州湾的马鲛鱼以蓝点马鲛为主，朝鲜马鲛也有一定数量。本渔场既有马鲛鱼的产卵鱼群，又有过路鱼群。渔场在东西连岛至车牛山岛一带。马鲛鱼 20 世纪 60 年代资源基础较好，年产稳定在 500 t 左右。70 年代由于春夏汛外来捕捞马鲛鱼的船只大量增加，秋汛渔轮又大量滥捕幼鱼，在连续过量的捕捞下，资源出现下降，群体结构趋向小型化、低龄化，因此产量降至 200～300 t。80 年代连云港市群众渔业发展小围网生产，马鲛鱼年平均产量提高到 1 000 t 左右，1990 年和 1991 年达到 2 000～2 500 t，但 1992 年又回落到 1 000 t。尽管这些年产量有较大增加，但这是强化捕捞的结果，从渔获量统计看，产量年间波动很大（在 250～2 500 t），从整个黄渤海区来说，该鱼种已处于利用过度状态，因此，今后应制定相应的管理措施，注意资源的保护。

e）鲐鱼。海州湾渔场鲐鱼既有产卵鱼群，又有索饵鱼群，每年 5—6 月，有一路鱼群进入本渔场产卵，中心渔场在水深 20～30 m 范围内，产卵后就地分散索饵。50 年代群众渔业鲐鱼捕捞产量在 300～400 t。和马鲛鱼同样的原因，70 年代资源出现下降，产量只有几十吨。80 年代随着群众渔业小围网生产的发展，鲐鱼产量也有所增加，平均年产量在 200 t 左右，该鱼种产量年间波动幅度比马鲛鱼更大，好的年份（1985 年）有 650 t，差的年份（1987 年、1989 年）没有产量。本次调查未见该种类。

f）梅童鱼。属沿岸小型鱼类，历来是海州湾近岸春汛张网渔业的主要捕捞对象。没有专项产量统计，估计 20 世纪 60 年代连云港市群众渔业年产量超过 1 000 t。70 年代以来，由于机轮、机帆渔船底拖网过多地兼捕了越冬鱼群，资源数量已明显减少。本次调查未见该种类。这一鱼种生命周期短，世代更新快，只要严格执行沿岸定置网具的休渔规定，杜绝底拖网在禁渔线内作业，就能保护梅童鱼资源。

g）海鳗。是海州湾有较高经济价值的洄游性鱼种。每年 5—10 月，本海区近岸海域有较多数量分布。20 世纪 80 年代连云港市群众渔业平均年产海鳗 50 t 左右，据渔民普遍反映海鳗资源比过去明显减少，产量只有五六十年代的 1/3 左右。鱼体也变小，过去有硕大海鳗，现在却极少见，本次调查未见。

2）无脊椎动物资源

①生态分布特点

A. 两种生态类型

a）沿岸型类群：不进行远距离的洄游，但有明显的季节性定向移动，即冬季在稍深的海域过冬，春季开始向近岸的产卵场移动。属于此类型的有毛虾、周氏新对虾、脊尾白虾、日本鼓虾、三疣梭子蟹、日本蟳、口虾姑、长蛸和短蛸等。甲壳类的绝大部分种类属于这个类型。

b）近海型类型：是指冬季在黄河南部越冬，春季分别洄游到近岸产卵的种类。属于这个类型的种类有鹰爪虾和日本枪乌贼。

鹰爪虾的越冬场在连青石渔场，每年 3 月下旬开始生殖洄游，4 月下旬有一支进入海州湾渔场，4 月下旬到达近岸潜水区。

日本枪乌贼越冬场在黄海南部深水区，每年 3 月开始生殖洄游，也有一支向西游向海州湾渔场，4 月下旬到达近岸浅水区。

江苏北部岛屿海域贝类种类较多，常见种类有 40 余种，具较高经济价值的主要种类有：毛蚶、褶牡蛎、密鳞牡蛎、近江牡蛎、蛏、扁玉螺、红螺、菲律宾蛤仔等 10 余种。

B. 生态分布

浅海贝类：毛蚶、扁玉螺、密鳞牡蛎、近江牡蛎、蛏、红螺、菲律宾蛤仔等。

潮间带贝类：褶牡蛎、近江牡蛎、疣荔枝螺等。

②资源评估

根据面积法计算，调查海域面积为 6 530 $km^2$，拖网水层的经济动物，春季现存资源量（5 月）较低，为 11.31 万 t，资源量超过 1 万 t 种类有细巧仿对虾、口虾姑和脉红螺，其中细巧仿对虾现存资源量最高，为 2.20 万 t，占总资源现存量的 19.45%。秋季现存资源量（10 月）为 66.86 万 t，资源量超过 1 万 t 种类有 10 种：口虾姑、日本枪乌贼、密鳞牡蛎、葛氏长臂虾、日本蟳、鹰爪虾、三疣梭子蟹、多棘海盘车、长蛸和短蛸，其中密鳞牡蛎和口虾姑最高，分别为 20.99 万 t 和 19.14 万 t。

甲壳类：平均年产量 20 世纪 70 年代较低，3 000～4 000 t，80 年代有大幅度增加，

7 000～8 000 t，比 70 年代增加了近 1 倍；头足类 70 年代 500～600 t，80 年代 1 200 t 左右，也增加近 1 倍。从本调查结果可以看出，秋季无脊椎动物种类较少，但资源现存量较高，春季的无脊椎动物种类高出秋季近 10 种，但资源量较低，仅为秋季的 16.91%。并且，秋季的无脊椎动物资源量远高出鱼类，是目前海州湾海域的重要渔业种类。

对虾：对虾是海州湾渔业生产的主要捕捞对象之一。20 世纪 70 年代中期近 150 t，80 年代初期降至 20 多 t。1983 年开始增殖放流，1984—1991 年产量提高到 362.5 t，1992 年下降，仅为 200 多 t。本次调查未捕获到。

周氏新对虾：海州湾渔场主要经济虾类之一。每年 4 月下旬从外海渔场进入海州湾产卵，主要产卵场在秦山岛至开山岛的浅海区域。周氏新对虾 20 世纪 70 年代后期产量 300 多 t，80 年代初以来维持在 50 t 左右。资源减少的原因除了河口建闸，淡水径流减少，引起产卵场水文条件好饵料基础变化外，连年滥捕亲虾和索饵幼虾也是主要原因之一。为了合理利用周氏新对虾资源，应加强对产卵亲虾好索饵幼虾的保护。本次调查未见。

鹰爪虾：是海州湾渔场虾类产量较高的品种之一。主要渔场在秦山岛至连岛以深和埒子口以东、水深较深的沙质底海域，分布在周氏新对虾的外侧。20 世纪 80 年代主要是张网渔业兼捕对象，捕捞强度较弱，80 年代以后捕捞力量增强，年平均产量在 500～600 t。本次调查，鹰爪虾春季和秋季资源量分别为 0.09 万 t 和 1.19 万 t。

梭子蟹：海州湾梭子蟹渔业是一种近岸小型渔具的复合渔业，主要捕捞工具为流网、小型底拖网和定置张网等。20 世纪 80 年代 500 t 左右，且产量年间差异较大。本次调查，秋季资源量较高，为 2.51 万 t，春季较低，为 0.08 万 t。

毛虾：小型虾类，生命周期短，资源易受环境变动和捕捞过度的影响。20 世纪 50 年代 850～8 000 t，60 年代 700～4 000 t，70 年代 78～3 000 t，80 年代为 950～4 900 t。与 50 年代相比，不论总产量还是单位网获量都差得很多。本次调查，该种类仅在春季出现，资源量为 0.08 万 t。

日本枪乌贼：体形较小，是近海洄游性种类，每年 5 月份由外海进入海州湾水域产卵。本次调查，日本枪乌贼春季和秋季的资源量分别为 0.90 万 t 和 7 万 t。

密鳞牡蛎：个体较大的牡蛎种类，主要分布在水深较深的水域。本次调查结果显示，该种类是海州湾资源量最高的种类，春季为 0.47 万 t，秋季达 20.99 万 t。

## 2.2 莱州湾

### 2.2.1 潮间带生物资源的调查结果

（1）低、中、高潮区大型底栖动物

1）春季潮间带各区大型底栖动物

春季潮间带共采集 29 种大型底栖生物，其中 5 种环节动物、7 种甲壳动物、13 种软体动物、1 种腔肠动物、1 种腕足动物、1 种螠虫动物、1 种鱼类。

低潮区共采集到 20 种大型底栖生物、4 种环节动物、4 种甲壳动物、10 种软体动物、1 种腕足动物、1 种螠虫动物。低潮区平均每站采集到 5 种大型底栖生物，6 号和 8 号站低潮区采集到较多的底栖生物，每站为 9 种。低潮区大型底栖动物平均生物量为 254.71 g/m$^2$，8 号站生物量较大，为 810 g/m$^2$，该站优势种为彩虹明樱蛤。29 号站生物量最低，为 3.12 g/m$^2$。生物量较大的主要有日本美人虾（*Callianassa japonica*）、豆形拳蟹（*Philyra pisum*）、光滑河篮蛤（*Potamocorbula laevis*）及长竹蛏（*Solen strictus*）等。低潮区平均栖息密度为 2 914 个/m$^2$，6 号站栖息密度最大，为 19 336 个/m$^2$，优势种类为光滑河篮蛤（*P. laevis*）；栖息密度最小的站位为 13 号站。栖息密度较大的有光滑河篮蛤（*P. laevis*）、长竹蛏（*Solen strictus*）、彩虹明樱蛤（*Moerella iridescens*）及日本美人虾（*C. japonica*）等。

中潮区共采集到 21 种大型底栖生物，其中 3 种环节动物，5 种甲壳动物，10 种软体动物，1 种腔肠动物，1 种腕足动物，1 种螠虫动物。中潮区平均每站采集到 5 种大型底栖生物，4 号站中潮区种类数最大，该站采集到 10 种。中潮区平均生物量为 292.22 g/m$^2$，8 号站生物量较大，为 768.20 g/m$^2$，2 号站生物量较低，为 37.04 g/m$^2$。生物量较大的种类有砂海螂（*Mya arenaria*）、太平洋侧花海葵（*Anthopleura pacifica*）、托氏蜎螺（*Umbonium vestiarium*）等。中潮区平均栖息密度为 336 个/m$^2$，5 号站栖息密度较大，为 1 176 个/m$^2$，2 号站栖息密度最小，为 8 个/m$^2$。栖息密度较大的种类有泥螺（*Bullacta exarata*）、彩虹明樱蛤（*M. iridescens*）、砂海螂（*Mya arenaria*）等。

高潮区共采集到 21 种大型底栖生物，其中 3 种环节动物、5 种甲壳动物、10 种软体动物、1 种腕足动物、1 种螠虫动物、1 种鱼类。高潮区平均每站采集到 4 种底栖生物，8 号站种类数最多，采集到 9 种。高潮区平均生物量为 183.64 g/m$^2$，5 号站生物量最大，为 488.30 g/m$^2$，该站双齿围沙蚕（*Perinereis albuhitensis*）生物量较大（405.76 g/m$^2$）。高潮区生物量较大的种类有双齿围沙蚕、四角蛤蜊（*Mactra venerformis*）、彩虹明樱蛤（*M. iridescens*）、青蛤（*Cyclina sinensis*）等。高潮区平均栖息密度为 252 个/m$^2$，6 号站栖息密度较大，为 1 288 个/m$^2$，该站优势种为光滑河篮蛤（*P. laevis*）。高潮区栖息密度较大的种类有光滑河篮蛤（*P. laevis*）、彩虹明樱蛤（*M. iridescens*）及纵带滩栖螺（*Mangrove Gastropod*）等。

2）秋季潮间带各潮区大型底栖动物

秋季潮间带共采集到 50 种底栖生物，其中 17 种环节动物、11 种甲壳动物、2 种腔肠动物、17 种软体动物、1 种腕足动物、1 种星虫动物、1 种螠虫动物。

低潮区采集到 34 种大型底栖生物，其中 11 种软体动物、7 种甲壳动物、14 种环节动物、1 种螠虫动物、1 种星虫动物。低潮区大型底栖动物平均生物量为 143.41 g/m$^2$，其中 4～8 站低潮区生物量大于 100 g/m$^2$，生物量较大的种类有光滑河篮蛤（*Potamocorbula laevis*）、青蛤（*Cyclina sinensis*）等。低潮区平均栖息密度为 1 212 个/m$^2$，其中 4～7 站栖息密度大于 1 000 个/m$^2$，栖息密度较大的种类有光滑河篮蛤（*P. laevis*）、绯拟沼螺（*Assiminea latericea*）、背蚓虫(*Notomastus latericeus*)、多鳃齿吻沙蚕(*Nephtys polybranchia*)、彩虹明樱蛤(*Moerella iridescens*)等。

中潮区采集到24种大型底栖生物，其中11种软体动物、5种甲壳动物、6种环节动物、1种腔肠动物、1种腕足动物。中潮区大型底栖动物平均生物量为525.08 g/m$^2$，其中3号站中潮区生物量为3 878 g/m$^2$，主要种类为紫石房蛤（*Saxidomrs purpuratus*）。其他站位的泥螺（*Bullacta exarata*）、青蛤（*C. sinensis*）、光滑河篮蛤（*P. laevis*）、托氏蜎螺（*Umbonium vestiarium*）、菲律宾蛤仔（*Ruditapes philippinarum*）等种类生物量也较大。中潮区大型底栖生物平均栖息密度为1 068 个/m$^2$。6号站密度最大，为4 352 个/m$^2$，主要种类为光滑河篮蛤（*P. laevis*）。泥螺（*B. exarata*）、绯拟沼螺（*A. latericea*）、背蚓虫（*N. latericeus*）、丝鳃虫（*Cirratulus cirratus*）、琥珀刺沙蚕（*Neanthes succinea*）等种类在中潮区栖息密度也较大。

高潮区各采集到24种大型底栖生物，其中12种软体动物、5种甲壳动物、6种环节动物、1种腕足动物、1种腔肠动物。高潮区大型底栖动物平均生物量较高，为262.43 g/m$^2$，6～9站位以及12、13站位生物量较大。生物量较大的种类有青蛤（*C. sinensis*）、菲律宾蛤仔（*Ruditapes philippinarum*）、丝鳃虫（*C. cirratus*）、拟节虫（*Praxillelle praetemissa*）、多齿围沙蚕（*Perinereis nuntia*）等。高潮区大型底栖生物平均栖息密度为1 172 个/m$^2$，3号站和6号站栖息密度较大，分别为5 872 个/m$^2$和4 976 个/m$^2$，主要种类分别为琵琶拟沼螺（*Assiminea lutea*）和光滑河篮蛤（*P. laevis*）。其他栖息密度较大的种类还有托氏（蜎）螺（*U. vestiarium*）、丝鳃虫（*C. cirratus*）、拟节虫（*P. praetemissa*）以及琥珀刺沙蚕（*N. succinea*）等。

（2）潮间带各断面大型底栖动物

由于各个断面距离较远，对各个断面分述之。

表2-2-14 莱州湾潮间带各断面种类数

| 断面 | 总种类数 | 软体动物 | 甲壳动物 | 环节动物 | 其他动物 |
|---|---|---|---|---|---|
| 1 | 3 | 2 | 1 | 0 | 0 |
| 2 | 3 | 1 | 2 | 0 | 0 |
| 3 | 10 | 9 | 0 | 1 | 0 |
| 4 | 11 | 5 | 3 | 2 | 1 |
| 5 | 13 | 4 | 2 | 6 | 1 |
| 6 | 13 | 5 | 1 | 7 | 0 |
| 7 | 5 | 3 | 2 | 0 | 0 |
| 8 | 5 | 3 | 1 | 1 | 0 |
| 9 | 7 | 2 | 2 | 0 | 3 |
| 10 | 4 | 2 | 1 | 1 | 0 |
| 11 | 8 | 1 | 3 | 4 | 0 |
| 12 | 10 | 2 | 1 | 6 | 1 |
| 13 | 7 | 2 | 0 | 3 | 2 |

表 2-2-15　莱州湾潮间带各断面平均生物量及栖息密度

| 站位 | 平均生物量/（g/m²） | | | 平均栖息密度/（个/m²） | | |
|---|---|---|---|---|---|---|
| | 春季 | 秋季 | 平均 | 春季 | 秋季 | 平均 |
| 1 | 126.98 | 36.01 | 81.495 | 901 | 528 | 714.5 |
| 2 | 23.48 | 151.34 | 87.41 | 12 | 107 | 59.5 |
| 3 | 38.32 | 1 315.92 | 677.12 | 72 | 2336 | 1204 |
| 4 | 154.6 | 70.5 | 112.55 | 96 | 2218 | 1157 |
| 5 | 332.11 | 195.3 | 263.705 | 536 | 1995 | 1 265.5 |
| 6 | 395.17 | 308.87 | 352.02 | 6981 | 4234 | 5 607.5 |
| 7 | 217.28 | 121.86 | 169.57 | 372 | 88 | 230 |
| 8 | 608.9 | 387.66 | 498.28 | 517 | 117 | 317 |
| 9 | 341.59 | 243.52 | 292.555 | 170 | 971 | 570.5 |
| 10 | 109.73 | 63.81 | 86.77 | 267 | 277 | 272 |
| 11 | — | 72.72 | 72.72 | — | 408 | 408 |
| 12 | 49.23 | 379 | 214.115 | 101 | 416 | 258.5 |
| 13 | 274.44 | 359.04 | 316.74 | 160 | 168 | 164 |
| 平均 | 222.65 | 285.04 | 248.08 | 849 | 1066 | 941 |

断面 1：本断面低潮为光滑河篮蛤-彩虹明樱蛤群落，高潮为天津厚蟹-肉球近方蟹群落。低潮光滑河篮蛤较多，春季该种生物量为 140.88 g/m²，栖息密度为 2 592 个/m²；秋季该种生物量为 55.06 g/m²，栖息密度为 976 个/m²。

断面 2：本断面主要为日本大眼蟹群落，低、中、高潮均有分布。中潮区泥螺也较多，其生物量为 240.49 g/m²。

断面 3：本断面为低潮区有侧口乳蛰虫、纵肋织纹螺、口虾蛄、梭鱼等种类，侧口乳蛰虫生物量为 19.00 g/m²，栖息密度为 16 个/m²。中潮区主要为软体动物群落，包括紫石房蛤、泥螺、彩虹明樱蛤及秀丽织纹螺等。紫石房蛤生物量较大，为 3 687.75 g/m²，栖息密度为 560 个/m²。高潮区有泥螺、琵琶拟沼螺、泥虾、中国蛤蜊、双齿围沙蚕等种类。

断面 4：本断面四角蛤蜊-托氏蜎螺群落，其中低中潮其他种类还有绯拟沼螺、光滑狭口螺、日本大眼蟹等，高潮区为还有琥珀刺沙蚕、日本刺沙蚕、青蛤等。绯拟沼螺栖息密度较大，平均栖息密度为 3040 个/m²。

断面 5：本断面为豆形拳蟹-泥螺-彩虹明樱蛤群落，低中潮还有光滑河篮蛤群，高潮有双齿围沙蚕等。光滑河篮蛤在低中潮两个区域平均栖息密度为 2 544 个/m²。

断面 6：本断面群落结构同断面 5，也为豆形拳蟹-泥螺-彩虹明樱蛤群落，低中潮区有光滑河篮蛤、背蚓虫、色斑角吻沙蚕等，高潮区还有细弱吻沙蚕、琥珀刺沙蚕等。

断面 7：本断面为圆球股窗蟹-托氏蜎螺群落。低潮区还有青蛤、铲形海豆芽等，该种栖息密度为 32 个/m$^2$，生物量为 194.11 g/m$^2$。中潮区还有日本美人虾、双齿围沙蚕。

断面 8：本断面为青蛤-长竹蛏-光滑河篮蛤群落。青蛤三个区域平均为 282.43 g/m$^2$，其他种类还有四角蛤蜊等。

断面 9：本断面为托氏蜎螺-红线黎明蟹-单环棘螠群落。单环棘螠在低潮区栖息密度为 23.74 g/m$^2$。

断面 10：本断面为托氏蜎螺-红线黎明蟹群落。

断面 11：本断面为日本美人虾-琥珀刺沙蚕群落。多鳃齿吻沙蚕在低潮区栖息密度达到 512 个/m$^2$。

断面 12：本断面为菲律宾蛤仔-琥珀刺沙蚕群落。菲律宾蛤仔在低中高潮平均生物量为 245.44 g/m$^2$；中、高潮有较多丝鳃虫，平均栖息密度为 248 个/m$^2$。潮区有短滨螺分布。

断面 13：本断面为砂海螂-琥珀刺沙蚕群落。高潮区有菲律宾蛤仔和紫贻贝的分布。

莱州湾潮间带以托氏蜎螺-光滑河篮蛤-双齿围沙蚕群落为主，同时要可以分为以下 4 个群落：1～6 断面为豆形拳蟹-泥螺群落，同时日本大眼蟹、彩虹明樱蛤也较多；7～8 断面为青蛤-圆球股窗蟹群落；9～10 断面为红线黎明蟹-单环棘螠群落；11～13 为琥珀刺沙蚕群落，同时丝鳃虫、四索沙蚕、拟节虫等多毛环节动物栖息密度也变大。

（3）潮间带大型海藻及植物

潮间带共定性采集到以下 24 种大型藻类，其中红藻有松节藻、凹顶藻、石花菜、江篱、扁江篱、细弱红翎菜、三叉仙菜、扇形拟衣藻（叉枝藻）、龙须菜、多管藻、绒线藻、珊瑚藻；褐藻有萱藻、裙带菜、大州马尾藻、网管藻、海蒿子、海带；绿藻有礁膜、孔石莼、肠浒苔、刺松藻、藓羽藻、刺松藻。大型藻类主要分布在莱州湾东侧岩礁基岩海岸，西侧滩涂海岸大型藻类种类及生物量较少。

高潮带：多为石莼、肠浒苔等绿藻；中潮带分布石莼、肠浒苔、藓羽藻等绿藻，江蓠、扁江篱等红藻，萱藻、马尾藻等褐藻；低潮带有马尾藻（褐藻）、松节藻（绿藻）、石花菜（红藻）等。

另外，我们在莱州湾三山岛附近发现一定面积的单子叶植物大叶藻（*Zostera marina*）。

（4）小结

春秋两季潮间带共采集到 84 种大型底栖动物，其中环节动物 21 种、甲壳动物 26 种、29 种软体动物、1 种棘皮动物、2 种腔肠动物、1 种腕足动物、1 种星虫动物、1 种螠虫动物、2 种鱼类。秋季种类数（77 种）明显大于春季（29 种）。

莱州湾潮间带底栖生物优势种有泥螺、托氏蜎螺、光滑河篮蛤及双齿围沙蚕等。以莱州湾湾顶为界，东西两侧潮间带底栖动物略有不同。东侧基岩海岸大型藻类分布明显，共定性采集到 24 种。

春秋两季潮间带平均生物量为 248.08 g/m$^2$，栖息密度为 941 个/m$^2$。秋季潮间带底栖生物栖息密度及生物量略大于春季。

同20世纪80年代的潮间带滩涂调查资料相比，莱州湾邻近潮间带大型底栖生物种类数量虽然未发生重大变化，但群落结构发生重要变化，由文蛤群落演替为泥螺群落。

### 2.2.2 浮游植物种类组成、丰度及分布

（1）种类组成

春季和秋季莱州湾浮游植物共记录22科36属75种，其中硅藻15科29属62种，甲藻6科6属12种，金藻1种。

春季莱州湾浮游植物共记录16科24属53种，其中硅藻12科20属47种，甲藻4科4属6种。秋季共记录浮游植物20科30属62种，其中硅藻15科25属51种，甲藻4科4属10种，金藻1科1属1种。圆筛藻属、根管藻属和角毛藻属是春秋季物种多样性较高的三个硅藻属，角藻属是春秋季物种多样性较高的甲藻属，秋季原多甲藻属物种数量也较高。

莱州湾记录的62种硅藻中，32种为共有种，它们是星脐圆筛藻（*Coscinodiscus asteromphalus*）、格氏圆筛藻（*C. granii*）等。有至少4种未定种，它们是圆筛藻（*Coscinodiscus* sp.）、海链藻（*Thalassiosira* spp.）、斜纹藻（*Pleurosigma* spp.）和舟形藻（*Navicula* spp.）。春季特有的硅藻种类11种，分别为整齐圆筛藻（*Coscinodiscus concinnus*）、扭曲小环藻（*Cyclotella comta*）等。秋季硅藻特有种类15种，分别为诺氏海链藻（*Thalassiosira nordenskioeldii*）、环纹娄氏藻（*Lauderia annulata*）等。

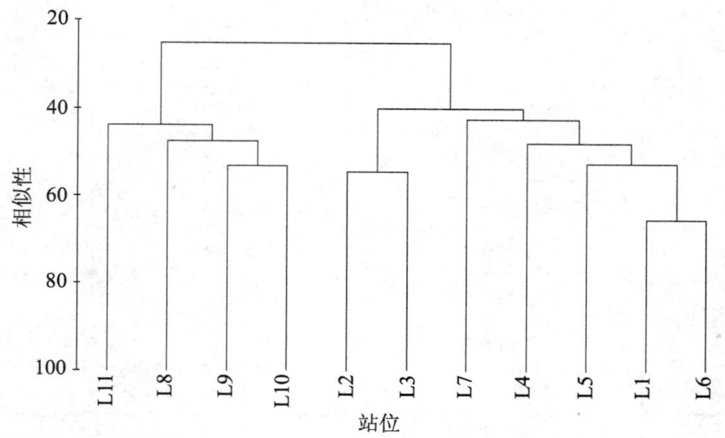


**图2-2-59　莱州湾春季浮游植物群落结构**

莱州湾记录的12种甲藻中，纺锤角藻（*Ceratium fusus*）、短角角藻（*C. breve*）、三角角藻（*C. tripos*）和夜光藻（*Noctiluca scintilla*）是春秋季共有的种类，渐尖鳍藻（*Dinophysis acuminata*）和斯氏扁甲藻（*Pyrophacus steinii*）是春季特有种，红色赤潮藻（*Akashiwo sanguinea*）、圆锥原多甲藻（*Protoperidinium conicum*）等6种是秋季特有种。

莱州湾只记录了 1 种金藻，即小等刺硅鞭藻（*Dictyocha fibula*），此种只在秋季出现。

春季浮游植物分为两个群落：群落Ⅰ，L8～L11 站位组成，优势种有透明辐杆藻、卡氏角毛藻、伏氏海毛藻、中国盒形藻等（表 2-2-16）；群落Ⅱ，L1～L7 站位组成，优势种有透明辐杆藻、垂缘角毛藻、爱氏辐环藻等（表 2-2-17）。

表 2-2-16　莱州湾春季浮游植物群落Ⅰ优势种类及贡献率

| 种类 | 平均丰度/（个/$m^3$） | 贡献率/% | 累计贡献率/% |
|---|---|---|---|
| 透明辐杆藻 | 82 052.04 | 20.87 | 20.87 |
| 卡氏角毛藻 | 8 098.89 | 6.79 | 27.66 |
| 伏氏海毛藻 | 30 206.29 | 5.43 | 33.09 |
| 中国盒形藻 | 4 562.73 | 5.10 | 38.19 |
| 爱氏辐环藻 | 9 386.90 | 5.01 | 43.20 |
| 三角角藻 | 4 002.58 | 4.76 | 47.96 |
| 斯氏扁甲藻 | 4 776.25 | 4.64 | 52.59 |
| 格氏圆筛藻 | 2 151.69 | 4.56 | 57.15 |
| 短角角藻 | 2 748.94 | 4.31 | 61.46 |

表 2-2-17　莱州湾春季浮游植物群落Ⅱ优势种类及贡献率

| 种类 | 平均丰度/（个/$m^3$） | 贡献率/% | 累计贡献率/% |
|---|---|---|---|
| 透明辐杆藻 | 492 561.70 | 12.39 | 12.39 |
| 垂缘角毛藻 | 397 453.80 | 11.67 | 24.06 |
| 爱氏辐环藻 | 1 785 737.87 | 11.27 | 35.33 |
| 窄隙角毛藻 | 409 069.56 | 10.53 | 45.87 |
| 新月菱形藻 | 171 170.92 | 4.76 | 50.62 |
| 斯氏扁甲藻 | 112 102.63 | 4.64 | 55.27 |
| 劳氏角毛藻 | 127 025.79 | 4.22 | 59.49 |
| 舟形藻 | 37 240.05 | 4.06 | 63.55 |

秋季浮游植物分为两个群落：群落Ⅰ，L2～L4 站组成，优势种有威氏圆筛藻、夜光藻、孔圆筛藻等（表 2-2-18）；群落Ⅱ，由站位 L1、L5～L9 组成，优势种有尖刺伪菱形藻、薄壁几内亚藻、扁面角毛藻等（表 2-2-19）。

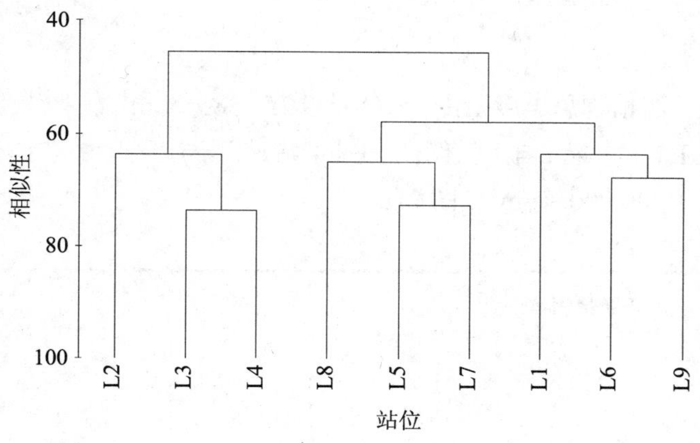


图 2-2-60 莱州湾秋季浮游植物群落结构

表 2-2-18 莱州湾秋季浮游植物群落Ⅰ优势种类及贡献率

| 种类 | 平均丰度/（个/m$^3$） | 贡献率/% | 累计贡献率/% |
|---|---|---|---|
| 威氏圆筛藻 | 123 762.96 | 11.59 | 11.59 |
| 夜光藻 | 64 829.63 | 9.21 | 20.80 |
| 孔圆筛藻 | 47 703.70 | 6.69 | 27.48 |
| 薄壁几内亚藻 | 76 918.52 | 6.42 | 33.90 |
| 尖刺伪菱形藻 | 46 281.48 | 6.06 | 39.97 |
| 爱氏辐环藻 | 52 740.74 | 6.06 | 46.03 |
| 星脐圆筛藻 | 50 814.81 | 5.14 | 51.17 |
| 柔弱伪菱形藻 | 33 066.67 | 5.03 | 56.20 |
| 环纹娄氏藻 | 13 007.41 | 4.25 | 60.45 |

表 2-2-19 莱州湾秋季浮游植物群落Ⅱ优势种类及贡献率

| 种类 | 平均丰度/（个/m$^3$） | 贡献率/% | 累计贡献率/% |
|---|---|---|---|
| 尖刺伪菱形藻 | 974 279.37 | 11.66 | 11.66 |
| 薄壁几内亚藻 | 815 306.35 | 10.70 | 22.36 |
| 扁面角毛藻 | 853 612.70 | 7.54 | 29.90 |
| 威氏圆筛藻 | 296 149.21 | 5.04 | 34.94 |
| 短角弯角藻 | 461 950.79 | 5.02 | 39.96 |
| 透明辐杆藻 | 298 020.63 | 4.98 | 44.93 |
| 密连角毛藻 | 238 265.08 | 4.48 | 49.41 |
| 柔弱伪菱形藻 | 215 322.22 | 3.96 | 53.37 |
| 环纹娄氏藻 | 126 861.90 | 3.91 | 57.28 |
| 旋链角毛藻 | 180 760.32 | 3.88 | 61.16 |

（2）丰度及分布

1）春季

春季调查区域浮游植物总丰度范围 65 846～9 255 385 个/m$^3$，平均丰度 1 904 434 个/m$^3$，最高丰度值出现在 L9 站，最低丰度值出现在 L4 站，高丰度区集中在调查区域中南部及东南部，丰度都大于 1 000 000 个/m$^3$（图 2-2-61）。

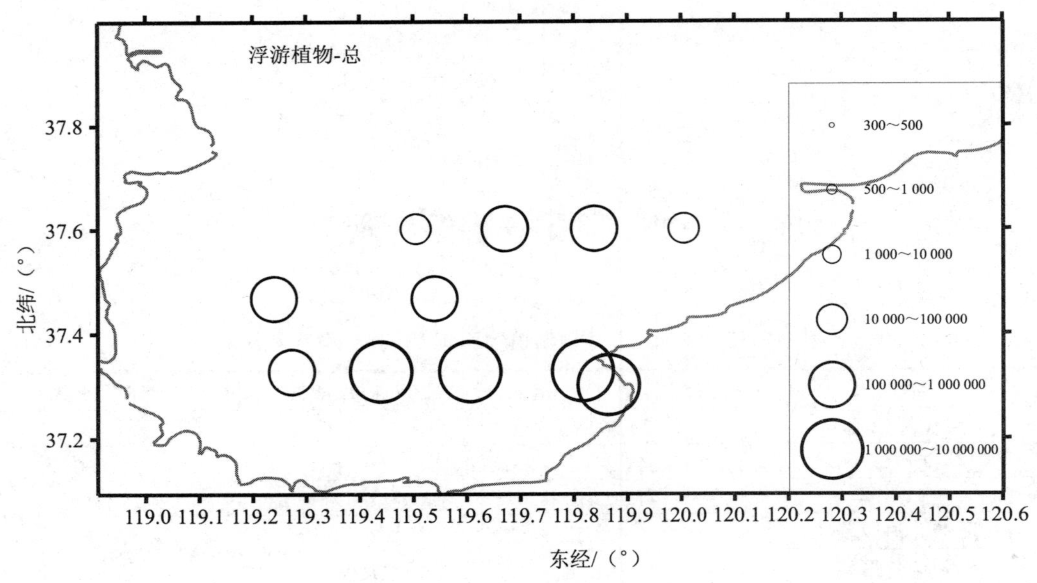


**图 2-2-61　春季莱州湾浮游植物总丰度分布**

春季调查区域硅藻总丰度是浮游植物总丰度的主要贡献者，它的丰度分布格局直接影响着浮游植物总丰度的分布。硅藻总丰度的丰度范围 59 692～9 212 308 个/m$^3$，平均丰度 1 825 466 个/m$^3$，最高丰度也是出现在 L9 站，最低丰度出现在 L4 站上（图 2-2-62）。星脐圆筛藻、格式圆筛藻、琼氏圆筛藻、爱氏辐环藻、透明辐杆藻、窄隙角毛藻、卡氏角毛藻、垂缘角毛藻、劳氏角毛藻、中国盒形藻、伏氏海毛藻、斜纹藻和舟形藻等 13 种都出现在调查区域 7 个以上站位，分布较广。其余 34 种分布都在 6 个站位以下，分布较狭。从丰度来看，平均丰度＞100 000 个/m$^3$ 的硅藻种类只有 4 种，即爱氏辐环藻、透明辐杆藻、窄隙角毛藻和垂缘角毛藻，其中爱氏辐环藻的平均丰度最高，为 655 333 个/m$^3$。平均丰度在 10 000～100 000 个/m$^3$ 的硅藻种类有威氏圆筛藻、丹麦细柱藻、卡氏角毛藻、扁面角毛藻、旋链角毛藻、柔弱角毛藻、冕孢角毛藻、劳氏角毛藻、窄面角毛藻、拟旋链角毛藻、暹罗角毛藻、圆柱角毛藻、伏氏海毛藻、斜纹藻属、舟形藻属和新月菱形藻等 16 种，其余种类平均丰度都低于 10 000 个/m$^3$。整齐圆筛藻、细弱圆筛藻、圆筛藻、扭曲小环藻、波状辐裥藻、厚刺根管藻、刚毛根管藻、双孢角毛藻、布氏双尾藻、膜状舟形藻和洛氏菱形藻等只在 1～3 个站位上有分布而且每个站位上的丰度都相对较低，所以在调查区域的平均丰度都低于 1 000 个/m$^3$。而海链藻、柔弱根管藻、深环沟角毛藻、柔弱角毛藻、拟旋链角毛藻、翼茧形藻、唐氏藻和奇异棍形藻等几种虽也只在 1～3 个站位上出现，但总有丰度较高＞10 000 个/m$^3$ 或接近 10 000 个/m$^3$ 的站位出现，所以这些种类在调查区域的分布虽然有限，但平均丰度仍在 1 000 个/m$^3$ 以上。

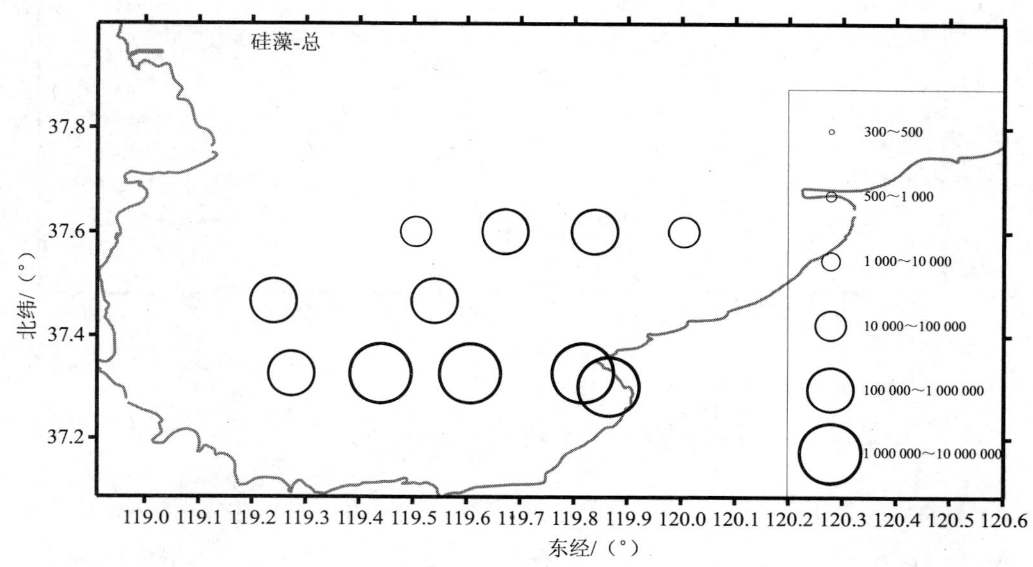


**图 2-2-62 春季莱州湾硅藻总丰度分布**

春季莱州湾的甲藻共记录了 5 种，远远低于硅藻记录的种数。甲藻的总丰度范围 4 167～349 091 个/m$^3$，平均丰度 78 969 个/m$^3$，最高丰度出现在 L10 站（图 2-2-63）。渐尖鳍藻和纺锤角藻只在两三个站位上出现而且各站位上的丰度都低于 10 000 个/m$^3$，平均丰度都低于 500 个/m$^3$。斯氏扁甲藻是春季甲藻优势种，在所有调查站位上都有记录，丰度范围 833～283 636 个/m$^3$，平均丰度 43 804 个/m$^3$。夜光藻虽然只在 7 个站位上出现，但在 L2 站上有较高丰度 192 821 个/m$^3$ 出现，因此平均丰度（19 452 个/m$^3$）仍居第二位。三角角藻和短角角藻都在 9 个站位上出现，各站丰度分布相对均匀，丰度范围分别为 0～50 909 个/m$^3$ 和 0～14 545 个/m$^3$，平均丰度分别为 10 350 个/m$^3$ 和 4 698 个/m$^3$，最高丰度都出现在 L10 站。

总之，春季莱州湾浮游植物硅藻是优势类群，爱氏辐环藻、透明辐杆藻、窄隙角毛藻和垂缘角毛藻是丰度和分布上均占优势的种类。

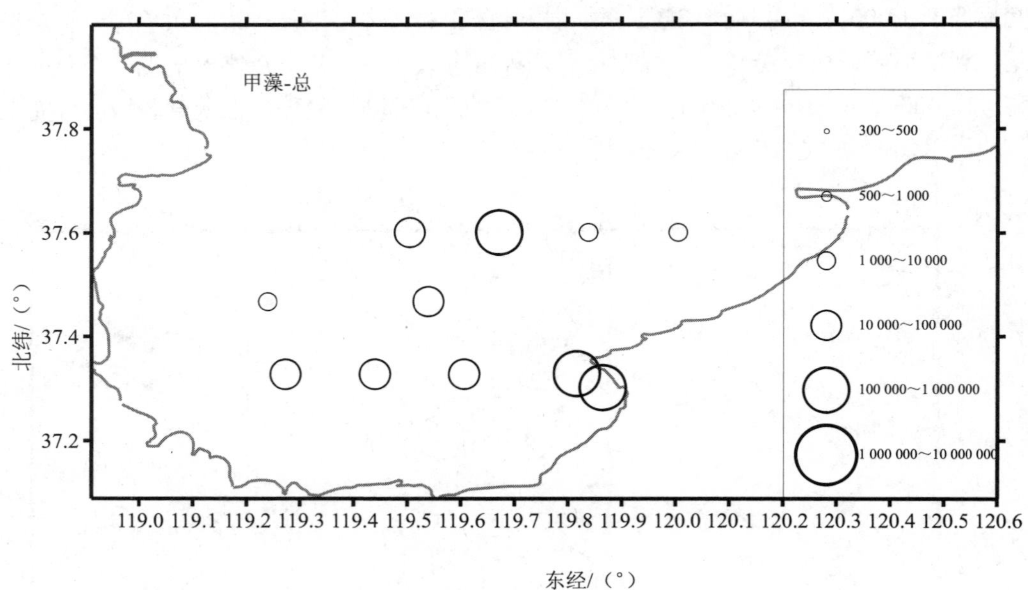


图 2-2-63 春季莱州湾甲藻总丰度分布

2）秋季

秋季调查区域浮游植物总丰度高于春季，丰度范围 529 600～13 048 000 个/m$^3$，平均丰度 4 106 990 个/m$^3$，是春季的 2 倍多。最高丰度值出现在 L7 站，最低丰度值出现在 L4 站，高丰度区集中在调查区域的中西部（见图 2-2-64）。

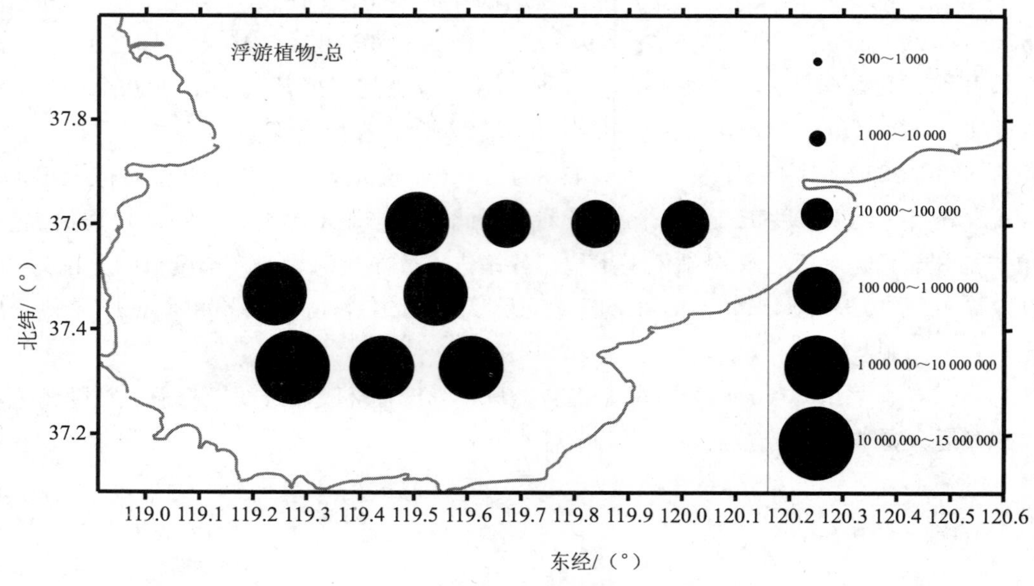


图 2-2-64 秋季莱州湾浮游植物总丰度分布

秋季硅藻仍是浮游植物的优势类群，它的丰度及分布影响着浮游植物的丰度及分布。硅藻总丰度范围 424 000～12 940 800 个/m$^3$，平均丰度 3 967 843 个/m$^3$，最高丰度值出现在 L7 站，最低丰度值出现在 L4 站（图 2-2-65）。秋季星脐圆筛藻、孔圆筛藻、威氏圆筛藻、环纹娄氏藻、薄壁几内亚藻、柔弱根管藻、刚毛根管藻、密连角毛藻、柔弱伪菱形藻和尖刺伪菱形藻等 10 种硅藻在所有调查的 9 个站位上都出现。格氏圆筛藻、辐射圆筛藻、爱氏辐环藻、斯氏根管藻、透明辐杆藻、扁面角毛藻、柔弱角毛藻、旋链角毛藻、短角弯角藻等 9 种硅藻出现在 7～8 个站位上。垂缘角毛藻、劳氏角毛藻、圆柱角毛藻、布氏双尾藻、斜纹藻属、膜状舟形藻和奇异棍形藻等 7 种分布在 5～6 个站位，其他种类均分布在 4 个以下站位。从丰度上来讲，威氏圆筛藻、薄壁几内亚藻、柔弱根管藻、透明辐杆藻、扁面角毛藻、密连角毛藻、旋链角毛藻、聚生角毛藻、短角弯角藻、奇异棍形藻、柔弱伪菱形藻和尖刺伪菱形藻等 12 种的平均丰度较高，都大于 100 000 个/m$^3$，其中除聚生角毛藻和奇异棍形藻分布较狭外，其他 10 种也是分布上的优势种类。中等丰度（平均丰度在 10 000～100 000 个/m$^3$）的硅藻种类有星脐圆筛藻、孔圆筛藻、爱氏圆筛藻、环纹娄氏藻、刚毛根管藻、斯氏根管藻、柔弱角毛藻、双孢角毛藻、垂缘角毛藻、劳氏角毛藻和圆柱角毛藻等 11 种，这些种类大多数也是广分布种类，各站位丰度分布相对比较均匀。其余种类平均丰度都在 10 000 个/m$^3$ 以下，且大多分布都很狭。

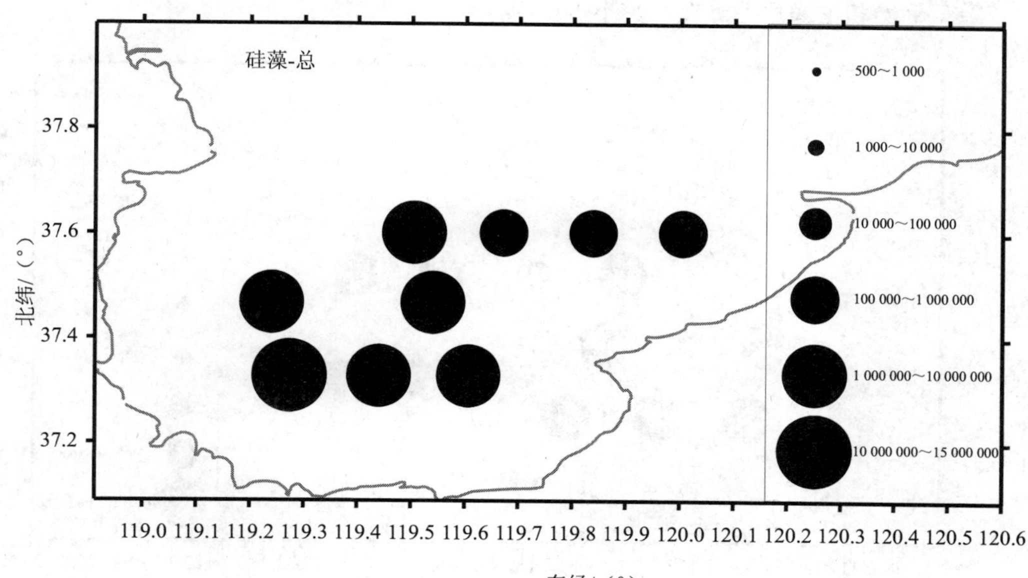


图 2-2-65 秋季莱州湾硅藻总丰度分布

秋季莱州湾甲藻共记录 10 种，比春季多 5 种。秋季甲藻的总丰度范围 61 600～197 000 个/m$^3$，平均丰度 137 008 个/m$^3$，将近为春季的 2 倍。最高丰度出现在 L1 站，最低丰度出现在 L2 站（图 2-2-66）。红色赤潮藻、圆锥原多甲藻、扁平原多甲藻和线形角藻是丰度较低的种类，分布较狭，单个站位上的丰度低于 10 000 个/m$^3$，平均丰度低于 2 000 个/m$^3$。五角原多甲藻在 L1 站上有较高的丰度，但分布较狭，平均丰度只有 3 281 个/m$^3$。纺锤角藻分布较广，只在 L9 站上没有出现，但平均丰度也不高，为 3 269 个/m$^3$。叉角藻、短角角藻、三角角藻和夜光藻是秋季甲藻优势种，它们的平均丰度都大于 10 000 个/m$^3$。夜光藻为最优势的种类，丰度范围 35 200～131 000 个/m$^3$，平均丰度 73 763 个/m$^3$。其次为三角角藻，丰度范围 2 400～67 200 个/m$^3$，平均丰度 22 741 个/m$^3$。叉角藻居第三，丰度范围 4 000～41 333 个/m$^3$，平均丰度 19 861 个/m$^3$。短角角藻在 4 种优势硅藻中丰度最低，丰度范围 1 600～43 714 个/m$^3$，平均丰度 10 810 个/m$^3$。

秋季莱州湾记录了 1 种金藻，即小等刺硅鞭藻。此种分布在 4 个站位（图 2-2-67）上，丰度范围 0～6 857 个/m$^3$，平均丰度 2 140 个/m$^3$。

总之，秋季莱州湾浮游植物的物种多样性和丰度都高于春季，硅藻仍是优势类群，在分布和丰度上都占优势的种类有威氏圆筛藻、薄壁几内亚藻、柔弱根管藻、透明辐杆藻、扁面角毛藻、密连角毛藻、旋链角毛藻、短角弯角藻、柔弱伪菱形藻和尖刺伪菱形藻等 10 种，它们的丰度都在 100 000 个/m$^3$ 之上。与春季相比秋季的优势种类较多，除透明辐杆藻也是春季的优势种类之外，其他种类均是秋季特有的优势种，而在春季占优势的爱氏辐环藻、窄隙角毛藻和垂缘角毛藻在秋季不占优势。

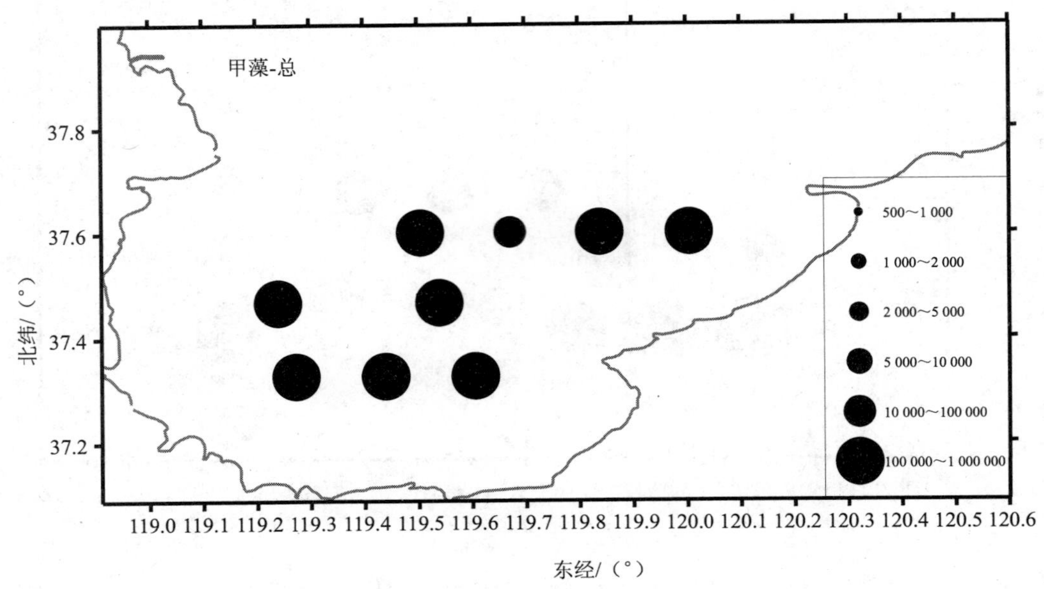


**图 2-2-66 秋季莱州湾甲藻总丰度分布**

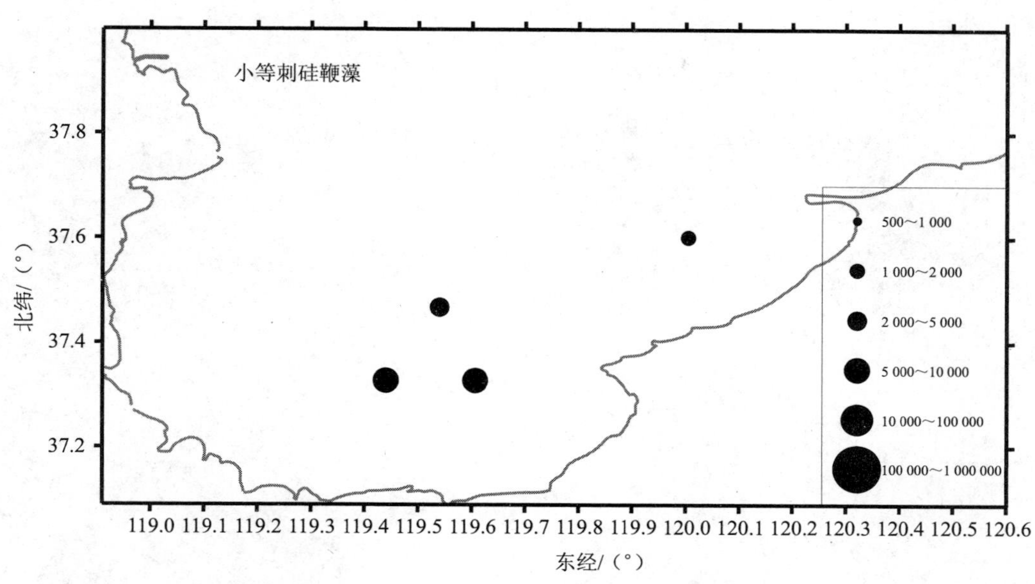


图 2-2-67 秋季莱州湾小等刺硅鞭藻的丰度分布

（3）物种多样性

1）春季

春季莱州湾调查区域各站位浮游植物物种种类数绝大多数都在 20～30 种，只有 L2 站和 L4 站上每站种类数稍低，在 20 种以下。L2 站上最低只有 14 种。L1 站上的种类数最高，为 30 种。硅藻是春季浮游植物的优势类群，在各站位上都占物种总数的 70%以上（表 2-2-20）。

表 2-2-20 莱州湾春季浮游植物物种种类数

| 类群 | 站位 | | | | | | | | | | |
|---|---|---|---|---|---|---|---|---|---|---|---|
| | L1 | L2 | L3 | L4 | L5 | L6 | L7 | L8 | L9 | L10 | L11 |
| 硅藻 | 24 | 10 | 19 | 14 | 23 | 18 | 18 | 23 | 25 | 20 | 23 |
| 甲藻 | 6 | 4 | 3 | 3 | 3 | 6 | 5 | 4 | 3 | 3 | 1 |
| 总和 | 30 | 14 | 22 | 17 | 26 | 24 | 23 | 27 | 28 | 23 | 24 |

香农-威纳指数呈中间低，两侧高的趋势，中部低于 1.8，两侧大于 2.2。皮罗均匀度指数也呈中间低、两侧高的趋势，说明浮游植物中部多样性低、分布不均匀，两侧多样性高、分布较均匀。玛格列夫指数西高东低，说明西侧浮游植物物种数较多。辛普森指数同香农-威纳指数及皮罗指数，也呈中间低、两侧高的趋势（图 2-2-68）。

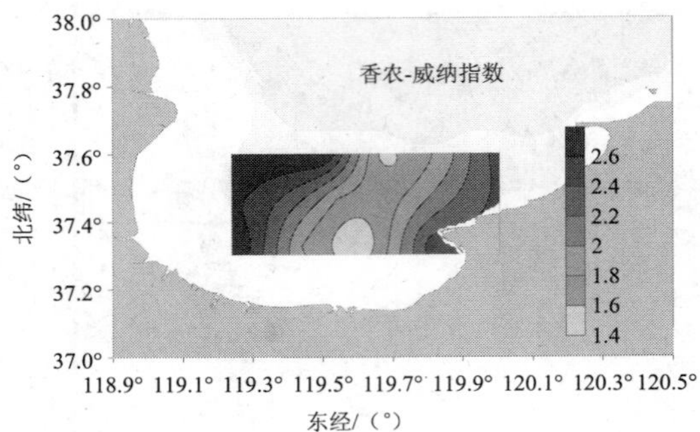


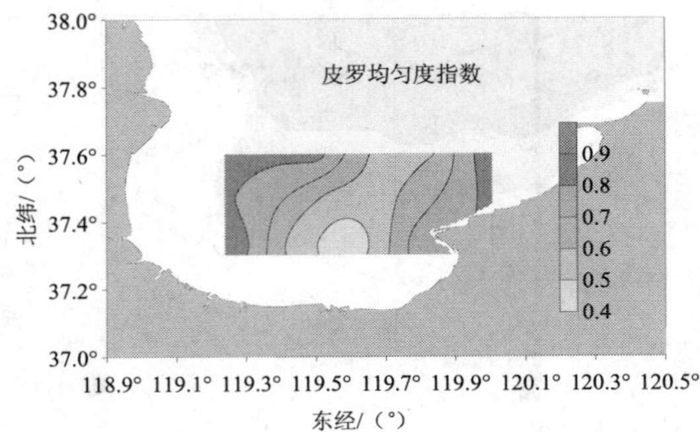


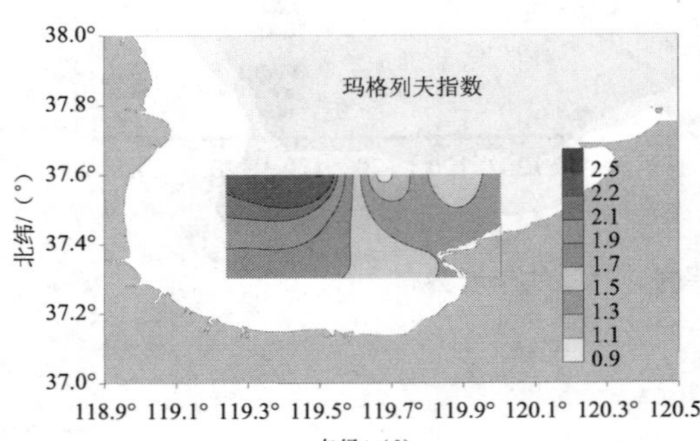


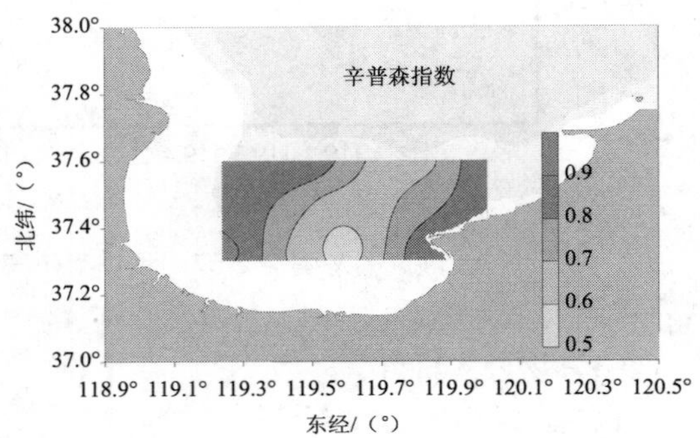


图 2-2-68　莱州湾春季浮游植物生物多样性指数

2）秋季

秋季莱州湾调查区域各站位上的浮游植物种类数较多，比春季高，各站位上分布相对均匀，在 29～39 种。L4 站上的物种数最低（29 种/站），L9 站上的最高（39 种/站）。秋季硅藻仍是各站位上浮游植物多样性的优势类群，各站位上的硅藻种数在 22～32 种，75%以上的物种都是硅藻（表 2-2-21）。

表 2-2-21　秋季莱州湾浮游植物物种种类数

| 类群 | 站位 | | | | | | | | |
|---|---|---|---|---|---|---|---|---|---|
| | L1 | L2 | L3 | L4 | L5 | L6 | L7 | L8 | L9 |
| 硅藻 | 27 | 25 | 25 | 22 | 26 | 29 | 32 | 24 | 31 |
| 甲藻 | 8 | 7 | 7 | 6 | 6 | 7 | 5 | 6 | 7 |
| 金藻 | — | — | — | 1 | — | 1 | — | 1 | 1 |
| 总和 | 35 | 32 | 32 | 29 | 32 | 37 | 37 | 31 | 39 |

秋季浮游植物物种多样性呈东侧高、西侧低的趋势。香农-威纳指数分布范围较窄，最小值为 2.3，最大值为 2.9，东侧刁龙嘴附近海域大于 2.7；皮罗均匀度指数分布范围在

0.65～0.83，东部浅海海域大于0.8；玛格列夫指数在1.9～2.7，L5和L7站该指数低于2，其他站位均大于2；辛普森指数变化范围在0.85～0.93，东侧海域该指数大于0.9。位于调查区域西南侧的L7站浮游植物物种多样性较低（图2-2-69）。

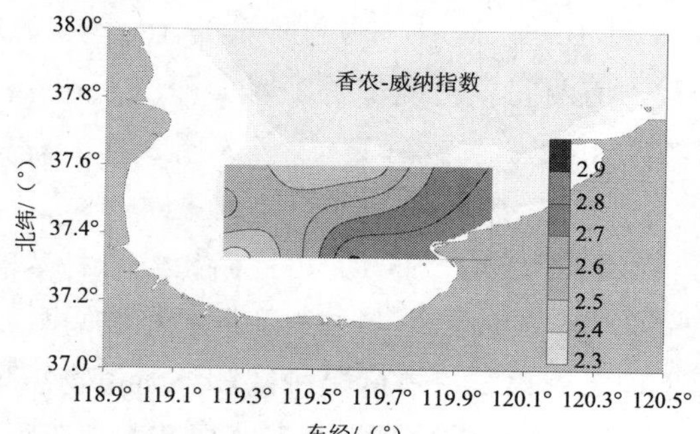


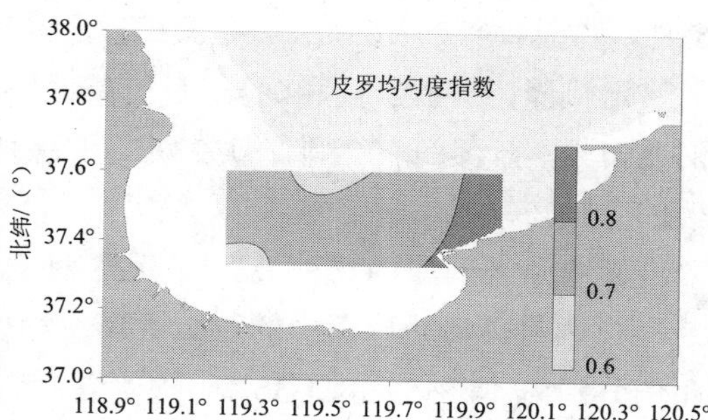


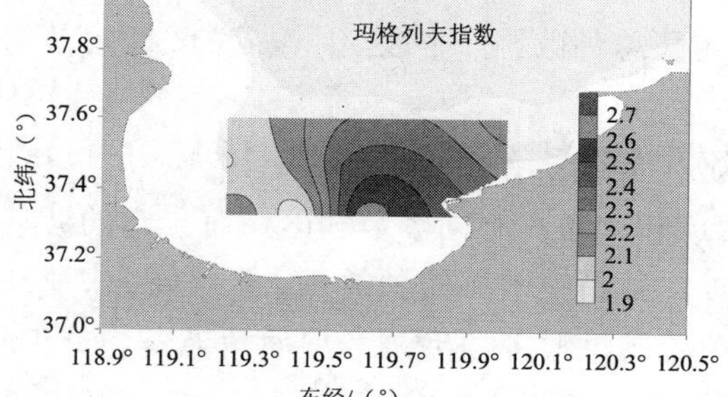


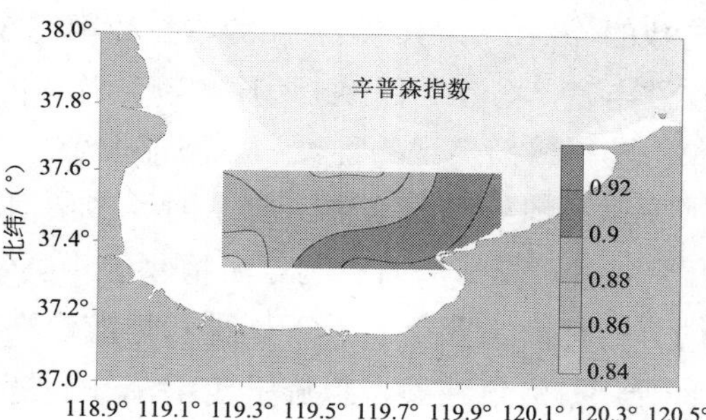


**图2-2-69 秋季浮游植物物种多样性指数**

（4）小结

1）春秋两季共调查75种浮游植物，其中硅藻（62种）较多，在各个季节中占到种类数的70%以上，甲藻12种，金藻1种。

2）春季浮游植物分为两个群落，优势种分别有透明辐杆藻、卡氏角毛藻、伏氏海毛藻、中国盒形藻和垂缘角毛藻、爱氏辐环藻；秋季浮游植物分为两个群落：优势种有威氏圆筛藻、夜光藻、孔圆筛藻和尖刺伪菱形藻、薄壁几内亚藻、扁面角毛藻。

3）秋季浮游植物丰度（4 106 990个/$m^3$）大于春季（1 904 434个/$m^3$），秋季硅藻和甲藻的丰度均大于春季。春秋两季浮游植物丰度中南部及东南部较大。

4）春季浮游植物物种多样性中部低、两侧高；秋季物种多样性呈近岸东侧高、湾西侧低的趋势。

5）浮游植物种类数同历史资料（王俊，2000；刘慧等，2003；李广楼等，2006）相近，以硅藻类（角毛藻属、透明辐杆藻）为主要优势种，秋季夜光藻数量较多；浮游植物丰度（个体数量）大于1998年浮游植物丰度，同1992年历史数据相近（王俊，2000）。

6）已有资料和文献记载及2009年度的调查结果，莱州湾共有浮游植物140种（种类统计过程中，已纠正了同物异名，并使用与刘瑞玉（2009）主编的《中国海洋生物名录》相符的中文名），分属6门32科56属141种。其中硅藻门的物种最丰富，有17科39属108种，占总种数的76.60%。甲藻门次之，有8科10属26种，占总种数的18.44%。金藻门、定鞭藻门、蓝藻门和绿藻门只有零星种类，前两门各出现1科1属1种，各占总种数的0.71%。蓝藻门有2科2属2种，占总种数的1.42%。绿藻门有3科3属3种，占总种数的2.13%。

硅藻中角毛藻属的物种最多，为28种，占硅藻种数的25.93%，占浮游植物总种数的19.86%。圆筛藻属是硅藻中的第二大属，物种属为16种，占硅藻种数和浮游植物总种数的比例分别为14.81%和11.35%。根管藻属有8种，居第三，占硅藻种数和浮游植物总种数的比例分别为7.41%和5.67%。其他种数较多的属还有海链藻属、盒形藻属和菱形藻属，这些属都有4～5种出现。以上6属所记录的物种数为硅藻种数的60.19%，为浮游植物物种总数的46.10%，其余33属的物种数都在3种以下。甲藻门中角藻属和原甲藻属的物种多样性丰富，均有7种，此两属的物种总和占甲藻总种数的一半以上。金藻门、定鞭藻门、蓝藻门和绿藻门出现的种类和频次都很少。

莱州湾地处渤海南部，有黄河等多条河流入海，受陆地河流的影响较大，所以湾内理化环境不稳定，从而影响浮游植物的种类组成和分布在不同季节和区域有一定的波动。占优势的种类主要是温带近岸种和浮游广布种。硅藻中常见的种类有柔弱角毛藻、窄隙角毛藻、冕孢角毛藻、拟旋链角毛藻、旋链角毛藻、暹罗角毛藻、扁面角毛藻、劳氏角毛藻、双孢角毛藻、窄面角毛藻、密连角毛藻、星脐圆筛藻、中心圆筛藻、偏心圆筛藻、虹彩圆筛藻、刚毛根管藻、斯氏根管藻、透明辐杆藻、丹麦细柱藻、尖刺伪菱形藻、短角弯角藻、中肋骨条藻、布氏双尾藻等。常见甲藻类主要有纺锤角藻、叉角藻、三角角藻、短角角藻等。

王俊（2000）比较了1959年、1982—1983年、1992—1993年和1998年莱州湾相近调查区域浮游植物的调查结果，指出莱州湾浮游植物种数有明显下降的趋势。郝彦菊等（2005）给出1989年6月和2001年6月两个航次的网采浮游植物物种数分别为77种和48种，也给出物种减少的结论，但就调查区域而言，1989年他们设置了25个站位，而2001年只有14个站位，所以物种的减少可能和调查站位减少有关。我们春季6月份调查了11个站位，共记录物种数53种，应该说物种数比2001年有所增加，而比1989年并无显著减少。相比于李广楼等（2006）给出的2002—2003年莱州湾调查记录了45种浮游植物的调查结果，2009年虽然调查航次和调查站位都少于前者，但物种数（75种）却增加了30种。因此我们认为2000年以后莱州湾的浮游植物没有继续维持下降的趋势，而是在逐渐上升。

据历史资料统计得出莱州湾的浮游植物共128种。2009年莱州湾调查共记录浮游植物75种，其中硅藻门62种，占82.67%；甲藻门12种，占16.00%；金藻1种，占1.33%。调查中出现种类中有63种为历史资料已记载种类，有12种为新记录种类，这些新记录种分别为：整齐圆筛藻（*Coscinodiscus concinnus*）、孔圆筛藻（*Coscinodiscus peroratus*）、厚刺根管藻（*Rhizosolenia crassispina*）、齿角毛藻（*Chaetoceros denticulatus*）、聚生角毛藻（*Chaetoceros socialis*）、蜂窝三角藻（*Triceratium favus*）、翼茧形藻（*Amphiprora alata*）、唐氏藻（*Donkinia* sp.）、双菱藻（*Suriella* sp.）、渐尖鳍藻（*Dinophysis acuminata*）、红色赤潮藻（*Akashiwo sanguinea*）和短角角藻（*Ceratium breve*）。

### 2.2.3 浮游动物种类组成、丰度及分布

（1）种类组成

春季和秋季莱州湾共记录 53 种浮游动物，其中水母类 8 科 11 属 13 种（包括刺胞动物 6 科 9 属 11 种，栉板动物 2 科 2 属 2 种），甲壳动物 12 科 14 属 18 种（包括桡足类 9 科 11 属 14 种），毛颚动物 1 科 2 属 2 种，尾索动物 2 科 2 属 2 种，浮游幼虫 15 种，原生动物 1 科 1 属 1 种，其他 2 种。

53 种浮游动物种春季出现了 48 种，其中水母类（只有刺胞动物）6 科 7 属 9 种，甲壳动物 12 科 14 属 18 种（其中桡足类 9 科 11 属 14 种），毛颚动物 1 科 2 属 2 种，尾索动物 1 科 1 属 1 种，浮游幼虫 15 种，原生动物 1 科 1 属 1 种，其他 2 种。

秋季调查中共记录了 53 种浮游动物中的 29 种，其中水母类 7 科 9 属 9 种（其中刺胞动物 5 科 7 属 7 种，栉板动物 2 科 2 属 2 种），甲壳动物 8 科 9 属 11 种（其中桡足类 6 科 7 属 8 种），毛颚动物 1 科 2 属 2 种，尾索动物 2 科 2 属 2 种，浮游幼虫 4 种，原生动物 1 科 1 属 1 种。

莱州湾调查中记录的 13 种水母类有 2 种为栉板动物，即球形侧腕水母（*Pleurobrachia globosa*）和瓜水母（*Beroe cucumis*），这两种水母只出现在秋季。11 种刺胞动物中，5 种春秋季都有出现，分别为锡兰和平水母（*Eirene ceylonensis*）、心形真唇水母（*Eucheilota ventricularis*）、嵊山秀氏水母（*Sugiura chengshanense*）、半球美螅水母（*Clytia hemisphaerica*）和真拟杯水母（*Phialucium mbenga*）。春季特有种 4 种，分别为八斑芮氏水母（*Rathked octopunctata*）、和平水母（*Eirene* sp.）、盘形美螅水母（*Clytia discoida*）和薮枝螅水母（*Obelia* spp.）。秋季特有种 2 种，分别为马来侧丝水母（*Helgicirrha malayensis*）和触丝水母（*Lovenella* sp.）。

莱州湾记录的 18 种甲壳动物中桡足类占绝对优势，共有 14 种，其中春秋季共有种为 8 种，分别为中华哲水蚤（*Calanus sinicus*）、背针胸刺水蚤（*Centropages dorsispinatus*）、小拟哲水蚤（*Paracalanus parvus*）、汤氏长足水蚤（*Calanopia thompsoni*）、圆唇角水蚤（*Labidocera rotunda*）、真刺唇角水蚤（*Labidocera euchaeta*）、海洋伪镖水蚤（*Pseudodiaptomus marinus*）和近缘大眼水蚤[*Corycaeus*（*Ditrichocorycaeus*）*affinis*]。春季特有种 6 种，分别为洪氏纺锤水蚤（*Acartia hongi*）、太平洋纺锤水蚤（*Acartia pacifica*）、强额孔雀水蚤（*Pavocalanus crassirostris*）、孔雀唇角水蚤（*Labidocera pavo*）、刺尾歪水蚤（*Tortanus spinicaudatus*）和拟长腹剑水蚤（*Oithona similis*）。秋季桡足类无特有种。

涟虫类甲壳动物只记录了 1 种，即三叶针尾涟虫（*Diastylis tricincta*），此种为春秋季共有种。端足类共记录了 2 种，细足法蛾（*Themisto gracilipes*）和一种钩虾（Gammaridea）。这两种在春秋季都有出现。十足类甲壳动物记录了一种，即细螯虾（*Leptochela gracilis*），此种为春季特有种。调查中共记录了 2 种春秋季共有的毛颚动物，分别为强壮滨箭虫（*Sagitta crassa*）和拿卡箭虫（*Sagitta nagae*）。尾索动物在莱州湾共记录了 2 种，其中异体住囊虫（*Oikopleura dioica*）为春秋季共有种，梭形纽鳃樽（*Salpa fusiformis*）为秋季特有种。

莱州湾共记录了 15 种浮游幼虫，其中腹足类幼虫、瓣鳃类幼虫、长尾类幼虫和多毛类幼虫 4 种为春秋季共有种类，而阿利玛幼虫、短尾类幼虫、乌贼幼体、蔓足类幼虫、短尾大眼幼虫、糠虾幼虫、桡足类六肢幼虫、长腕幼虫、寄居蟹幼虫、瓷蟹的蚤状幼体和虾类幼体等 11 种则是在春季才出现的。

原生动物在莱州湾只记录了 1 种，即夜光虫（*Noctiluca scintillans*），为春秋季共有种。其他浮游动物还记录了脊椎动物的鱼卵和仔稚鱼，不过只在春季才出现。

春季浮游动物可以分为两个群落，由于 L4 站各个种类数量较少，该站组成群落 I，其他站位组成群落 II。群落 II 相似度为 50%，主要种类有强壮滨箭虫、小拟哲水蚤、拟长腹剑水蚤、洪氏纺锤水蚤及长尾类、短尾类幼体等（图 2-2-70，表 2-2-23）。

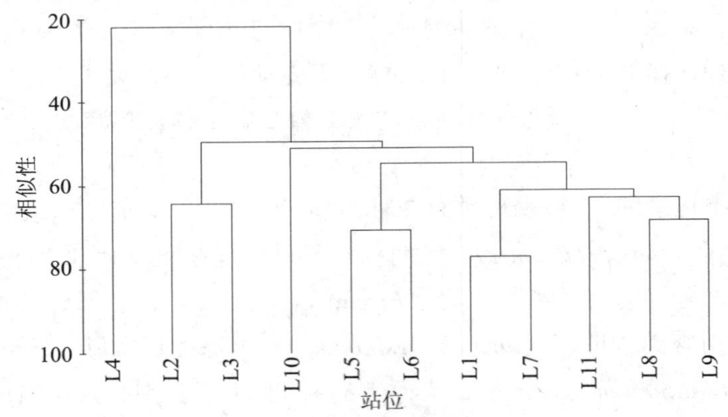


**图 2-2-70　莱州湾春季浮游动物群落结构**

**表 2-2-22　莱州湾春季浮游动物群落 II 优势种及贡献率**

| 种类 | 平均丰度/（个/m³） | 贡献率/% | 累计贡献率/% |
|---|---|---|---|
| 强壮箭虫 | 523.35 | 15.99 | 15.99 |
| 小拟哲水蚤 | 219.41 | 12.15 | 28.14 |
| 拟长腹剑水蚤 | 124.94 | 8.66 | 36.79 |
| 洪氏纺锤水蚤 | 164.20 | 7.41 | 44.20 |
| 短尾类幼虫 | 200.35 | 7.32 | 51.52 |
| 长尾类幼虫 | 85.32 | 5.82 | 57.34 |
| 强额孔雀水蚤 | 108.63 | 5.14 | 62.48 |

秋季浮游动物群落结构简单，优势种为夜光虫、强壮滨箭虫、梭形纽鳃樽、瓣鳃类幼虫等。群落相似性较大，达到70%左右（图2-2-71，表2-2-23）。

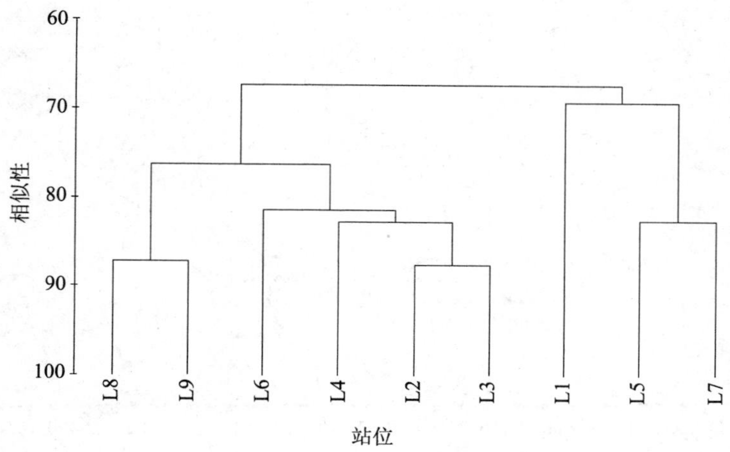


图2-2-71 莱州湾秋季浮游动物群落结构

表2-2-23 莱州湾秋季浮游动物群落Ⅱ优势种及贡献率

| 种类 | 平均丰度/（个/m$^3$） | 贡献率/% | 累计贡献率/% |
|---|---|---|---|
| 夜光虫 | 12 209.54 | 75.74 | 75.74 |
| 强壮滨箭虫 | 260.35 | 6.54 | 82.28 |
| 梭形纽鳃樽 | 434.86 | 4.95 | 87.22 |
| 瓣鳃类幼虫 | 43.38 | 3.43 | 90.65 |

（2）丰度及分布

1）春季

春季调查区域浮游动物总丰度在50.4～7 897个/m$^3$，平均丰度2 432个/m$^3$，最高丰度值出现在调查区域中北部的L2站上，最低丰度出现在调查区域东北部的L4站上，湾东南部L11站上的丰度值也不高低于100个/m$^3$，其余站位上的丰度分布较均匀，1 000～5 000个/m$^3$（图2-2-72）。

春季调查区域原生动物夜光虫只在有限区域内出现，丰度范围0～7 051个/m$^3$，平均丰度751个/m$^3$，最大丰度值出现在L2站上，是此站浮游动物总丰度的主要贡献者（图2-2-73）。

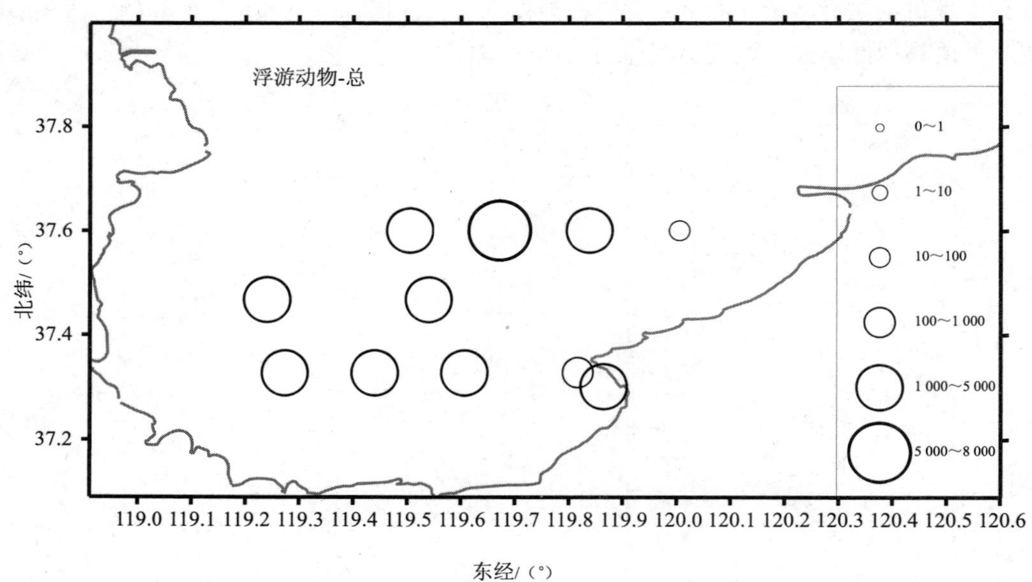


**图 2-2-72　春季莱州湾浮游动物总丰度分布图**

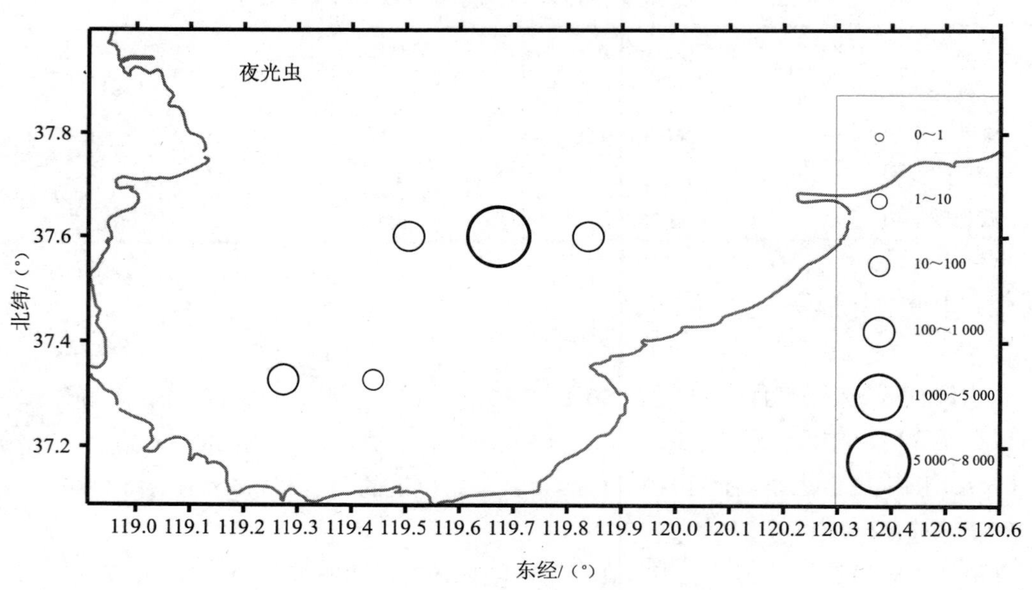


**图 2-2-73　春季莱州湾原生动物丰度分布图**

春季整个调查区域刺胞动物有 9 种，但各站位出现 1～4 种刺胞动物，且出现频率不高，只在 7 个站位上有记录（图 2-2-74）。调查区域刺胞动物总丰度值在 1～227 个/$m^3$，平均 28 个/$m^3$。最高丰度值出现在调查区域东南角上的 L10 站。各种水母类在调查区域出现的频率都不高，除嵊山秀氏水母出现在 4 个站位上外，其他种类只在 1 个或 2 个站位上出现。而且这些站位上的水母类丰度都不高，通常低于 10 个/m$^3$。只有嵊山秀氏水母和薮枝螅水母出现了大于 10 个/m$^3$ 的丰度值，薮枝螅水母在 L10 站的丰度达到了 227 个/m$^3$，它们是春季莱州湾水母类的优势种类。

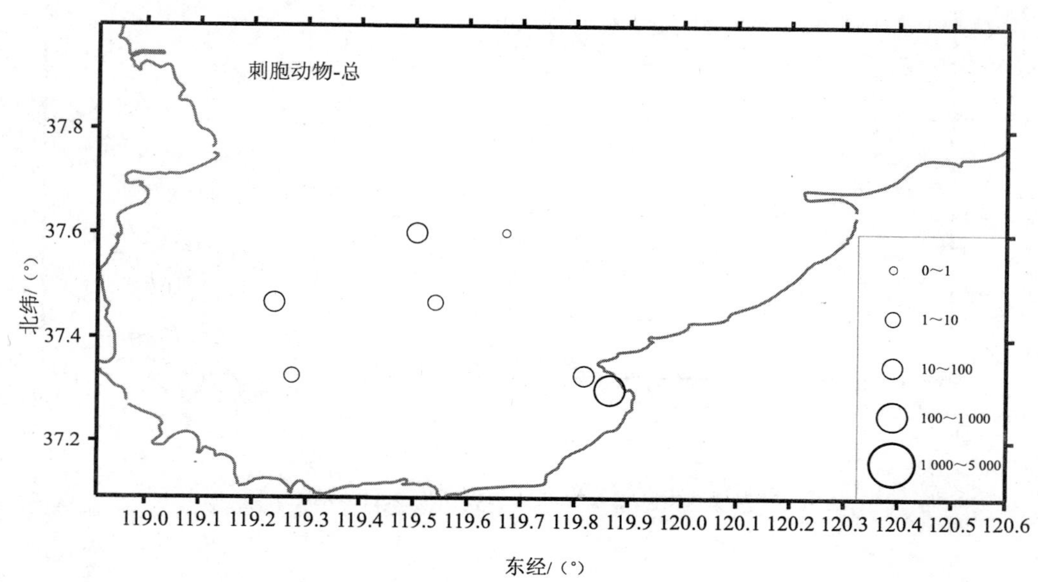


**图 2-2-74 春季莱州湾刺胞动物总丰度**

春季甲壳动物是调查区域浮游动物的优势类群，所有站位上都有甲壳动物出现，并且丰度都在 10 个/m$^3$ 以上，丰度值范围 29～2 554 个/m$^3$，平均丰度 705 个/m$^3$。最高丰度值出现在 L5 站，L10 站上甲壳动物的丰度也较高，为 1 377 个/m$^3$（图 2-2-75）。桡足类是甲壳动物的重要组成部分，各站位上甲壳动物的丰度 99%以上都是桡足类组成的。桡足类在调查区域的总丰度值范围 29～2 549 个/m$^3$，平均丰度 703 个/m$^3$（图 2-2-76）。调查区域出现的 14 种桡足类中洪氏纺锤水蚤、小拟哲水蚤、强额孔雀水蚤、圆唇角水蚤、真刺唇角水蚤、拟长腹剑水蚤和近缘大眼水蚤等 7 种在调查区域有广泛的分布，出现的站位都在 8 个以上。其余 7 种桡足类分布较狭，分布的站位不超过 6 个，大多为 2～3 个。7 种分布较广的桡足类在丰度上也是优势种类，其中洪氏纺锤水蚤丰度值范围 3～910 个/m$^3$，平均丰度 150 个/m$^3$。小拟哲水蚤在调查区域的丰度分布均匀，平均丰度最高 201 个/m$^3$，丰度值范围 14～577 个/m$^3$。强额孔雀水蚤的丰度值范围 0～743 个/m$^3$，平均丰度 99 个/m$^3$。圆唇角水蚤和真刺唇角水蚤的平均丰度值都不高，但分布相对均匀，前者的丰度范围 0～47 个/m$^3$，平均丰度 14 个/m$^3$；后者的丰度范围 0～136 个/m$^3$，平均丰度 36 个/m$^3$。拟长腹剑水蚤的平均丰度仅次于洪氏纺锤水蚤，丰度值范围 0～363 个/m$^3$，平均丰度 115 个/m$^3$。近缘大眼水蚤的平均丰度略高于真刺唇角水蚤，为 59 个/m$^3$，丰度范围 0～364 个/m$^3$。其余 7 种桡足类在单个站位上的丰度都低于 100 个/m$^3$，平均丰度通常都低于 10 个/m$^3$。

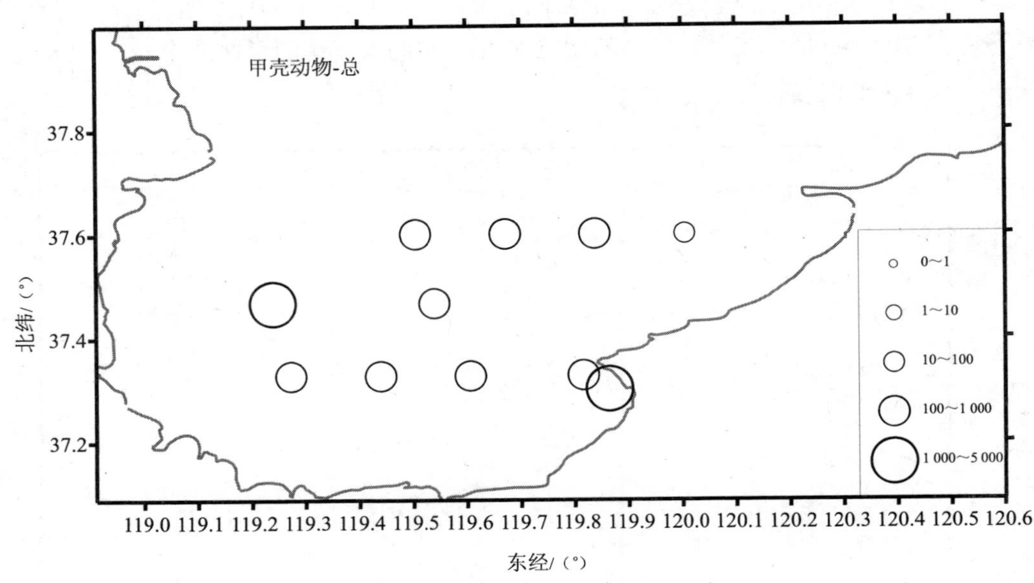


图 2-2-75　春季莱州湾甲壳动物总丰度分布

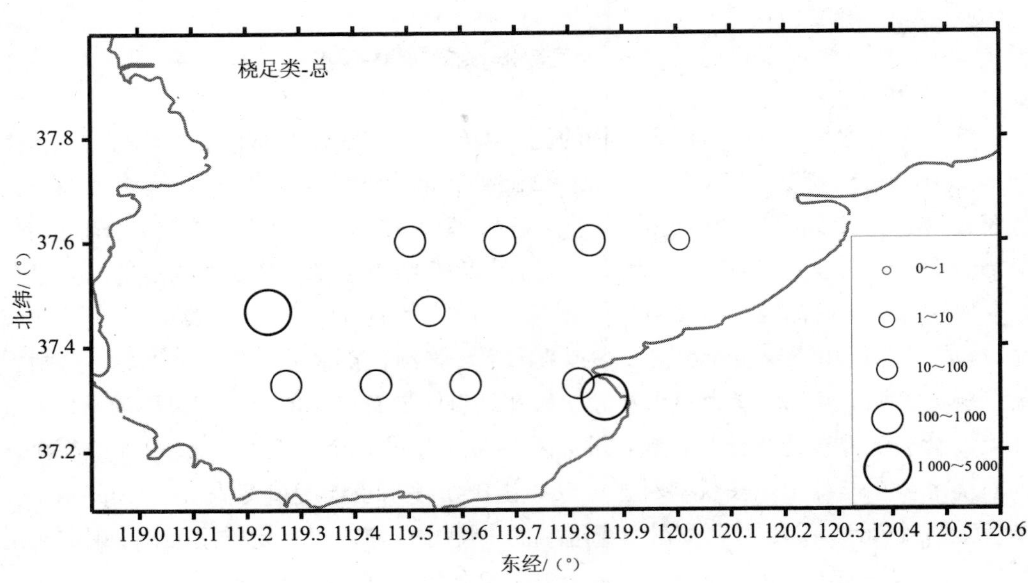


图 2-2-76　春季莱州湾桡足类总丰度及优势种的丰度分布

涟虫类、端足类及十足类等其他甲壳动物在调查区域分布范围较狭，只在个别站位上零星出现（如三叶针尾涟虫和细足法蛾），或仅在调查区域某一区域的几个站位上出现（钩虾和细螯虾）。这些甲壳类在各站位上的丰度也很低，最大丰度只有 2.7 个/m$^3$，平均丰度都低于 1 个/m$^3$。

春季莱州湾记录的 2 种毛颚动物在调查区域都有广泛的分布，是分布上占优势的类群之一。毛颚类在丰度上是春季的优势类群之一，平均丰度仅次于甲壳动物，毛颚类的总丰度范围 2～2 007 个/m$^3$，平均丰度 522 个/m$^3$（图 2-2-77）。强壮箭虫的丰度较高，丰度值范围 2～1 764 个/m$^3$，平均丰度 476 个/m$^3$。拿卡箭虫的丰度相对较低，丰度值范围 0～243 个/m$^3$，平均丰度 46 个/m$^3$。

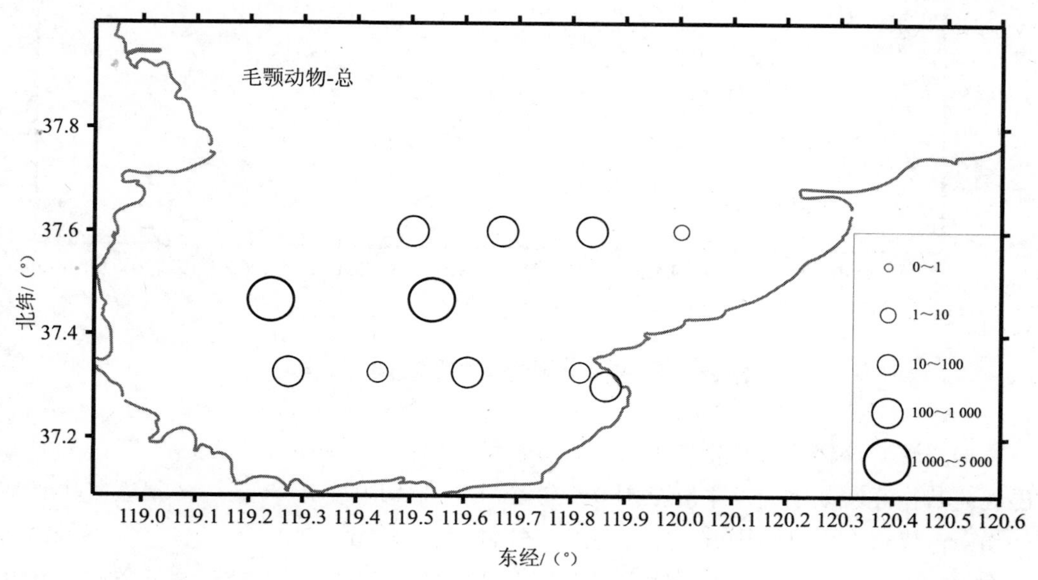


**图 2-2-77 春季莱州湾毛颚动物总丰度分布**

春季出现的 1 种尾索动物为异体住囊虫，此种仅出现在两个站位上，最大丰度为 24 个/m$^3$，出现在 L6 站上。

浮游幼虫是春季莱州湾浮游动物的又一大优势类群，记录的 15 种浮游幼虫中阿利玛幼虫、短尾类幼虫、腹足类幼虫、瓣鳃类幼虫、长尾类幼虫、短尾大眼幼虫、桡足类六肢幼虫、多毛类幼虫和瓷蟹的蚤状幼体等 9 种在调查区域分布广泛，其余 6 种则只在个别站位或局部区域有分布。浮游幼虫总丰度值范围 20～2 177 个/m$^3$，平均丰度 418 个/m$^3$。最大丰度值出现在 L10 站，最低出现在 L4 站（图 2-2-78）。春季短尾类幼虫的丰度最高，丰度范围 2.3～1 182 个/m$^3$，平均丰度 182 个/m$^3$。其次为长尾类幼虫和瓣鳃类幼虫，丰度范围分别为 0～378 个/m$^3$ 和 0～318 个/m$^3$，平均丰度分别为 78 个/m$^3$ 和 63 个/m$^3$。腹足类幼虫的丰度范围 1～273 个/m$^3$，平均丰度 36 个/m$^3$。多毛类幼虫的丰度范围 0～136 个/m$^3$，平均丰度 20 个/m$^3$。桡足类六肢幼虫的丰度范围 0～91 个/m$^3$，平均丰度 14 个/m$^3$。瓷蟹的蚤状幼体的丰度范围 0～42 个/m$^3$，平均丰度 12 个/m$^3$。长尾类幼虫、阿利玛幼虫和其余 6

种浮游幼虫的平均丰度都低于 10 个/m$^3$，最大丰度值都低于 20 个/m$^3$。

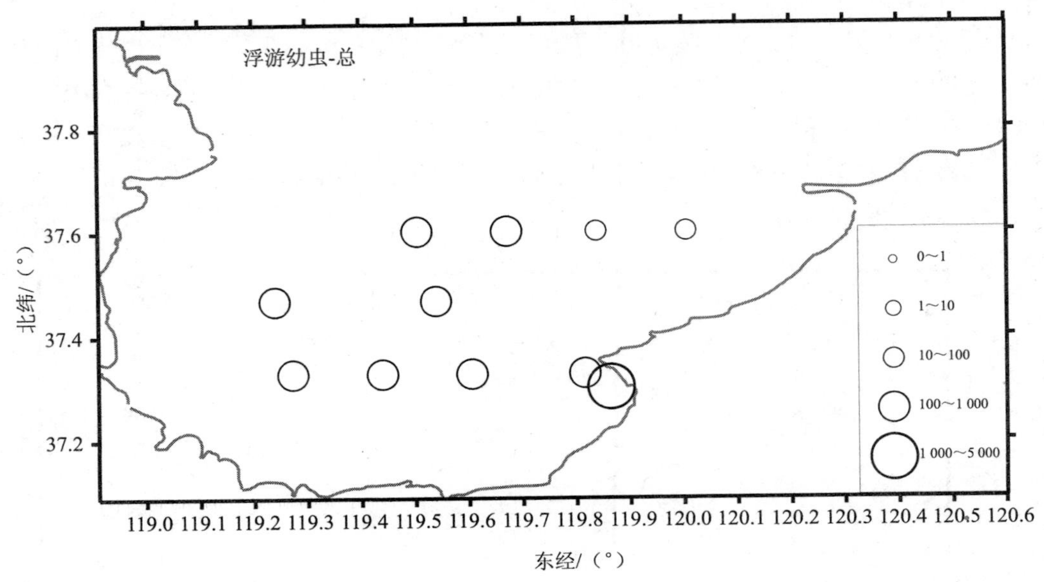


**图 2-2-78　春季莱州湾浮游幼虫总丰度分布**

其他类浮游动物是指仔稚鱼和鱼卵，春季仔稚鱼在 9 个站位上出现，鱼卵在 3 个站位上出现。其他浮游动物的总丰度范围 0～32 个/m$^3$，平均丰度 7 个/m$^3$。仔稚鱼在其他类浮游动物中占优势，丰度范围 0～32 个/m$^3$，平均丰度 7 个/m$^3$。

总之，春季桡足类、毛颚动物和浮游幼虫是分布广泛的三大类群，这三类加上原生动物是浮游动物总丰度的主要贡献者。其中洪氏纺锤水蚤、小拟哲水蚤、强额孔雀水蚤、拟长腹剑水蚤、强壮箭虫、短尾类幼虫、长尾类幼虫和瓣鳃类幼虫是春季莱州湾浮游动物的主要优势种。

2）秋季

秋季调查区域浮游动物总丰度较春季高，调查区域丰度范围 3 874～23 753 个/m$^3$，平均丰度 13 059 个/m$^3$，最高丰度值出现在 L8 站。调查区域中部、东部和南部浮游动物总生物量均大于 10 000 个/m$^3$，只是在中北部和西部的两个站位上稍低于 10 000 个/m$^3$（图 2-2-79）。

原生动物夜光虫在秋季分布范围广，在所有站位上都有分布，丰度较春季高，丰度值范围 3 425～23 036 个/m$^3$，平均丰度 12 210 个/m$^3$，是整个调查区域及各站位上浮游动物总生物量的主要贡献者（图 2-2-80）。

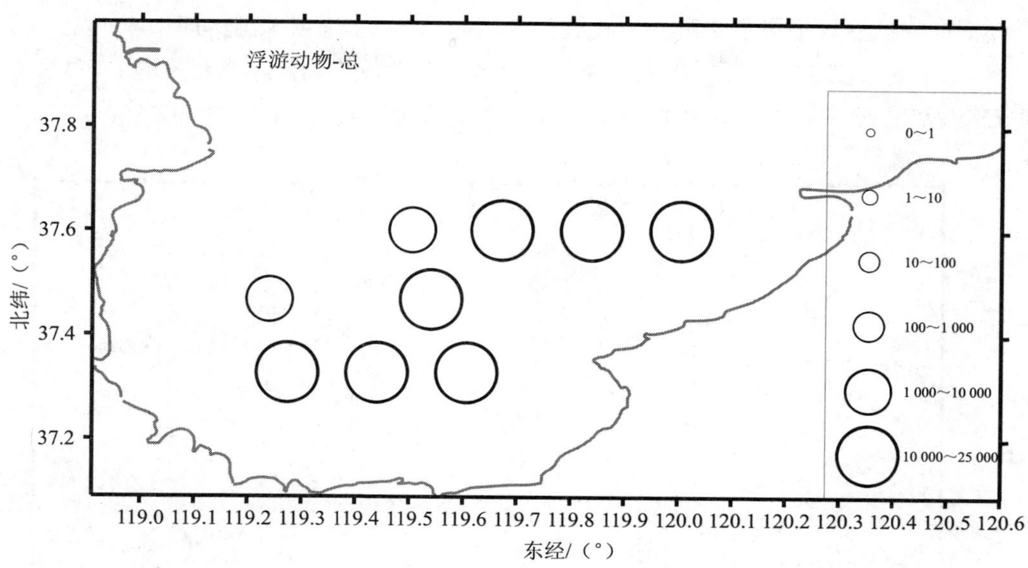


**图 2-2-79　秋季莱州湾浮游动物总丰度分布**

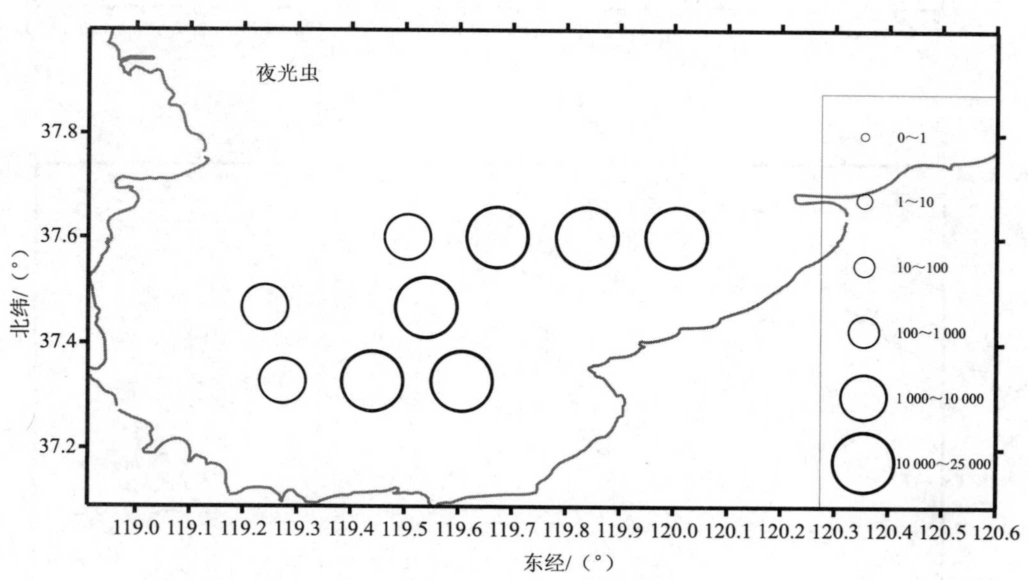


**图 2-2-80　秋季莱州湾原生动物夜光虫的丰度分布**

秋季水母类浮游动物包括刺胞动物和栉板动物，而春季没有栉板动物出现。水母类总丰度丰度值范围 4～57 个/m$^3$，调查区域平均丰度 33 个/m$^3$。秋季整个调查区域出现的刺胞动物有 7 种，比春季少两种，但秋季各种刺胞动物在调查区域出现的频率即分布范围比春季高，6 种都在 3 个以上站位出现。秋季刺胞动物的总丰度比春季低，丰度范围 1～18 个/m$^3$，平均丰度 8 个/m$^3$，在调查区域中部 4 个站位（L1、L6、L8 和 L9）上丰度较高（>10 个/m$^3$）。

秋季栉板动物虽然只记录了 2 种，但在调查区域的总丰度却高于刺胞动物，丰度范围 2～49 个/m³，平均丰度 25 个/m³。栉板动物在调查区域分布较均匀，除东北角的 L4 站和东南部的 L9 站密度低于 5 个/m³，其他各站上的总丰度都大于 15 个/m³（图 2-2-81）。

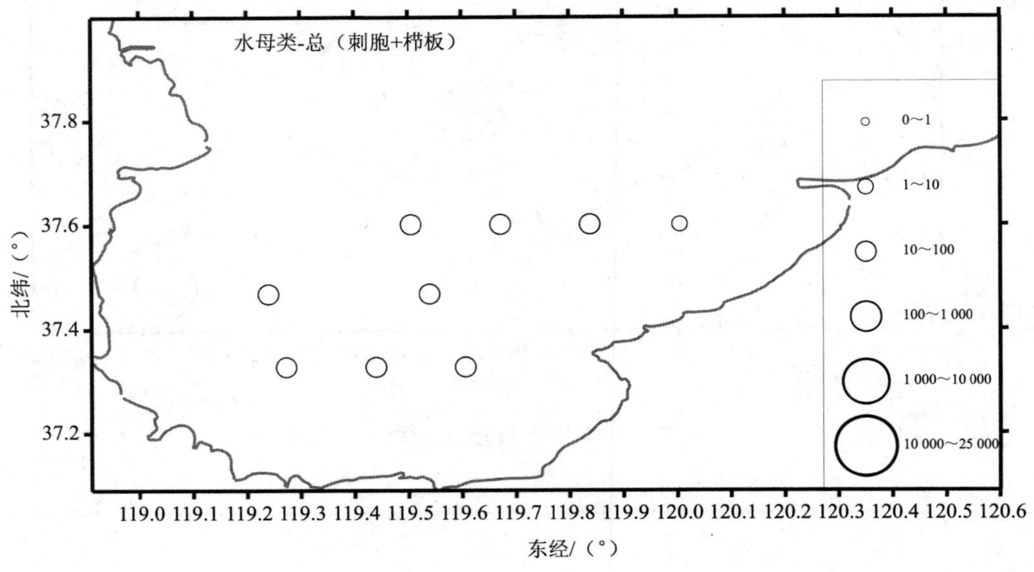


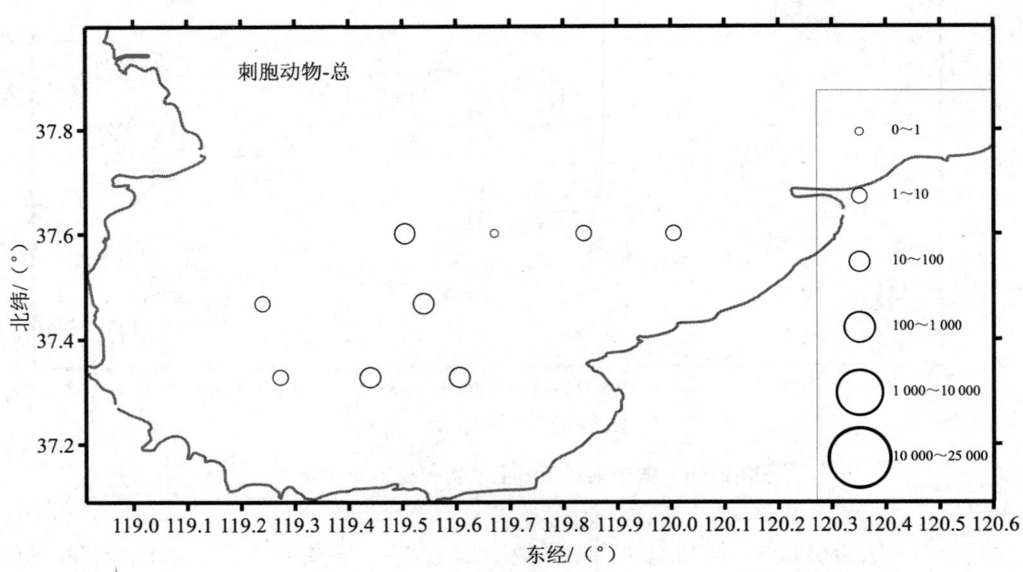

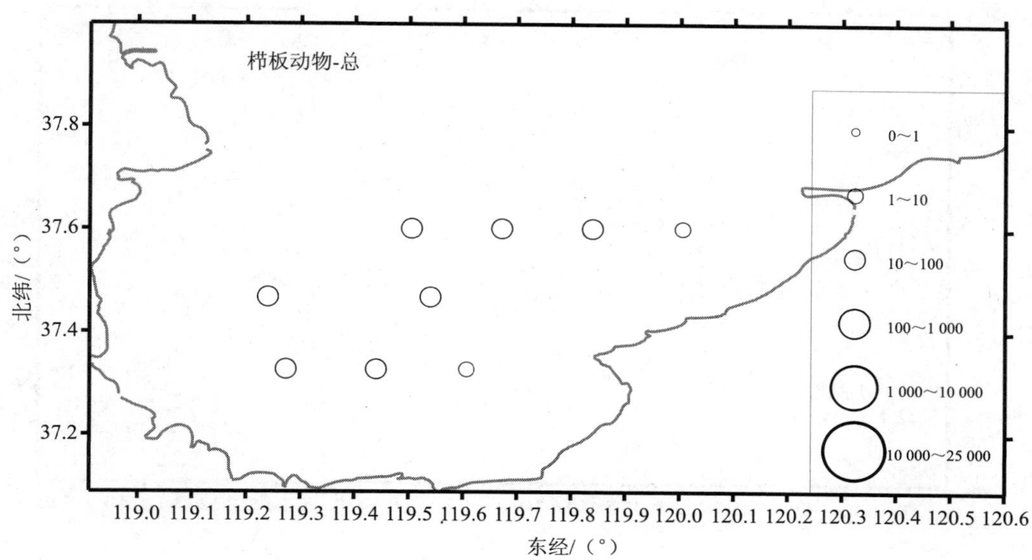


**图 2-2-81 秋季莱州湾水母类、刺胞动物和栉板动物的丰度分布**

秋季出现的 7 种刺胞动物中大多数种类分布较狭，只在调查区域个别站位或局部区域（4 个以下站位上）有分布，丰度也较春季相应各种低。锡兰和平水母、心形真唇水母、嵊山秀氏水母三种刺胞动物在调查区域分布较广，都在 6 个以上站位出现。秋季单种刺胞动物的丰度都不高，锡兰和平水母是优势种，丰度范围 0～11 个/m$^3$，平均丰度 4 个/m$^3$。其他种类在各站位上的丰度都低于 5 个/m$^3$，平均丰度都低于 2 个/m$^3$。秋季出现的 2 种栉板动物为球型侧腕水母和瓜水母。其中球形侧腕水母在调查区域各站位上都有分布，丰度范围 1～47 个/m$^3$，平均丰度 18 个/m$^3$。瓜水母只出现在 5 个站位上，丰度范围 0～30 个/m$^3$，平均丰度 8 个/m$^3$。

秋季甲壳动物在调查区域的物种多样性明显少于春季，而且丰度也较春季大大降低，但从物种总数和分布范围上来讲，甲壳动物仍是秋季浮游动物的主要组成类群。秋季甲壳动物的总丰度范围 16～109 个/m$^3$，平均丰度 50 个/m$^3$，高丰度区出现在 L8、L9 站（图 2-2-82）。

秋季甲壳动物中桡足类仍是主要组成成员，共记录 8 种，比春季少 6 种。桡足类在调查区域的总丰度范围 16～105 个/m$^3$，平均丰度 48.4 个/m$^3$，比春季的丰度低了至少 1 个数量级。小拟哲水蚤、汤氏长足水蚤、圆唇角水蚤和真刺唇角水蚤是 8 种桡足类中分布较广泛、丰度较高的 4 种。其中小拟哲水蚤是最优势的种类，在调查区域各站位都有分布，丰度也最高，丰度范围 4～100 个/m$^3$，平均丰度 34 个/m$^3$。其次为真刺唇角水蚤，丰度范围 0～27 个/m$^3$，平均丰度 7 个/m$^3$。圆唇角水蚤的丰度范围 0～15 个/m$^3$，平均丰度 4 个/m$^3$。汤氏长足水蚤的丰度范围 0～5 个/m$^3$，平均丰度 2 个/m$^3$。其余桡足类的平均丰度都低于 1 个/m$^3$（图 2-2-83）。

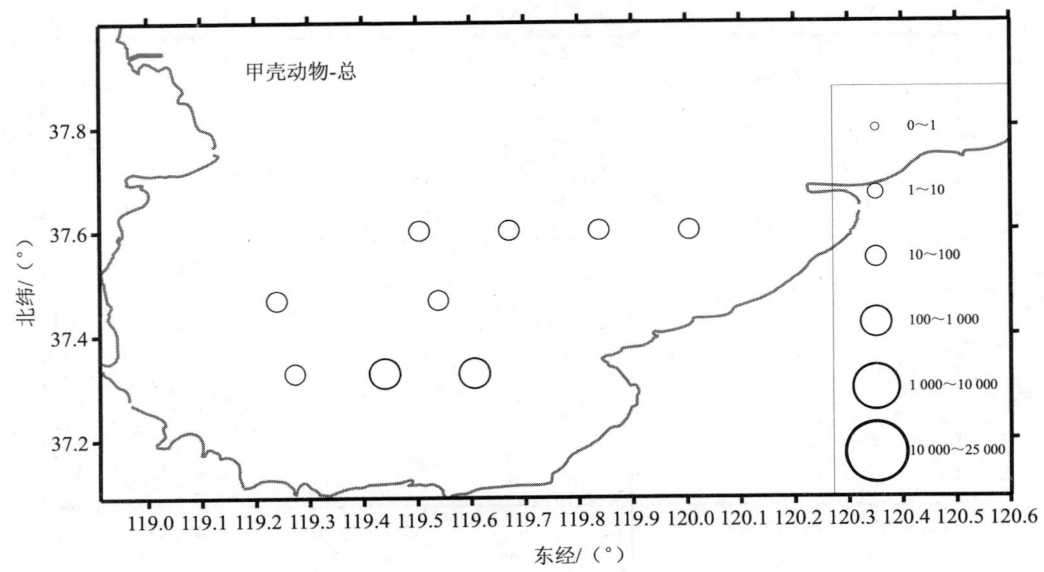


图 2-2-82 秋季莱州湾甲壳动物总丰度分布

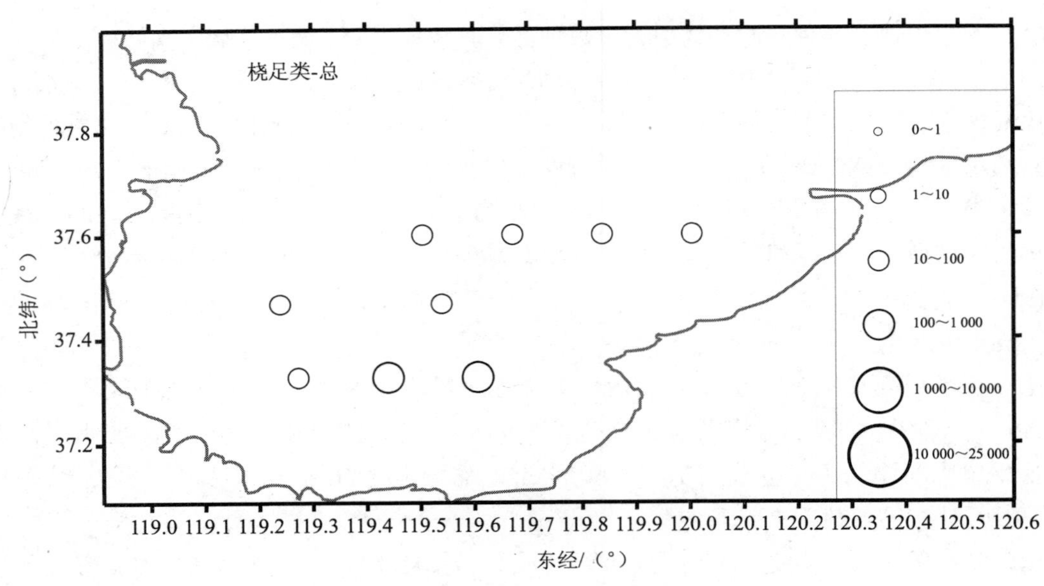


图 2-2-83 秋季莱州湾桡足类总丰度分布

秋季涟虫类和端足类与春季出现的种类相似，但出现的频率非常低，三叶真伪涟虫和细足法䗐只在 1 个站位上出现，钩虾在 2 个站位出现。这几类甲壳动物在调查区域站位上的丰度范围 0～6 个/m$^3$。

秋季毛颚动物出现的种类和春季相同，也为强壮箭虫和拿卡箭虫。拿卡箭虫只在 1 个站位上出现，丰度为 1 个/m$^3$，强壮箭虫在秋季调查的所有站位上都有出现，丰度范围 16～

830 个/m³，平均丰度 260 个/m³（图 2-2-84）。

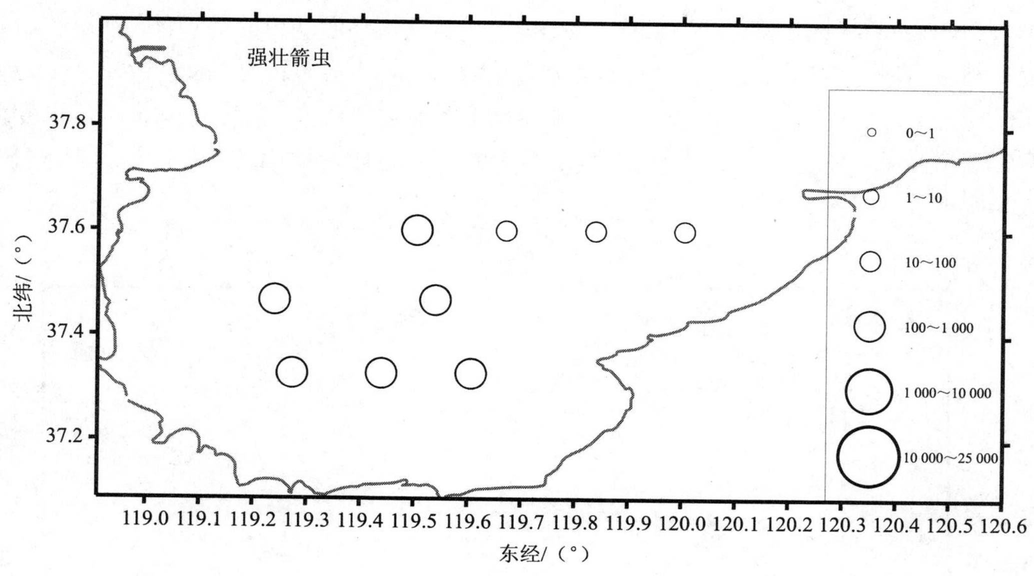


**图 2-2-84 秋季莱州湾毛颚动物优势种丰度分布**

秋季出现 2 种尾索动物，异体住囊虫和梭形纽鳃樽，其中后者为秋季特有种。尾索动物在调查区域的总丰度范围 1～2 271 个/m³，平均丰度 440 个/m³，最高丰度出现在 L7 站上。异体住囊虫比春季分布广，在 7 个站位上都有记录，丰度范围 0～36 个/m³，平均丰度 5 个/m³。梭形纽鳃樽在 9 个站位上都有出现，而且是尾索动物总丰度的主要贡献者，此种的丰度范围 1～2 270 个/m³，平均丰度 435 个/m³（图 2-2-85）。

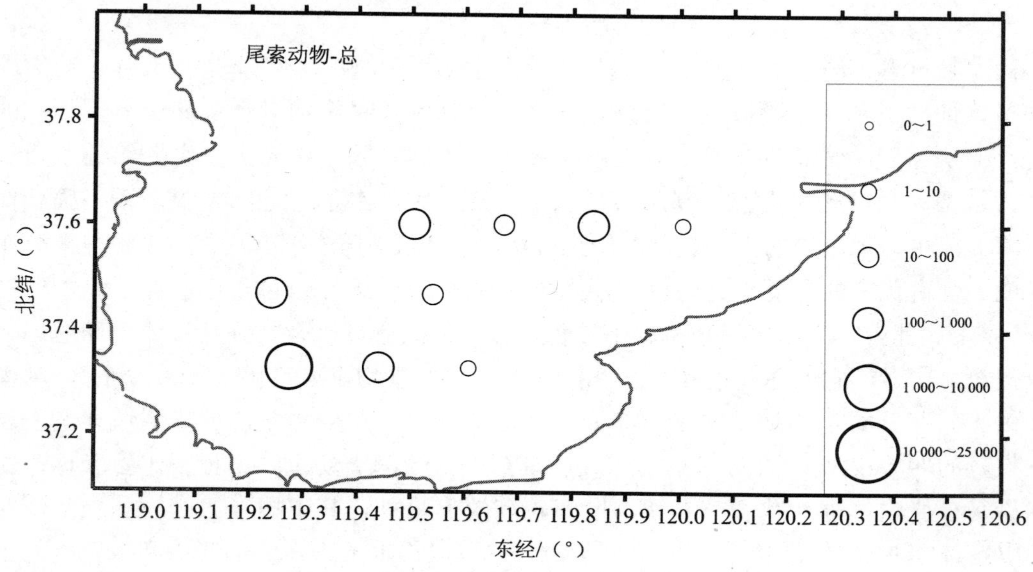


**图 2-2-85 秋季莱州湾尾索动物总丰度分布**

秋季莱州湾记录了 4 种浮游幼虫，比春季少了 11 种。秋季莱州湾浮游幼虫总丰度范围 16～188 个/m$^3$，平均丰度 67 个/m$^3$。瓣鳃类幼虫是秋季浮游幼虫的优势种，在所有调查站位上都有出现，而且在各站位上的丰度分布相对均匀，丰度范围 5～80 个/m$^3$，平均丰度 43 个/m$^3$，是秋季浮游动物的第 4 优势种。秋季多毛类幼虫分布在 5 个站位上，丰度范围 0～163 个/m$^3$，平均丰度 23 个/m$^3$。腹足类幼虫和长尾类幼虫只出现在 1～2 个站位上，而且丰度都不高（图 2-2-86）。

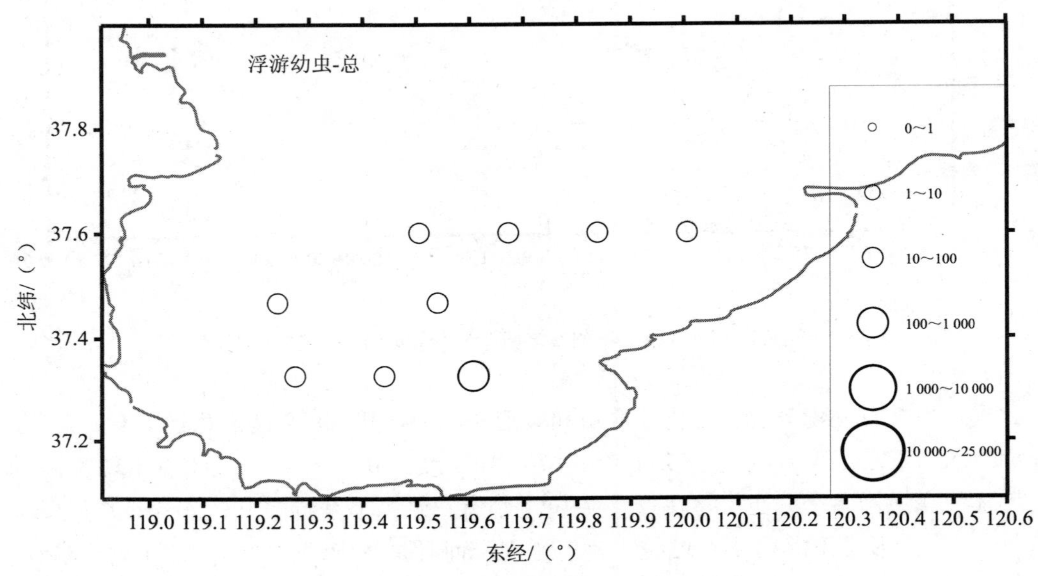


**图 2-2-86 秋季莱州湾浮游幼虫总丰度分布**

秋季莱州湾无仔稚鱼及鱼卵等其他类浮游动物出现。总之，春季莱州湾浮游动物的物种多样性高于秋季，除原生动物外，各类浮游动物的总生物量也都高于秋季相应的类群，但从浮游动物总生物量来看，秋季高于春季。春季，夜光虫、洪氏纺锤水蚤、小拟哲水蚤、强额孔雀水蚤、真刺唇角水蚤、拟长腹剑水蚤、近缘大眼水蚤、强壮箭虫、拿卡箭虫、短尾类幼虫、腹足类幼虫、瓣鳃类幼虫和长尾类幼虫等 13 种是在分布和丰度上都占优势的种类，这些种除夜光虫外都在 9 个以上站位出现，丰度都大于 35 个/m$^3$ 以上。其中，洪氏纺锤水蚤、小拟哲水蚤、拟长腹剑水蚤、强壮滨箭虫和短尾类幼虫优势最明显，它们在几乎在所有站位上都出现，平均丰度都大于 100 个/m$^3$。秋季夜光虫无论在分布上还是在丰度上都占绝对优势，它的总生物量占调查区域浮游生物总生物量的 90%以上。梭形纽鳃樽、强壮滨箭虫、瓣鳃类幼虫、小拟哲水蚤和球型侧腕水母是夜光虫之外在秋季分布和丰度都较高的优势种，其中梭形纽鳃樽和强壮滨箭虫的丰度都在 200 个/m$^3$ 以上。除原生动物外，小拟哲水蚤、强壮滨箭虫和瓣鳃类幼虫是春季和秋季的共有优势种。

（3）物种多样性

1）春季

春季莱州湾调查区域各站位上浮游动物物种数都在 10 种以上，每站种类数较高的站位为 L1、L5、L6 和 L7 站，这些站位上出现的物种都在 30 种左右。每站种类数最低的站位为 L4 站，只有 11 种。其余站位上的物种数都在 17～23 种，比较平均。甲壳动物（主要是桡足类）和浮游幼虫是春季莱州湾各站位上物种多样性的主要贡献者，在各站位上出现的种数分别为 6～13 种和 4～12 种。其次为刺胞动物，在各站位上的种数为 0～4 种。毛颚动物虽然只有 2 种，但在各测站上几乎 2 种都是同时出现。原生动物、尾索动物和其他浮游动物种类数较低，物种数在 0～2 种（表 2-2-24）。

**表 2-2-24　春季莱州湾浮游动物物种种类数分布**

| 类群 | 站位 | | | | | | | | | | |
|---|---|---|---|---|---|---|---|---|---|---|---|
| | L1 | L2 | L3 | L4 | L5 | L6 | L7 | L8 | L9 | L10 | L11 |
| 原生动物 | 1 | 1 | 1 | — | — | — | 1 | 1 | — | — | — |
| 刺胞动物 | 4 | 1 | — | — | 1 | 3 | 3 | — | — | 1 | 2 |
| 甲壳动物 | 12 | 8 | 9 | 6 | 13 | 12 | 11 | 9 | 7 | 8 | 7 |
| 毛颚动物 | 2 | 2 | 2 | 1 | 2 | 2 | 2 | 2 | 2 | 2 | 2 |
| 尾索动物 | — | 1 | — | — | — | 1 | — | — | — | — | — |
| 浮游幼虫 | 10 | 9 | 6 | 4 | 11 | 12 | 11 | 9 | 8 | 10 | 10 |
| 其他 | 1 | 1 | 1 | — | 2 | 1 | 2 | 1 | — | 1 | 2 |
| 总和 | 30 | 23 | 19 | 11 | 29 | 31 | 30 | 22 | 17 | 22 | 23 |

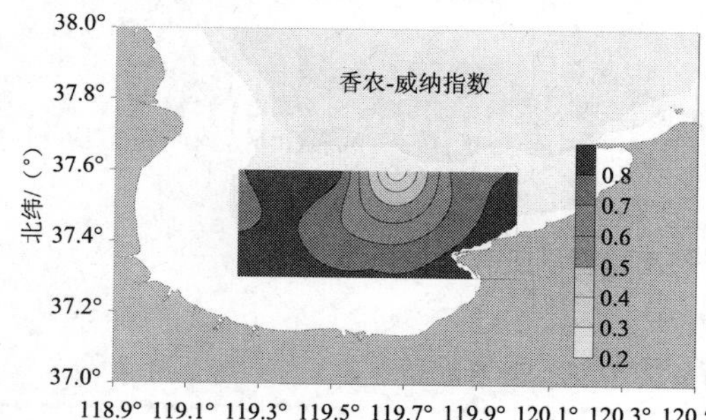


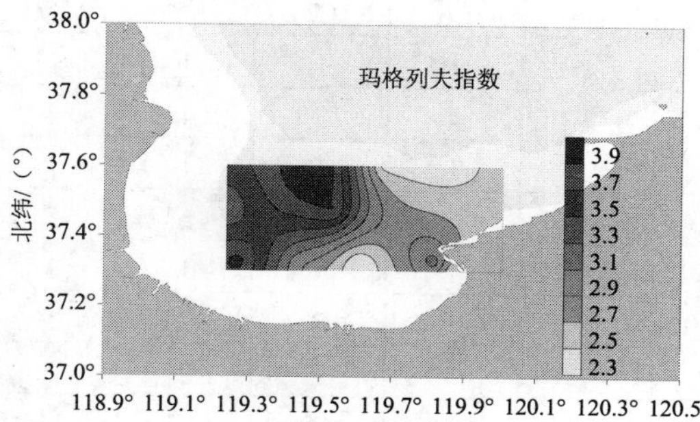


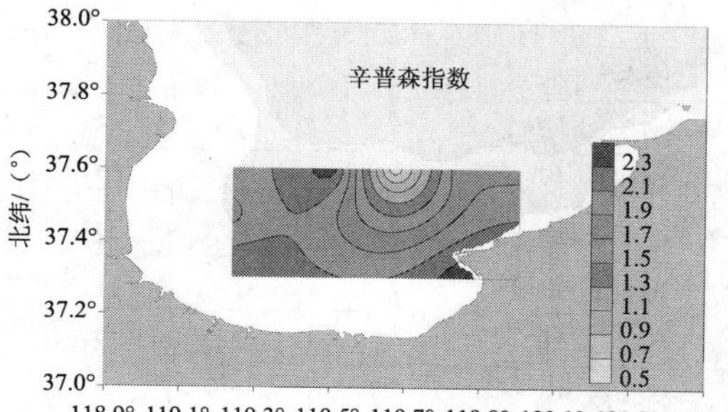


**图 2-2-87　莱州湾春季浮游动物物种多样性**

2）秋季

秋季莱州湾调查区域各站位上的浮游动物物种种类数较春季低，但每站种类数分布较均匀，都在13～19种。每站种类数最高的站位为L1站，每站种类数最低的站位为L3站。秋季甲壳动物仍是物种种类数的主要贡献者，但浮游幼虫的种类数远远低于春季。而秋季水母类（包括刺胞动物和栉板动物）的种类数则高于春季。毛颚动物的种类数低于春季，尾索动物的种类数高于春季（表2-2-25）。

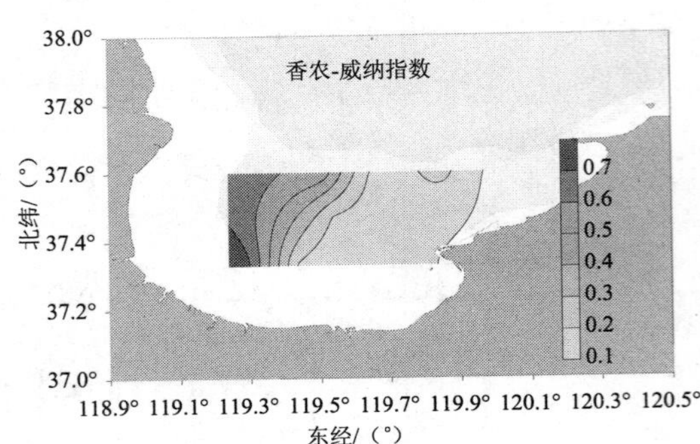


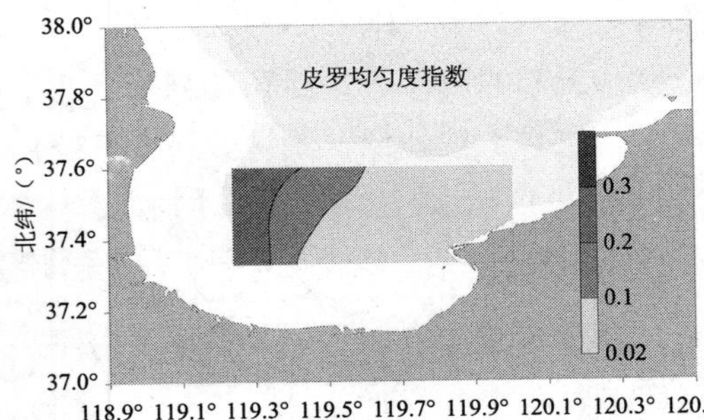


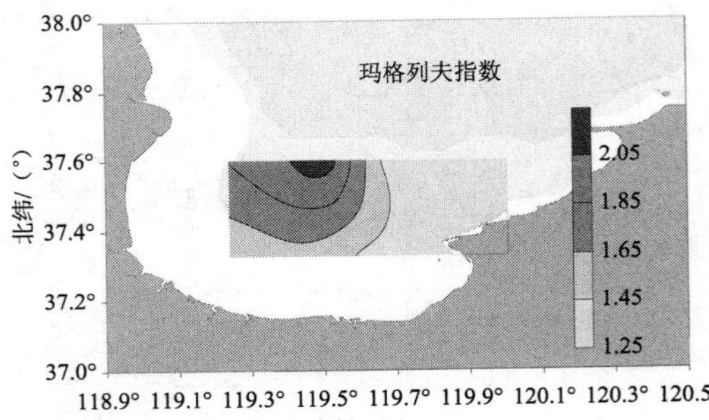


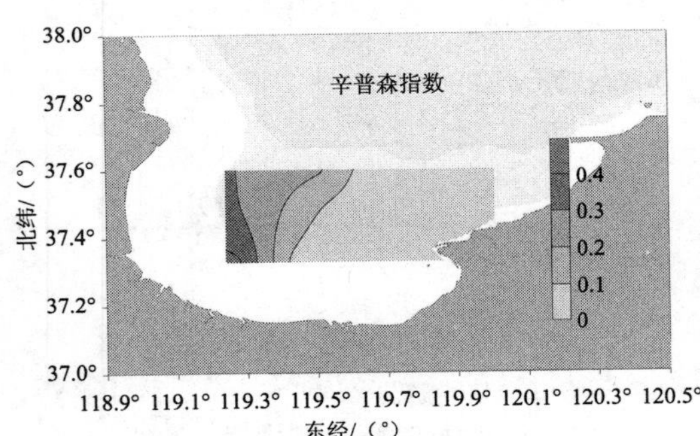


**图2-2-88 莱州湾秋季浮游动物物种多样性**

**表2-2-25 秋季莱州湾浮游动物物种种类数分布**

| 类群 | 站位 | | | | | | | | |
|---|---|---|---|---|---|---|---|---|---|
| | L1 | L2 | L3 | L4 | L5 | L6 | L7 | L8 | L9 |
| 原生动物 | 1 | 1 | 1 | 1 | 1 | 1 | 1 | 1 | 1 |
| 刺胞动物 | 5 | 1 | 3 | 3 | 3 | 4 | 3 | 4 | 4 |
| 栉板动物 | 2 | 2 | 2 | 2 | 2 | 1 | 1 | 1 | 1 |
| 甲壳动物 | 6 | 6 | 2 | 3 | 6 | 7 | 5 | 6 | 5 |
| 毛颚动物 | 1 | 1 | 1 | 2 | 1 | 1 | 1 | 1 | 1 |
| 尾索动物 | 2 | 2 | 2 | 2 | 2 | 1 | 2 | 2 | 1 |
| 浮游幼虫 | 2 | 1 | 2 | 2 | 1 | 3 | 2 | 2 | 2 |
| 总和 | 19 | 14 | 13 | 15 | 16 | 18 | 15 | 17 | 15 |

（4）小结

1）春秋两季共采集到53种浮游动物，其中水母类13种，甲壳动物18种，毛颚动物2种，尾索动物2种，浮游幼虫15种，原生动物1种，其他2种。春季（48种）种类数明显大于秋季（29种）。

2）春季浮游动物优势种有强壮滨箭虫、小拟哲水蚤、拟长腹剑水蚤、洪氏纺锤水蚤及长尾类、短尾类幼体等；秋季浮游动物群落结构简单，优势种有夜光虫、强壮滨箭虫、梭形纽鳃樽、瓣鳃类幼虫。

3）秋季浮游动物丰度（13 059个/$m^3$）远大于春季（2 432个/$m^3$）。秋季原生动物夜光虫明显大于春季，为秋季最重要的优势种。调查区域的东部及南部浮游动物丰度较大。

4）春季浮游动物每站10种以上，近岸浅水区生物多样性较高；秋季每站种类数较春季低，调查区域西侧生物多样较高。

5）本次调查浮游动物种类数稍多于1982年浮游动物种类数（中国海湾志编纂委员会，1993），浮游动物丰度本次远大于1982年调查结果（141个/$m^3$），优势种稍有变化，真刺唇角水蚤及汤氏长足水蚤优势度降低，前者为河口种类，该种的减少可能与莱州湾盐度变化有关。

6）根据我们掌握的资料，历史文献中有关莱州湾浮游动物的研究资料多只涉及主要种类组成或者虽给出了物种总数但没有给出具体的物种名录，因此无法统计到目前为止共记载的确切总物种数。姜太良等（1991）在对莱州湾西部水环境的现状与评价调查中给出莱州湾水域已鉴定到种的浮游动物77种，但无具体种类名录。根据1959年全国普查资料、20世纪80年代初中国海岸带和海涂资源调查资料及其他一些相关资料记载，并在对同物异名进行校对的基础上，我们统计出莱州湾出现的主要浮游动物种类数为36种，其中桡足类种类最多，共有17种，占种类数的47.22%。其他甲壳动物6种，占16.67%。刺胞动物4种，占11.11%。毛颚动物2种，尾索动物和原生动物各1种，幼虫5种。我们2009年调查中未采集到的历史主要种类有11种，分别为细颈和平水母（*Eirene menoni*）、刺尾纺锤水蚤（*Acartia spinicauda*）、腹针胸刺水蚤（*centropages abdominalis*）、瘦尾胸刺水蚤（*Centropages tenuiremis*）、瘦尾简角水蚤（*Pontellopsis tenuicauda*）、火腿伪镖水蚤（*Pseudodiaptomus poplesia*）、钳形歪水蚤（*Tortanus forcipatus*）、太平洋磷虾（*Euphausia pacifica*）、中国毛虾（*Acetes chinensis*）、百陶带箭虫（*Sagitta bedoti*）和长尾住囊虫（*Oikopleura longicuada*）。没有采集到这些种类的原因与浮游动物的斑块性及季节性分布性质有关，如果能进行多次调查，这些种类应该都能出现。

历史文献记载中，莱州湾的浮游动物种类组成以近岸低盐种类为主，其中强壮箭虫、真刺唇角水蚤和中华哲水蚤是优势种类，前两种为近岸低盐性种类，两者数量呈季节性的变化，在莱州湾全年都占重要地位。外海高盐性的中华哲水蚤通常在春末和夏初有较高的丰度，夏季浮游动物的峰期主要是由此种占主导地位形成的。此外，中、小型的腹针胸刺水蚤、刺尾歪水蚤、太平洋纺锤水蚤和洪氏纺锤水蚤也会出现季节性的高峰度区。

2009 年调查中共记录浮游动物 53 种，低于姜太良（1991）记载的种类数，可能的原因，我们认为是和调查的范围和频次有关。我们的调查中桡足类仍居主导地位，记录了 14 种，占 26.42%；其他甲壳类 4 种，占 7.55%；刺胞动物 11 种，占 20.75%；栉板动物 2 种，占 3.77%；毛颚动物 2 种，占 3.77%；尾索动物 2 种，占 3.77%；原生动物 1 种，1.89%；浮游幼虫 15 种，占 28.30%；其他浮游生物 2 种，占 3.77%。

2009 年调查中桡足类、毛颚动物和浮游幼虫是分布广泛的三大类群，也是浮游动物总丰度的主要贡献者。与历史资料不同的是，以前在该区域占优势的真刺唇角水蚤在调查中仍为春秋季的共有种，分布也较广泛，但并不占主要优势。以往春夏季占主要优势的中华哲水蚤在本次春季调查中也未显示出以往的优势。强壮滨箭虫在本次调查中仍是主要优势种，在春秋季都占主要优势。本次调查中洪氏纺锤水蚤、小拟哲水蚤等小型桡足类及几种幼虫成为占优势的种类，说明莱州湾浮游动物的群落结构已经发生了变化。但从丰度上看莱州湾浮游动物的丰度并不低，远大于 1982 年调查结果（141 个/$m^3$），说明本区的鱼类饵料资源并不匮乏，只是优势种类有转小的趋势，说明以浮游动物为主要食料的经济鱼类的群落结构也发生了变化，更有利于中、上层小型鱼类生存和发展。

### 2.2.4 底泥拖网中大型底栖生物的调查结果

（1）春季

春季在 L2、L5、L7、L8、L10、L11 等 6 个站位采集到大型底栖生物，其他站位由于底层海流很强等原因泥样未采集成功。

春季共鉴定 2 种多毛类环节动物、4 种甲壳动物、9 种软体动物。L8 站种类最多，采集到 7 种大型底栖生物。

大型底栖生物春季平均栖息密度为 350 个/$m^2$，东北角刁龙嘴附近底栖生物栖息密度较高，该区域栖息密度大于 1 000 个/$m^2$（图 2-2-89）。优势种类为托氏蜎螺（*Umbonium thomasi*）。其他栖息密度较大的大型底栖生物还有不倒翁虫（*Sternaspis scutata*）、彩虹明樱蛤（*Moerella iridescens*）等。深水区及西北角栖息密度较低。

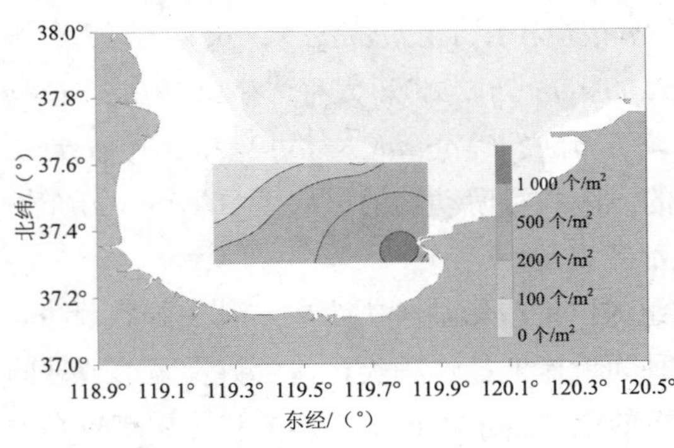


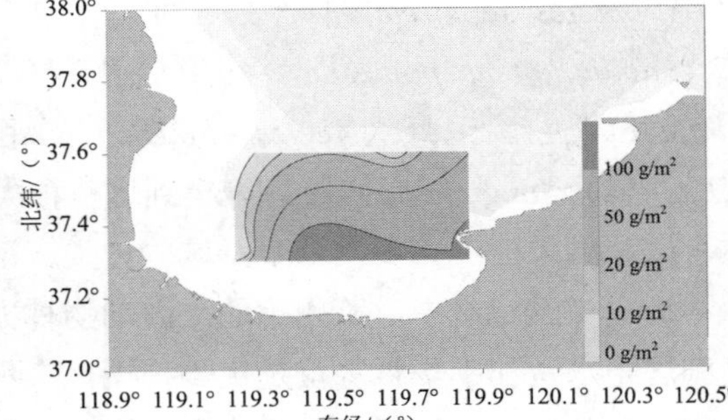


**图 2-2-89 莱州湾春季大型底栖生物栖息密度（左图）及生物量（右图）**

大型底栖生物春季平均生物量为 69.53 g/m$^2$，也呈近岸及东北角高深水区及西北角低的趋势，近岸区域大于 100 g/m$^2$（图 2-2-89）。生物量较大的种类有菲律宾蛤仔（*Ruditapes philippinarum*）、托氏蜎螺（*Umbonium vestiarium*）、红带织纹螺（*Nassarius succinctus*）、中国蛤蜊（*Mactra chinensis*）、泥螺（*Bullacta exarata*）、细螯虾（*Leptochela gracilis*）等。

（2）秋季

秋季共鉴定 42 种大型底栖动物，其中多毛类环节动物 21 种、甲壳动物 13 种、软体动物 7 种、腔肠动物 1 种。

大型底栖生物秋季平均栖息密度为 1 306 个/m$^2$。近岸海域大型底栖生物栖息密度大于 1 000 个/m$^2$，部分海域栖息密度大于 2 000 个/m$^2$（图 2-2-90）。秋季大型底栖生物优势种主要是个体较小的端足类及多毛类，如小头弹钩虾（*Orchomene breviceps*）、金毛丝鳃虫（*Cirratulus chrysoderma*）、不倒翁虫（*Sternaspis scutata*）、矮小稚齿虫[*Prionospio*（*Apoprionospio*）*pygmaea*]等。

大型底栖生物秋季平均生物量为 5.06 g/m$^2$。中部近岸海域生物量较高，两侧生物量较低（图 2-2-90）。生物量较大的种类有索沙蚕属（*Lumbrineris* sp.）、细螯虾（*L. gracilis*）、背蚓虫（*Notomastus latericeus*）、金毛丝鳃虫（*Cirratulus chrysoderma*）等。

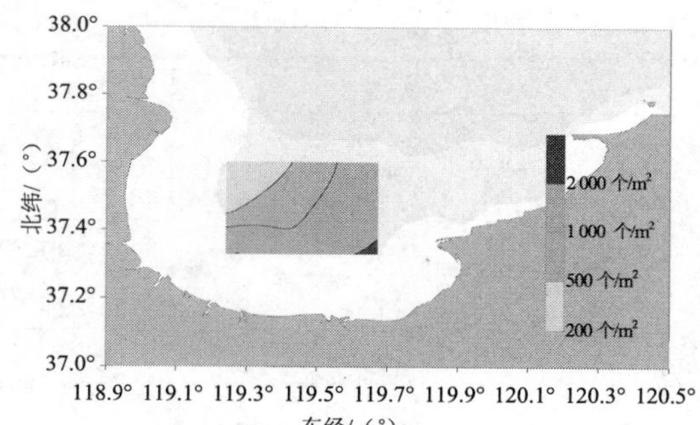


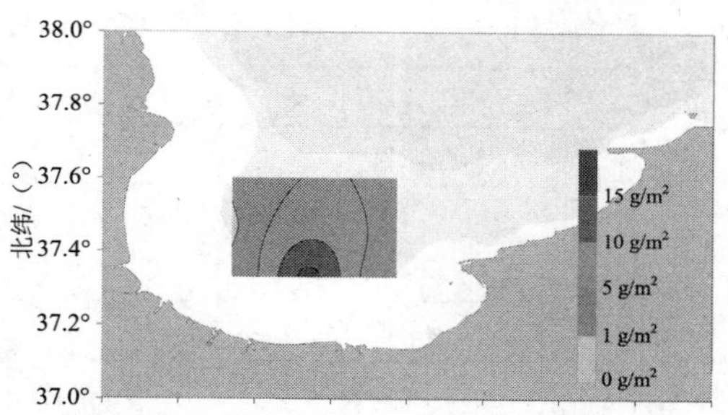


**图 2-2-90 莱州湾秋季大型底栖生物栖息密度（左图）及生物量（右图）**

（3）小结

1）春秋两季共采集到 51 种大型底栖生物，其中 20 种多毛环节动物、15 种甲壳动物、15 种软体动物、1 种腔肠动物。

2）秋季大型底栖生物栖息密度远大于春季，但生物量低于春季。春季采集到个体较大的软体动物如菲律宾蛤仔、中国蛤蜊等，秋季大型贝类未采集到。究其原因，这可能与春季出海调查期恰逢禁渔期，海上作业活动较少，对大型底栖生物的扰动较轻；秋季调查期间，海上渔业活动繁忙，对大型底栖生物扰动较大。

3）春秋两季大型底栖生物近岸浅水区栖息密度及生物量大于深水区。

### 2.2.5 鱼卵仔鱼

（1）渔业种类组成

春季共捕获鱼类浮游生物 1 074 个。其中鱼卵 791 个，仔稚鱼 283 尾，隶属于 5 目 6 科，已鉴定到种级目录的鱼类浮游生物共计 6 种，1 种未定种。其中，鲈形目 2 科 2 种，海龙目 1 科 2 种，鲱形目 1 科 1 种，鲉形目 1 科 1 种，颌针鱼目 1 科 1 种。

群落优势种是指在群落中其丰盛度占有很大优势，其动态能控制和影响整个群落的数量和动态的少数种类或者类群。从结构和功能上，将丰盛度大、时空分布广的种定为优势种。本研究根据 Pinkas（1971）提出的相对重要性指数（IRI）来确定鱼类浮游生物种类在群落的重要性。其中，本研究选取 IRI 值大于 100 的种类为优势种；IRI 值大于 10 的种类为常见种，小于 10 以下的为稀有种。

春季莱州湾鱼类浮游生物优势种为鱼卵和鳀鱼（表 2-2-26），其中鱼卵总数占总个体数的 73.65%，优势种总数占总体个数的 97.20%；普通种有 1 种，为中华鱵，在总个体数中仅占 0.93%；鱼类生物群落稀有种有 6 种，仅占总体个数的 1.87%。

表 2-2-26 莱州湾春季鱼卵仔鱼主要成分

| 鱼种 | | 拉丁名 | *N*% | *F* | IRI |
|---|---|---|---|---|---|
| 优势种 | 鱼卵 3 | | 59.22 | 7 | 3 768.41 |
| | 鳀 | *Engraulis japonicus* | 23.56 | 6 | 1 284.92 |
| | 鱼卵 1（小黄鱼） | | 7.91 | 10 | 719.49 |
| | 鱼卵 2 | | 6.52 | 9 | 533.27 |
| 常见种 | 中华鱵 | *Hyporhamphus limbatus* | 0.93 | 5 | 42.32 |
| 稀有种 | 未知鱼 1 | | 0.37 | 2 | 6.77 |
| | 虾虎鱼科 | Gobiidae sp. | 0.65 | 1 | 5.93 |
| | 尖海龙 | *Syngnathus acus* | 0.19 | 2 | 3.39 |
| | 日本海马 | *Hippocampus mohnikei* | 0.37 | 1 | 3.39 |
| | 鲬 | *Platycepalus indicus* | 0.19 | 2 | 3.39 |
| | 小黄鱼 | *Larimichthys polyactis* | 0.09 | 1 | 0.85 |

（2）鱼卵仔鱼空间分布

春季共捕获鱼卵、仔稚鱼 1 074 个（尾），其中鱼卵 791 个，仔稚鱼 283 尾，主要分布在湾内西部水域西部近岸水域。鱼卵主要分布在东部近岸水域，以 L10 和 L11 较高，分别有 146 粒/网、442 粒/网；仔稚鱼数量最多的鳀鱼主要分布在湾内西部水域，以 L5 站的密度最高，高达 227 尾/网；其他 L9 站也有较多鱼卵分布（图 2-2-91）。

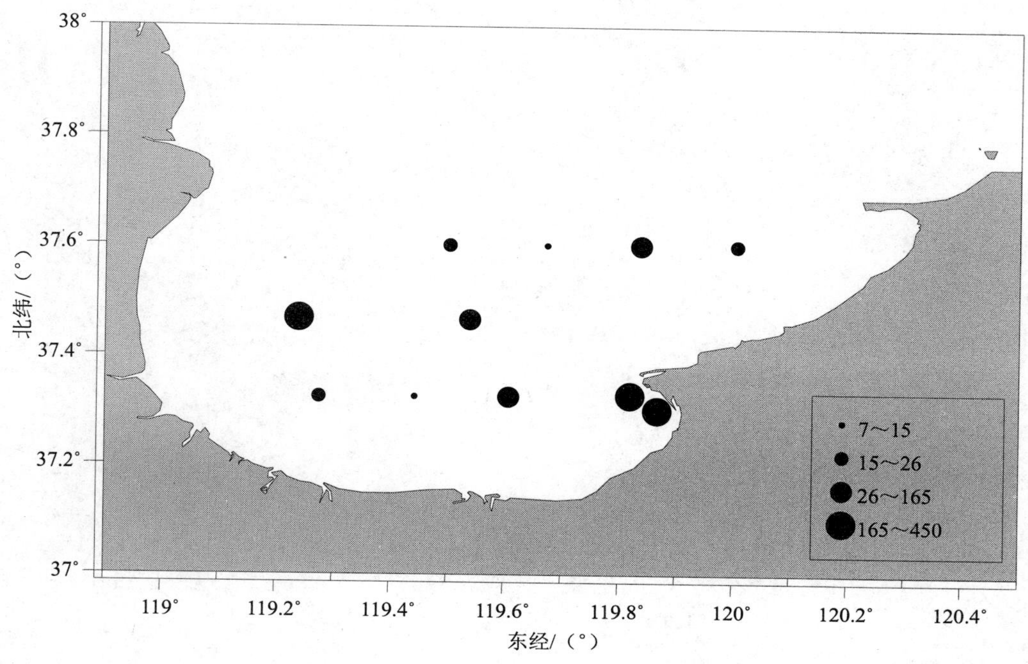


图 2-2-91　春季莱州湾鱼卵仔鱼生物量分布图

（3）群落多样性指数的空间分布特征

本书选用种类丰度（*D*）和以生物量计算的 Shannon-Wiener 多样性指数（*H'*）作成等值线分布图，以表示莱州湾春季鱼类浮游生物多样性空间分布特征，见图 2-2-92 和图 2-2-93。

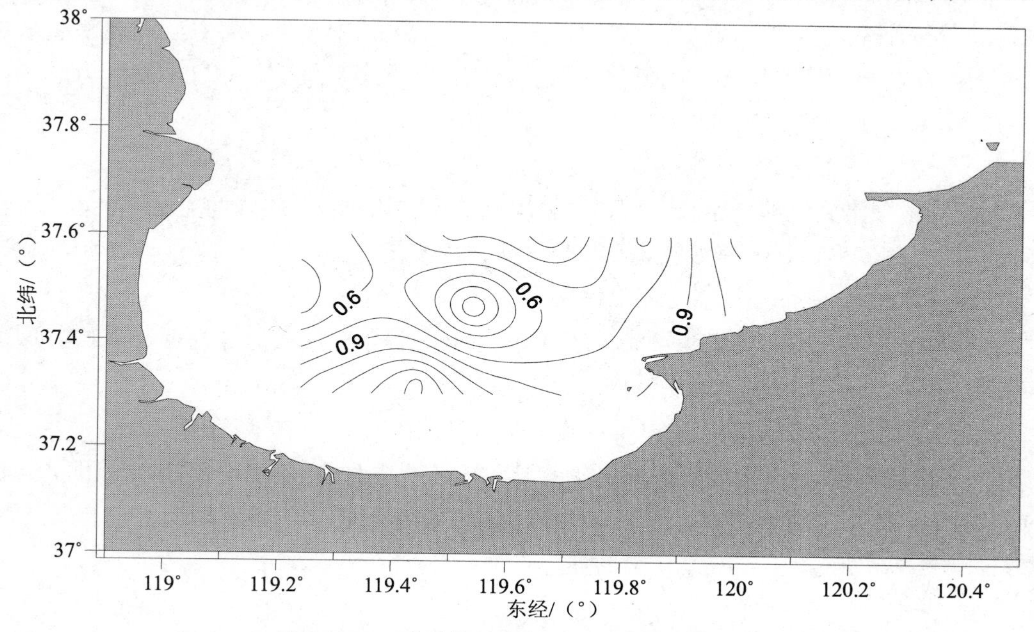


图 2-2-92　春季莱州湾鱼卵仔鱼种类丰度分布

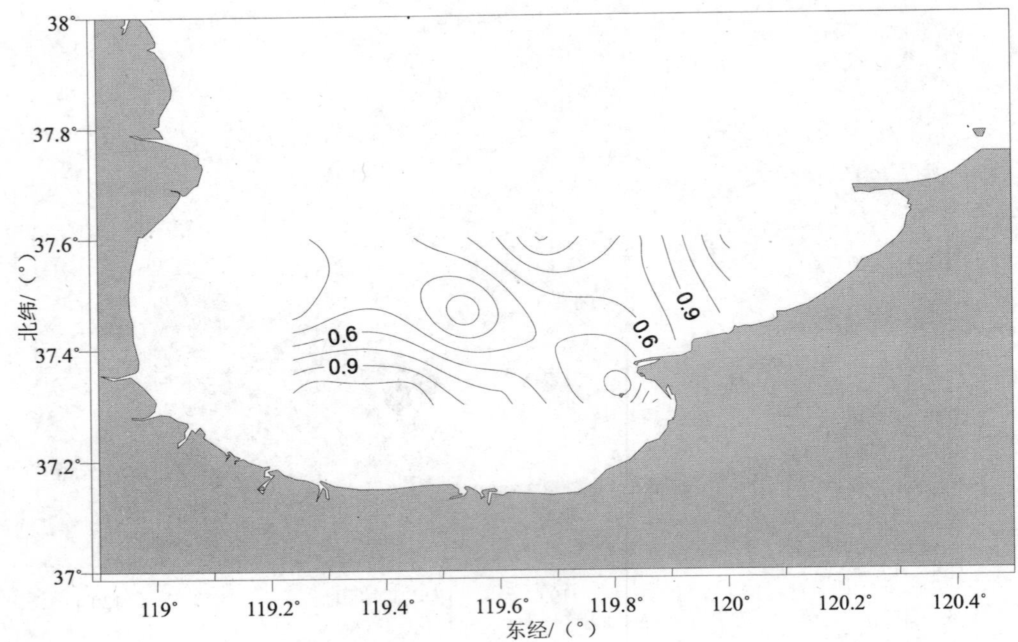


图 2-2-93 春季莱州湾鱼卵仔鱼 Shannon-Weiner 多样性指数分布

春季鱼类浮游生物种类丰度指数（*D*）在调查区域内中央部形成最低值，呈现由中央向四周递增的趋势，湾内种类多样性较高。其中以 L8 站区最高，*D* 值为 1.54，其次是 L4、L2 和 L7 站区，分别为 1.28、1.17、1.11。

春季鱼类种类多样性指数 $H'_n$ 分布的低值区在调查区的中央部，并分别向西南和东北方向递增；在西部近岸水域还有一低值区域，向湾外东北方向递增。以 L4 站区为最高，其次为 L7、L8、L2，$H'$值均超过了 1.0。

（4）小结

1）秋季未采集到鱼卵仔稚鱼，仅春季采集到。春季共捕获鱼类浮游生物 1 074 个。其中鱼卵 791 个，仔稚鱼 283 尾，隶属于 5 目 6 科，已鉴定到种级目录的鱼类浮游生物共计 6 种，1 种未定种。

2）鱼卵主要分布在东部近岸海域，仔稚鱼主要为鳀鱼，主要分布在西部海域，这可能与西部还有较多的淡水注入有关。

3）鱼类浮游生物在调查区域的西南及东北部多样性较大，中部多样性较低。

4）同 2008 年数据（王爱勇，2009）相比，本次调查种类和密度较低，这可能与取样时间有关。我们大部分浅海调查在 6 月进行，莱州湾鱼类产卵盛期调查已提前至 5 月中旬。

## 2.2.6 渔业资源调查结果

（1）春季

1）种类组成

春季共捕获渔业生物 54 种。其中鱼类 29 种，隶属 1 纲 8 目 20 科。其中鲻形目（Mugiliformes）1 科 1 种，鲉形目（Scorpaeniformes）2 科 2 种，鲀形目（Tetraodontiformes）1 科 1 种，鲈形目（Perciformes） 9 科 15 种，胡瓜鱼目（Osmeriformes）1 科 1 种，海龙目（Syngnathiformes）1 科 1 种，鲱形目（Clupeiformes）2 科 5 种，鲽形目（Pleuronectiformes）3 科 3 种。捕获无脊椎动物 25 种，其中甲壳类 15 种，软体类 6 种，其他类生物 4 种。渔获的 54 种资源生物，个体数 100 174 尾，552 105 g，平均个体重量 5.511 g。

春季莱州湾鱼类生物群落优势种为鲬、六丝矛尾虾虎鱼、石鲽、蓝点马鲛四种（表 2-2-27），其栖息密度（NED）占总个体数的 73.09%，生物量密度（BED）占总重量的 68.72%；普通种有 11 种，分别为短吻红舌鳎、黑鲷、矛尾虾虎鱼、鲱、尖海龙、鲅、黄鲫、小黄鱼、赤鼻棱鳀、花鲈、白姑鱼，与优势种共同构成 2009 年春季鱼类生物群落重要种，在总个体数中占 98.92%，而 BED 占 98.18%；鱼类生物群落次要种 7 种，NED 和 BED 的比例分别为 1.06%和 1.75%，7 种少见种的累计数量和重量分别为 0.488 尾/km$^2$ 和 4.969 kg/km$^2$，仅占总渔获物种数和重量的 0.029%和 0.028%。

无脊椎动物资源以枪乌贼、口虾蛄为优势种，NED 和 BED 的比例分别为 76.63%和 64.35%；其重要种还包括日本枪乌贼、日本鲟、三疣梭子蟹、肉球近方蟹、颗粒拟关公蟹、经氏壳舌蝓、扁玉螺、寄居蟹、多棘海盘车、豆型拳蟹、水母、脉红螺、沙海蛰、细点圆趾蟹、菲律宾蛤仔等 10 种（表 2-2-28），占资源数量和重量的 22.97%和 35.54%。

表 2-2-27 春季莱州湾渔业资源中鱼类组成

| | 种类 | NED | BED | 个体大小 | *N*% | *W*% | *F* | IRI |
|---|---|---|---|---|---|---|---|---|
| 重要种 | 鲬 | 722.218 | 834.171 | 1.16 | 43.36 | 11.36 | 10 | 4 974.11 |
| | 六丝矛尾虾虎鱼 | 333.304 | 1 186.211 | 3.56 | 20.01 | 16.15 | 7 | 2 301.16 |
| | 石鲽 | 84.638 | 1 487.041 | 17.57 | 5.08 | 20.25 | 8 | 1 842.12 |
| | 蓝点马鲛 | 77.367 | 1 539.441 | 19.90 | 4.64 | 20.96 | 6 | 1 396.70 |
| 普通种 | 短吻红舌鳎 | 63.953 | 344.833 | 5.39 | 3.84 | 4.70 | 9 | 698.29 |
| | 黑鲷 | 153.751 | 586.089 | 3.81 | 9.23 | 7.98 | 3 | 469.38 |
| | 矛尾虾虎鱼 | 36.422 | 137.812 | 3.78 | 2.19 | 1.88 | 7 | 258.56 |
| | 鲱 | 99.741 | 194.513 | 1.95 | 5.99 | 2.65 | 3 | 235.54 |
| | 尖海龙 | 51.219 | 124.098 | 2.42 | 3.07 | 1.69 | 3 | 129.94 |
| | 鲅 | 2.353 | 507.826 | 215.84 | 0.14 | 6.91 | 2 | 128.29 |
| | 黄鲫 | 5.091 | 138.351 | 27.17 | 0.31 | 1.88 | 3 | 59.71 |
| | 小黄鱼 | 13.046 | 19.627 | 1.50 | 0.78 | 0.27 | 4 | 38.20 |
| | 赤鼻棱鳀 | 3.250 | 39.997 | 12.31 | 0.20 | 0.54 | 3 | 20.17 |
| | 花鲈 | 1.015 | 44.610 | 43.95 | 0.06 | 0.61 | 3 | 18.23 |
| | 白姑 | 0.311 | 25.892 | 83.31 | 0.02 | 0.35 | 4 | 13.50 |

| | 种类 | NED | BED | 个体大小 | N% | W% | F | IRI |
|---|---|---|---|---|---|---|---|---|
| 次要种 | 青鳞 | 9.144 | 41.714 | 4.56 | 0.55 | 0.57 | 1 | 10.15 |
| | 细条天竺鱼 | 0.377 | 27.894 | 74.00 | 0.02 | 0.38 | 2 | 7.32 |
| | 皮氏叫姑鱼 | 5.530 | 33.447 | 6.05 | 0.33 | 0.46 | 1 | 7.16 |
| | 大泷六线鱼 | 0.333 | 9.914 | 29.74 | 0.02 | 0.13 | 4 | 5.64 |
| | 少鳞鱚 | 0.526 | 11.515 | 21.89 | 0.03 | 0.16 | 3 | 5.14 |
| | 虫纹东方鲀 | 1.119 | 1.822 | 1.63 | 0.07 | 0.02 | 3 | 2.51 |
| | 暗缟虾虎鱼 | 0.554 | 2.323 | 4.19 | 0.03 | 0.03 | 2 | 1.18 |
| 少见种 | 红狼牙虾虎鱼 | 0.096 | 0.742 | 7.71 | 0.01 | 0.01 | 2 | 0.29 |
| | 斑鰶 | 0.030 | 1.506 | 50.00 | 0.00 | 0.02 | 1 | 0.20 |
| | 方氏云鳚 | 0.068 | 0.914 | 13.50 | 0.00 | 0.01 | 1 | 0.15 |
| | 五眼斑鲆 | 0.099 | 0.694 | 7.00 | 0.01 | 0.01 | 1 | 0.14 |
| | 带鱼 | 0.033 | 0.859 | 26.00 | 0.002 | 0.012 | 1 | 0.12 |
| | 大银鱼 | 0.139 | 0.139 | 1.00 | 0.01 | 0.00 | 1 | 0.09 |
| | 真鲷 | 0.023 | 0.115 | 5.00 | 0.00 | 0.00 | 1 | 0.02 |

表 2-2-28 春季莱州湾渔业资源中无脊椎动物组成

| | 种类 | NED | BED | 个体大小 | N% | W% | F | IRI |
|---|---|---|---|---|---|---|---|---|
| 重要种 | 枪乌贼 | 2 073.180 | 7 778.206 | 3.75 | 69.44 | 44.63 | 6 | 6 222.24 |
| | 口虾蛄 | 214.541 | 3 435.996 | 16.02 | 7.19 | 19.72 | 11 | 2 690.22 |
| 普通种 | 日本枪乌贼 | 321.050 | 1 163.656 | 3.62 | 10.75 | 6.68 | 6 | 950.78 |
| | 日本鲟 | 61.611 | 1 070.078 | 17.37 | 2.06 | 6.14 | 10 | 745.81 |
| | 三疣梭子蟹 | 9.340 | 1 241.554 | 132.93 | 0.31 | 7.12 | 9 | 608.48 |
| | 肉球近方蟹 | 66.839 | 327.695 | 4.90 | 2.24 | 1.88 | 7 | 262.13 |
| | 颗粒拟关公蟹 | 33.086 | 237.710 | 7.18 | 1.11 | 1.36 | 6 | 134.85 |
| | 经氏壳舌蝓 | 67.739 | 71.497 | 1.06 | 2.27 | 0.41 | 5 | 121.78 |
| | 扁玉螺 | 39.155 | 318.305 | 8.13 | 1.31 | 1.83 | 4 | 114.11 |
| | 寄居蟹 | 31.100 | 308.471 | 9.92 | 1.04 | 1.77 | 3 | 76.68 |
| | 多棘海盘车 | 6.225 | 279.418 | 44.89 | 0.21 | 1.60 | 2 | 32.94 |
| | 豆型拳蟹 | 24.170 | 43.894 | 1.82 | 0.81 | 0.25 | 3 | 28.95 |
| | 水母 | 0.060 | 527.108 | 8 750.00 | 0.00 | 3.02 | 1 | 27.51 |
| | 脉红螺 | 1.594 | 117.283 | 73.59 | 0.05 | 0.67 | 4 | 26.41 |
| | 沙海蛰 | 0.036 | 156.874 | 4 367.96 | 0.002 | 0.90 | 2 | 16.39 |
| | 细点圆趾蟹 | 11.595 | 226.100 | 19.50 | 0.39 | 1.30 | 1 | 15.33 |
| | 菲律宾蛤仔 | 12.044 | 36.133 | 3.00 | 0.40 | 0.21 | 2 | 11.10 |
| | 海蜇 | 0.080 | 67.916 | 853.74 | 0.00 | 0.39 | 3 | 10.70 |
| 次要种 | 细巧仿对虾 | 8.399 | 7.518 | 0.90 | 0.28 | 0.04 | 3 | 8.85 |
| | 鲜明鼓虾 | 2.069 | 4.302 | 2.08 | 0.07 | 0.02 | 5 | 4.27 |
| | 鞭腕虾 | 0.551 | 2.135 | 3.87 | 0.02 | 0.01 | 4 | 1.12 |
| 少见种 | 海黄瓜 | 0.283 | 3.580 | 12.63 | 0.01 | 0.02 | 2 | 0.55 |
| | 倍棘蛇尾 | 0.482 | 0.964 | 2.00 | 0.02 | 0.01 | 1 | 0.20 |
| | 安氏白虾 | 0.197 | 0.082 | 0.42 | 0.01 | 0.00 | 1 | 0.06 |
| | 多皱无吻螠 | 0.033 | 0.992 | 30.00 | 0.001 | 0.01 | 1 | 0.06 |

2）空间分布

以栖息密度（NED）和生物量密度（BED）为渔业资源量的衡量标准，研究莱州湾渔业的动态变化。资源生物量（BED）高分布区多位于近岸水域，远岸水域相对较少（图 2-2-94）。高 BED 的站区 L4 站的生物量很高，为 15 128.08 kg/km$^2$，占全部调查区总生物量的 61.07%，其他 BED 较高的站区 L5、L8、L9、L10、L6 生物量分别为 2 015.54 kg/km$^2$、1 336.535 kg/km$^2$、1 156.628 kg/km$^2$、1 148.554 kg/km$^2$、1 087.463 kg/km$^2$，合计占全部调查区的生物量的 27.23%。低于 500 kg/km$^2$ 的有 L1、L2 站，仅占总生物量的 2.47%。

其中，鱼类资源生物量仅占总 BED 的 29.65%，平均 BED 为 667.646 3 kg/km$^2$，分布趋势与资源生物量分布趋势基本一致（图 2-2-95），超过生物量 300 kg/km$^2$ 的站区为 L4、L5、L7、L8、L9 站，最高生物量站区是 L4，达 4 349.32 kg/km$^2$；最低生物量站区是 L1，仅为 40.62 kg/km$^2$。

无脊椎动物 BED 占总资源生物量的 70.35%，平均为 1 584.31 kg/km$^2$，分布趋势与总资源生物量相似（图 2-2-96）。最高生物量站区为 L5 站，达 10 778.76 kg/km$^2$，最低生物量站区为 L1，仅为 143.302 kg/km$^2$。

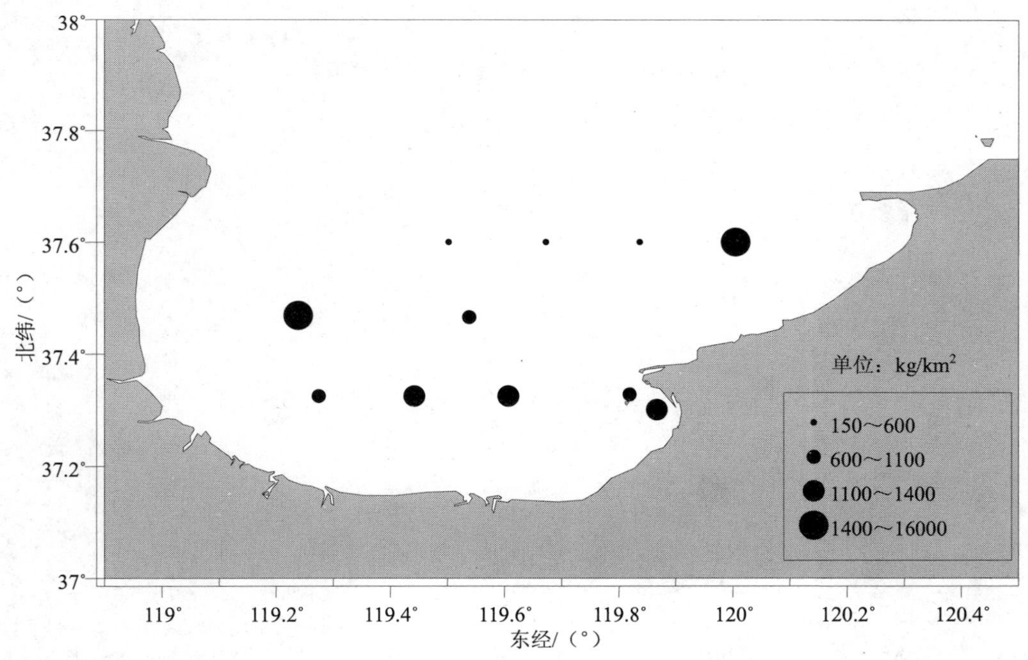


图 2-2-94　春季莱州湾资源生物量分布图

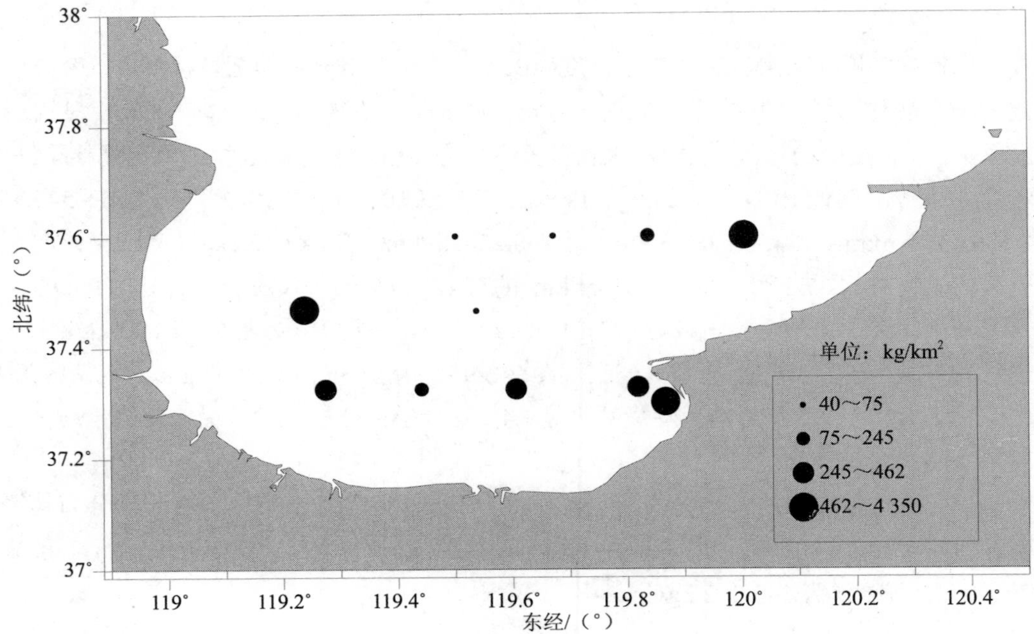


图 2-2-95 春季莱州湾鱼类生物量分布图

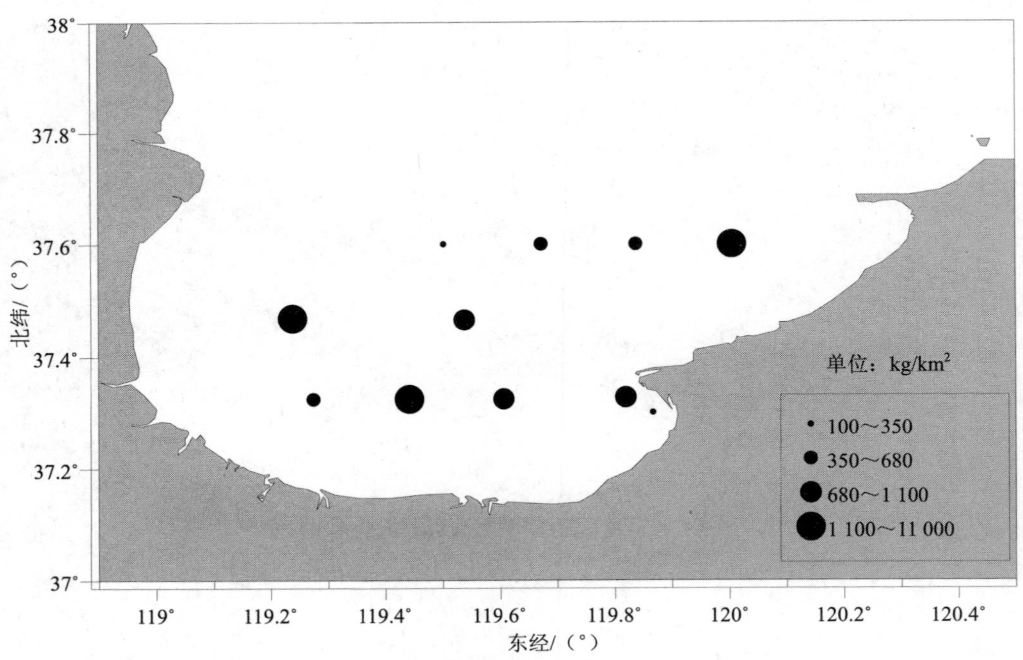


图 2-2-96 春季莱州湾无脊椎动物生物量分布图

调查区内资源生物数量密度（NED）分布很不平均（图 2-2-97），部分近岸水域与远岸水域较高，湾口处相对较低。栖息密度最高的站区是 L4 站区，高达 3 162.63 千尾/$km^2$，其次为 L10、L5 和 L7，分别为 326.07 千尾/$km^2$、225.23 千尾/$km^2$ 和 209.30 千尾/$km^2$，而最低的为 L1 站，仅为 60.54 千尾/$km^2$。

鱼类 NED 仅占总 NED 的 35.81%，与资源生物数量密度分布趋势不同（图 2-2-98），以 L4 站为最高，达 970.13 千尾/$km^2$，其次是 L10 站 300.67 千尾/$km^2$；鱼类 NED 较低的站位有 L2 和 L6 站，分别为 18.96 千尾/$km^2$ 和 3.60 千尾/$km^2$。

无脊椎动物数量密度分布与资源生物数量密度的分布趋势一致（图 2-2-99）。栖息密度最高的站区有 L4 站，高达 3 162.63 千尾/$km^2$，其次为 L5、L7 和 L8 分别为 200.83 千尾/$km^2$、121.45 千尾/$km^2$ 和 102.32 千尾/$km^2$；L10 和 L1 站无脊椎动物栖息密度低，分别为 25.40 千尾/$km^2$ 和 31.27 千尾/$km^2$。

3）群落多样性特征

本书选用种类丰度（$D$）和以生物量计算的 Shannon-Wiener 多样性指数（$H'$）作成等值线分布图，以莱州湾春季渔业生物群落生物多样性空间分布特征，见图 2-2-100～图 2-2-105。

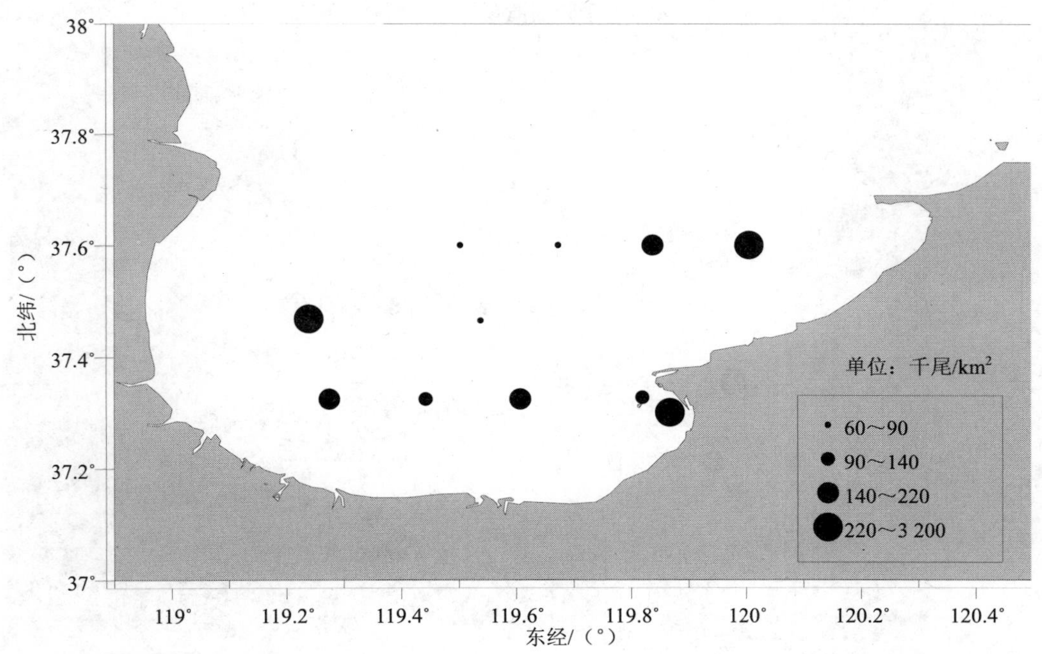


图 2-2-97 春季莱州湾资源生物栖息密度分布图

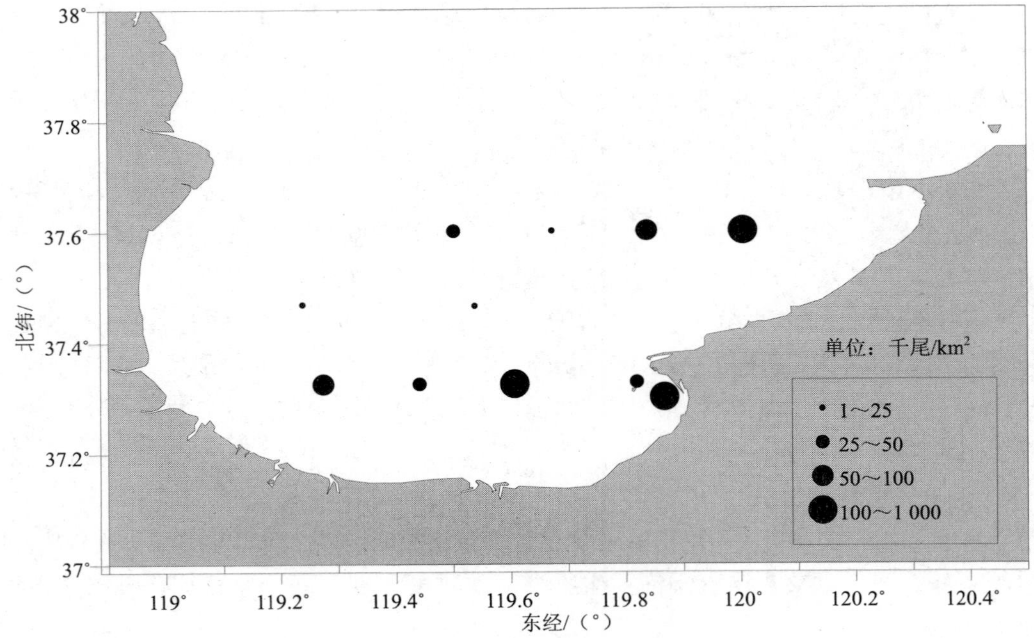


图 2-2-98　春季莱州湾鱼类栖息密度分布图

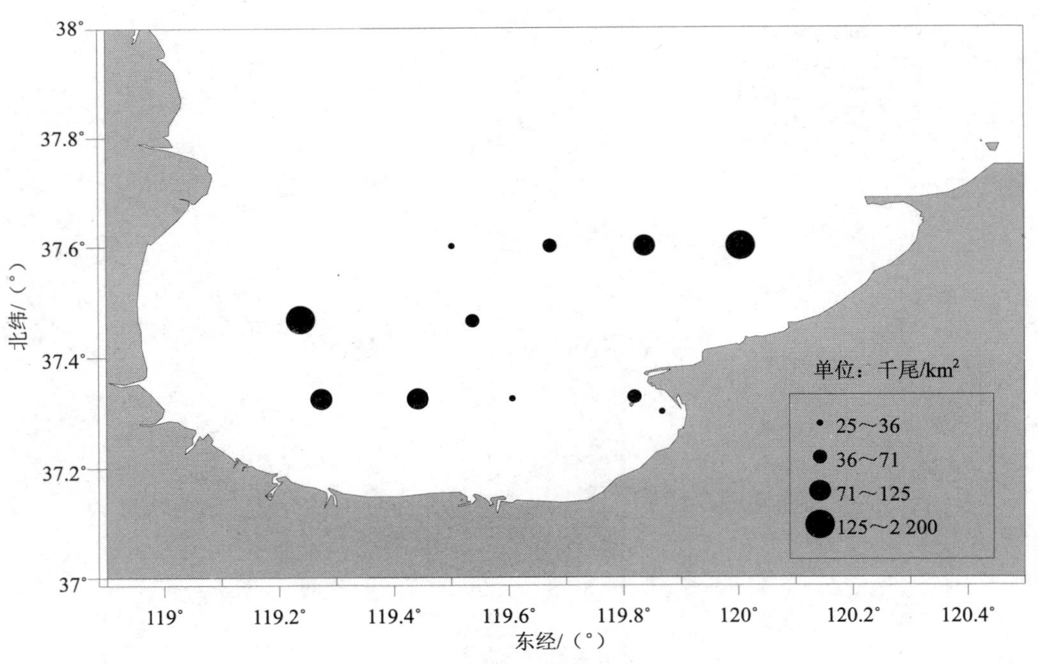


图 2-2-99　春季莱州湾无脊椎动物栖息密度分布图

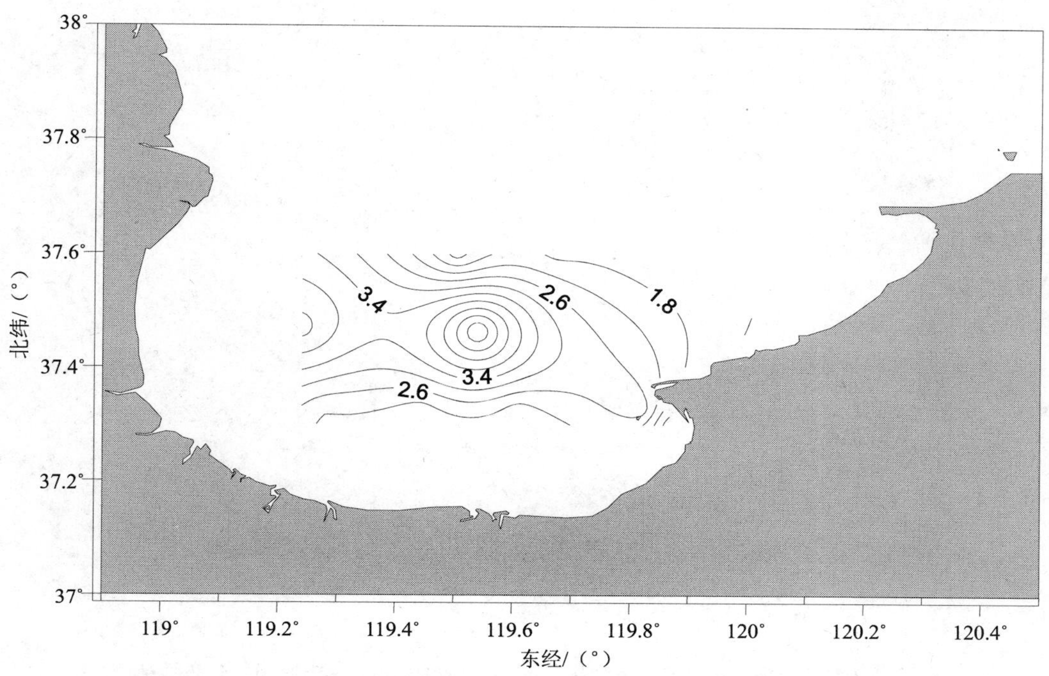


图 2-2-100 春季莱州湾鱼类种类丰度分布特征

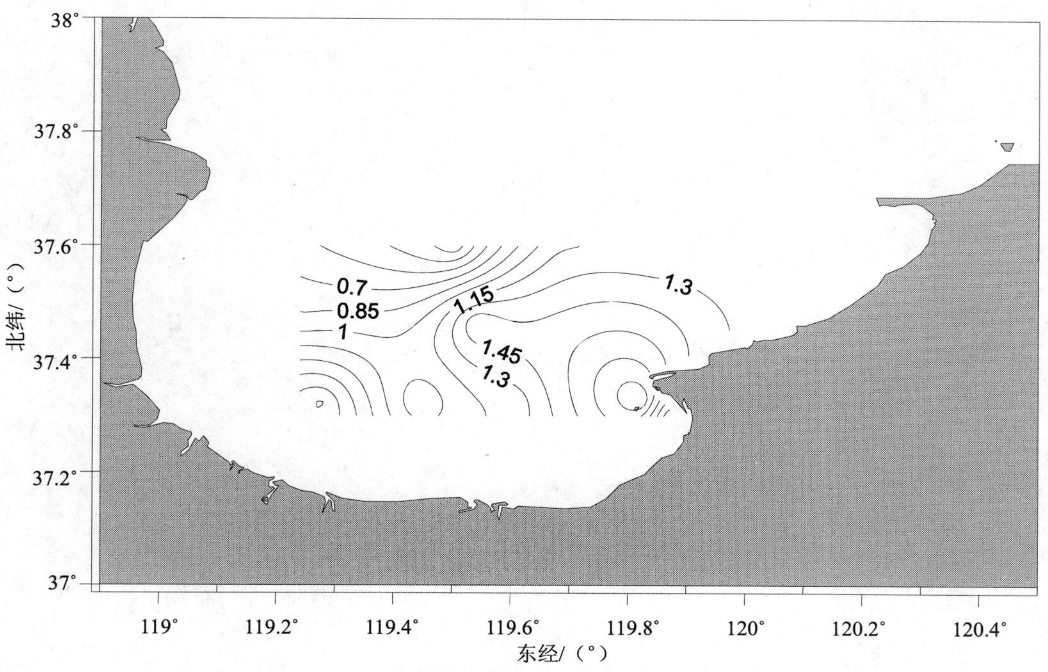


图 2-2-101 春季莱州湾鱼类种类 Shannon-Weiner 多样性指数分布特征

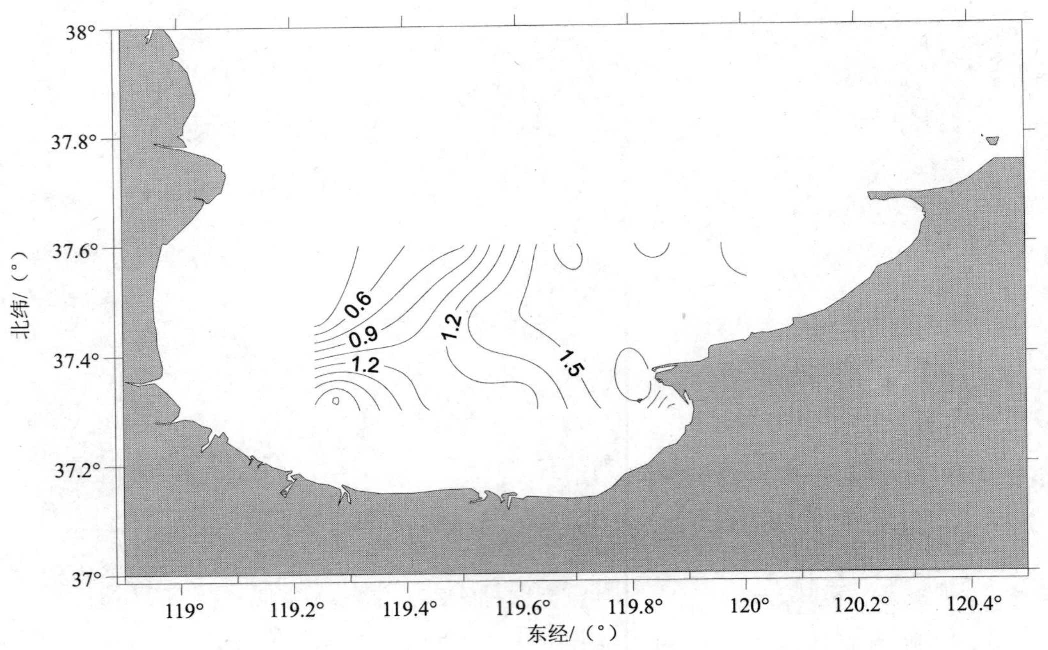


图 2-2-102　春季莱州湾鱼类生物量 Shannon-Weiner 多样性指数分布特征

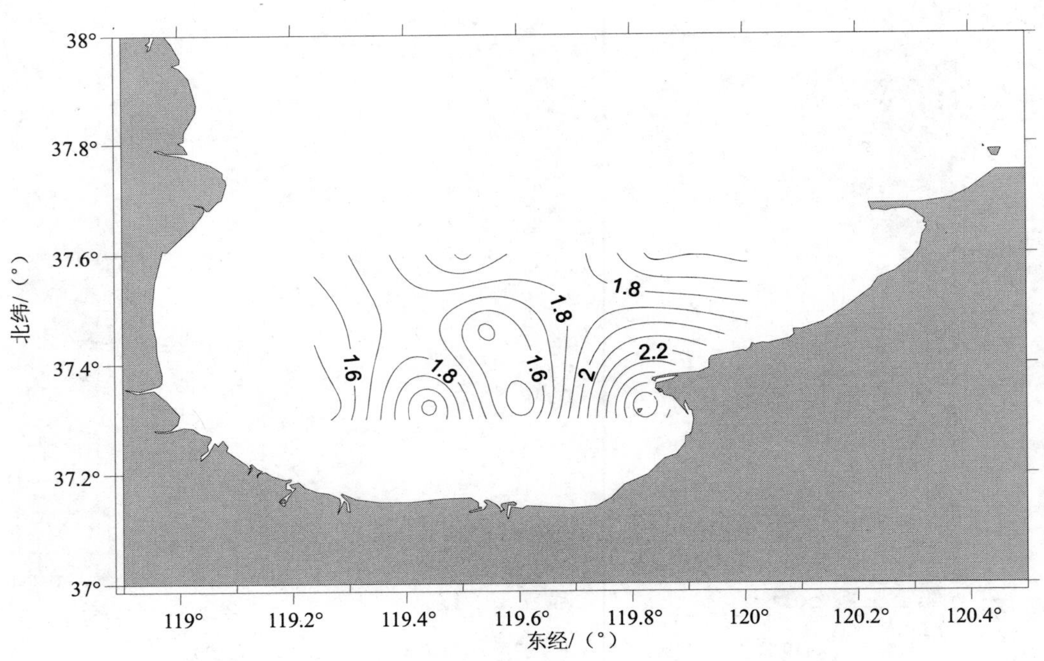


图 2-2-103　春季莱州湾无脊椎种类丰度分布特征

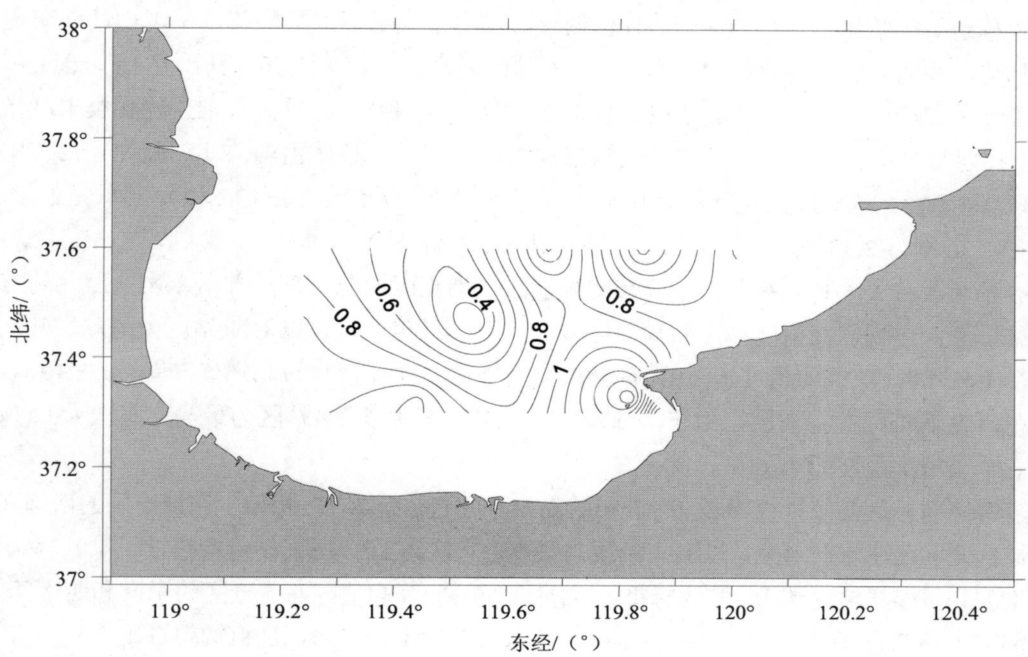


图 2-2-104　6 月莱州湾无脊椎种类 Shannon-Weiner 多样性指数分布特征

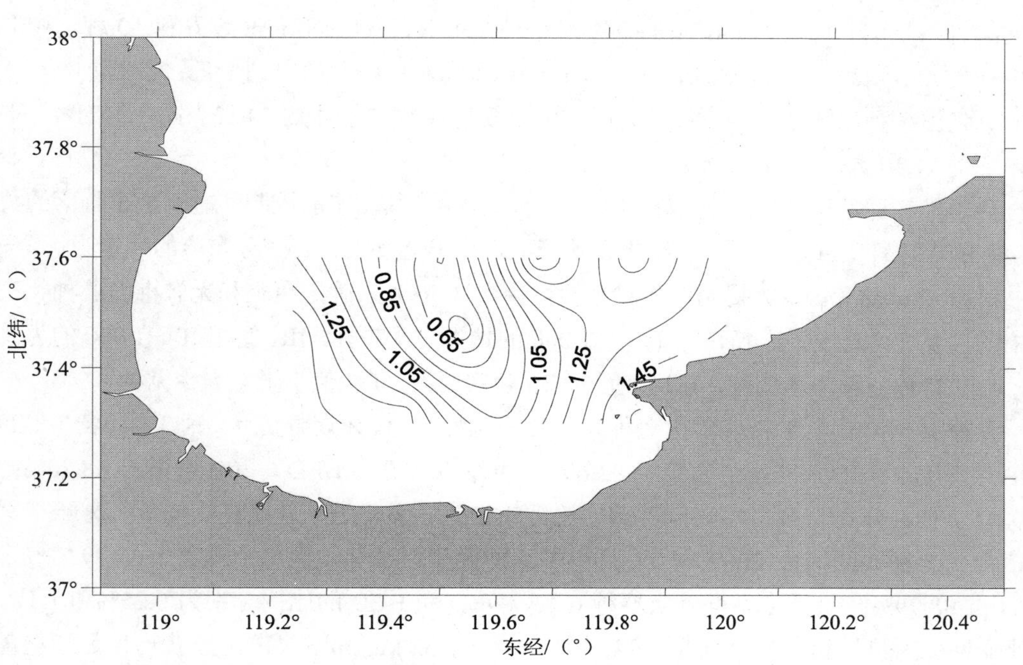


图 2-2-105　春季莱州湾无脊椎生物量 Shannon-Weiner 多样性指数分布特征

春季鱼类生物种类丰度指数（*D*）在调查区域内中央部形成最高值，呈现由西向东递减的趋势，湾内种类多样性较高。其中以 L6 站区最高，*D* 值为 5.46，其次是 L5、L11 和 L7 站区，分别为 4.38（15 种）、2.83（11 种）、2.23（11 种）。春季无脊椎生物种类丰度指数（*D*）则呈现不同趋势，在调查区域东南部为最高区域，整体由南向北递减，在南部中央区域也出现一个较低值的区域，其中以 L11 站区最高，*D* 值为 2.72（12 种），其次是 L10、L8、L1，分别为 2.47（9 种）、2.16（11 种）和 2.03（8 种）。

春季鱼类种类多样性指数 $H'_n$ 分布的高值区在调查区的东南部，并沿东南—西北的方向递减，湾内出现以高值区域，两高值区域之间有一低值区域。以 L11 站区为最高，其次为 L7、L6、L9，$H'$值均超过了 1.0。春季鱼类生物量多样性指数 $H'_w$ 分布与鱼类 $H'_n$ 相似，其高值区在调查区的东南部，由东南部向西北递减。其中以 L7 站区为最高，其次为 L11、L4、L2，$H'$值均超过了 1.6。

春季无脊椎种类多样性指数 $H'_n$ 分布的高值区分布与鱼类 $H'_n$ 相似，在调查区的南部，由南向西北和西南方向递减。以 L11 站区为最高，其次为 L2、L8，$H'$值均超过了 1.0。春季无脊椎生物量多样性指数 $H'_w$ 与无脊椎 $H'_w$ 分布也相似，其高值区在调查区的东南和西南部，向北部中央递减。其中以 L10 站区为最高，其次为 L2、L5、L11，$H'$值均超过了 1.5。

（2）秋季

1）种类组成

秋季共捕获渔业生物 34 种。其中鱼类 17 种，隶属 1 纲 5 目 13 科，鲻形目（Mugiliformes）1 科 1 种，鲉形目（Scorpaeniformes）1 科 1 种，鲈形目（Perciformes）6 科 10 种，鲱形目（Clupeiformes）2 科 2 种，鲽形目（Pleuronectiformes）3 科 3 种。捕获无脊椎动物 17 种，其中甲壳类 7 种，软体类 10 种。渔获的 34 种资源生物，个体数 7 813 尾，87 421 g，平均个体重量 11.19 g。

群落优势种是指在群落中其丰盛度占有很大优势，其动态能控制和影响整个群落的数量和动态的少数种类或者类群。从结构和功能上，将丰盛度大、时空分布广的种定为优势种。本书根据 Pinkas（1971）提出的相对重要性指数（IRI）来确定鱼类和无脊椎渔业种类在群落中的重要性。其中，选取 IRI 值大于 1 000 的种类为优势种，IRI 值在 10～1 000 的为普通种，与优势种合称为重要种，IRI 值在 1～10 为次要种，IRI 值小于 1 为少见种。

秋季莱州湾鱼类生物群落优势种为六丝矛尾虾虎鱼、矛尾虾虎鱼、鲬 3 种（表 2-2-29），其栖息密度（NED）占总个体数的 92.69%，生物量密度（BED）占总重量的 68.20%；普通种有 7 种，分别为鲮、短吻红舌鳎、皮氏叫姑鱼、小黄鱼、矛尾复虾虎鱼、斑鰶、褐牙鲆，与优势种共同构成 2009 年 11 月鱼类生物群落重要种，在总个体数中占 99.72%，而 BED 占 98.79%；鱼类生物群落次要种 6 种，NED 和 BED 的比例分别为 0.25%和 1.17%，1 种少见种的数量和重量分别为 0.043 尾/km$^2$ 和 0.032 kg/km$^2$，仅占总渔获物种数和重量的 0.029%和 0.039%。

无脊椎动物资源以日本枪乌贼、口虾蛄、三疣梭子蟹、短蛸为优势种，NED 和 BED

的比例分别为 87.11%和 90.55%；其重要种还包括鹰爪虾、日本蟳、扁玉螺、日本鼓虾、鲜明鼓虾、秀丽织纹螺等 6 种（表 2-2-30），占资源数量和重量的 11.73%和 8.28%。

表 2-2-29　秋季莱州湾鱼类群落重要种成分

| | 种类 | NED | BED | 个体大小 | *N*% | *W*% | *F* | IRI |
|---|---|---|---|---|---|---|---|---|
| 优势种 | 六丝矛尾虾虎鱼 | 95.446 | 217.266 | 2.28 | 75.28 | 22.35 | 6 | 6 508.31 |
| | 矛尾虾虎鱼 | 20.002 | 335.227 | 16.76 | 15.78 | 34.48 | 9 | 5 025.60 |
| | 鲬 | 2.102 | 111.292 | 52.96 | 1.66 | 11.45 | 7 | 1 019.24 |
| 普通种 | 鮻 | 1.151 | 81.088 | 70.43 | 0.91 | 8.34 | 7 | 719.33 |
| | 短吻红舌鳎 | 2.158 | 52.409 | 24.28 | 1.70 | 5.39 | 9 | 709.29 |
| | 皮氏叫姑鱼 | 3.327 | 43.275 | 13.01 | 2.62 | 4.45 | 4 | 314.46 |
| | 小黄鱼 | 0.614 | 28.819 | 46.96 | 0.48 | 2.96 | 7 | 268.20 |
| | 矛尾复虾虎鱼 | 0.882 | 56.385 | 63.93 | 0.70 | 5.80 | 3 | 216.51 |
| | 斑鰶 | 0.693 | 29.081 | 41.95 | 0.55 | 2.99 | 5 | 196.55 |
| | 褐牙鲆 | 0.088 | 6.700 | 76.51 | 0.07 | 0.69 | 3 | 25.27 |
| 次要种 | 少鳞鱚 | 0.083 | 1.328 | 16.03 | 0.07 | 0.14 | 3 | 6.73 |
| | 带鱼 | 0.058 | 2.014 | 35.00 | 0.05 | 0.21 | 2 | 5.61 |
| | 银鲳 | 0.041 | 3.960 | 96.00 | 0.03 | 0.41 | 1 | 4.89 |
| | 白姑鱼 | 0.041 | 2.598 | 63.00 | 0.03 | 0.27 | 1 | 3.33 |
| | 油魣 | 0.029 | 1.079 | 37.00 | 0.02 | 0.11 | 1 | 1.49 |
| | 黄鲫 | 0.068 | 0.409 | 6.00 | 0.05 | 0.04 | 1 | 1.06 |
| 少见种 | 黄盖鲽 | 0.038 | 0.379 | 10.00 | 0.03 | 0.04 | 1 | 0.77 |

表 2-2-30　秋季莱州湾无脊椎动物重要种成分

| | 种类 | NED | BED | 个体大小 | *N*% | *W*% | *F* | IRI |
|---|---|---|---|---|---|---|---|---|
| 优势种 | 日本枪乌贼 | 74.953 | 462.226 | 6.17 | 54.87 | 23.34 | 9 | 7 821.12 |
| | 口虾蛄 | 37.605 | 778.376 | 20.70 | 27.53 | 39.30 | 8 | 5 940.46 |
| | 三疣梭子蟹 | 3.142 | 353.860 | 112.62 | 2.30 | 17.87 | 9 | 2 016.60 |
| | 短蛸 | 3.253 | 198.044 | 60.88 | 2.38 | 10.00 | 8 | 1 100.47 |
| 普通种 | 鹰爪虾 | 10.396 | 11.859 | 1.14 | 7.61 | 0.60 | 6 | 547.33 |
| | 日本蟳 | 0.702 | 67.018 | 95.46 | 0.51 | 3.38 | 8 | 346.45 |
| | 扁玉螺 | 2.300 | 10.355 | 4.50 | 1.68 | 0.52 | 3 | 73.54 |
| | 日本鼓虾 | 0.837 | 28.359 | 33.87 | 0.61 | 1.43 | 3 | 68.16 |
| | 鲜明鼓虾 | 0.471 | 44.499 | 94.53 | 0.34 | 2.25 | 1 | 28.79 |
| | 秀丽织纹螺 | 1.312 | 1.750 | 1.33 | 0.96 | 0.09 | 1 | 11.66 |
| 次要种 | 红丽织纹螺 | 1.108 | 0.671 | 0.61 | 0.81 | 0.03 | 1 | 9.39 |
| | 多棘海盘车 | 0.031 | 8.536 | 272.00 | 0.02 | 0.43 | 1 | 5.04 |
| | 短吻铲荚蛏 | 0.146 | 2.119 | 14.49 | 0.11 | 0.11 | 2 | 4.76 |
| | 脉红螺 | 0.021 | 6.424 | 300.00 | 0.02 | 0.32 | 1 | 3.78 |
| | 斑泽角口螺 | 0.214 | 1.585 | 7.40 | 0.16 | 0.08 | 1 | 2.63 |
| | 长蛸 | 0.026 | 3.869 | 148.00 | 0.02 | 0.20 | 1 | 2.38 |
| 少见种 | 细巧仿对虾 | 0.043 | 0.032 | 0.75 | 0.03 | 0.00 | 1 | 0.37 |

2）空间分布

以栖息密度（NED）和生物量密度（BED）为渔业资源量的衡量标准，研究莱州湾渔业的动态变化。

资源生物量（BED）高分布区多位于湾内西部，东部水域相对较少（图 2-2-106）。高 BED 的站区 L1 站的生物量很高，为 665.61 kg/km$^2$，占全部调查区总生物量的 22.56%，其他 BED 较高的站区 L5、L2、L9、L8、L7 生物量分别为 595.19 kg/km$^2$、431.48 kg/km$^2$、310.65 kg/km$^2$、262.57 kg/km$^2$、255.52 kg/km$^2$，合计占全部调查区的生物量的 62.89%。低于 100 kg/km$^2$ 的仅有 L6 站，仅占总生物量的 3.05%。

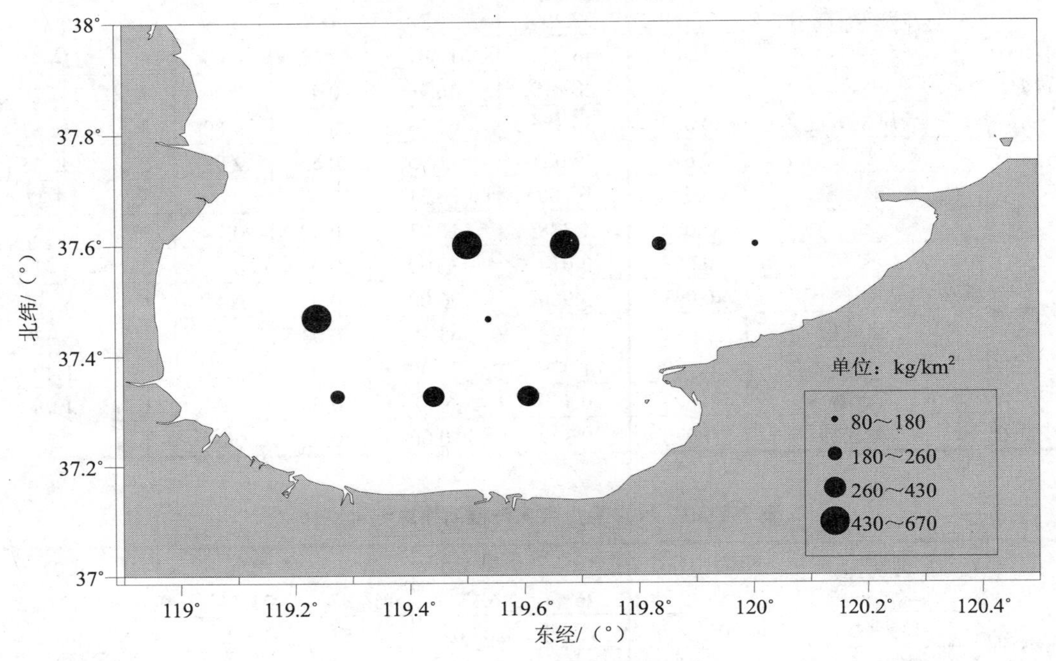


图 2-2-106 秋季莱州湾资源生物量分布图

其中，鱼类资源生物量仅占总 BED 的 32.90%，平均 BED 为 107.86 kg/km$^2$，分布趋势与资源生物量分布趋势基本一致（图 2-2-107），超过生物量 100 kg/km$^2$ 的站区为 L1、L2、L5、L7、L8 站，最高生物量站区是 L7，达 255.39 kg/km$^2$；最低生物量站区是 L9，仅为 23.88 kg/km$^2$。

无脊椎动物 BED 占总资源生物量的 67.10%，平均为 219.95 kg/km$^2$' 分布趋势与总资源生物量相似（图 2-2-108）。最高生物量站区为 L5 站，达 422.29 kg/km$^2$，最低生物量站区为 L6，仅为 58.41 kg/km$^2$。

调查区内资源生物数量密度（NED）分布与资源生物量（BED）有相同趋势（图 2-2-109）。栖息密度最高的站区也是 L1 站区，高达 60.42 千尾/km$^2$，其次为 L2、L5 和 L4，分别为 57.19 千尾/km$^2$、39.08 千尾/km$^2$ 和 34.49 千尾/km$^2$，而最低的也为 L6 站，仅为 4.54 千尾/km$^2$。

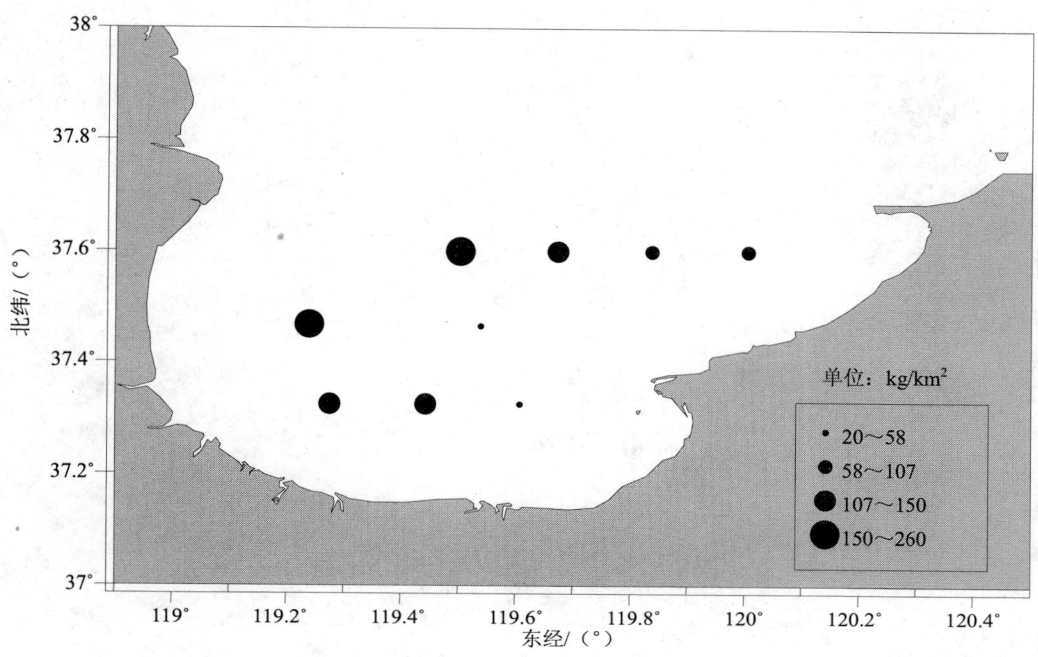


图 2-2-107 秋季莱州湾鱼类生物量分布图

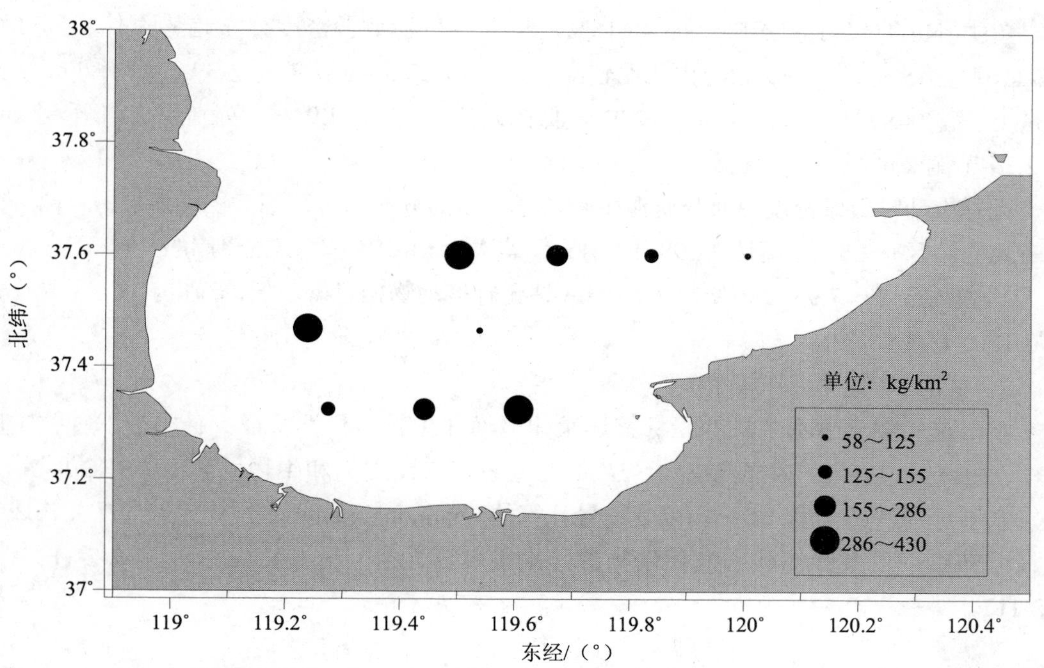


图 2-2-108 秋季莱州湾无脊椎动物生物量分布图

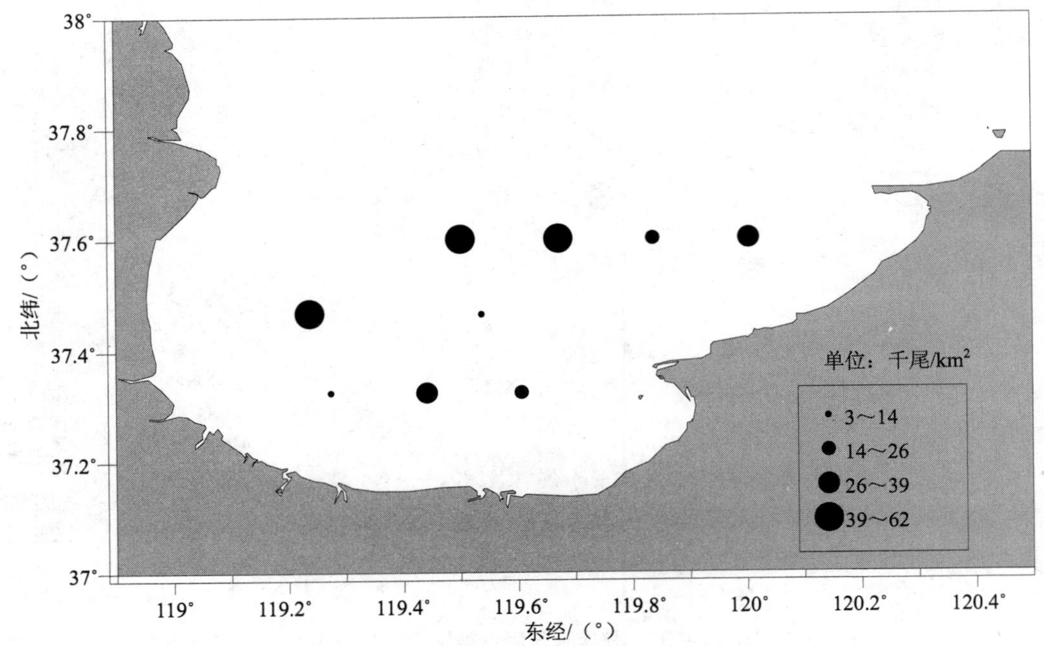


图 2-2-109　秋季莱州湾资源生物栖息密度分布图

鱼类 NED 仅占总 NED 的 48.15%，与资源生物数量密度分布趋势大体相同（图 2-2-110），湾外鱼类 NED 较湾内相比较高。其中以 L2 站为最高，达 39.27 千尾/km$^2$，其次是 L1 站 38.89 千尾/km$^2$；鱼类 NED 较低的站位有 L7 和 L9 站，分别为 2.84 千尾/km$^2$ 和 2.39 千尾/km$^2$。

无脊椎动物数量密度分布与资源生物数量密度的分布趋势一致（图 2-2-111）。栖息密度最高的站区有 L5 站，高达 34.98 千尾/km$^2$，其次为 L8、L1 和 L2，分别为 21.99 千尾/km$^2$、21.53 千尾/km$^2$ 和 17.93 千尾/km$^2$；L7 和 L6 站无脊椎动物栖息密度低，分别为 4.52 千尾/km$^2$ 和 3.19 千尾/km$^2$。

3）群落多样性特征

本书选用如下生物多样性指标描述莱州湾渔业生物多样性特征：种类数、种类丰度（*D*）、Shannon-Wiener 多样性指数（*H'*）、栖息密度（NED）和生物量密度（BED）。

本书选用种类丰度（*D*）和以生物量计算的 Shannon-Wiener 多样性指数（*H'*）作成等值线分布图，以莱州湾秋季渔业生物群落生物多样性空间分布特征，见图 2-2-112～图 2-2-117。

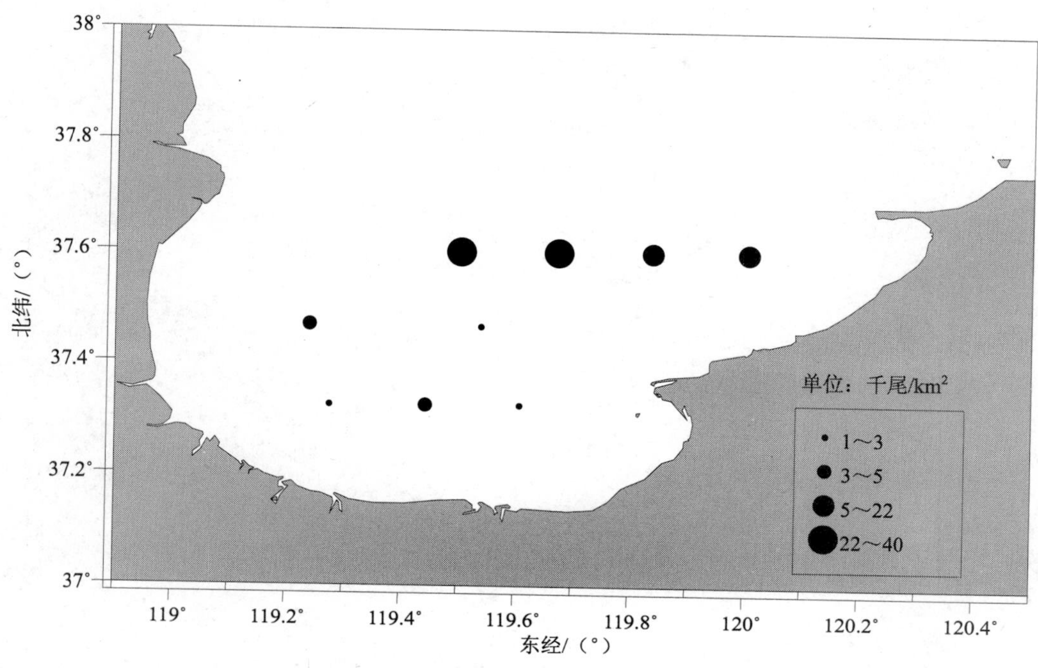


图 2-2-110 秋季莱州湾鱼类栖息密度分布图

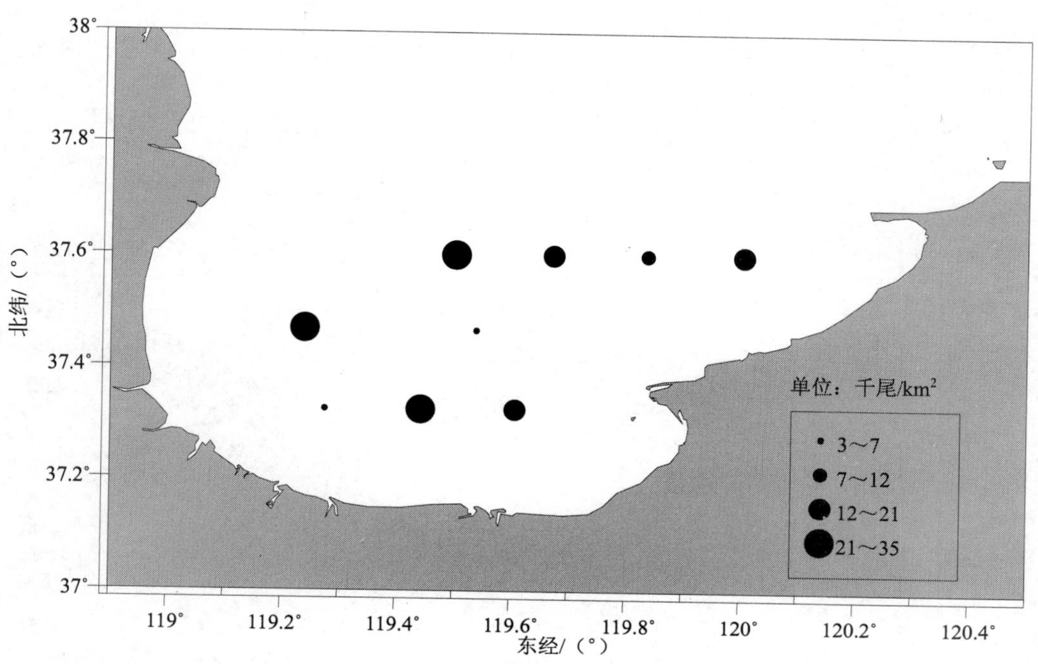


图 2-2-111 秋季莱州湾无脊椎动物栖息密度分布图

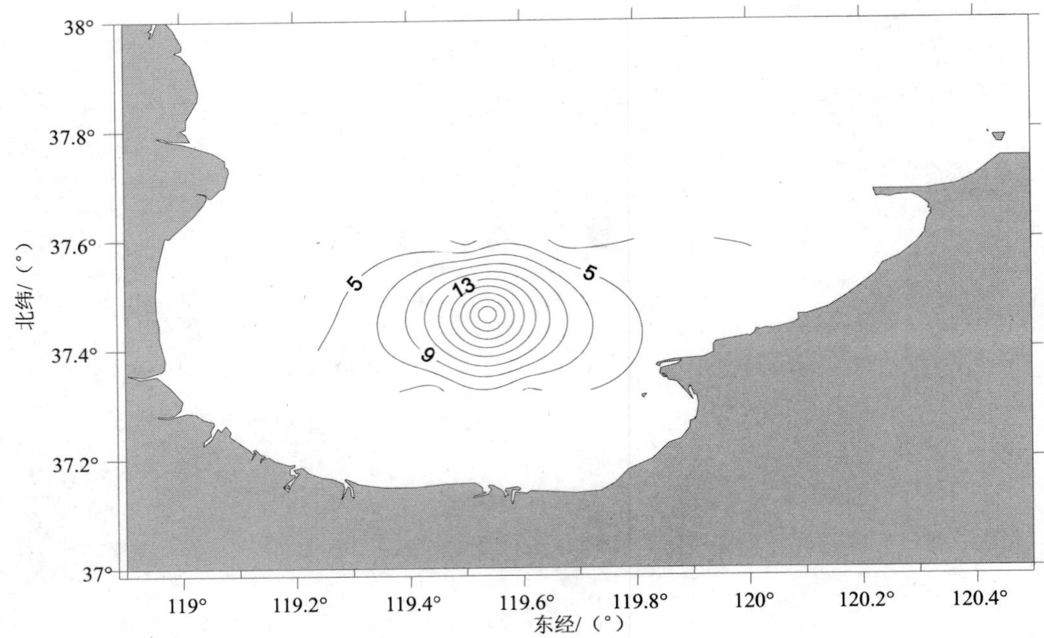


图 2-2-112　秋季莱州湾鱼类种类丰度分布特征

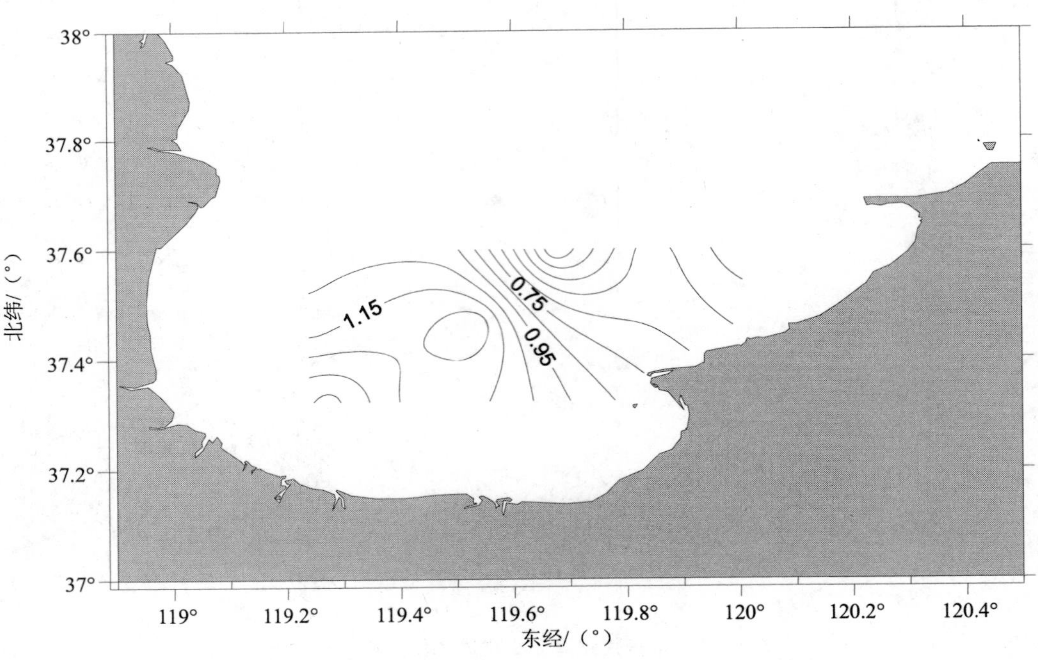


图 2-2-113　秋季莱州湾鱼类种类 Shannon-Weiner 多样性指数分布特征

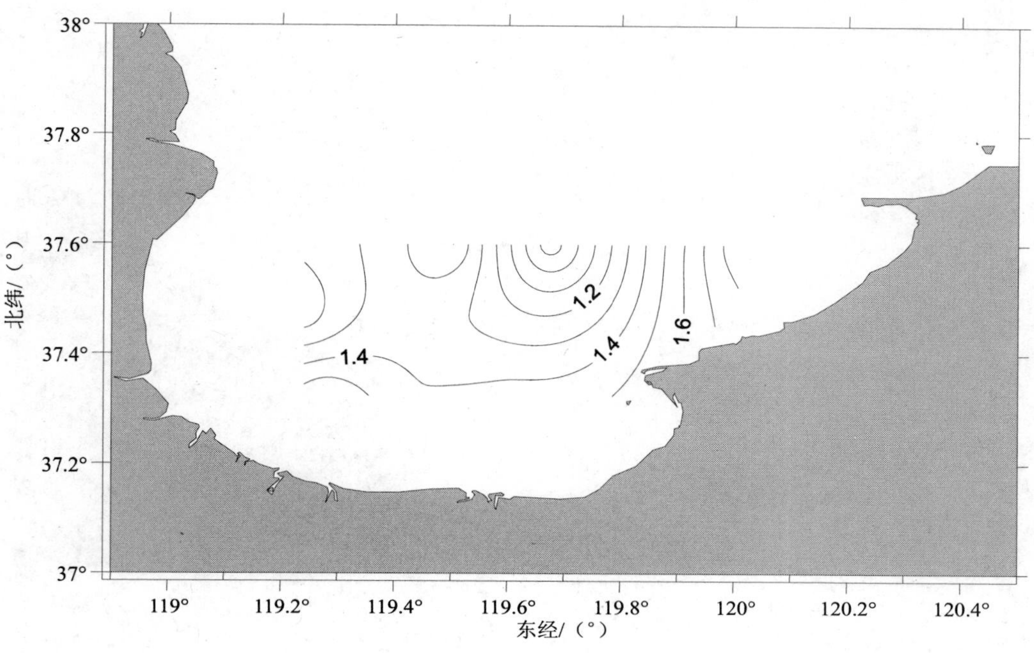


图 2-2-114　秋季莱州湾鱼类生物量 Shannon-Weiner 多样性指数分布特征

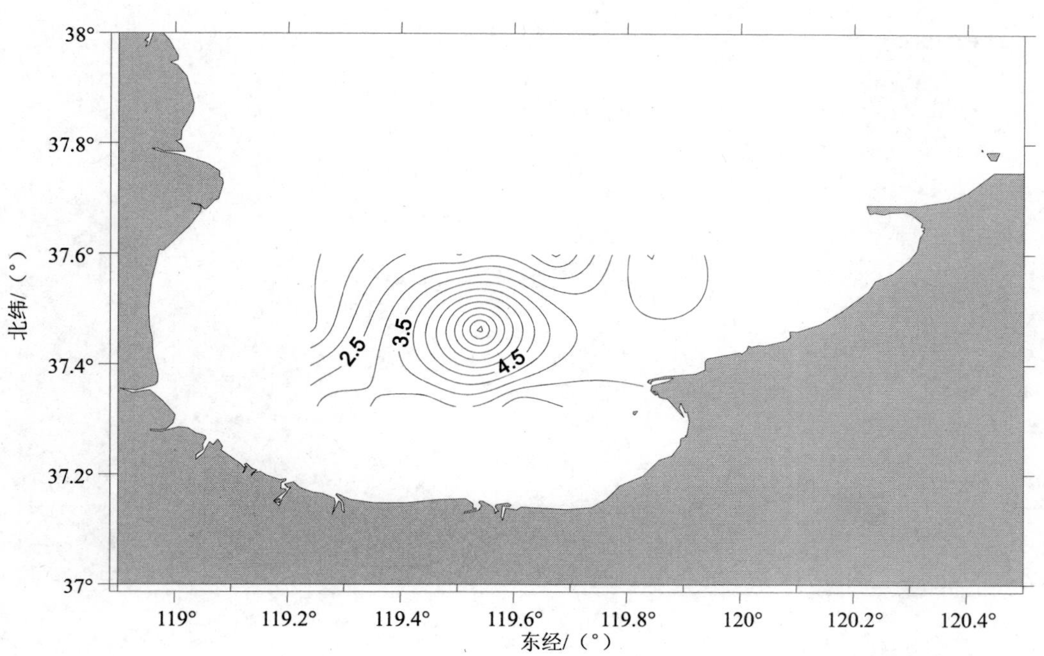


图 2-2-115　秋季莱州湾无脊椎动物种类丰度分布特征

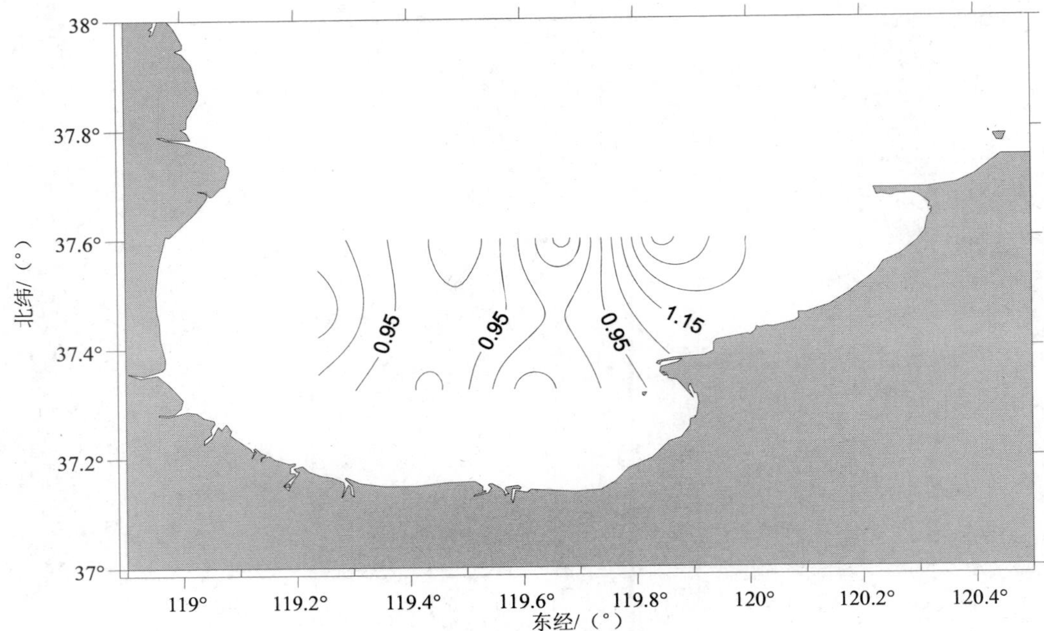


图 2-2-116　秋季莱州湾无脊椎动物种类 Shannon-Weiner 多样性指数分布特征

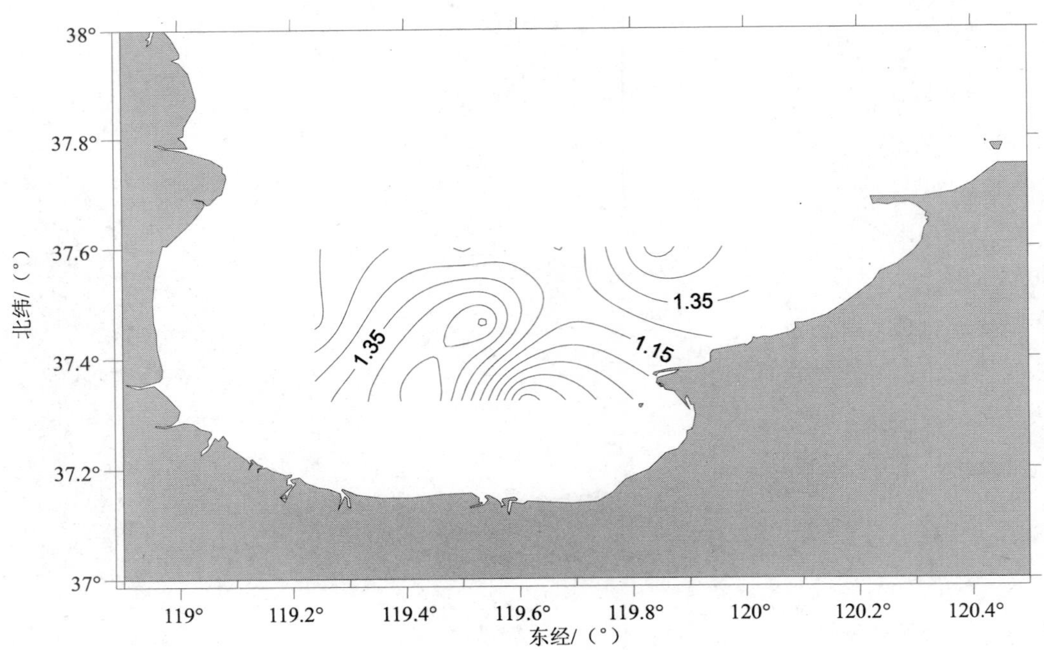


图 2-2-117　秋季莱州湾无脊椎动物生物量 Shannon-Weiner 多样性指数分布特征

秋季鱼类生物种类丰度指数（$D$）在调查区域内中央部形成最高值，由中央向四周递减，湾口多样性较高。其中以 L6 站区最高，$D$ 值为 23.38，其次是 L7、L9 和 L5 站区，分别为 5.75（7 种）、4.58（7 种）、4.25（8 种）。秋季无脊椎生物种类丰度指数（$D$）与鱼类生物种类丰度指数相似，中央区域最高，东部高于西部。其中以 L11 站区最高，$D$ 值为 7.76（10 种），其次是 L3、L7、L4，分别为 4.05（9 种）、3.31（6 种）和 3.14（9 种）。

秋季鱼类种类多样性指数 $H'_n$ 分布的高值区在调查区的中央，由中央向东北方向递减，西南区域较东北区域数值高。以 L7 站区为最高，其次为 L6、L8、L9，$H'$ 值均超过了 1.0。秋季鱼类生物量多样性指数 $H'_w$ 分布与鱼类 $H'_n$ 不相似，其高值区在调查区的东部和湾内，向北递减。其中以 L4 站区为最高，其次为 L7、L1，$H'$ 值均超过了 1.5。秋季无脊椎种类多样性指数 $H'_n$ 分布很不均匀，在调查区的南部有一低值区域，向东北方向递增。以 L3 站区为最高，其次为 L4、L1，$H'$ 值均超过了 1.1。秋季无脊椎生物量多样性指数 $H'_w$ 与无脊椎 $H'_w$ 分布也不相似，其低值区在调查区的南部，向东北方向和中央递减，由中央向西北再递减。其中以 L6 站区为最高，其次为 L8、L3、L4，$H'$ 值均超过了 1.4。

（3）小结

春秋两季共调查到 69 种游泳生物，其中鱼类 38 种，13 种甲壳动物，10 种软体动物，3 种棘皮动物，3 种腔肠动物，2 种螠虫动物。春季共捕获渔业生物 54 种。其中鱼类 29 种，隶属 1 纲 8 目 20 科，无脊椎动物 25 种，其中甲壳类 15 种，软体动物 6 种，其他类生物 4 种。秋季共捕获渔业生物 34 种。其中鱼类 17 种，隶属 1 纲 5 目 13 科，捕获无脊椎动物 17 种，其中甲壳类 7 种，软体动物 10 种。

春季莱州湾鱼类生物群落优势种为鲬、六丝矛尾虾虎鱼、石鲽、蓝点马鲛等 4 种，无脊椎动物资源以日本枪乌贼、口虾蛄为优势种；秋季莱州湾鱼类生物群落优势种为六丝矛尾虾虎鱼、矛尾虾虎鱼、鲬等 3 种，无脊椎动物资源以日本枪乌贼、口虾蛄、三疣梭子蟹、短蛸为优势种。

春季游泳生物生物量明显大于秋季。春季游泳生物近岸水域分布较多，远岸水域相对较少。鱼类资源生物量平均 BED（生物量密度）为 667.65 kg/km$^2$，无脊椎动物 BED（生物量密度）为 1 584.31 kg/km$^2$。春季资源生物数量密度（NED）分布很不平均。秋季游泳生物湾内西部分布较多，东部水域分布相对较少。鱼类资源生物量平均 BED（生物量密度）为 107.86 kg/km$^2$，无脊椎动物 BED（生物量密度）为 219.95 kg/km$^2$。

游泳生物种类数同历史资料相近（张朝晖等，2003）（张朝晖等记录了 69 种，本次调查记录了 64 种）。莱州湾渔业结构发生重大变化：从 20 世纪 60 年代的带鱼、小黄鱼、半滑舌鳎、对虾、白姑鱼等逐渐变为 80 年代、90 年代的黄鲫、鳀、赤鼻棱鳀、斑鲫、枪乌贼、青鳞鱼等小型中上层鱼类及无脊椎动物，现在为六丝矛尾虾虎鱼、矛尾复虾虎鱼、鲬等低价的鱼类及口虾蛄、短蛸等无脊椎动物（表 2-2-31）。

表 2-2-31 莱州湾渔业资源生物优势种的变化

| | 带鱼 | 小黄鱼 | 黄鲫 | 三疣梭子蟹 | 鳀鱼 | 赤鼻棱鳀 | 蓝点马鲛 | 中国毛虾 | 矛尾复虾虎鱼 | 鲬鱼 | 口虾蛄 |
|---|---|---|---|---|---|---|---|---|---|---|---|
| 1959 | ■ | ■ | ■ | | | | | | | | |
| 1982 | | | | ■ | ■ | | | | | | |
| 1992 | | | | | ■ | ■ | ■ | | | | |
| 1998 | | | | ■ | | | ■ | ■ | | | |
| 2001 | | | | | | | | ■ | ■ | | |
| 2009 | | | | | | | | | ■ | ■ | ■ |

## 2.3 结论

### 2.3.1 海州湾

海州湾潮间带调查共采集生物标本 83 种。其中软体动物 40 种，节肢动物 19 种，多毛类 9 种，鱼类 10 种，苔藓动物 3 种，棘皮动物 1 种，腕足动物 1 种。

浅海水域底栖采泥调查共采集 41 种，其中甲壳动物 6 种，软体动物 14 种，多毛动物 16 种，棘皮动物 1 种，鱼类 3 种，扁虫 1 种。

浅海水域拖网样品中春季共捕获渔业生物 65 种，其中鱼类 25 种，隶属 1 纲 8 目 17 科；捕获无脊椎动物 40 种，其中甲壳类 18 种，软体类 16 种，其他类生物 6 种。秋季共捕获渔业生物 58 种，其中鱼类 29 种，隶属 1 纲 7 目 22 科；捕获无脊椎动物 29 种，其中甲壳类 12 种，软体类 12 种，其他类生物 5 种。

浅海水域浮游动物样品经鉴定共 55 种，其中刺胞动物 17 种，桡足类 14 种，幼虫类 10 种，其他甲壳动物（钩虾、磷虾、毛虾、细螯虾和涟虫）5 种，毛颚类 2 种，原生动物、被囊类和鱼类各 1 种，其他浮游生物 4 种。

浅海水域浮游植物样品经鉴定共有 62 种，其中硅藻占绝对优势，为 49 种；甲藻次之，为 12 种；金藻只有 1 种。

根据调查的结果，初步估算了海州湾主要经济生物的现存生物量，对其受威胁程度进行了评估，将海州湾的主要经济鱼类资源分为三类，即严重衰退的种类、利用过度的种类和利用不足的种类，并对影响海州湾渔业资源的主要因素进行了分析。

### 2.3.2 莱州湾

莱州湾潮间带共采集到 84 种大型底栖动物，其中多毛类 21 种、甲壳动物 26 种、软体动物 29 种、棘皮动物 1 种、腔肠动物 2 种、腕足动物 1 种、星虫动物 1 种、螠虫动物 1 种、鱼类 2 种。秋季种类数（77 种）明显大于春季（29 种）。

浅海水域采泥样品共采集到 51 种大型底栖生物，其中多毛类 20 种、甲壳动物 15 种、软体动物 15 种、腔肠动物 1 种。秋季大型底栖生物栖息密度远大于春季，但生物量低于春季。

浅海水域拖网样品共采集到 69 种游泳生物及无脊椎动物，其中鱼类 38 种，13 种甲壳动物，10 种软体动物，3 种棘皮动物，3 种腔肠动物，2 种螠虫动物。

秋季未采集到鱼卵仔稚鱼，仅春季采集到。春季共捕获鱼类浮游生物 1 074 个。其中鱼卵 791 个，仔稚鱼 283 尾，隶属于 5 目 6 科，已鉴定到种级目录的鱼类浮游生物共计 6 种，1 种未定种。鱼卵主要分布在东部近岸海域，仔稚鱼主要为鳀鱼，主要分布在西部海域，鱼类浮游生物调查区域的西南及东北部多样性较大，中部多样性较低。

浅海水域莱州湾浮游动物样品共采集到 53 种浮游动物，其中水母类 13 种，甲壳动物 18 种，毛颚动物 2 种，尾索动物 2 种，浮游幼虫 15 种，原生动物 1 种，其他 2 种。春季（48 种）种类数大于秋季（29 种）。本次调查浮游动物种类数稍多于 1982 年浮游动物种类数，浮游动物丰度本次远大于 1982 年调查结果（141 个/$m^3$），优势种稍有变化，真刺唇角水蚤及汤氏长足水蚤优势度降低，前者为河口种类，该种的减少可能与莱州湾盐度变化有关。

浅海水域莱州湾浮游植物样品共采集到 75 种浮游植物，其中硅藻（62 种）较多，在各个季节中占到种类数的 70%以上，甲藻 12 种，金藻 1 种。浮游植物种类数同历史资料相近，以硅藻类（角毛藻属、透明辐杆藻）为主要优势种，秋季夜光藻数量较多；浮游植物丰度（个体数量）大于 1998 年浮游植物丰度，同 1992 年历史数据相近。

通过莱州湾 2009 年调查的调查资料，并结合历史资料，提出莱州湾海洋生物保护名录，共 25 种，其中濒危 10 种、受威胁 8 种、关注 7 种。

# 第三部分

# 物种评估体系

# 1 评估指标体系

物种濒危等级的划分最早开始于20世纪60年代的IUCN《濒危物种红皮书》。此后《濒危野生动植物国际贸易公约》附录标准、《濒危野生动植物国际贸易公约》附录物种、《国家重点保护水生野生动物名录》等重要技术标准及资料不断补充，人们结合物种的种群数量下降速率、栖息环境破坏程度和栖息生境面积下降速率，利用现有的科学研究数据、资源监测数据，采用数据综合分析手段对海洋生物生存状况进行等级评估。下面对此评估体系进行简述。

## 1.1　评估原则

（1）基本原则

依据生物种群现状与生境现状，综合考虑物种的种群数量下降速率、栖息生境破碎程度和栖息生境面积下降速率，利用现有的科学研究数据、资源监测数据，采用数据综合分析方法，综合评价生物的生存状况等级。

（2）最大关注度原则

当从不同的角度评价某种生态状况的结论不统一时，取评估结论中受危程度最高的等级为该物种的生存状况等级，以保证受威胁物种受到最大关注。

（3）不扩大化原则

在无充足科学数据支撑的情况下，可采用反向举证法，即如果没有充足的理由认为该物种存在生存风险，则认为该物种无危，以避免保护范围的扩大化。

## 1.2　评估标准

生物生存状况可分为五个等级，分别为：灭绝级（Extinct，Ex）、濒危级（Endangered，En）、受胁级（Threatened，T）、关注级（Concerned，C）和无危级（Least concern，Lc）。

（1）灭绝级（Extinct，Ex）

一个生物分类单元的全部个体已经死亡，列为灭绝级。

（2）濒危级（Endangered，En）

对 *K* 对策生物来说，在可预见的不远的将来，其野生状态下灭绝概率较高的物种；对 *r* 对策生物来说，其主要种群已灭绝，或在主要分布区绝迹，或 50 年内未从野外采集到标本的物种。

（3）受胁级（Threatened，T）

对 *K* 对策生物来说，其分类单元在未来一段时间中其在野生状态下灭绝的概率较高，列为受胁级；对 *r* 对策生物来说，那些濒临“经济灭绝”的经济物种，或种群“数量很少”、“个体很难发现”或从野外很难采集到标本的物种列为受胁级。

（4）关注级（Concerned，C）

那些生存状况值得关注，否则其生存状况会恶化，面临生存危机的物种，列为值得关注级。

（5）无危级（Least concern，Lc）

那些在生态时间尺度（100 年或 50 个世代，两个值中取其较大者）内不会达到受胁级的物种列为无危级。

## 1.3 评估指标

海州湾、莱州湾鱼类及无脊椎动物生存状况等级评估指标的设定符合最大关注度原则，即只要评价对象的一项指标符合某一评价标准，即认为该评价对象生存状况为该等级。鱼类及无脊椎动物生存状况等级评估指标见表 3-1-1 和表 3-1-2。

表 3-1-1　*K*-繁殖对策生物生存状况等级评估指标（参考《中国物种红色名录》）

| 等级 | 种群下降速率 | 分布范围 | 种群数量 | 预计种群下降速率 | 灭绝概率 |
|---|---|---|---|---|---|
| 灭绝级 Ex | 50 年中野外已无物种分布记录 | | | | |
| 濒危级 En | 25 年中 85% | 低于 100 km$^2$ | 低于 250 | 3 年中 25% | 10 年中 50% |
| 受威胁 T | 25 年中 50% | 低于 5 000 km$^2$ | 低于 2500 | 5 年中 20% | 20 年中 20% |
| 关注级 C | 25 年中 20% | 低于 20 000 km$^2$ | 低于 10 000 | 10 年中 10% | 100 年中 10% |
| 无危级 Lc | 尚未达到关注级的标准 | | | | |

表 3-1-2　*r*-繁殖对策生物生存状况等级评估指标（参考《中国物种红色名录》）

| 等级 | 生境标准 | 种群标准 |
|---|---|---|
| 灭绝级 Ex | 25 年内野外未采集到标本，野外已无该物种分布记录 | |
| 濒危级 En | 主要分布区绝迹；或当集合种群中＞50%亚种群灭绝，个体仅生存在局部亚种群 | 主要种群灭绝；或种群“数量极少”；或＞50%的亚种群灭绝 |
| 受威胁 T | 部分分布区绝迹；或当集合种群中，＞25%亚种群灭绝，但灭绝的亚种群低于 50%，集合种群的种群结构出现筛眼状空洞时 | 主要种群经济灭绝；或种群“数量很少”；或“个体很难发现”；或从野外难采集到标本；或＞25%的亚种群灭绝，但灭绝的亚种群低于 50% |
| 关注级 C | 分布区萎缩；或当集合种群中低于 25%的亚种群灭绝，集合种群的种群结构出现空洞时 | 主要种群数量下降；或种群“数量少”；或低于25%的亚种群灭绝 |
| 无危级 Lc | 尚未达到关注级的标准 | |

# 2 评估结果

通过海州湾、莱州湾调查资料，并结合历史资料，提出两个海湾海洋生物保护名录，共 25 种，其中濒危 10 种、受威胁 8 种、关注 7 种（表 3-2-1）。

表 3-2-1　海州湾、莱州湾海洋生物保护名录

| 种名 | 拉丁名 | 等级 | 致危原因 | 红色名录 |
|---|---|---|---|---|
| 西施舌 | *Coelomactra antiquata* | 濒危 | 个体大，栖息于潮间带，种群易受破坏 | 是 |
| 中国明对虾 | *Fenneropenaeus chinensis* | 濒危 | 严重过度捕捞，野生种群灭绝 | 是 |
| 哈氏美人虾 | *Callianassa harmandi* | 濒危 | 环境恶化，污染严重，栖息地破坏 | 是 |
| 日本美人虾 | *Callianassa japonica* | 濒危 | 环境恶化，污染严重，栖息地破坏 | 是 |
| 大蝼蛄虾 | *Upogebia major* | 濒危 | 环境恶化，污染严重，栖息地破坏 | 是 |
| 中华鲟 | *Acipenser Sinensis* | 濒危 | 本种生命周期长，性成熟迟，补充群体数量少，因此一旦破坏较难恢复 | 是 |
| 黑鳃梅童鱼 | *Collichthys niveatus* | 濒危 | 过度捕捞，资源破坏 | 是 |
| 棱皮龟 | *Dermochelys coriacea* | 濒危 | 生境质量持续衰退，误捕 | 是 |
| 江豚 | *Neophocaena phocaenoides* | 濒危 | 生境质量持续衰退，误捕，商业利用 | 是 |
| 鲱 | *Clupea pallasii pallasii* | 濒危 | 酷渔滥捕，资源破坏 | 是 |
| 伍氏蝼蛄虾 | *Erugosquilla woodmasoni* | 受威胁 | 环境恶化，污染严重，栖息地破坏 | 是 |
| 青岛文昌鱼 | *Branchiostoma lanceolatum* | 受威胁 | 污染和底质泥化 | 是 |
| 日本海马 | *Hippocampus mohnikei* | 受威胁 | 过度捕捞，资源破坏 | 是 |
| 白姑鱼 | *Pennahia argentata* | 受威胁 | 过度捕捞，资源破坏 | 是 |
| 棘头梅童鱼 | *Collichthys lucidus* | 受威胁 | 过度捕捞，资源破坏 | 是 |
| 小黄鱼 | *Pseudosciaena polyactis* | 受威胁 | 过度捕捞，资源破坏 | 是 |
| 方氏云鳚 | *Pholis fangi* | 受威胁 | 过度捕捞，资源破坏 | 是 |
| 小须鲸（小鳁鲸） | *Balaenoptera acutorostrata* | 受威胁 | 人类的过度利用 | 是 |
| 大叶藻（草） | *Zostera marina* | 关注 | 生境破坏 | 否 |
| 短文蛤 | *Meretrix petechialis* | 关注 | 过度捕捞，资源破坏 | 否 |
| 近江牡蛎 | *Crassostrea ariakensis* | 关注 | 过度捕捞，资源破坏 | 否 |
| 单环棘螠 | *Urechis unicinctus* | 关注 | 过度捕捞，资源破坏 | 否 |
| 蓝点马鲛 | *Scomberomorus niphonius* | 关注 | 过度捕捞，资源破坏 | 否 |
| 带鱼 | *Eupleurogrammus muticus* | 关注 | 过度捕捞，资源破坏 | 否 |
| 半滑舌鳎 | *Cynoglossus semilaevis* | 关注 | 过度捕捞，资源破坏 | 否 |

# 第四部分

# 问题与对策

# 主要问题

海洋生物致危原因主要有日益加剧的人类活动（包括日益增加的陆源污染、过度捕捞等）、全球气候变化等。以下是导致本领域物种丧失或受威胁的一些主要原因，具体叙述以莱州湾为例。

## 1.1　环境变化

海州湾附近存在连云港、岚山港以及石臼港等众多码头，在码头的建设中，改变了自然岸线，影响了沿岸流的流场，影响了海洋生物的产卵场、育幼场及索饵场。

影响莱州湾最大的环境变化是黄河三角洲岸线的变迁。黄河自 1976 年人工改道从清水沟流路入海，三角洲岸线年平均向海推进 0.08～0.30 km，河道出口沙嘴年平均向海延伸 3 km，造陆 23 $km^2$。目前，卫星云图显示黄河口三角洲的陆海分界线已深入莱州湾。黄河三角洲岸线的变迁对莱州湾海水流场有很大变化：三角洲岸线变迁前莱州湾主要呈反气旋环流，水体从莱州湾东部进入，在湾内呈顺时针方向运动，从湾的西北角流出；三角洲岸线变迁后，在黄河口出现一对显著的岬角涡旋对，东南部的流场和岸线变迁前相反，变为顺着岸流出湾外。流场的变化对对虾卵子和幼体在莱州湾内的输运有显著影响：岸线变迁前，对虾卵子及幼体被环流运至莱州湾的西部近岸，与历史上对虾早期繁殖地相吻合；岸线变迁后，位于西北部的对虾卵子和幼体被黄河口南部岬角涡旋捕陷入涡流内，而位于东南部的对虾卵子和幼体则被捕陷入刁龙嘴附近的流涡中，这些环流不利于对虾在莱州湾的分布和生长，对其他海洋生物的分布也产生一定影响。

黄河断流对莱州湾的影响也较明显。莱州湾西北角为黄河入海口，黄河年径流量的变化对莱州湾海水的盐度影响较大。

20 世纪 90 年代黄河断流严重，特别是 1997 年黄河下游的利津水文站断流 226 d（图 4-1-1）。黄海断流引起严重后果：大批河口地区特有的动植物遭遇灭顶之灾，数万亩耐盐碱的柽柳林因淡水干涸、海水倒灌浸泡而死，8 万亩刺槐林接近枯死；鱼虾大量减少，黄河刀鱼基本绝迹；海水蚀退陆地，黄河三角洲面积停止扩展出现萎缩，断流最严重的 1997 年，三角洲面积萎缩了七八千亩（1 亩=1/15 $hm^2$）。

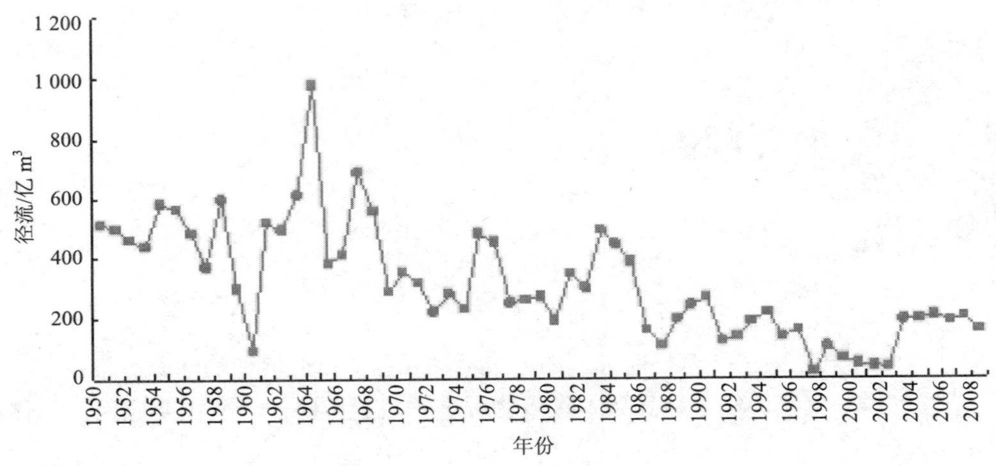


**图 4-1-1 黄河历年径流量变化（引自黄河利津水文站）**

黄河断流使莱州湾海水盐度升高，张洪亮等（2006）研究表明莱州湾海水盐度升高（大约 2～3）对莱州湾海洋生态环境的影响是多方面的，对湾内产卵场、育幼场以及海洋生物群落结构都有重要影响。

同时由于建闸修坝等原因，使溯河、降海性生物的洄游通道被阻断，其繁殖生存条件遭到了破坏。海州湾海域中华绒螯蟹、鳗鱼等资源急剧衰退与此有密切关系。

海洋环境自身大尺度的变化，特别是水温的升高，也对海洋生物资源特别是海洋渔业资源产生不利影响。林传兰（2001）等研究，1960—1997 年渤海盐度的升高速率为 0.074/a，表层海水温度升高速率为 0.011℃/a。刘允芬等（2000）利用引进的 Fish Bioenergetics Model 对我国沿海主要种类（带鱼、小黄鱼、大黄鱼）的生长进行了动态模拟，讨论了气候变化引起的海水温度升高对渔业生产可能的影响。初步研究结果表明水温升高有可能使冷水性鱼类分布范围缩小，性成熟年龄提前，减少怀卵排卵量，降低幼鱼成活率，进而导致成鱼鱼龄缩短、体重减轻和出现“逃逸行为”，最终导致成鱼数量减少、渔获量下降；对暖水性、温水性以及广温性鱼类而言，水温升高亦有可能对它们的生长、繁殖有不同程度的负面影响。研究表明我国近海主要经济鱼类的产量和渔获量在气候变化后将有不同程度的降低，产量降低幅度在 5%～15%，渔获量降低幅度在 1%～8%。

## 1.2 陆源污染的影响

相关调查资料显示海州湾附近临洪河口和连云港区近海水域的海水已降为三级海水水质标准（龚政等，2002）。《渤海海洋环境质量公报》（2008）显示莱州湾生态系统处于不健康状态。水体氮磷比严重失衡，大部分水域无机氮浓度劣于四类海水水质标准。春季，近 30%水域油类浓度超二类海水水质标准。部分生物体内砷、镉、铅和石油类的含量偏高。生物群落结构状况较差，鱼卵仔鱼密度低。连续五年的监测结果表明，莱州湾水体富营养化较严重，部分生物体内总汞、砷、镉、铅和石油类等污染物残留水平偏高，滨海湿地萎缩严重，海水盐度升高，重要经济生物产卵场萎缩，渔业生物资源衰退趋势未得到有效遏制。陆源排污、围填海工程和不合理养殖活动是影响莱州湾生态系统健康的主要因素。

根据来源分析，陆源污染主要有三种：工业污染物、城市生活污染物、农业面源污染物。

表 4-1-1 黄河及小清河 1994 年及 2008 年 COD 及氨氮年入海量

| 污染物 | 黄河 | | 小清河 | |
|---|---|---|---|---|
| | 1994 年 | 2008 年 | 1994 年 | 2008 年 |
| COD/t | 23 316 | 336 899 | 12 730 | 52 205 |
| 氨氮/t | 2 440 | 18 899 | 4 085 | 340 |

污染源主要集中于莱州湾西南部的河流入海口。莱州湾海域 80%以上的污水由河流输运入海，莱州湾主要的排污河道有黄河、淄脉河、小清河、塌河、弥河、白浪河、虞河、潍河、胶莱河、沙河、界河等。1994 年数据显示西南沿海的排放总量为 58 591 t/a。黄河前三位的污染源有 COD、硝酸盐、氨氮，年平均入海量分别为 23 316 t、18 238 t 和 2 440 t（马绍赛等，2004）；小清河前三位污染源主要有 COD、氨氮和硝酸氮，三者年平均入海量分别为 12.730 t、4.085 t 和 130 t。工业污染源与上游的重化工企业的排放污水有关；城市生活污水由于城市管网的不健全等原因也大量排放；莱州湾附近的农业生活施加的氮磷肥料及化学农业经雨水冲刷也大量排放。1987 年 7 月中旬小清河上游地区连降大雨，沿河的济南、淄博两市及区县的大量工业有毒废水随河水流入莱州湾，使河口附近多种鱼虾的产卵场被污染，造成大批鱼虾贝类死亡，毛蚶资源至 2012 年尚未恢复。2008 年国家海洋局北海分局发布的《渤海海洋环境质量公报》中显示黄河 COD 和氨氮年入海量分别为 336 899 t 和 18 899 t，COD 增长 15 倍，氨氮增长 7 倍；小清河 2008 年 COD 和氨氮年入海量分别为 52 205 t 和 340 t，COD 增长速度小于黄河，为 5 mg/L 左右，氨氮降低显著，说明小清河的治理初见成效。但小清河附近的虞河及弥河入海口污染严重，为劣四类，根据我们的调查，原排放到小清河中的污水可能改道到附近河流排放。

海水溶解氧会随着大量陆源垃圾注入而降低，甚至形成海洋低氧区。辽河口、长江口等由于陆源污染物的输入、淡水的注入及海水流系的原因，都存在低氧区，并且对浮游植物、底栖生物等生物种类组成和群落结构产生一定影响（苏伟等，2004；李艳云和王作敏，2006；王丹等，2008；王延明等，2008）。孟春霞等（2005）对小清河河口及邻近海洋的溶解氧进行调查，结果发现：在小清河口邻近海域溶解氧基本处于饱和状态，但在小清河口内表层溶解氧的含量偏低，处于缺氧状态。河口内最上游的站位处于无氧状态。结合溶解氧含量与盐度、COD、营养盐的相关性分析结果，可以认为小清河径流带来的大量有机污染物的降解耗氧是造成小清河口内低氧区存在的主要原因。同时，沉积物的污染也不容忽视。沈新强等（2005）综合评价了莱州湾、长江口及珠江口等三个渔业水域海洋生态环境状况，研究结果显示，莱州湾水域生态环境综合质量相对较好，处于"一般"状态，但随着时间变化生态环境质量正朝不良方向发展。从水域的水质、沉积物、浮游生物指标对总得分的贡献率来看，莱州湾水域沉积物指标的贡献率最高，其中沉积物镉是影响莱州湾生态环境质量的主要污染指标。

由于小清河等陆源污染源的影响，渤海渔业资源密集分布区由莱州湾—黄河口一带水域变为秦皇岛和龙口外海水域，仔稚鱼有回避该区的趋势（金显仕和唐启升，1998；崔毅等，2003）。据我们 2009 年 9 月东营、潍坊、莱州等三地的走访调查发现，小清河经过近几年的治理，河水水质得到改善，关键陆源污染排放源（如小清河）得到有效控制，但仍然存在偷排污水、改道排水等现象，随着黄海三角洲开发获得国务院批复和潍坊建设滨海新城等项目的开展和实施，莱州湾周边陆源污染治理的任务任重道远。

## 1.3 养殖自身污染及海上污染物排放

海上养殖及潮间带虾池污染对邻近港湾生态环境有较大影响。海上油类污染及海上倾废等海上污染排放也较严重。

（1）海水养殖污染

随着莱州湾湾内海水养殖规模的不断扩大，产生大量残饵、排泄物及养殖废水，使得主要位于水交换能力较差的浅海滩涂和内湾水域的养殖区附近海域水体环境恶化，主要超标物为无机氮和活性磷酸盐。据估算，1998 年山东省由海水养殖产生的无机氮年入海量为 7 471.35 t，活性磷酸盐年入海量为 59.95 t（张凯，2007）。马绍赛等（2002）研究表明对虾养殖有机物排放对莱州湾产生一定影响，初步分析计算，对虾病害发生后（1993 年）至目前对虾养殖过程中排入海中 COD 的增量平均约为 1 173.4 t/a，无机氮的增量平均为 45.1 t/a，对虾废水的排放对海域的污染不容忽视，应引起足够的注意，特别在一些对虾养殖较集中的地区。最近养虾池大部分改养海参，海参及扇贝、大菱鲆等养殖对海区的污染也不容忽视。

在浅海挂笼养殖的海湾扇贝等贝类由于自身排泄对当地海区的自然环境也产生较大影响。海湾扇贝在莱州市 2005 年养殖面积已达 5 000 亩，主要集中在芙蓉岛附近。

（2）海上油类污染

近岸海域的港区附近受油类污染比较严重，加上溢油事故频发，大量含油污水进入海域。据统计，2006 年渤、黄海区含油污水的排放量为 9 940 t，比 2004 年增加了 6 000 t。1977—1996 年中国沿海共发生大小船舶溢油事故 2 353 起，平均每隔 4 天发生一起，总溢油量超过 30 t。这些油类污染进入水体后，其中水溶性成分可使鱼类中毒甚至死亡，同时油膜附在鱼鳃上会妨碍其正常呼吸；油类也会附在浮游植物上妨碍光合作用，降低水体的饵料基础，对整个生态系统造成损害。海州湾内部的连云港和燕尾港两个港口运输船每年排出的污染废油就达 4 万多 t。还有渔船、运输船也是不可忽视的污染源。莱州湾近海采油、石化企业众多，石油类污染也为莱州湾一大污染。

（3）海上倾废

废弃物主要是港口码头建设，港池、航道疏浚产生的淤泥、沙石及亚黏土等。海上倾废产生的悬浮物可以导致水体浑浊和底栖生物被掩埋，也可以导致沉积物粒度和成分的改变，从而影响生物的生存。

## 1.4　过度捕捞

随着我国人口的增长，蛋白质的摄入量和食物需求逐渐增加。同时，渔业在国民经济中的地位不断提高，1978 年我国渔业总产量仅为大农业总产值的 1.6%，1997 年该比例已提高到 10.6%。海洋渔业一直是我国海洋经济的支柱产业之一。

海州湾为我国小黄鱼南黄海种群的重要栖息地，其产卵场在长江口及其附近以北海域，主要产卵场为江苏外海的吕泗渔场，海州湾为小黄鱼有越冬场向西到产卵场，再由产卵场往复移动于产卵场、越冬场之间的重要场所和必经海域。该海域的严重捕捞，海州湾海域的小黄鱼渔汛产量急剧下降，且渔获个体呈小型化趋势。同时海州湾为银鲳重要的产卵场（唐峰华等，2011）。

海州湾原是带鱼的渔场，1961 年附近省市的沿海 100 多对渔船在此酷渔滥捕，一次捕获 7 500 t，结果造成 1966 年以后形不成渔汛，1975 年以后便基本绝迹。再如马鲛鱼，1977 年沿海附近省市的几十对渔船违反第二休渔期规定，违规捕捞一龄马鲛鱼，一个月内其中 10 对渔船就卸货 1 400 t，超过了连云港市 1977 年以前十年的该鱼捕获量，致使海州湾马鲛鱼资源大幅下降。再如海州湾的加吉鱼，抗日战争期间由于日本渔轮的掠夺式捕捞，致使 30 多年没有形成渔汛，到 1977 年 10 月底刚形成渔汛，又遭到酷渔滥捕，使加吉鱼这一名贵鱼种重遭灭绝的厄运。海州湾原是鳓鱼的高产渔场，1957 年捕获量达 310 t，但由于捕获过量，到 1960 年产量就降至 155 t，1967 年只有 56.2 t，并且个体不断变小，目前几乎绝迹。

莱州湾湾内海洋渔业资源从 20 世纪 60 年代的利用不足，逐步发展到 80 年代的捕捞量大幅度上升。沿湾县市海洋捕捞总量从 1984 年的 $6.7\times10^4$ t 增加至 1991 年的 $1.4\times10^5$ t。1991 年的捕捞总量中，仅贝类就占 1/2 左右，贝类的发展明显较快。同时海洋捕捞业发展还存在较大的区域性，如湾东县市捕捞量最大，湾南县市相对稳定，湾西县市的发展速度最快。从渔业生产力性质分析，渤海属于我国内海浅湾，平均水深只有 18 m，与外海的水交换较慢，其初级生产只能靠陆源径流所携带的生源要素，经逐级转化而产生渔业资源。渤海的初级生产力仅属中等水平，因此在有限水域中的渔业资源必然有限。据评估，2000

年左右全渤海的渔业资源量仅有 40 万 t，故作为渤海的一个海湾只能拥有十几万吨的份额，实际可捕量则更为有限，不过 10 万 t。但据 1999 年的渔业统计，莱州湾捕捞量就达 50.5 万 t，已经严重超过渔业资源的负荷。

造成过度捕捞的主要原因有以下几点：一是对渔业资源的有限性认识不足。一些渔业生产单位和个人，对渔业资源的有限性认识不足，捕捞生产是在没有最高产量限制的条件下进行的；二是渔业资源的共享性。捕捞企业和个人不必或极少承担社会成本，他们为实现其最优水平必然要牺牲社会纯收益，对一些经济效益高的渔业资源进行酷渔滥捕；三是捕捞力量过大。集中表现在 20 世纪 80 年代以来机动渔船的数量和总功率的过快增长和过剩上；四是捕捞生产方式不合理。主要是对渔业资源特别是幼鱼危害程度高的底拖网和定置网的比例过大。近年来，刺网随着捕捞对象的变化和鱼体的小型化，网目也随之缩小，同样对渔业资源造成严重破坏；五是管理不严，打击力度不够，有大量“三无”渔船从事非法海洋捕捞。

## 1.5 其他因素

莱州湾沿岸港口码头建设、围填海等海岸带开发，破坏了海洋沿岸流及其他海洋环境，影响了海洋生物的索饵及繁殖发育等活动。

莱州湾自古就有晒盐的习惯，制盐废水不经过处理就直接排放到大海，对邻近海域也产生不利的影响。

相关措施不能适应新情况。由于水温的升高使黄渤海区域的春季产卵鱼类产卵期提前到 5 月下旬到 6 月上旬。据王爱勇（2009）的研究，莱州湾 5 月底鱼卵的密度明显大于 6 月上旬，说明鱼类产卵期提前近一个月。但 2008 年以前黄渤海的禁渔期在 6 月 15 日之后，所以部分怀卵鱼类被捕捞上岸。农业部从 2009 年开始调整黄渤海禁渔期，禁渔开始时间提前半个月，从 6 月 1 日开始禁渔。该政策的实施对养护水生生物资源有明显作用，但时间是否应当提前至 5 月中旬甚至上旬还需进一步研究。

# 对策与建议

## 2.1　加快渔业结构调整，切实加强渔政管理

现阶段渔业生产及渔船效益现状呈“两头稳定上升、中间有所降低”的状况，即马力数较大和较小的效益较好，马力数中间的效益有所下降。20 马力[①]以下小型渔船的年纯收入保持在 2 万～4 万元，如以 12 马力渔船为例，莱州渔船目前每天的渔货有口虾蛄、八蛸、海螺、三疣梭子蟹、小杂鱼等，日纯收入在 200～300 元；80 马力以上较大渔船年纯收入保持在 10 万～50 万元；40 马力左右的中小型渔船收入相对降低，个别地方甚至出现长时间停产歇业现象，部分渔船效益倒挂。作业时间上春季作业收入低，多为保本经营，伏季休渔后作业产量较高，效益较好（宋虎，2009）。

过度捕捞是导致海州湾、莱州湾生物资源衰退的主要原因，因此渔业结构调整成为莱州湾整治首选的对策，压缩渔船、缩减渔具网具、分流渔民到其他行业。渔业行政主管部门应积极配合国家政策，认真做好近海渔业生产者的转产工作，淘汰一批劣质渔船，严格执行渔船报废审批制度，减轻近海捕捞压力，坚决禁止新增渔船，同时加大清理“三无”和“三证不齐”渔船的力度。

伏季休渔取得了显著成效，但随着海洋环境、气候条件、渔业生物资源种群结构变化等因素的影响，当前的伏季休渔制度也暴露出一些亟待解决的问题。

（1）随着海洋环境的变化，多数鱼类的性腺成熟期提前，每年 5 月份，许多鱼类亲体就开始产卵，鱼群中的幼鱼比例明显提高。

（2）枪乌贼、海蜇、蓝点马鲛等部分渔业资源的成熟利用期或洄游期恰逢休渔期后期，使养护资源与合理利用资源产生矛盾。当前的休渔时间，对保护幼鱼资源、合理利用资源有制约作用，需要适当调整。

（3）休渔作业类型需要调整。围网、钓具、耙刺以及其他杂渔具和流刺网等作业类型不在休渔范围内，其禁渔期的作业行为易引起其他应休渔民的攀比心理，影响伏休秩序、增加渔业管理难度；当前渔具渔法管理存在欠缺，一些渔具渔法对幼鱼资源破坏性极强。

---

① 1 马力=0.736 kW。

对休渔期存在的问题，建议采取下列措施：

（1）建议国家适当延长黄渤海区伏季休渔的时间，休渔时间为5月16日（甚至更早）至9月1日，期间所有网具都应休渔，取消8月20日开始的流网作业。

（2）休渔过程中，不但要狠抓大中型渔船回港休渔，更要加强对众多小型渔船的管理，因为小船对近海鱼类产卵、幼苗等渔业资源的破坏力更为严重，同时对于《渔业法》中尚有不完善之处，应通过地域性渔业法规、条例形式加以补充。

（3）生产管理部门应当同其他执法管理部门联合执法对当地水产市场进行突击检查，加大监管力度，严禁小规格渔获量上市交易。例如莱州湾邻近的莱州市在禁渔期开展的严打小鲅鱼上市的行动就取得较好的效果。休渔期正是各种海洋生物生长和繁殖的季节，小鲅鱼一周可长大 10 cm，但少量渔民仍违禁捕捞。针对这种情况，莱州市工商部门、海洋与渔业部门联合执法，确保市场上不出现非法捕捞的渔业生物。

## 2.2 实施污染物总量控制，加强污染物达标排放的管理

（1）实施陆源污染物总量控制，加强污染物达标排放管理

加强对沿岸城镇工业废水、生活污水、农业面源污水等陆源污染物的治理与管理，建立污染物达标排放和入海总量控制的双控制度。应该根据港湾自身的环境容量，进行污染物排放总量控制。污染物总量控制应根据海域的最大排放量来得到每个污染源的污染分担率和相应的允许排放量，以保证区域内污染物的排放总量不超过最大允许排放量。

加强陆源污染物的达标排放，主要是控制入湾河流的污染物排放，实施河流的全流域管理。对工业污染物，通过推行清洁生产，减少污染物产生量；提高工业废水和生活污水的处理率，完善城市污水处理系统；积极发展生态农业，控制农药、化肥的使用方式，增施有机肥料，实施育林涵养水土，减少农业面源污染负荷。

（2）加强海上污染的控制与防治

①进行养殖排污控制，积极实施生态养殖。确定莱州湾沿岸的养殖容量，制定养殖废水排放标准；合理使用饵料和肥料，改进饵料成分和投放技术，减少施肥量和投饵量，提高饵料的利用率；调整海水养殖结构，推广多品种混养、轮养及立体养殖等生态养殖技术，尤其重视能净化水体的大型藻类等的养殖，减少养殖自身污染。

②控制石油污染，充分利用“3S”技术，完善海上溢油监测系统，对莱州湾的石油污染实行实时动态监控，同时，建立海域油污防备和反应系统，增强污染事故的应急处理能力。

③加大船舶污染物排放监管力度，减少含油污水的排放。规范港池开挖、航道疏浚、吹填、海上倾废等海上项目的船舶作业行为，安装相应的污染处理设备，并在港口、码头备设含油废水、船舶垃圾接收处理设施，禁止排放含有有毒物质的压载水和洗舱水。

④防止和控制海上倾废污染，严格管理和控制向海洋倾倒废弃物。

（3）加强海州湾、莱州湾环境监测能力

在控制污染源的同时，加强海州湾、莱州湾水质、沉积物和生物的立体监测，在主要污染源入海口附近海域设立监测点，以监控河口污染状况及混合区的范围；在定点海区设立监测站，及时掌握相关海域纳污区重点断面水体的现状，完善监测预报系统，为海域的管理提供及时、准确的监测数据，从而能够及时处置重大水质污染事故。莱州湾为《中国海洋环境质量公报》的重点监控区域，应当公开、共享利用监测数据。

## 2.3　加强主要生物产卵场、育幼场的保护

海州湾、莱州湾是黄渤海许多生物的重要产卵场和育幼场。海州湾为小黄鱼、真鲷、银鲳、带鱼、中国明对虾等产卵场及育幼场。莱州湾产卵场是由两个相对独立而又相互联系的产卵场组成。西部为莱州湾西部与黄河口产卵场，为黄河冲淡水影响的水域；东部则是以三山岛为中心的产卵场。前者规模较大，以小黄鱼、带鱼、黄鲫、中国明对虾、毛虾等为主，后者则以真鲷、鲈鱼、日本鱵、蓝点马鲛等居多。黄河口冲淡水区域由于咸淡水混合，初级生产力较高，自然成为各种洄游性鱼类和虾类的产卵场。三山岛附近水域是渤海落流水必经之地，但这股沿岸流在流经三山岛前受到莱州浅滩阻碍，故在爬坡之后形成落差涡流，使水动力作用更加活跃，加上近岸峡湾地形，且在汛期河河尚有一定径流入海，使初级生产力提高，上述的综合作用使岩礁性鱼类寻找此地产卵（因过虎头崖往西再没有基岩海岸与沙砾底质海域）。来自其他开阔地产卵的鱼类在此受地形阻隔需爬坡，在水流刺激下性腺成熟好的鱼类即在本海区产卵，余者再西进到渤海其他产卵场繁衍后代。

控制陆地围填海工程，减少对海洋生物生存及繁殖适宜生境的破坏。围填海具有不可逆性，大规模的围海造地会导致潮流循环减弱和自净能力变差，清淤排污能力减弱，加速水质及底质的恶化，破坏海洋生物的产卵场、育幼场。因此应严格控制占用海域和海岸线的项目建设，减少围填海工程对邻近海洋生态环境的影响。

## 2.4　进行生境和生物资源的修复

利用多种修复手段修复营养盐、重金属及油类等污染。将大型藻类及植物结合到鱼、虾、贝等多种生物的综合养殖中，吸收养殖动物释放到水体中多余的营养盐，以减少水体的富营养化，同时其还能起到固碳、产生氧气和调节水体 pH 值等作用。通过植物吸收和植物固定来清除水体和沉积物中的重金属。

大叶藻（*Zostem marina*）对海洋生境和生物资源修复具有重要作用。大叶藻可调节水体中的悬浮物、DO、叶绿素、重金属和营养盐等，从而具有水质净化作用；大叶藻形成的藻床还可以为鱼类、甲壳类、贝类等海洋生物提供良好的栖息环境。莱州湾东侧芙蓉岛—三山岛附近海域（此区域也是产卵场）尚有一定面积的大叶藻分布，应当加强对大叶藻的

相关研究，研究其对生境和生物资源修复的作用。

海州湾、莱州湾自然条件优越，属高生产力海域，应该积极实行增殖放流以缓解生物资源衰退趋势。自1994年起，沿岸各省市有关部门已连续15年开展了经济生物资源的人工增殖放流活动，并进行了有效的管理与保护。现阶段，主要的放流增殖的种类主要有中国明对虾、日本对虾、三疣梭子蟹、海蜇、菲律宾蛤仔、毛蚶、魁蚶、西施舌、大竹蛏、青蛤及牙鲆、半滑舌鳎、黑鲷等。中国对虾、三疣梭子蟹及海蜇的放流效果明显，给附近渔民秋季生产作业提供了资源保障，促进了沿湾渔民收入，取得了显著经济、生态和社会效益。

为了拯救渤海渔业资源，修复渤海生态环境，保护生物多样性，促进渔民增产增收和渔业可持续发展，农业部黄渤海渔政管理局最近提出了《拯救渤海渔业资源行动方案》，初步提出了拯救渤海渔业资源的战略设想。总的目标是：利用10年左右的时间，通过开展大规模的增殖放流、建设海洋牧场和人工鱼礁、科学划定和建设水产种质资源保护区等措施，使渤海生态系统失衡状况得到有效遏制并有明显好转，主要经济鱼虾类的繁育能力明显恢复，逐步恢复渤海作为“渔业摇篮”的功能和地位。

《拯救渤海渔业资源行动方案》计划：第一个五年，主要是向渤海“输血”。通过开展大规模的人工增殖放流，适当建设人工鱼礁，小范围试验海洋牧场建设，使人工增殖资源量大幅增加，生物多样性下降趋势得到控制，传统渔业资源基本形成渔汛；第二个五年，主要是恢复渤海的“造血”功能。在逐步减少人工增殖放流数量的同时，大规模地开展海洋牧场建设，巩固人工鱼礁建设成果，建设一批机构健全、功能完备的水产种质资源保护区。

根据拯救渤海渔业资源行动的总体目标和实施步骤，未来10年间，将重点围绕以下五个方面开展工作：

一是开展人工增殖水生生物资源。以生态效益为目标，以经济效益为动力，在渤海实行多品种、多层次、多效益的人工增殖放流。

二是建设以藻类、贝类为主的海洋牧场。利用贝类滤食、藻类吸收营养盐的特性，消耗海水中过剩的有机物污染，力求用生物技术净化水质，控制富营养化，改善水域生态环境。

三是建设人工鱼礁。在科学规划的前提下，在适宜的海域投放人工鱼礁，给鱼类“盖房子”，为鱼类的生长繁育创造良好的环境。

四是科学划定和建设水产种质资源保护区。建立黄渤海区国家级水产种质资源保护区申报库，在已建保护区基础上，申请建设以保护水生生物的产卵场、索饵场、越冬场和洄游通道为主的国家级水产种质资源保护区，建立渤海原生水产种质资源保护区。

五是打开主要鱼类的洄游通道。对海洋工程阻断鱼类的洄游通道，因地制宜，力求重新疏通。同时，积极参与新建和扩建的海洋、海岸工程的前期规划、论证和环评，为水生生物种群预留洄游通道。

国务院最近批复的《黄河三角洲高效生态经济区发展规划》中提及：采用生物和工程措施，保护和恢复近海滩涂主要经济生物资源。每年增殖放流对虾、海蜇、梭子蟹等主要水产苗种 10 亿尾（粒）以上，选划 6 处濒危水生野生动植物保护区和 15 处渔业资源保护区。

## 2.5　加大自然保护区建设及保护力度

海州湾海湾生态系统与自然遗迹海洋特别保护区于 2008 年 1 月被国家海洋局正式批准为国家级海洋特别保护区。保护区位于连云港市海州湾海域，保护范围以秦山岛为中心划定，南侧和西侧以现有海岸线为界，东侧和北侧界线依据连云港人工鱼礁工程区的东界和北界划定，总面积为 518.47 $km^2$。保护对象为海州湾独特的基岩海岛及特殊的海岸带地貌，沙生植被等植物物种以及鸟类等（王在峰，2011）。

莱州湾附近有黄河三角洲湿地国家级海洋自然保护区、昌邑海洋特别保护区、东营广饶沙蚕类生态国家级海洋特别保护区、东营莱州湾蛏类生态国家级海洋特别保护区以及莱州湾单环棘螠近江牡蛎水产种质资源保护区等。

黄河三角洲湿地总面积 200 $hm^2$。近年来，由于大面积围垦进行水产养殖、水库及道路建设等滩涂开发，导致湿地面积萎缩，生物栖息地面积减少；陆源及海上污染物的大量排放特别是油田开发引起的原油污染，造成海湾潮间带湿地底质和潮下带水质不断恶化，使浮游植物及底栖生物多样性降低；河流入海的径流量减少甚至断流，引起河口湿地退化。这些人为或自然因素造成了湿地滩涂面积减少，导致生态环境恶化，赤潮频发。

潍坊境内的山东昌邑海洋特别保护区位于昌邑市北部堤河以东、海岸线以下的滩涂上，总面积 2 929 $hm^2$，主要保护以柽柳为主的多种滨海湿地生态系统和各种海洋生物。海洋生态特别保护区的设立，对维护海洋及海岸带生态系统，保护海洋生物多样性，净化空气、防风固沙、保护防潮大堤安全、防止海岸侵蚀、改善脆弱的莱州湾生态系统，促进海上山东的建设都有着极其重要的意义。

2009 年山东东营广饶沙蚕类生态国家级海洋特别保护区和东营莱州湾蛏类生态国家级海洋特别保护区经国家海洋局批准建立。东营沙蚕类保护区和蛏类保护区分别位于广饶县支脉河与小清河之间的浅海滩涂至 5 m 等深线浅海海域和莱州湾西岸广利河以北、青坨河以南海域，总面积 27 484 $hm^2$。保护区主要保护双齿围沙蚕等多种底栖经济动物和各种优质贝类，将采取限制采捕工具、限定采捕规格、限定采捕季节等管护措施，对重要海洋经济物种实施增殖放流，以解决沙蚕天然资源急剧减少、蛏类资源易受破坏等问题。

潍坊市莱州湾单环棘螠和近江牡蛎水产种质资源保护区位于潍坊市滨海和寒亭两区的莱州湾畔，确权规划使用面积 4 012 $hm^2$，分为核心区（1 365 $hm^2$）、缓冲区（2 333 $hm^2$）和实验区（314 $hm^2$）三部分。该保护区海洋生物资源丰富，是近江牡蛎等多种生物资源的原产地，更是多种经济渔获资源的产卵场、索饵场和繁育场。

以上保护区的建立为海州湾、莱州湾生物资源的保护提供了重要基础和良好的条件，但还应理顺管理职责及管理范围，切实加强管理和投资力度，充分发挥这些保护区的作用。

# 附　录

# 海州湾及莱州湾浅海及潮间带重要水生生物物种名录

附表 1　海州湾及莱州湾潮间带大型藻类物种编目

| 中文名 | 拉丁名 | 分类地位 | 产地 | 分布 | 主要价值 |
|---|---|---|---|---|---|
| 叉开网翼藻 | *Dictyopteris divaricata*（Okamura）Okamura，1932 | 褐藻门 Phaeophyta<br>褐藻纲 Phaeophyceae<br>网地藻目 Dictyotales<br>网地藻科 Dictyotaceae<br>网翼藻属 *Dictyopteris* | 海州湾 | 生活于低潮带石沼中及大干潮线下 1～4 m 的岩石上，为黄渤海沿岸常见种 | 药用 |
| 网地藻 | *Dictyota dichotoma*（Hudson）Lamouroux，1809 | 褐藻门 Phaeophyta<br>褐藻纲 Phaeophyceae<br>网地藻目 Dictyotales<br>网地藻科 Dictyotaceae<br>网地藻属 *Dictyota* | 海州湾 | 生长在低潮带石沼中或大干潮线下 1 m 以上的岩石上，山东沿岸常见种 | 食用、药用、饲料、工业 |
| 网管藻 | *Dictyosiphon foeniculaceus*（Hudson）Greville，1830 | 褐藻门 Phaeophyta<br>褐藻纲 Phaeophyceae<br>网管藻目 Dictyoiphonales<br>网管藻科 Dictyosiphonaceae<br>网管藻属 *Dictyosiphon* | 莱州湾 | 黄海，日本、白令海、阿里斯加、北美太平洋都有分布 | 食用、药用、饲料、工业 |
| 硬球毛藻 | *Sphaerotrichia firma*（Gepp.）A. Zinova，1958 | 褐藻门 Phaeophyta<br>褐藻纲 Phaeophyceae<br>索藻目 Chordariales<br>索藻科 Chordariaceae<br>球毛藻属 *Sphaerotrichia* | 海州湾 | 生长在大干潮线附近或大干潮线以下的岩石上及潮间带石沼中。山东青岛、荣成、烟台、威海、辽宁大连都有分布 | 饲料 |
| 萱藻 | *Scytosiphon lomentaria*（Lyngbye）Link，1833 | 褐藻门 Phaeophyta<br>褐藻纲 Phaeophyceae<br>萱藻目 Scytosiphonales<br>萱藻科 Scytosiphonaceae<br>萱藻属 *Scytosiphon* | 莱州湾 | 中国大陆沿岸，日本、朝鲜半岛、印度都有分布 | 药用 |
| 裙带菜 | *Undaria pinnatifida*（Harvey）Suringar，1872 | 褐藻门 Phaeophyta<br>褐藻纲 Phaeophycea<br>海带目 Laminariales<br>翅藻科 Alariaceae<br>裙带菜属 *Undaria* | 莱州湾 | 渤海、黄海、浙江，日本、朝鲜半岛都有分布 | 可食用 |

| 中文名 | 拉丁名 | 分类地位 | 产地 | 分布 | 主要价值 |
|---|---|---|---|---|---|
| 绳藻 | *Chorda filum* (Linnaeus) Stackhouse，1797 | 褐藻门 Phaeophyta<br>褐藻纲 Phaeophyceae<br>海带目 Laminariales<br>绳藻科 Chordaceae<br>绳藻属 *Chorda* | 海州湾 | 我国黄海、渤海沿岸常见种类 | 有些地方居民以绳藻作为海带的代用品，与海带味道极为相似 |
| 海带 | *Laminaria japonica* Areschoug，1851 | 褐藻门 Phaeophyta<br>褐藻纲 Phaeophyceae<br>海带目 Laminariales<br>海带科 Laminariaceae<br>海带属 *Laminaria* | 莱州湾 | 我国黄海、渤海沿岸常见种类。日本、朝鲜半岛也有分布 | 食用 |
| 海蒿子 | *Sargassum confusum* C. Agardh，1824 | 褐藻门 Phaeophyta<br>褐藻纲 Phaeophyceae<br>墨角藻目 Fucales<br>马尾藻科 Sargassaceae<br>马尾藻属 *Sargassum* | 莱州湾 | 我国渤海、黄海、东海都有分布 | 药用治癌等 |
| 大洲马尾藻 | *Sargassum dazhouense* Tseng et Lu，1997 | 褐藻门 Phaeophyta<br>褐藻纲 Phaeophyceae<br>墨角藻目 Fucales<br>马尾藻科 Sargassaceae<br>马尾藻属 *Sargassum* | 莱州湾 | 海南岛有分布，中国特有种 | |
| 山东马尾藻 | *Sargassum shandongense* Tseng，Zhang et Lu，2000 | 褐藻门 Phaeophyta<br>褐藻纲 Phaeophyceae<br>墨角藻目 Fucales<br>马尾藻科 Sargassaceae<br>马尾藻属 *Sargassum* | 海州湾 | 我国山东、福建等沿海。中国特有种 | 用作饲料 |
| 鼠尾藻 | *Sargassum thunbergii* (Mertens) O 'Kuntze，1893 | 褐藻门 Phaeophyta<br>褐藻纲 Phaeophyceae<br>墨角藻目 Fucales<br>马尾藻科 Sargassaceae<br>马尾藻属 *Sargassum* | 海州湾 | 我国沿海习见种类，北起辽东半岛、南至雷州半岛，其间均有分布。本种是北太平洋西部特有的暖温带性海藻。原苏联亚洲部分的千岛群岛、萨哈林岛南部，日本和朝鲜也有分布 | 用作制造氯化钾和褐藻胶原料 |
| 珊瑚藻 | *Corallina officinalis* Linnaeus，1758 | 红藻门 Rhodophyta<br>红藻纲 Rhodophyceae<br>珊瑚藻目 Corallinales<br>珊瑚藻科 Corallinaceae<br>珊瑚藻属 *Corallina* | 莱州湾 | 我国黄海、东海，全球都有分布 | |

| 中文名 | 拉丁名 | 分类地位 | 产地 | 分布 | 主要价值 |
|---|---|---|---|---|---|
| 石花菜 | *Gelidium amansii*（Lamouroux）Lamouroux，1813 | 红藻门 Rhodophyta<br>红藻纲 Rhodophyceae<br>石花菜目 Gelidiales<br>石花菜科 Gelidiaceae<br>石花菜属 *Gelidium* | 海州湾、莱州湾 | 我国黄海、渤海沿岸习见种类。东海的浙江、福建和台湾北部也有分布。俄罗斯、日本、韩国及印度洋等地也有分布 | 食用，制造琼胶主要原料 |
| 蜈蚣藻 | *Grateloupia filicina*（Lamouroux）C. Agardh，1822 | 红藻门 Rhodophyta<br>红藻纲 Rhodophyceae<br>杉藻目 Glgartinales<br>海膜科 Halymeniaceae<br>蜈蚣藻属 *Grateloupia* | 海州湾 | 我国南北沿岸皆有生长，为世界性的暖温带海藻 | |
| 扇形拟衣藻 | *Ahnfeltiopsis flabelliformis*（Harv.）Masuda，1993 | 红藻门 Rhodophyta<br>红藻纲 Rhodophyceae<br>杉藻目 Glgatinales<br>育叶藻科 Phyllophoraceae<br>拟伊藻属 *Ahnfeltiopsis* | 莱州湾 | 我国南北沿海都有分布 | |
| 细弱红翎藻 | *Solieria tenuis* Xia et Zhang，1984 | 红藻门 Rhodophyta<br>红藻纲 Rhodophyceae<br>杉藻目 Glgartinales<br>红翎藻科 Solieriaceae<br>红翎藻属 *Solieria* | 莱州湾 | 我国大陆沿岸。日本也有分布 | |
| 江篱 | *Gracilaria confervoides* | 红藻门 Rhodophyta<br>红藻纲 Rhodophyceae<br>杉藻目 Glgartinales<br>江篱科 Gracilariaceae<br>江篱属 *Gracilaria* | 莱州湾 | 我国南北沿海都有分布 | 琼胶的主要原料 |
| 龙须菜 | *Gracilaria lemaneiformis*（Bory）Greville，1830 | 红藻门 Rhodophyta<br>红藻纲 Rhodophyceae<br>杉藻目 Glgartinales<br>江蓠科 Gracilariaceae<br>江蓠属 *Gracilaria* | 莱州湾 | 山东。加拿大、哥斯达黎加、北美大西洋岸也有分布 | 可用作中药、食用 |
| 扁江篱 | *Gracilaria textorii*（Suring）De Toni，1895 | 红藻门 Rhodophyta<br>红藻纲 Rhodophyceae<br>杉藻目 Glgartinales<br>江篱科 Gracilariaceae<br>江篱属 *Gracilaria* | 莱州湾 | 辽宁、山东。北太平洋西部、澳大利亚等地区也有分布 | |
| 金膜藻 | *Chrysymenia wright*（Harvey）Yamada，1932 | 红藻门 Rhodophyta<br>红藻纲 Rhodophyceae<br>红皮藻目 Rhodymeniales<br>红皮藻科 Rhodymeniaceae<br>金膜藻属 *Chrysymenia* | 海州湾 | 我国辽宁省、山东省、浙江省。日本、朝鲜、符拉迪沃斯托克（海参崴）也有分布 | |

| 中文名 | 拉丁名 | 分类地位 | 产地 | 分布 | 主要价值 |
|---|---|---|---|---|---|
| 三叉仙菜 | *Ceramium kondoi* Yendo，1920 | 红藻门 Rhodophyta<br>红藻纲 Rhodophytceae<br>仙菜目 Ceramiales<br>仙菜科 Ceramiaceae<br>仙菜属 *Ceramium* | 莱州湾 | 辽宁、河北、山东、浙江。日本等地区也有分布 | |
| 绒线藻 | *Dasya villosa* Harvey，1844 | 红藻门 Rhodophyta<br>红藻纲 Rhodophyceae<br>仙菜目 Ceramiales<br>绒线藻科 Dasyaceae<br>绒线藻属 *Dasya* | 莱州湾 | 渤海、黄海、东海。日本、大洋洲也有分布 | |
| 软骨藻 | *Chondria dasyphylla*（Woodward）C. Agardh，1817 | 红藻门 Rhodophyta<br>红藻纲 Rhodophyceae<br>仙菜目 Ceramiales<br>松节藻科 Rhodomelaceae<br>软骨藻属 *Chondria* | 海州湾 | 生长于潮间带岩石上或石沼中。辽宁大连、河北北戴河、山东烟台、青岛等地都有分布 | |
| 凹顶藻 | *Laurencia chinensis* Tseng，1943 | 红藻门 Rhodophyta<br>红藻纲 Rhodophyceae<br>仙菜目 Ceramiales<br>松节藻科 Rhodomelaceae<br>凹顶藻属 *Laurencia* | 莱州湾 | 我国东海及广东、香港等地有分布，中国地方种 | |
| 冈村凹顶藻 | *Laurencia okamurae* Yamada，1931 | 红藻门 Rhodophyta<br>红藻纲 Rhodophyceae<br>仙菜目 Ceramiales<br>松节藻科 Rhodomelaceae<br>凹顶藻属 *Laurencia* | 海州湾 | 生长在中潮线至低潮线岩石上、中国南北沿海岸都有分布。太平洋西部沿海岸、日本、朝鲜半岛都有分布 | |
| 黄色凹顶藻 | *Laurencia nipponica* | 红藻门 Rhodophyta<br>红藻纲 Rhodophyceae<br>仙菜目 Ceramiales<br>松节藻科 Rhodomelaceae<br>凹顶藻属 *Laurencia* | 海州湾 | 生长在潮间带下部和潮下带上部的岩石上。中国从北至南沿海都有分布。日本和朝鲜半岛也有分布 | |
| 异枝软骨凹顶藻 | *Chondrophycus intermedia*（Yamade）Garbary et Harper，1998 | 红藻门 Rhodophyta<br>红藻纲 Rhodophyceae<br>仙菜目 Ceramiales<br>松节藻科 Rhodomelaceae<br>软骨凹顶藻属 *Chondrophycus* | 海州湾 | 生长在潮间带下部和潮下带上部的岩石上。分布于我国黄海、渤海沿岸。日本、韩国、菲律宾、坦桑尼亚也有分布 | |
| 新松节藻 | *Neorhdomela munita*（Perestenko）Masuda，1982 | 红藻门 Rhodophyta<br>红藻纲 Rhodophyceae<br>仙菜目 Ceramiales<br>松节藻科 Rhodomelaceae<br>新松节藻属 *Neorhdomela* | 莱州湾 | 我国黄海。日本等地区也有分布 | 食用、药用、饲料、工业 |

| 中文名 | 拉丁名 | 分类地位 | 产地 | 分布 | 主要价值 |
|---|---|---|---|---|---|
| 多管藻 | *Polysiphonia senticulosa* Harvey，1862 | 红藻门 Rhodophyta<br>红藻纲 Rhodophyceae<br>仙菜目 Ceramiales<br>松节藻科 Rhodomelaceae<br>多管藻属 *Polysiphonia* | 莱州湾 | 渤海、东海、黄海，温带海域有分布 | |
| 鸭毛藻 | *Symphyocladia latiuscula*（Harvey）Yamada，1941 | 红藻门 Rhodophyta<br>红藻纲 Rhodophyceae<br>仙菜目 Ceramiales<br>松节藻科 Rhodomelaeae<br>鸭毛藻属 *Symphyocladia* | 海州湾 | 生长于低潮带岩石上或石沼中。辽宁旅顺、大连、河北北戴河、山东烟台、威海、荣成、青岛、即墨、胶南都有分布 | |
| 礁膜 | *Monostroma nitidium* Wittrock，1866 | 绿藻门 Chlorophyta<br>绿藻纲 Chlorophyceae<br>石莼目 Ulvales<br>礁膜科 Monostromataceae<br>礁膜属 *Monostroma* | 莱州湾 | 我国东、南沿海，北太平洋西部特有种 | 食用、药用、饲料、工业 |
| 肠浒苔 | *Enteromorpha intestinalis*（Linnaeus）Nees，1820 | 绿藻门 Chlorophyta<br>绿藻纲 Chlorophyceae<br>石莼目 Ulvales<br>石莼科 Ulvales<br>浒苔属 *Enteromorpha* | 莱州湾 | 中国海区，泛温带都有分布 | 食用、饲料、工业 |
| 孔石莼 | *Uiva pertusa* Kjellman，1897 | 绿藻门 Chllorophyta<br>绿藻纲 Chlorophyceae<br>石莼目 ulvales<br>石莼科 ulvales<br>石莼属 *Uiva* | 海州湾、莱州湾 | 生长在中、低潮带或大干潮线附近的岩石上或石沼中，海湾中较多。我国黄、渤海沿岸最常见的种类之一 | 药用、饲料、工业 |
| 刺松藻 | *Codium fragile*（Suringar）Hariot，1889 | 绿藻门 Chlorophyta<br>绿藻纲 Chlorophyceae<br>松藻目 Codiales<br>松藻科 Codiaceae<br>松藻属 *Codium* | 莱州湾 | 我国渤海、东海，红海也有分布。世界温水种 | 可食用 |
| 藓羽藻 | *Bryopsis hypnoides* Lamouroux，1809 | 绿藻门 Chlorophyta<br>绿藻纲 Chlorophyceae<br>羽藻目 Bryopsidales<br>羽藻科 Bryopsidaceae<br>羽藻属 *Bryopsis* | 莱州湾 | 渤海、黄海，日本、朝鲜半岛、地中海也有分布 | |
| 大叶藻 | *Zostera marina* Lannaeus，1753 | 被子植物门 Magnoliophyta<br>单子叶植物纲 Liliopsida<br>眼子菜目 Potamogetonales<br>大叶藻科 Zosteraceae<br>大叶藻属 *Zostera* | 莱州湾 | 黄海、渤海沿岸浅水区都有分布 | 饲料 |

注：海州湾 15 种，莱州湾 24 种。

附表 2　海州湾及莱州湾浮游植物（微藻）物种编目

| 中文名 | 拉丁名 | 分类地位 | 产地 | 分布 | 主要价值 |
|---|---|---|---|---|---|
| 具槽直链藻 | *Melosira sulcata*(Ehrenberg) Kutzing，1844 | 硅藻门 Bacillariophyta<br>中心纲 Centricae<br>盘状硅藻目 Discoidales<br>直链藻科 Melosiraceae<br>直链藻属 *Melosira* | 海州湾 | 分布广，我国沿海均有分布 | |
| 具翼漂流藻 | *Planktoniella blanda* (Schmidt) Syvertsen et Hasle | 硅藻门 Bacillariophyta<br>中心纲 Centricae<br>盘状硅藻目 Discoidales<br>圆筛藻科 Coscinodiscaeae<br>漂流藻属 *Planktoniella* | 海州湾 | 我国沿海均有分布 | 初级生产者 |
| 多束圆筛藻 | *Coscinodiscus divisus* Grunow，1878 | 硅藻门 Bacillariophyta<br>中心纲 Centricae<br>盘状硅藻目 Discoidales<br>圆筛藻科 Coscinodiscaeae<br>圆筛藻属 *Coscinodiscus* | 海州湾 | 我国黄海、东海分布 | 初级生产者 |
| 圆筛藻未定种 | *Coscinodiscus* spp. | 硅藻门 Bacillariophyta<br>中心纲 Centricae<br>盘状硅藻目 Discoidales<br>圆筛藻科 Coscinodiscaeae<br>圆筛藻属 *Coscinodiscus* | 海州湾、莱州湾 | | 初级生产者、饵料生物 |
| 中心圆筛藻 | *Coscinodiscus centralis* Ehrenberg，1839 | 硅藻门 Bacillariophyta<br>中心纲 Centricae<br>盘状硅藻目 Discoidales<br>圆筛藻科 Coscinodiscaeae<br>圆筛藻属 *Coscinodiscus* | 海州湾 | 我国沿海均有分布 | 初级生产者 |
| 小眼圆筛藻 | *Coscinodiscus oculatus* (Fauv.) Petit，1880 | 硅藻门 Bacillariophyta<br>中心纲 Centricae<br>盘状硅藻目 Discoidales<br>圆筛藻科 Coscinodiscaeae<br>圆筛藻属 *Coscinodiscus* | 海州湾 | 黄海和东海有分布 | 初级生产者 |
| 辐射圆筛藻 | *Coscinodiscus radidtus* Ehrenberg，1841，Chin et al.，1965 | 硅藻门 Bacillariophyta<br>中心纲 Centricae<br>盘状硅藻目 Discoidales<br>圆筛藻科 Coscinodiscaeae<br>圆筛藻属 *Coscinodiscus* | 海州湾、莱州湾 | 广布种，寒带至热带均有分布 | 赤潮生物 |
| 格氏圆筛藻 | *Coscinodiscus granii* Gough，1905 | 硅藻门 Bacillariophyta<br>中心纲 Centricae<br>盘状硅藻目 Discoidales<br>圆筛藻科 Coscinodiscaeae<br>圆筛藻属 *Coscinodiscus* | 海州湾、莱州湾 | 广布种，我国沿海均有分布 | 赤潮生物 |

| 中文名 | 拉丁名 | 分类地位 | 产地 | 分布 | 主要价值 |
|---|---|---|---|---|---|
| 虹彩圆筛藻 | *Coscinodiscus oculus-iridis* Ehrenberg，1839 | 硅藻门 Bacillariophyta<br>中心纲 Centricae<br>盘状硅藻目 Discoidales<br>圆筛藻科 Coscinodiscaeae<br>圆筛藻属 *Coscinodiscus* | 海州湾 | 广温种，我国沿海均有分布 | 初级生产者 |
| 星脐圆筛藻 | *Coscinodiscus asteromphalus* var. *asteromphalus* Ehrenberg，1844 | 硅藻门 Bacillariophyta<br>中心纲 Centricae<br>盘状硅藻目 Discoidales<br>圆筛藻科 Coscinodiscaeae<br>圆筛藻属 *Coscinodiscus* | 莱州湾 | 广温种，我国沿海常有发现 | 赤潮生物 |
| 整齐圆筛藻 | *Coscinodiscus concinnus* W. Smith，1856 | 硅藻门 Bacillariophyta<br>中心纲 Centricae<br>盘状硅藻目 Discoidales<br>圆筛藻科 Coscinodiscaeae<br>圆筛藻属 *Coscinodiscus* | 莱州湾 | 我国沿海均有分布，太平洋、印度洋也有分布 | |
| 琼氏圆筛藻 | *Coscinodiscus jonesianus* （Grev.）Ostenfeld，1915 | 硅藻门 Bacillariophyta<br>中心纲 Centricae<br>盘状硅藻目 Discoidales<br>圆筛藻科 Coscinodiscaeae<br>圆筛藻属 *Coscinodiscus* | 莱州湾 | 暖海性种，我国沿海均有分布 | 赤潮生物 |
| 孔圆筛藻 | *Coscinodiscus perforatus* var.*perforates* Ehrenberg，1844 | 硅藻门 Bacillariophyta<br>中心纲 Centricae<br>盘状硅藻目 Discoidales<br>圆筛藻科 Coscinodiscaeae<br>圆筛藻属 *Coscinodiscus* | 莱州湾 | 我国沿海常有发现，北太平洋、大西洋也有分布 | 赤潮生物 |
| 细弱圆筛藻 | *Coscinodiscus subtilis* Ehrenberg，1841 | 硅藻门 Bacillariophyta<br>中心纲 Centricae<br>盘状硅藻目 Discoidales<br>圆筛藻科 Coscinodiscaeae<br>圆筛藻属 *Coscinodiscus* | 莱州湾 | 广布种，我国沿海时有发现 | 饵料生物 |
| 威氏圆筛藻 | *Coscinodiscus wailesii* Gran et Angst，1931 | 硅藻门 Bacillariophyta<br>中心纲 Centricae<br>盘状硅藻目 Discoidales<br>圆筛藻科 Coscinodiscaeae<br>圆筛藻属 *Coscinodiscus* | 莱州湾 | 暖温带外洋种，我国沿海均有分布 | 赤潮生物 |
| 扭曲小环藻 | *Cyclotella comta* （Ehrenberg）Kuetzing，1849 | 硅藻门 Bacillariophyta<br>中心纲 Centricae<br>盘状硅藻目 Discoidales<br>圆筛藻科 Coscinodiscaeae<br>小环藻属 *Cyclotella* | 莱州湾 | 我国沿海常有发现 | 饵料生物 |

| 中文名 | 拉丁名 | 分类地位 | 产地 | 分布 | 主要价值 |
|---|---|---|---|---|---|
| 爱氏辐环藻 | *Actinocyclus ehrenbergii* Ralfs，1861 | 硅藻门 Bacillariophyta<br>中心纲 Centrica<br>盘状硅藻目 Discoidales<br>圆筛藻科 Coscinodiscaeae<br>辐环藻属 *Actinocyclus* | 莱州湾 | 广布种，我国沿海均有发现 | |
| 六藻福裥藻 | *Actinoptychus senarius*（Ehrenberg）Ehrenberg | 硅藻门 Bacillariophyta<br>中心纲 Centricae<br>盘状硅藻目 Discoidales<br>圆筛藻科 Coscinodiscaeae<br>辐裥藻属 *Actinoptychus* | 海州湾 | 广布种，我国沿海均有分布 | 初级生产者 |
| 波状辐裥藻 | *Actinoptychus undulatus*（Bailey）Ralfs，1861 | 硅藻门 Bacillariophyta<br>中心纲 Centricae<br>盘状硅藻目 Discoidales<br>圆筛藻科 Coscinodiscaeae<br>辐裥藻属 *Actinoptychus* | 莱州湾 | 广布性底栖海产沿岸种，我国沿海均有分布 | 饵料生物 |
| 海链藻未定种 | *Thalassiosira* spp. | 硅藻门 Bacillariophyta<br>中心纲 Centricae<br>盘状硅藻目 Discoidales<br>海链藻科 Thalassiosiraceae<br>海链藻属 *Thalassiosira* | 海州湾、莱州湾 | 中国近海广布种 | 初级生产者饵料生物 |
| 诺氏海链藻 | *Thalassiosira nordenskiöldii* Cleve，1873 | 硅藻门 Bacillariophyta<br>中心纲 Centricae<br>盘状硅藻目 Discoidales<br>海链藻科 Thalassiosiraceae<br>海链藻属 *Thalassiosira* | 莱州湾 | 我国渤海、黄海、东海均有分布 | 饵料生物 |
| 环纹娄氏藻 | *Lauderia annulata* Cleve，1873 | 硅藻门 Bacillariophyta<br>中心纲 Centricae<br>盘状硅藻目 Discoidales<br>海链藻科 Thalassiosiraceae<br>娄氏藻属 *Lauderia* | 莱州湾 | 广温性种，我国沿海常有发现 | 饵料生物 |
| 中肋骨条藻 | *Skeletonema costatum*（Greville）Cleve，1878 | 硅藻门 Bacillariophyta<br>中心纲 Centricae<br>盘状硅藻目 Discoidales<br>骨条藻科 Skeletonemaceae<br>骨条藻属 *Skeletonema* | 海州湾、莱州湾 | 广布种，中国海域均有分布 | 多发赤潮生物，饵料生物 |
| 塔形冠盖藻 | *Stephanopyxis turris*（Greville）Grunow，1861 | 硅藻门 Bacillariophyta<br>中心纲 Centricae<br>盘状硅藻目 Discoidales<br>骨条藻科 Skeletonemaceae<br>冠盖藻属 *Stephanopyxis* | 海州湾 | 我国渤海和黄海有分布 | 初级生产者 |

| 中文名 | 拉丁名 | 分类地位 | 产地 | 分布 | 主要价值 |
|---|---|---|---|---|---|
| 薄壁几内亚藻 | *Guinardia flaccida*（Castracane）Peragallo，1892 | 硅藻门 Bacillariophyta<br>中心纲 Centricae<br>盘状硅藻目 Discoidales<br>细柱藻科 Leptocylindraceae<br>几内亚藻属 *Guinardia* | 海州湾、莱州湾 | 暖海性种，中国沿海均有分布 | 赤潮生物 |
| 斯氏几内亚藻 | *Guinardia striata*（Stolterfoth）Hasle | 硅藻门 Bacillariophyta<br>中心纲 Centricae<br>盘状硅藻目 Discoidales<br>细柱藻科 Leptocylindraceae<br>几内亚藻属 *Guinardia* | 海州湾 | 温带浮游种，我国沿海均有分布 | 初级生产者 |
| 丹麦细柱藻 | *Leptocylindrus danicus* Cleve，1889 | 硅藻门 Bacillariophyta<br>中心纲 Centricae<br>盘状硅藻目 Discoidales<br>细柱藻科 Leptocylindraceae<br>细柱藻属 *Leptocylindrus* | 莱州湾 | 广布种，我国沿海均有分布 | 赤潮生物 |
| 棘冠藻 | *Corethron criophilum* Castracane，1886 | 硅藻门 Bacillariophyta<br>中心纲 Centricae<br>盘状硅藻目 Discoidales<br>棘冠藻科 Corethronaceae<br>棘冠藻属 *Corethron* | 莱州湾 | 我国渤海、黄海、东海均有分布，北大西洋也有分布 | 饵料生物 |
| 粗根管藻 | *Rhizosolenia robusta* Norman，1861 | 硅藻门 Bacillariophyta<br>中心纲 Centricae<br>管状硅藻目 Rhizosoleniales<br>根管藻科 Rhizosoleniaceae<br>根管藻属 *Rhizosolenia* | 海州湾 | 广布种，我国沿海均有分布 | 初级生产者 |
| 翼根管藻印度变型 | *Rhizosolenia alata* f. *indica*（Perag.）Ostenfeld，1901 | 硅藻门 Bacillariophyta<br>中心纲 Centricae<br>管状硅藻目 Rhizosoleniales<br>根管藻科 Rhizosoleniaceae<br>根管藻属 *Rhizosolenia* | 海州湾、莱州湾 | 广布种，我国沿海均有分布 | 赤潮生物 |
| 笔尖根管藻 | *Rhizosolenia styliformis* Brightwell，1858 | 硅藻门 Bacillariophyta<br>中心纲 Centricae<br>管状硅藻目 Rhizosoleniales<br>根管藻科 Rhizosoleniaceae<br>根管藻属 *Rhizosolenia* | 海州湾 | 广温种，我国沿海均有分布 | 赤潮生物 |
| 覆瓦根管藻 | *Rhizosolenia imbricata* Brightwell，1858 | 硅藻门 Bacillariophyta<br>中心纲 Centricae<br>管状硅藻目 Rhizosoleniales<br>根管藻科 Rhizosoleniales<br>根管藻属 *Rhizosolenia* | 海州湾 | 分布于热带和温带，我国沿海均有分布 | 初级生产者 |

| 中文名 | 拉丁名 | 分类地位 | 产地 | 分布 | 主要价值 |
|---|---|---|---|---|---|
| 刚毛根管藻 | *Rhizosolenia setigera* Brightwell，1858 | 硅藻门 Bacillariophyta<br>中心纲 Centricae<br>管状硅藻目 Rhizosoleniales<br>根管藻科 Rhizosoleniales<br>根管藻属 *Rhizosolenia* | 海州湾、莱州湾 | 广布种，我国沿海均有分布 | 赤潮生物 |
| 柔弱根管藻 | *Rhizosolenia delicatula* Cleve，1900 | 硅藻门 Bacillariophyta<br>中心纲 Centricae<br>管状硅藻目 Rhizosoleniales<br>根管藻科 Rhizosoleniales<br>根管藻属 *Rhizosolenia* | 海州湾、莱州湾 | 温带浮游种，我国沿海均有分布 | 赤潮生物 |
| 厚刺根管藻 | *Rhizosolenia crassispina* Schröder，1906 | 硅藻门 Bacillariophyta<br>中心纲 Centricae<br>管状硅藻目 Rhizosoleniales<br>根管藻科 Rhizosoleniales<br>根管藻属 *Rhizosolenia* | 莱州湾 | 广温性浮游种；我国沿海均有分布 | 饵料生物 |
| 斯氏根管藻 | *Rhizosolenia stolterforthii* Peragallo，1888 | 硅藻门 Bacillariophyta<br>中心纲 Centricae<br>管状硅藻目 Rhizosoleniales<br>根管藻科 Rhizosoleniales<br>根管藻属 *Rhizosolenia* | 莱州湾 | 广布种，我国沿海均有分布 | 赤潮生物 |
| 辐杆藻未定种 | *Bacteriastrum* sp. | 硅藻门 Bacillariophyta<br>中心纲 Centricae<br>盒形硅藻目 Biddulphiales<br>辐杆藻科 Bacteriastraceae<br>辐杆藻属 *Bacteriastrum* | 海州湾 | | 初级生产者 |
| 透明辐杆藻 | *Bacteriastrum hyalinum* Lauder，1860 | 硅藻门 Bacillariophyta<br>中心纲 Centricae<br>盒形硅藻目 Biddulphiales<br>辐杆藻科 Bacteriastraceae<br>辐杆藻属 *Bacteriastrum* | 莱州湾 | 太平洋、大西洋，我国沿海均有分布 | |
| 艾氏角毛藻 | *Chaetoceros eibenii* Grunow，1881 | 硅藻门 Bacillariophyta<br>中心纲 Centricae<br>盒形硅藻目 Biddulphiales<br>角毛藻科 Chaetocerotaceae<br>角毛藻属 *Chaetoceros* | 海州湾、莱州湾 | 广温种，我国沿海均有分布 | 初级生产者赤潮生物 |
| 劳氏角毛藻 | *Chaetoceros lorenzianus* Grunow，1863 | 硅藻门 Bacillariophyta<br>中心纲 Centricae<br>盒形硅藻目 Biddulphiales<br>角毛藻科 Chaetocerotaceae<br>角毛藻属 *Chaetoceros* | 海州湾、莱州湾 | 广布种，我国沿海均有分布 | 赤潮生物 |

| 中文名 | 拉丁名 | 分类地位 | 产地 | 分布 | 主要价值 |
|---|---|---|---|---|---|
| 窄隙角毛藻 | *Chaetoceros affinis* Lauder，1864 | 硅藻门 Bacillariophyta<br>中心纲 Centricae<br>盒形硅藻目 Biddulphiales<br>角毛藻科 Chaetocerotaceae<br>角毛藻属 *Chaetoceros* | 海州湾、莱州湾 | 世界各海和我国沿海均有分布 | 赤潮生物 |
| 卡氏角毛藻 | *Chaetoceros castracanei* Karsten，1905 | 硅藻门 Bacillariophyta<br>中心纲 Centricae<br>盒形硅藻目 Biddulphiales<br>角毛藻科 Chaetocerotaceae<br>角毛藻属 *Chaetoceros* | 莱州湾 | 温带浮游种，我国渤海、黄海均有分布 | |
| 扁面角毛藻 | *Chaetoceros comperssus* Lauder，1864 | 硅藻门 Bacillariophyta<br>中心纲 Centricae<br>盒形硅藻目 Biddulphiales<br>角毛藻科 Chaetocerotaceae<br>角毛藻属 *Chaetoceros* | 莱州湾 | 广布种，我国沿海均有分布 | 赤潮生物 |
| 深环沟角毛藻 | *Chaetoceros constrictus* Gran，1897 | 硅藻门 Bacillariophyta<br>中心纲 Centricae<br>盒形硅藻目 Biddulphiales<br>角毛藻科 Chaetocerotaceae<br>角毛藻属 *Chaetoceros* | 莱州湾 | 北大西洋、太平洋、中国沿海均有分布 | |
| 旋链角毛藻 | *Chaetoceros curvisetus* Cleve，1889 | 硅藻门 Bacillariophyta<br>中心纲 Centricae<br>盒形硅藻目 Biddulphiales<br>角毛藻科 Chaetocerotaceae<br>角毛藻属 *Chaetoceros* | 莱州湾 | 广温种，我国沿海均有发现 | 赤潮生物 |
| 柔弱角毛藻 | *Chaetoceros debilis* Cleve，1894 | 硅藻门 Bacillariophyta<br>中心纲 Centricae<br>盒形硅藻目 Biddulphiales<br>角毛藻科 Chaetocerotaceae<br>角毛藻属 *Chaetoceros* | 莱州湾 | 北温带种，我国渤海、黄海、东海均有分布 | 赤潮生物 |
| 密连角毛藻 | *Chaetoceros densus* Cleve，1901 | 硅藻门 Bacillariophyta<br>中心纲 Centricae<br>盒形硅藻目 Biddulphiales<br>角毛藻科 Chaetocerotaceae<br>角毛藻属 *Chaetoceros* | 莱州湾 | 广布种；我国沿海均有分布 | |
| 齿角毛藻 | *Chaetoceros denticulatus* Lauder，1864 | 硅藻门 Bacillariophyta<br>中心纲 Centricae<br>盒形硅藻目 Biddulphiales<br>角毛藻科 Chaetocerotaceae<br>角毛藻属 *Chaetoceros* | 莱州湾 | 我国沿海均有分布 | |

| 中文名 | 拉丁名 | 分类地位 | 产地 | 分布 | 主要价值 |
| --- | --- | --- | --- | --- | --- |
| 冕孢角毛藻 | *Chaetoceros diadema*（Ehrenberg，1854）Gran，1897 | 硅藻门 Bacillariophyta<br>中心纲 Centricae<br>盒形硅藻目 Biddulphiales<br>角毛藻科 Chaetocerotaceae<br>角毛藻属 *Chaetoceros* | 莱州湾 | 我国沿海均有分布；太平洋、北极、白令海、地中海也有分布 | |
| 双孢角毛藻 | *Chaetoceros didymus* Ehrenberg，1846 | 硅藻门 Bacillariophyta<br>中心纲 Centricae<br>盒形硅藻目 Biddulphiales<br>角毛藻科 Chaetocerotaceae<br>角毛藻属 *Chaetoceros* | 莱州湾 | 我国沿海均有分布；太平洋、大西洋、地中海也有分布 | 赤潮生物 |
| 垂缘角毛藻 | *Chaetoceros laciniosus* Schuett，1895 | 硅藻门 Bacillariophyta<br>中心纲 Centricae<br>盒形硅藻目 Biddulphiales<br>角毛藻科 Chaetocerotaceae<br>角毛藻属 *Chaetoceros* | 莱州湾 | 我国沿海常有发现；太平洋、白令海、地中海也有分布 | 赤潮生物 |
| 窄面角毛藻 | *Chaetoceros paradaxus* Cleve，1873 | 硅藻门 Bacillariophyta<br>中心纲 Centricae<br>盒形硅藻目 Biddulphiales<br>角毛藻科 Chaetocerotaceae<br>角毛藻属 *Chaetoceros* | 莱州湾 | 我国沿海均有分布 | |
| 拟旋链角毛藻 | *Chaetoceros pseudocurvisetus* Mangin，1910 | 硅藻门 Bacillariophyta<br>中心纲 Centricae<br>盒形硅藻目 Biddulphiales<br>角毛藻科 Chaetocerotaceae<br>角毛藻属 *Chaetoceros* | 莱州湾 | 我国沿海均有分布；太平洋、大西洋、地中海也有分布 | 赤潮生物 |
| 暹罗角毛藻 | *Chaetoceros siamense* Ostenfeld，1902 | 硅藻门 Bacillariophyta<br>中心纲 Centricae<br>盒形硅藻目 Biddulphiales<br>角毛藻科 Chaetocerotaceae<br>角毛藻属 *Chaetoceros* | 莱州湾 | 太平洋；我国沿海均有分布 | 赤潮生物 |
| 聚生角毛藻 | *Chaetoceros socialis* Lauder，1864 | 硅藻门 Bacillariophyta<br>中心纲 Centricae<br>盒形硅藻目 Biddulphiales<br>角毛藻科 Chaetocerotaceae<br>角毛藻属 *Chaetoceros* | 莱州湾 | 我国沿海均有分布 | 赤潮生物 |
| 圆柱角毛藻 | *Chaetoceros teres* Cleve，1896 | 硅藻门 Bacillariophyta<br>中心纲 Centricae<br>盒形硅藻目 Biddulphiales<br>角毛藻科 Chaetocerotaceae<br>角毛藻属 *Chaetoceros* | 莱州湾 | 北温带种；我国渤海、黄海、东海均有分布 | |

| 中文名 | 拉丁名 | 分类地位 | 产地 | 分布 | 主要价值 |
|---|---|---|---|---|---|
| 中国盒形藻 | *Biddulphia sinensis* Greville，1866 | 硅藻门 Bacillariophyta<br>中心纲 Centricae<br>盒形硅藻目 Biddulphiales<br>盒形藻科 Biddulphiaceae<br>盒形藻属 *Biddulphia* | 海州湾、莱州湾 | 偏暖性种，我国沿海均有分布 | 初级生产者 |
| 长角盒形藻 | *Biddulphia longicruris* Greville，1859 | 硅藻门 Bacillariophyta<br>中心纲 Centricae<br>盒形硅藻目 Biddulphiales<br>盒形藻科 Biddulphiaceae<br>盒形藻属 *Biddulphia* | 海州湾 | 中国沿海均有分布 | 初级生产者 |
| 活动盒形藻 | *Biddulphia mobiliensis*（Bailey）Grunow，1882 | 硅藻门 Bacillariophyta<br>中心纲 Centricae<br>盒形硅藻目 Biddulphiales<br>盒形藻科 Biddulphiaceae<br>盒形藻属 *Biddulphia* | 海州湾 | 广温性种，我国沿海均有发现 | 初级生产者 |
| 中华半管藻 | *Hemiaulus sinensis* Grunow，1865 | 硅藻门 Bacillariophyta<br>中心纲 Centricae<br>盒形硅藻目 Biddulphiales<br>盒形藻科 Biddulphiaceae<br>半管藻属 *Hemiaulus* | 莱州湾 | 中国海区；日本、地中海也有分布 | |
| 齿状角管藻 | *Cerataulina dentata* Hasle | 硅藻门 Bacillariophyta<br>中心纲 Centricae<br>盒形硅藻目 Biddulphiales<br>盒形藻科 Biddulphiaceae<br>角管藻属 *Cerataulina* | 海州湾 | | 初级生产者 |
| 蜂窝三角藻 | *Triceratium favus* Ehrenberg，1839 | 硅藻门 Bacillariophyta<br>中心纲 Centricae<br>盒形硅藻目 Biddulphiales<br>盒形藻科 Biddulphiaceae<br>三角藻属 *Triceratium* | 莱州湾 | 广温种；我国沿海均有发现 | |
| 太阳双尾藻 | *Ditylum sol* Grunow，1881 | 硅藻门 Bacillariophyta<br>中心纲 Centricae<br>盒形硅藻目 Biddulphiales<br>盒形藻科 Biddulphiaceae<br>双尾藻属 *Ditylum* | 海州湾 | 中国沿海均有分布 | 初级生产者 |
| 布氏双尾藻 | *Ditylum brightwellii*（West）Grunow，1881 | 硅藻门 Bacillariophyta<br>中心纲 Centricae<br>盒形硅藻目 Biddulphiales<br>盒形藻科 Biddulphiaceae<br>双尾藻属 *Ditylum* | 海州湾、莱州湾 | 广布性种类，我国沿海常有发现 | 赤潮生物 |

| 中文名 | 拉丁名 | 分类地位 | 产地 | 分布 | 主要价值 |
| --- | --- | --- | --- | --- | --- |
| 短角弯角藻 | *Eucampia zoodiacus* Ehrenberg，1839 | 硅藻门 Bacillariophyta<br>中心纲 Centric<br>盒形硅藻目 Biddulphiales<br>真弯藻科 Eucampiaceae<br>弯角藻属 *Eucampia* | 海州湾、莱州湾 | 广温性种，我国沿海均有发现 | 赤潮生物 |
| 泰晤士扭鞘藻 | *Streptotheca thamesis* Shrubsole，1891 | 硅藻门 Bacillariophyta<br>中心纲 Centric<br>盒形硅藻目 Biddulphiales<br>真弯藻科 Eucampiaceae<br>扭鞘藻属 *Streptothece* | 海州湾、莱州湾 | 我国沿海均有分布；太平洋、印度洋也有分布 | |
| 脆杆藻未定种 | *Fragilaria* sp. | 硅藻门 Bacillariophyta<br>羽纹纲 Pennatae<br>等片藻目 Diatomales<br>等片藻科 Diatomaceae<br>脆杆藻属 *Fragilaria* | 海州湾 | | 初级生产者 |
| 菱形海线藻 | *Thalassionema nitzschioides* Grunow | 硅藻门 Bacillariophyta<br>羽纹纲 Pennatae<br>等片藻目 Diatomales<br>等片藻科 Diatomaceae<br>海线藻属 *Thalassionema* | 莱州湾 | 广布种；我国沿海均有分布 | 赤潮生物 |
| 伏氏海毛藻 | *Thalassiothrix frauenfeldii*（Grun.）Grunow，1880 | 硅藻门 Bacillariophyta<br>羽纹纲 Pennatae<br>等片藻目 Diatomales<br>等片藻科 Diatomaceae<br>海毛藻属 *Thalassiothrix* | 莱州湾 | 广温种；我国沿海均有发现 | 赤潮生物 |
| 翼茧形藻 | *Amphiprora alata*（Ehr.）Kuetzing，1844 | 硅藻门 Bacillariophyta<br>羽纹纲 Pennatae<br>舟形藻目 Naviculales<br>舟形藻科 Naviculaceae<br>茧形藻属 *Amphiprora* | 莱州湾 | 我国沿海均有分布；澳大利亚，非洲也有分布 | |
| 舟形斜纹藻 | *Pleurosigma naviculaceum* Brebisson，1854 | 硅藻门 Bacillariophyta<br>羽纹纲 Pennatae<br>舟形藻目 Naviculales<br>舟形藻科 Naviculaceae<br>斜纹藻属 *Pleurosigma* | 海州湾 | 中国黄海、东海、南海均有分布 | 初级生产者 |
| 海洋斜纹藻 | *Pleurosigma pelagicum*（H. Peragallo）Cleve，1894 | 硅藻门 Bacillariophyta<br>羽纹纲 Pennatae<br>舟形藻目 Naviculales<br>舟形藻科 Naviculaceae<br>斜纹藻属 *Pleurosigma* | 海州湾 | 中国沿海均有分布 | 初级生产者 |

| 中文名 | 拉丁名 | 分类地位 | 产地 | 分布 | 主要价值 |
|---|---|---|---|---|---|
| 美丽斜纹藻 | *Pleurosigma formosum* W. Smith，1852 | 硅藻门 Bacillariophyta<br>羽纹纲 Pennatae<br>舟形藻目 Naviculales<br>舟形藻科 Naviculaceae<br>斜纹藻属 *Pleurosigma* | 海州湾 | 中国沿海均有分布 | 初级生产者 |
| 斜纹藻未定种 | *Pleurosigma* spp. | 硅藻门 Bacillariophyta<br>羽纹纲 Pennatae<br>舟形藻目 Naviculales<br>舟形藻科 Naviculaceae<br>斜纹藻属 *Pleurosigma* | 海州湾、莱州湾 | | 初级生产者 |
| 唐氏藻未定种 | *Donkinia* sp. | 硅藻门 Bacillariophyta<br>羽纹纲 Pennatae<br>舟形藻目 Naviculales<br>舟形藻科 Naviculaceae<br>唐氏藻属 *Donkinia* | 海州湾、莱州湾 | 我国黄海、东海分布 | 初级生产者 |
| 线形双眉藻（线状双眉藻原变种） | *Amphora lineolata* Ehrenberg | 硅藻门 Bacillariophyta<br>羽纹纲 Pennatae<br>舟形藻目 Naviculales<br>桥弯藻科 Cymbellaceae<br>双眉藻属 *Amphora* | 海州湾 | 我国黄海、东海分布 | 初级生产者 |
| 膜状舟形藻 | *Navicula membranacea* Cleve，1897 | 硅藻门 Bacillariophyta<br>羽纹纲 Pennatae<br>舟形藻目 Naviculales<br>异极藻科 Gomphonemaceae<br>舟形藻属 *Navicula* | 莱州湾 | 广温种，我国沿海均有分布 | 初级生产者 |
| 舟形藻未定种 | *Navicula* spp. | 硅藻门 Bacillariophyta<br>羽纹纲 Pennatae<br>舟形藻目 Naviculales<br>异极藻科 Gomphonemaceae<br>舟形藻属 *Navicula* | 海州湾、莱州湾 | | |
| 奇异棍形藻 | *Bacillaria paradoxa* Gmelin，1788 | 硅藻门 Bacillariophyta<br>羽纹纲 Pennatae<br>双菱藻目 Surirellales<br>菱形藻科 Nitzschiaceae<br>棍形藻属 *Bacillaria* | 海州湾、莱州湾 | 广布种；我国沿海均有分布 | 赤潮生物 |
| 柔弱菱形藻 | *Nitzschia delicatissima* Cleve | 硅藻门 Bacillariophyta<br>羽纹纲 Pennatae<br>双菱藻目 Surirellales<br>菱形藻科 Nitzschiaceae<br>菱形藻属 *Nitzschia* | 海州湾 | 我国渤海、黄海、东海均有分布 | 初级生产者 |

| 中文名 | 拉丁名 | 分类地位 | 产地 | 分布 | 主要价值 |
|---|---|---|---|---|---|
| 长菱形藻 | *Nitzschia lanceola* Grunow，1880 | 硅藻门 Bacillariophyta<br>羽纹纲 Pennatae<br>双菱藻目 Surirellales<br>菱形藻科 Nitzschiaceae<br>菱形藻属 *Nitzschia* | 海州湾 | 中国沿海均有分布 | 赤潮生物 |
| 弯端长菱形藻 | *Nitzschia sigma*（Kutzing）W. Smith，1853 | 硅藻门 Bacillariophyta<br>羽纹纲 Pennatae<br>双菱藻目 Surirellales<br>菱形藻科 Nitzschiaceae<br>菱形藻属 *Nitzschia* | 海州湾 | 中国黄海、东海均有分布 | 初级生产者 |
| 菱形藻未定种 | *Nitzschia* sp. | 硅藻门 Bacillariophyta<br>羽纹纲 Pennatae<br>双菱藻目 Surirellales<br>菱形藻科 Nitzschiaceae<br>菱形藻属 *Nitzschia* | 海州湾 | | 初级生产者 |
| 新月菱形藻 | *Nitzschia closterium*（Ehr.）W. Smith，1853 | 硅藻门 Bacillariophyta<br>羽纹纲 Pennatae<br>双菱藻目 Surirellales<br>菱形藻科 Nitzschiaceae<br>菱形藻属 *Nitzschia* | 莱州湾 | 广布种；我国沿海均有分布 | 赤潮生物 |
| 洛伦菱形藻原变种 | *Nitzschia lorenziana* Grunow | 硅藻门 Bacillariophyta<br>羽纹纲 Pennatae<br>双菱藻目 Surirellales<br>菱形藻科 Nitzschiaceae<br>菱形藻属 *Nitzschia* | 莱州湾 | 广布种；我国沿海均有分布 | |
| 尖刺拟菱形藻 | *Pseudo-nitzschia pungens*（Grunow ex Cleve）Hasle，1993 | 硅藻门 Bacillariophyta<br>羽纹纲 Pennatae<br>双菱藻目 Surirellales<br>菱形藻科 Nitzschiaceae<br>伪拟形藻属 *Pseudo-nitzschia* | 海州湾、莱州湾 | 广温种，我国沿海均有发现 | 赤潮生物 |
| 柔弱伪菱形藻 | *Pseudo-nitzschia delicatissima*（Cleve）Heiden，1928 | 硅藻门 Bacillariophyta<br>羽纹纲 Pennatae<br>双菱藻目 Surirellales<br>菱形藻科 Nitzschiaceae<br>伪拟形藻属 Pseudo-nitzschia | 莱州湾 | 我国渤海、黄海、东海均有分布；欧洲、美国、北极也有分布 | |
| 小等刺硅鞭藻 | *Dictyocha fibula* Ehrenberg，1839 | 金藻门 Chrysophyta<br>金藻纲 Chrysophyceae<br>硅鞭藻目 Silicoflagellatales<br>硅鞭藻科 Dictyochaceae<br>硅鞭藻属 *Dictyocha* | 海州湾、莱州湾 | 我国黄海、东海和南海均有分布 | |

| 中文名 | 拉丁名 | 分类地位 | 产地 | 分布 | 主要价值 |
|---|---|---|---|---|---|
| 渐尖鳍藻 | *Dinophysis acuminata* Clap. et Lach，1859 | 甲藻门 Dinophyta<br>甲藻纲 Dinophyceae<br>鳍藻目 Dinophysiales<br>鳍藻科 Dinophysiaceae<br>鳍藻属 *Dinophysis* | 莱州湾 | 广布种；我国渤海、黄海、东海有分布 | 赤潮生物 |
| 卵鳍藻 | *Dinophysis ovum* SchÜtt，1895 | 甲藻门 Dinophyta<br>甲藻纲 Dinophycea<br>鳍藻目 Dinophysiales<br>鳍藻科（Dinophysiaceae）<br>鳍藻属 *Dinophysis* | 海州湾 | 黄海、东海有分布 | 初级生产者 |
| 红色赤潮藻 | *Akashiwo sanguinea*（Hirasaka）Hansen et Moestrup，2000 | 甲藻门 Dinophyta<br>甲藻纲 Dinophyceae<br>裸甲藻目 Gymnodiniales<br>裸甲藻科 Gymnodiniaceae<br>赤潮藻属 *Akashiwo* | 莱州湾 | 广布种；我国沿海均有分布 | 赤潮生物 |
| 夜光藻 | *Noctiluca scintillans*（Macartney）Kofoid et Swezy，1921 | 甲藻门 Dinophyta<br>甲藻纲 Dinophyceae<br>夜光藻目 Noctilucales<br>夜光藻科 Noctilucaceae<br>夜光藻属 *Noctiluca* | 海州湾、莱州湾 | 广布种，我国沿海均有分布 | 赤潮生物 |
| 短角角藻 | *Ceratium breve*（Ost. et Schmidt）Schroder，1906 | 甲藻门 Dinophyta<br>甲藻纲 Dinophyceae<br>膝沟藻目 Goneaulacales<br>角藻科 Ceratiaceae<br>角藻属 *Ceratium* | 莱州湾 | 我国沿海均有分布；北美、欧洲也有分布 | 赤潮生物 |
| 叉状角藻 | *Ceratium furca*（Ehrenberg）Claparede et Lachmann，1859 | 甲藻门 Dinophyta<br>甲藻纲 Dinophyceae<br>多甲藻目 Peridiniales<br>角藻科 Ceratiaceae<br>角藻属 *Ceratium* | 海州湾、莱州湾 | 广布种，我国沿海均有分布 | 赤潮生物 |
| 纺锤角藻 | *Ceratium fusus*（Ehrenberg）Dujardin，1841 | 甲藻门 Dinophyta<br>甲藻纲 Dinophyceae<br>多甲藻目 Peridiniales<br>角藻科 Ceratiaceae<br>角藻属 *Ceratium* | 海州湾、莱州湾 | 广布种，我国沿海有分布 | 赤潮生物 |
| 科氏角藻 | *Ceratium kofoidii* Jorgensen，1911 | 甲藻门 Dinophyta<br>甲藻纲 Dinophyceae<br>多甲藻目 Peridiniales<br>角藻科 Ceratiaceae<br>角藻属 *Ceratium* | 海州湾 | 暖水种，黄海、东海和南海均有分布 | 赤潮生物 |
| 线形角藻 | *Ceratium lineatum*（Ehrenberg）Cleve，1899 | 甲藻门 Dinophyta<br>甲藻纲 Dinophyceae<br>多甲藻目 Peridiniales<br>角藻科 Ceratiaceae<br>角藻属 *Ceratium* | 海州湾、莱州湾 | 冷温带至热带都有分布；我国渤、黄和东海均有分布 | |

| 中文名 | 拉丁名 | 分类地位 | 产地 | 分布 | 主要价值 |
|---|---|---|---|---|---|
| 大角角藻 | *Ceratium macroceros* Schrank，1802 | 甲藻门 Dinophyta<br>甲藻纲 Dinophyceae<br>多甲藻目 Peridiniales<br>角藻科 Ceratiaceae<br>角藻属 *Ceratium* | 海州湾 | 广布种，我国沿海均有分布 | 赤潮生物 |
| 三角角藻 | *Ceratium tripos*（O. F. Muller）Nitzsch.，1817 | 甲藻门 Dinophyta<br>甲藻纲 Dinophyceae<br>膝沟藻目 Goneaulacales<br>角藻科 Ceratiaceae<br>角藻属 *Ceratium* | 莱州湾 | 广布种；我国沿海均有分布 | 赤潮生物 |
| 链状亚历山大藻 | *Alexandrium catenella*（Whedon et Kofoid）Balech，1985 | 甲藻门 Dinophyta<br>甲藻纲 Dinophyceae<br>多甲藻目 Peridiniales<br>屋甲藻科 Goniodomataceae<br>亚历山大藻属 *Alexandrium* | 海州湾 | 分布广，亚洲海域有分布 | 赤潮生物，可产生麻痹性贝毒毒素 |
| 新月球甲藻 | *Dissodinium lunula*（Schutt）Pascher，1976 | 甲藻门 Dinophyta<br>甲藻纲 Dinophyeae<br>梨甲藻目 Pyrocystales<br>梨甲藻科 Pyrocystaceae<br>球甲藻属 *Dissodinium* | 海州湾 | 中国东海和南海 | 初级生产者 |
| 斯氏扁甲藻 | *Pyrophacus steinii*（Schiller）Wall & Dale，1971 | 甲藻门 Dinophyta<br>甲藻纲 Dinophyceae<br>膝沟藻目 Goneaulacales<br>扁甲藻科 Pyrophacaceae<br>扁甲藻属 *Pyrophacus* | 莱州湾 | 广布种；我国沿海均有分布 | |
| 双曲原多甲藻 | *Protoperidinium conicoides*（Paulsen）Balech，1973 | 甲藻门 Dinophyta<br>甲藻纲 Dinophyceae<br>多甲藻目 Peridiniales<br>原多甲藻科 Protoperidiniaceae<br>原多甲藻属 *Protoperidinium* | 海州湾 | 我国黄海、东海均有分布 | 初级生产者 |
| 圆锥原多甲藻 | *Protoperidinium conicum*（Gran）Balech，1974 | 甲藻门 Dinophyta<br>甲藻纲 Dinophyceae<br>多甲藻目 Peridiniales<br>原多甲藻科 Protoperidiniaceae<br>原多甲藻属 *Protoperidinium* | 莱州湾 | 广布种；我国渤海、黄海、东海均有分布 | 赤潮生物 |
| 扁平原多甲藻 | *Protoperidinium depressum*（Bailey）Balech，1974 | 甲藻门 Dinophyta<br>甲藻纲 Dinophyceae<br>多甲藻目 Peridiniales<br>原多甲藻科 Protoperidiniaceae<br>原多甲藻属 *Protoperidinium* | 海州湾、莱州湾 | 广分布种，我国沿海均有分布 | 赤潮生物 |
| 五角原多甲藻 | *Protoperidinium pentagonum*（Gran）Balech，1974 | 甲藻门 Dinophyta<br>甲藻纲 Dinophyceae<br>多甲藻目 Peridiniales<br>原多甲藻科 Protoperidiniaceae<br>原多甲藻属 *Protoperidinium* | 海州湾、莱州湾 | 广布种，我国近海有分布 | 初级生产者 |

注：海州湾 60 种，莱州湾 74 种。

附表 3 海州湾及莱州湾鱼类物种编目

| 中文名 | 拉丁名 | 分类地位 | 产地 | 分布 | 主要价值 |
|---|---|---|---|---|---|
| 星康吉鳗 | *Conger myriaster*（Brevoort，1856） | 脊索动物门 Chordata<br>脊椎动物亚门 Vertebrata<br>硬骨鱼纲 Osteichthyes<br>鳗鲡目 Anguilliformes<br>康吉鳗科 Congridae<br>康吉鳗属 *Conger* | 海州湾 | 我国东海、黄海、渤海。日本、朝鲜半岛也有分布 | 食用、药用、饲料 |
| 太平洋鲱 | *Clupea pallasi*（Valenciennes，1847） | 脊索动物门 Chordata<br>脊椎动物亚门 Vertebrata<br>硬骨鱼纲 Osteichthyes<br>鲱形目 Clupeiformes<br>鲱科 Clupeidae<br>鲱属 *Clupea* | 莱州湾 | 我国黄海、渤海。北极、西太平洋和东太平洋海域也有分布 | 食用、饲料 |
| 青鳞小沙丁鱼 | *Sardinella zunasi*（Bleeker，1854） | 脊索动物门 Chordata<br>脊椎动物亚门 Vertebrata<br>硬骨鱼纲 Osteichthyes<br>鲱形目 Clupeiformes<br>鲱科 Clupeidae<br>小沙丁鱼属 *Sardinella* | 莱州湾 | 我国东海、黄海及渤海等海域，以及朝鲜、日本也有分布，属于近海小型中上层鱼类 | 食用、饲料 |
| 斑鰶 | *Konosirus punctatus*（Temminck et Schlegel，1846） | 脊索动物门 Chordata<br>脊椎动物亚门 Vertebrata<br>硬骨鱼纲 Osteichthyes<br>鲱形目 Clupeiformes<br>鲱科 Clupeidae<br>斑鰶属 *Konosirus* | 莱州湾 | 北起辽宁大东沟，南至广东闸坡。波利尼西亚、日本、朝鲜半岛、印度-太平洋沿海和河口也有分布 | 食用、饲料 |
| 鳀 | *Engraulis japonicus*（Temminck et Schlegel，1846） | 脊索动物门 Chordata<br>脊椎动物亚门 Vertebrata<br>硬骨鱼纲 Osteichthyes<br>鲱形目 Clupeiformes<br>鳀科 Engraulidae<br>鳀属 *Engraulis* | 海州湾、莱州湾 | 我国渤海、黄海、东海。朝鲜和日本也有分布 | 食用、药用、饲料 |
| 黄鲫 | *Setipinna taty*（Cuvier et Valenciennes，1848） | 脊索动物门 Chordata<br>脊椎动物亚门 Vertebrata<br>硬骨鱼纲 Osteichthyes<br>鲱形目 Clupeiformes<br>鳀科 Engraulidae<br>黄鲫属 *Setipinna* | 莱州湾 | 我国渤海、黄海、东海、南海。印度洋和太平洋西部也有分布 | 食用、饲料 |

| 中文名 | 拉丁名 | 分类地位 | 产地 | 分布 | 主要价值 |
|---|---|---|---|---|---|
| 赤鼻棱鳀 | *Thrissa kammalensis* (Bleeker，1849) | 脊索动物门 Chordata<br>脊椎动物亚门 Vertebrata<br>硬骨鱼纲 Osteichthyes<br>鲱形目 Clupeiformes<br>鳀科 Engraulidae<br>棱鳀属 *Thrissa* | 海州湾、莱州湾 | 我国沿海，黄海、渤海、东海、南海；印度、印度尼西亚也有分布 | 食用、动物饲料 |
| 中国大银鱼 | *Protosalanx chinensis* (Basilewsky，1855) | 脊索动物门 Chordata<br>脊椎动物亚门 Vertebrata<br>硬骨鱼纲 Osteichthyes<br>胡瓜鱼目 Osmeriformes<br>胡瓜鱼亚目 Osmeroidei<br>银鱼科 Salangidae<br>大银鱼属 *Protosalanx* | 莱州湾 | 我国渤海、黄海、东海沿岸，长江淮河流域；亚洲：朝鲜半岛、越南 | 食用 |
| 长蛇鲻 | *Saurida elongata* (Temminck et Schlegel，1846) | 脊索动物门 Chordata<br>脊椎动物亚门 Vertebrata<br>硬骨鱼纲 Osteichthyes<br>仙女鱼目 Aulopiformes<br>狗母鱼科 Synodidae<br>蛇鲻属 *Saurida* | 海州湾 | 我国南海、东海、黄海；朝鲜、日本也有分布 | 食用 |
| 鲻 | *Mugil cephalus* (Linnaeus，1758) | 脊索动物门 Chordata<br>脊椎动物亚门 Vertebrata<br>硬骨鱼纲 Osteichthyes<br>鲻形目 Mugiliformes<br>鲻科 Mugilidae<br>鲻属 *Mugil* | 海州湾 | 我国渤海、黄海、东海、台湾海峡、南海；全球分布于所有海洋的热带与亚热带海域的沿岸 | 食用，重要食用种类 |
| 鮻 | *Liza haematocheila* (Temminck et Schlegel，1845) | 脊索动物门 Chordata<br>脊椎动物亚门 Vertebrata<br>硬骨鱼纲 Osteichthyes<br>鲻形目 Mugiliformes<br>鲻科 Mugilidae<br>鮻属 *Liza* | 海州湾、莱州湾 | 我国沿海，西北太平洋也有分布 | 食用、药用、饲料 |
| 缘下鱵鱼 | *Hyporhamphus limbatus* (Valenciennes，1847) | 脊索动物门 Chordata<br>脊椎动物亚门 Vertebrata<br>硬骨鱼纲 Osteichthye<br>颌针鱼目 Beloniformes<br>鱵科 Hemiramphidae<br>下鱵鱼属 *Hyporhamphus* | 莱州湾 | 我国沿海北起福建福州、南到海南岛三亚等水域，印度洋北部沿岸也有分布，属于暖水性近海鱼类 | 食用、饲料 |
| 刺冠海龙 | *Corythoichthys crenulatus* (Weber，1913) | 脊索动物门 Chordata<br>脊椎动物亚门 Vertebrata<br>硬骨鱼纲 Osteichthyes<br>刺鱼目 Gasterosteiformes<br>海龙科 Syngnathidae<br>冠海龙属 *Corythoichthys* | 海州湾 | 我国东海；朝鲜、日本也有分布 | 药用 |

| 中文名 | 拉丁名 | 分类地位 | 产地 | 分布 | 主要价值 |
|---|---|---|---|---|---|
| 日本海马 | *Hippocampus japonicus*(Kaup，1853) | 脊索动物门 Chordata<br>脊椎动物亚门 Vertebrata<br>硬骨鱼纲 Osteichthyes<br>刺鱼目 Gasterosteiformes<br>海龙亚目 Syngnathoidei<br>海龙科 Syngnathidae<br>海马属 *Hippocampus* | 莱州湾 | 我国南海、东海、黄海、渤海等海域。朝鲜、日本等也有分布 | 药用 |
| 尖海龙 | *Syngnathus acus*（Linnaeus，1758） | 脊索动物门 Chordata<br>脊椎动物亚门 Vertebrata<br>硬骨鱼纲 Osteichthyes<br>刺鱼目 Gasterosteiformes<br>海龙亚目 Syngnathoidei<br>海龙科 Syngnathoidae<br>海龙属 *Syngnathus* | 海州湾、莱州湾 | 我国渤海、黄海、东海、南海的近陆海域 | 食用、药用、饲料 |
| 深海红娘鱼 | *Lepidotrigla abyssalis*（Jordan et Starks，1904） | 脊索动物门 Chordata<br>脊椎动物亚门 Vertebrata<br>硬骨鱼纲 Osteichthyes<br>鲉形目 Scorpaeniformes<br>鲂鮄科 Triglidae<br>红娘鱼属 *Lepidotrigla* | 海州湾 | 我国东海等海域，日本也有分布，为底栖性鱼类，生活在沙泥底质海域 | |
| 鲬 | *Platycephalus indicus*（Linnaeus，1758） | 脊索动物门 Chordata<br>脊椎动物亚门 Vertebrata<br>硬骨鱼纲 Osteichthyes<br>鲉形目 Scorpaeniformes<br>鲬亚目 Platycephaloidei<br>鲬科 Platycephalidae<br>鲬属 *Platycephalus* | 海州湾、莱州湾 | 我国沿海均产之，黄海、渤海产量较多。主要分布于印度洋和太平洋 | 食用、药用、饲料 |
| 兔头六线鱼 | *Hexagrammos lagocephalus*（Pallas，1810） | 脊索动物门 Chordata<br>脊椎动物亚门 Vertebrata<br>硬骨鱼纲 Osteichthyes<br>鲉形目 Scorpaeniforme<br>六线鱼亚目 Hexagrammoidei<br>六线鱼科 Hexagrammidae<br>六线鱼属 *Hexagrammos* | 海州湾 | 我国东海、黄海 | 食用、药用、饲料 |
| 大泷六线鱼 | *Hexagrammos otakii*（Synder，1908） | 脊索动物门 Chordata<br>脊椎动物亚门 Vertebrata<br>硬骨鱼纲 Osteichthyes<br>鲉形目 Scorpaeniforme<br>六线鱼亚目 Hexagrammoidei<br>六线鱼科 Hexagrammidae<br>六线鱼属 *Hexagrammos* | 莱州湾 | 我国北方沿海，黄海、东海虽有分布，但资源很少。日本、朝鲜半岛南部也有分布 | 食用 |

| 中文名 | 拉丁名 | 分类地位 | 产地 | 分布 | 主要价值 |
|---|---|---|---|---|---|
| 细纹狮子鱼 | *Liparis tanakae*（Gilbert et Burke，1912） | 脊索动物门 Chordata<br>脊椎动物亚门 Vertebrata<br>硬骨鱼纲 Osteichthyes<br>鲉形目 Scorpaeniforme<br>杜父鱼亚目 Cottoidei<br>狮子鱼科 Liparidae<br>狮子鱼属 *Liparis* | 海州湾 | 我国东海、黄海等海域，朝鲜、日本也有分布 | 食用、药用、饲料 |
| 赵氏狮子鱼 | *Liparis choanus* | 脊索动物门 Chordata<br>脊椎动物亚门 Vertebrata<br>硬骨鱼纲 Osteichthyes<br>鲉形目 Scorpaeniforme<br>杜父鱼亚目 Cottoidei<br>狮子鱼科 Liparidae<br>狮子鱼属 *Liparis* | 海州湾 | 黄海 | 食用、药用、饲料 |
| 油魣 | *Sphyraena pinguis*（Günther，1874） | 脊索动物门 Chordata<br>脊椎动物亚门 Vertebrata<br>硬骨鱼纲 Osteichthyes<br>鲈形目 Perciformes<br>魣亚目 Sphyraenoidei<br>魣科 Sphyraenidae<br>魣属 *Sphyraena* | 海州湾、莱州湾 | 我国南海、东海、黄海、渤海等海域，朝鲜、日本也有分布 | 食用、饲料 |
| 花鲈 | *Lateolabrax maculatus* | 脊索动物门 Chordata<br>脊椎动物亚门 Vertebrata<br>硬骨鱼纲 Osteichthyes<br>鲈形目 Perciformes<br>鲈亚目 Percoidei<br>鮨科 Serranidae<br>花鲈属 *Lateolabrax* | 莱州湾 | 我国渤海、黄海、东海、南海；日本、西太平洋也有分布 | 食用 |
| 细条天竺鲷 | *Apogon lineatus*（Jordan et Synder，1901） | 脊索动物门 Chordata<br>脊椎动物亚门 Vertebrata<br>硬骨鱼纲 Osteichthyes<br>鲈形目 Perciformes<br>鲈亚目 Percoidei<br>天竺鲷科 Apogonidac<br>天竺鲷属 *Apogon* | 海州湾、莱州湾 | 我国东海及黄海、渤海等，朝鲜、日本也有分布 | 饲料 |
| 少鳞鱚 | *Sillago japonica*（Temminck et Schlegel，1843） | 脊索动物门 Chordata<br>脊椎动物亚门 Vertebrata<br>硬骨鱼纲 Osteichthyes<br>鲈形目 Perciformes<br>鲈亚目 Percoidei<br>鱚科 Sillaginidae<br>鱚属 *Sillago* | 莱州湾 | 我国东海、台湾、南海。日本、朝鲜半岛、菲律宾也有分布 | 食用、饲料 |

| 中文名 | 拉丁名 | 分类地位 | 产地 | 分布 | 主要价值 |
|---|---|---|---|---|---|
| 多鳞鱚 | *Sillago sihama*（Forsskal，1775） | 脊索动物门 Chordata<br>脊椎动物亚门 Vertebrata<br>硬骨鱼纲 Osteichthyes<br>鲈形目 Perciformes<br>鲈亚目 Percoidei<br>鱚科 Sillaginidae<br>鱚属 *Sillago* | 海州湾 | 我国沿海，渤海、黄海、东海、台湾、南海。印度-西太平洋的红海与南非的耐斯纳至日本，南至澳大利亚也有分布 | 食用 |
| 银姑鱼 | *Pennahia argentata*（Houtyuyn，1782） | 脊索动物门 Chordata<br>脊椎动物亚门 Vertebrata<br>硬骨鱼纲 Osteichthyes<br>鲈形目 Perciformes<br>鲈亚目 Percoidei<br>石首鱼科 Sciaenidae<br>银姑鱼属 *Pennahia* | 莱州湾 | 我国沿海都有分布，日本-西太平洋也有分布 | 食用、药用 |
| 皮氏叫姑鱼 | *Johnius belengerii*（Cuvier，1830） | 脊索动物门 Chordata<br>脊椎动物亚门 Vertebrata<br>硬骨鱼纲 Osteichthyes<br>鲈形目 Perciformes<br>鲈亚目 Percoidei<br>石首鱼科 Sciaenidae<br>叫姑鱼属 *Johnius* | 莱州湾 | 我国沿海。印度洋和太平洋西部也有分布 | 食用 |
| 小黄鱼 | *Larimichthys polyactis*（Bleeker，1877） | 脊索动物门 Chordata<br>脊椎动物亚门 Vertebrata<br>硬骨鱼纲 Osteichthyes<br>鲈形目 Perciformes<br>鲈亚目 Percoidei<br>石首鱼科 Sciaenidae<br>黄鱼属 *Larimichthys* | 莱州湾 | 我国东海、黄海、渤海，主要产地在江苏、浙江、福建、山东等省沿海 | 食用 |
| 黑棘鲷 | *Acanthopagrus schlegeli*（Bleeker，1854） | 脊索动物门 Chordata<br>脊椎动物亚门 Vertebrata<br>硬骨鱼纲 Osteichthyes<br>鲈形目 Perciformes<br>鲈亚目 Percoidei<br>鲷科 Sparidae<br>棘鲷属 *Acanthopagrus* | 莱州湾 | 我国东海，南海，台湾，以黄海、渤海产量较多；日本北海道南部和朝鲜半岛也有分布 | 食用 |
| 真鲷 | *Pagrus major*（Temminck et Schlegel，1843） | 脊索动物门 Chordata<br>脊椎动物亚门 Vertebrata<br>硬骨鱼纲 Osteichthyes<br>鲈形目 Perciformes<br>鲈亚目 Percoidei<br>鲷科 Sparidae<br>真鲷属 *Pagrus* | 莱州湾 | 我国沿海，渤海、黄海、东海、南海、台湾；日本、西北太平洋也有分布 | 食用 |

| 中文名 | 拉丁名 | 分类地位 | 产地 | 分布 | 主要价值 |
|---|---|---|---|---|---|
| 朴蝴蝶鱼 | *Chaetodon modestus*（Temminck et Schlegel，1844） | 脊索动物门 Chordata<br>脊椎动物亚门 Vertebrata<br>硬骨鱼纲 Osteichthyes<br>鲈形目 Perciformes<br>蝴蝶鱼科 Chaetodontidae<br>蝴蝶鱼属 *Chaetodon* | 海州湾 | 我国沿海。朝鲜、日本也有分布，常栖息于近海珊瑚礁或岩石间的鱼类 | 食用 |
| 方氏云鳚 | *Enedrias fangi*（Wang et Wang，1936） | 脊索动物门 Chordata<br>脊椎动物亚门 Vertebrata<br>硬骨鱼纲 Osteichthyes<br>鲈形目 Perciformes<br>鳚亚目 Blennoidei<br>锦鳚科 Pholidae<br>云鳚属 *Enedrias* | 海州湾、莱州湾 | 我国黄海、渤海，我国特有种 | 食用、药用、饲料 |
| 绯衔 | *Callionymus. Beniteguri*（Jordan et Snyder，1900） | 脊索动物门 Chordata<br>脊椎动物亚门 Vertebrata<br>硬骨鱼纲 Osteichthyes<br>鲈形目 Perciformes<br>衔亚目 Callionymmoidei<br>衔科 Callionymmoidae<br>衔属 *Callionymus* | 海州湾 | 我国东海、黄海、渤海。太平洋西部也有分布 | 食用、药用、饲料 |
| 日本带鱼 | *Trichiurus japonicas*（Temminck et Sahlegel，1844） | 脊索动物门 Chordata<br>脊椎动物亚门 Vertebrata<br>硬骨鱼纲 Osteichthyes<br>鲈形目 Perciformes<br>带鱼亚目 Trichiuroidei<br>带鱼科 Trichiuridae<br>带鱼属 *Trichiurus* | 海州湾、莱州湾 | 我国渤海、黄海沿岸，东海，少数分布于南海；日本本州中部以南及朝鲜半岛东部海域也有分布 | 食用 |
| 蓝点马鲛 | *Scomberomorus niphonius*（Cuvier et Valenciennes，1831） | 脊索动物门 Chordata<br>脊椎动物亚门 Vertebrata<br>硬骨鱼纲 Osteichthyes<br>鲈形目 Perciformes<br>鲭亚目 Scombroidei<br>鲭科 Scombridae<br>马鲛属 *Scomberomorus* | 莱州湾 | 我国渤海、黄海、东海，北太平洋西部和日本海域也有分布 | 食用 |
| 银鲳 | *Pampus argenteus*（Euphrasen，1788） | 脊索动物门 Chordata<br>脊椎动物亚门 Vertebrata<br>硬骨鱼纲 Osteichthyes<br>鲈形目 Perciformes<br>鲳亚目 Stromateoidei<br>鲳科 Stromateidae<br>鲳属 *Pampus* | 海州湾、莱州湾 | 我国渤海、黄海、东海，台湾海峡以及南海北部沿海，尤其在渤海、黄海较常见。朝鲜、日本南部也有分布 | 食用 |

| 中文名 | 拉丁名 | 分类地位 | 产地 | 分布 | 主要价值 |
|---|---|---|---|---|---|
| 暗缟虾虎鱼 | *Tridentiger obscurus*（Temminck et Schlegel，1845） | 脊索动物门 Chordata<br>脊椎动物亚门 Vertebrata<br>硬骨鱼纲 Osteichthyes<br>鲈形目 Perciformes<br>虾虎鱼亚目 Gobioidei<br>虾虎鱼科 Gobiidae<br>缟虾虎鱼属 *Tridentiger* | 海州湾 | 我国沿海。朝鲜、日本、前苏联远东海区等也有分布 | |
| 纹缟虾虎鱼 | *Tridentiger trigonocephalus*（Gill，1859） | 脊索动物门 Chordata<br>脊椎动物亚门 Vertebrata<br>硬骨鱼纲 Osteichthyes<br>鲈形目 Perciformes<br>虾虎鱼亚目 Gobioidei<br>虾虎鱼科 Gobiidae<br>缟虾虎鱼属 *Tridentiger* | 海州湾 | 我国北由黑龙江河口向南到中国南部沿海。日本、朝鲜等太平洋亚洲沿岸也有分布 | |
| 竿虾虎鱼 | *Luciogobius guttatus*（Gill，1859） | 脊索动物门 Chordata<br>脊椎动物亚门 Vertebrata<br>硬骨鱼纲 Osteichthyes<br>鲈形目 Perciformes<br>虾虎鱼亚目 Gobioidei<br>鳗虾虎鱼科 Taenioididae<br>竿虾虎鱼属 *Luciogobius* | 海州湾 | 我国黄海、东海浅海、河口及附近泥沙中；日本、朝鲜半岛也有分布 | |
| 矛尾刺虾虎鱼 | *Acanthogobius hasta*（Temminck et Schlegel，1845） | 脊索动物门 Chordata<br>脊椎动物亚门 Vertebrata<br>硬骨鱼纲 Osteichthyes<br>鲈形目 Perciformes<br>虾虎鱼亚目 Gobioidei<br>虾虎鱼科 Gobiidae<br>刺虾虎鱼属 *Acanthogobius* | 海州湾 | 我国渤海、黄海。日本、朝鲜也有分布 | |
| 矛尾虾虎鱼 | *Chaeturichthys stigmatias*（Richardson，1844） | 脊索动物门 Chordata<br>脊椎动物亚门 Vertebrata<br>硬骨鱼纲 Osteichthyes<br>鲈形目 Perciformes<br>虾虎鱼亚目 Gobioidei<br>虾虎鱼科 Gobiidae<br>矛尾虾虎鱼属 *Chaeturichthys* | 海州湾、莱州湾 | 我国南北沿海。朝鲜、日本也有分布 | 食用、药用、饲料 |
| 矛尾复虾虎鱼 | *Synechogobius hasta*（Temminck & Schlege，1846） | 脊索动物门 Chordata<br>脊椎动物亚门 Vertebrata<br>硬骨鱼纲 Osteichthyes<br>鲈形目 Perciformes<br>虾虎鱼亚目 Gobioidei<br>虾虎鱼科 Gobiidae<br>复虾虎鱼属 *Synechogobiu* | 莱州湾 | 全国沿海 | 食用、饲料 |

| 中文名 | 拉丁名 | 分类地位 | 产地 | 分布 | 主要价值 |
|---|---|---|---|---|---|
| 六丝钝尾虾虎鱼 | *Amblychaeturichthys hexanema*（Bleeker，1853） | 脊索动物门 Chordata<br>脊椎动物亚门 Vertebrata<br>硬骨鱼纲 Osteichthyes<br>鲈形目 Perciformes<br>虾虎鱼亚目 Gobioidei<br>虾虎鱼科 Gobiidae<br>钝尾虾虎鱼属 *Amblychaeturichthys* | 莱州湾 | 我国沿海。朝鲜、日本等海域也有分布 | 食用、饲料 |
| 红狼牙虾虎鱼 | *Odontamblyopus rubicundus* | 脊索动物门 Chordata<br>脊椎动物亚门 Vertebrata<br>硬骨鱼纲 Osteichthyes<br>鲈形目 Perciformes<br>虾虎鱼亚目 Gobioidei<br>鳗虾虎鱼科 Taenioididae<br>虾虎鱼属 *Odontamblyopu* | 海州湾、莱州湾 | 我国沿海。印度洋北部沿岸、印度尼西亚、朝鲜、日本沿海等也有分布，属于近岸暖温性鱼类 | 食用、药用、饲料 |
| 中华栉孔虾虎鱼 | *Ctenotrypauchen chinensis*（Steindachner，1867） | 脊索动物门 Chordata<br>脊椎动物亚门 Vertebrata<br>硬骨鱼纲 Osteichthyes<br>鲈形目 Perciformes<br>虾虎鱼亚目 Gobioidei<br>鳗虾虎鱼科 Taenioididae<br>栉孔虾虎鱼属 *Ctenotrypauchen* | 海州湾 | 中国沿海。朝鲜、日本、印度、菲律宾、印度尼西亚也有分布 | |
| 裸项栉虾虎鱼 | *Ctenogobius gymnauehen* | 脊索动物门 Chordata<br>脊椎动物亚门 Vertebrata<br>硬骨鱼纲 Osteichthyes<br>鲈形目 Perciformes<br>虾虎鱼亚目 Gobioidei<br>鳗虾虎鱼科 Taenioidae<br>栉虾虎鱼属 *Ctenogobius* | 莱州湾 | 全国沿海 | |
| 弹涂鱼 | *Periophthalmus modestus*（Cantor，1842） | 脊索动物门 Chordata<br>脊椎动物亚门 Vertebrata<br>硬骨鱼纲 Osteichthyes<br>鲈形目 Perciformes<br>弹涂鱼科 Periophthalmidae<br>弹涂鱼属 *Periophthalmus* | 海州湾 | 我国沿海浅海、河口、红树林附近泥沙中，我国南海、东海、黄海南部。朝鲜及日本南部也有分布 | |
| 褐牙鲆 | *Paralichthys olivaceus*（Temminck et Schlegel，1846） | 脊索动物门 Chordata<br>脊椎动物亚门 Vertebrata<br>硬骨鱼纲 Osteichthyes<br>鲽形目 Pleuronectiformes<br>鲽亚目 Pleuronectoidei<br>牙鲆科 Paralichthyidae<br>牙鲆属 *Paralichthys* | 莱州湾 | 我国海区自珠江口到鸭绿江口附近海域，以渤海、黄海产量较多，东海和南海较少。日本、朝鲜半岛及萨哈林岛（库页岛）等海区也有分布 | 食用 |

| 中文名 | 拉丁名 | 分类地位 | 产地 | 分布 | 主要价值 |
|---|---|---|---|---|---|
| 五眼斑鲆 | *Pseudorhombus pentophthalmus*（Günther，1862） | 脊索动物门 Chordata<br>脊椎动物亚门 Vertebrata<br>硬骨鱼纲 Osteichthyes<br>鲽形目 Pleuronectiformes<br>鲽亚目 Pleuronectoidei<br>牙鲆科 Paralichthyidae<br>斑鲆属 *Pseudorhombus* | 莱州湾 | 我国海南岛、广西、广东、台湾及江苏盐城以东黄海中部海区；朝鲜半岛以南及日本南部也有分布 | 食用 |
| 角木叶鲽 | *Pleuronichthys cornutus*（Temminck et Schlegel，1846） | 脊索动物门 Chordata<br>脊椎动物亚门 Vertebrata<br>硬骨鱼纲 Osteichthyes<br>鲽形目 Pleuronectoidei<br>鲽亚目 Pleuronectoidei<br>鲽科 Pleuronectidae<br>木叶鲽属 *Pleuronichthys* | 海州湾 | 我国珠江口至鸭绿江口附近海域，东海、黄海、南海北部；朝鲜半岛、日本北海道东南也有分布 | 食用 |
| 钝吻黄盖鲽 | *Pseudopleuronectes yokohamae*（Günther，1877） | 脊索动物门 Chordata<br>脊椎动物亚门 Vertebrata<br>硬骨鱼纲 Osteichthyes<br>鲽形目 Pleuronectiformes<br>鲽亚目 Pleuronectoidei<br>鲽科 Pleuronectidae<br>黄盖鲽属 *Pseudopleuronectes* | 莱州湾 | 渤海、黄海、东海北部；朝鲜半岛、俄罗斯鞑靼海峡及日本北海道南部也有分布 | 食用 |
| 石鲽 | *Kareius bicoloratus*（Basilewsky，1855） | 脊索动物门 Chordata<br>脊椎动物亚门 Vertebrata<br>硬骨鱼纲 Osteichthyes<br>鲽形目 Pleuronectiformes<br>鲽亚目 Pleuronectoidei<br>鲽科 Pleuronectidae<br>石鲽属 *Kareius* | 莱州湾 | 我国渤海、黄海、东海北部，主要产于黄海、渤海；朝鲜、日本到萨哈林岛（库页岛）及千岛群岛也有分布 | 食用、饲料 |
| 带纹条鳎 | *Zebrias zebra*（Bloch，1785） | 脊索动物门 Chordata<br>脊椎动物亚门 Vertebrata<br>硬骨鱼纲 Osteichthyes<br>鲽形目 Pleuronectiformes<br>鳎亚目 Soleoidei<br>鳎科 Soleidae<br>条鳎属 *Zebrias* | 海州湾 | 我国黄海、东海、南海；印度、印度尼西亚、朝鲜及日本海域也有分布 | 食用、药用、饲料 |
| 短吻红舌鳎 | *Cynoglossus joyneri*（Günther，1878） | 脊索动物门 Chordata<br>脊椎动物亚门 Vertebrata<br>硬骨鱼纲 Osteichthyes<br>鲽形目 Pleuronectiformes<br>鳎亚目 Soleoidei<br>舌鳎科 Cynoglossidae<br>舌鳎属 *Cynoglossus* | 海州湾、莱州湾 | 我国渤海、黄海、东海、南海。朝鲜及日本新潟以南也有分布 | 食用、药用、饲料 |

| 中文名 | 拉丁名 | 分类地位 | 产地 | 分布 | 主要价值 |
|---|---|---|---|---|---|
| 短吻三线舌鳎 | *Cynoglossus abbreviatus*（Gray，1832） | 脊索动物门 Chordata<br>脊椎动物亚门 Vertebrata<br>硬骨鱼纲 Osteichthyes<br>鲽形目 Pleuronectiformes<br>鳎亚目 Soleoidei<br>舌鳎科 Cynoglossidae<br>舌鳎属 *Cynoglossus* | 海州湾 | 我国渤海、黄海、东海，少数可到珠江口附近 | 食用、药用、饲料 |
| 绿鳍马面鲀 | *Thamnaconus modestus*（Günther，1877） | 脊索动物门 Chordata<br>脊椎动物亚门 Vertebrata<br>硬骨鱼纲 Osteichthyes<br>鲀形目 Tetraodontiformes<br>鲀亚目 Tetraodontoidei<br>革鲀科 Aluteridae<br>马面鲀属 *Thamnaconus* | 海州湾 | 我国渤海、黄海、东海及台湾沿海，南海产量较多；日本、朝鲜沿海也有分布 | 食用、药用、饲料 |
| 星点东方鲀 | *Takifugu niphobles*（Jordan et Snyder，1902） | 脊索动物门 Chordata<br>脊椎动物亚门 Vertebrata<br>硬骨鱼纲 Osteichthyes<br>鲀形目 Tetraodontiformes<br>鲀亚目 Tetraodontoidei<br>鲀科 Tetraodontidae<br>东方鲀属 *Takifugu* | 海州湾 | 我国沿海；朝鲜、日本也有分布 | |
| 虫纹东方鲀 | *Takifugu vermicularis*（Temminck et Schlegel，1850） | 脊索动物门 Chordata<br>脊椎动物亚门 Vertebrata<br>硬骨鱼纲 Osteichthyes<br>鲀形目 Tetraodontiformes<br>鲀亚目 Tetraodontoidei<br>鲀科 Tetraodontidae<br>东方鲀属 *Takifugu* | 莱州湾 | 我国沿海，朝鲜、日本也有分布 | 食用、饲料 |

注：海州湾 35 种，莱州湾 37 种。

附表 4 海州湾及莱州湾软体动物物种编目

| 中文名 | 拉丁名 | 分类地位 | 产地 | 分布 | 主要价值 |
|---|---|---|---|---|---|
| 红条毛肤石鳖 | *Acanthochiton rubrolineatus*（Lischke，1873） | 软体动物门 Mollusca<br>多板纲 Polyplacophora<br>毛肤石鳖科 Acanthochitonidae<br>毛肤石鳖属 *Acanthochiton* | 海州湾 | 生活在潮间带中、低潮区岩石岸。为我国黄渤海沿岸习见种，向南可分布到广东大陆沿岸。日本等地也有分布 | 药用 |
| 史氏背尖贝 | *Notoacmea schrenckii*（Lischke，1868） | 软体动物门 Mollusca<br>腹足纲 Gastropoda<br>前鳃亚纲 Prosobranchia<br>原始腹足目 Archaeogastropoda<br>笠贝科 Acmaeidae<br>背尖贝属 *Notoacmea* | 海州湾、莱州湾 | 生活在高潮线附近岩石上，数量较多。我国南北沿海都有分布，为习见种。日本、朝鲜等地也有分布 | 食用 |
| 单齿螺 | *Monodonta labio* Linnaeus，1758 | 软体动物门 Mollusca<br>腹足纲 Gastropoda<br>前鳃亚纲 Prosobranchia<br>原始腹足目 Archaeogastropoda<br>马蹄螺科 Trochidae<br>单齿螺属 *Monodonta* | 海州湾 | 从高潮线至低潮线沿礁岸均有发现，以中潮线附近较多，为我国南北沿岸广分布种。日本北海道以南、朝鲜半岛、琉球群岛、印度沿岸均有分布 | 食用 |
| 锈凹螺 | *Chlorostoma rustica*（Gmelin，1791） | 软体动物门 Mollusca<br>腹足纲 Gastropoda<br>前鳃亚纲 Prosobranchia<br>原始腹足目 Archaeogastropoda<br>马蹄螺科 Trochidae<br>凹螺属 *Chlorostoma* | 海州湾、莱州湾 | 我国黄渤海习见。朝鲜、日本也有分布 | 食用、药用 |
| 托氏蜎螺 | *Umbonium thomasi*（Crosse，1863） | 软体动物门 Mollusca<br>腹足纲 Gastropoda<br>前鳃亚纲 Prosobranchia<br>原始腹足目 Archaeogastropoda<br>马蹄螺科 Trochidae<br>虫昌螺属 *Umbonium* | 海州湾、莱州湾 | 我国北部海区的沿岸河口区沙滩上。朝鲜半岛、日本群岛也有分布 | 工艺、饵料 |
| 短滨螺 | *Littorina brevicula* Philippi，1844 | 软体动物门 Mollusca<br>腹足纲 Gastropoda<br>前鳃亚纲 Prosobranchia<br>中腹足目 Mesogastropoda<br>滨螺科 Littorinidae<br>滨螺属 *Littorina* | 海州湾、莱州湾 | 生活在高潮线附近岩石间，为我国黄渤海沿岸常见的种类，向南可分布到广东省大陆沿岸。朝鲜、日本也有分布 | 食用 |
| 中间拟滨螺 | *Littorinopsis intermedia* | 软体动物门 Mollusca<br>腹足纲 Gastropoda<br>前鳃亚纲 Prosobranchia<br>中腹足目 Mesogastropoda<br>滨螺科 Littorinidae<br>拟滨螺属 *Littorinopsis* | 海州湾 | 全国分布。生活在高潮线附近岩石上，习见种。产在东南沿海个体一般较大。日本、菲律宾、红海、新西兰也有分布 |  |

| 中文名 | 拉丁名 | 分类地位 | 产地 | 分布 | 主要价值 |
| --- | --- | --- | --- | --- | --- |
| 光滑狭口螺 | *Stenothyra glabra* A. Adams，1861 | 软体动物门 Mollusca<br>腹足纲 Gastropoda<br>中腹足目 Mesogastropoda<br>狭口螺科 Stenothyridae<br>狭口螺属 *Stenothyra* | 莱州湾 | 我国渤海、黄海、东海潮间带沙滩 | 饵料 |
| 绯拟沼螺 | *Assiminea latericea* H. et A. Adams，1863 | 软体动物门 Mollusca<br>腹足纲 Gastropoda<br>前鳃亚纲 Prosobranchia<br>中腹足目 Mesogastropoda<br>拟沼螺科 Assimineidae<br>拟沼螺属 *Assiminea* | 海州湾、莱州湾 | 常见于我国辽宁、山东、江苏等地河口咸淡水交汇区的沙和泥沙滩上，浙江沿岸也有发现 | 饵料 |
| 琵琶拟沼螺 | *Assiminea lutea* A. Adams，1861 | 软体动物门 Mollusca<br>腹足纲 Gastropoda<br>中腹足目 Mesogastropoda<br>拟沼螺科 Assimineidae<br>拟沼螺属 *Assiminea* | 莱州湾 | 我国辽宁至广东河口区沙或泥沙 | 饵料 |
| 拟蟹守螺未定种 | *Cerithidea* sp | 软体动物门 Mollusca<br>腹足纲 Gastropoda<br>前鳃亚纲 Prosobranchia<br>中腹足目 Mesogastropoda<br>汇螺科 Potamodidae<br>拟蟹守螺属 *Cerithidea* | 海州湾 | | |
| 微黄镰玉螺 | *Lunatia gilva* (Philippi，1851) | 软体动物门 Mollusca<br>腹足纲 Gastropoda<br>前鳃亚纲 Prosobranchia<br>中腹足目 Mesogastropoda<br>玉螺科 Naticidae<br>镰玉螺属 *Lunatia* | 海州湾 | 中国黄渤海、东海。朝鲜、日本也有分布 | 食用 |
| 扁玉螺 | *Neverita didyma* (Roeding，1798) | 软体动物门 Mollusca<br>腹足纲 Gastropoda<br>前鳃亚纲 Prosobranchia<br>中腹足目 Mesogastropoda<br>玉螺科 Naticidae<br>扁玉螺属 *Neverita* | 海州湾、莱州湾 | 全国沿海潮间带至水深 50 m，朝鲜半岛、日本、东南亚也有分布 | 食用、观赏 |
| 短沟纹鬘螺 | *Phalium strigatum breviculum* Tsi et Ma，1980 | 软体动物门 Mollusca<br>腹足纲 Gastropoda<br>前鳃亚纲 Prosobranchia<br>中腹足目 Mesogastropoda<br>冠螺科 Cassididae<br>鬘螺属 *Phalium* | 海州湾 | 我国仅分布于长江口以北的黄渤海沿海 | 食用、观赏 |

| 中文名 | 拉丁名 | 分类地位 | 产地 | 分布 | 主要价值 |
|---|---|---|---|---|---|
| 脉红螺 | *Rapana venosa*（Valenciennes，1846） | 软体动物门 Mollusca<br>腹足纲 Gastropoda<br>前鳃亚纲 Prosobranchia<br>新腹足目 Neogastropoda<br>骨螺科 Muricidae<br>红螺属 *Rapana* | 海州湾、莱州湾 | 我国黄海、渤海、东海、福建沿岸。日本也有分布 | 食用、药用 |
| 润泽角口螺 | *Ceratostoma rorifluum*（Adams & Reeve，1850） | 软体动物门 Mollusca<br>腹足纲 Castropoda<br>新腹足目 Neogastropoda<br>骨螺科 Muricidae<br>角口螺属 *Ceratostoma* | 莱州湾 | 中国近海 | 食用、药用、饲料 |
| 疣荔枝螺 | *Thais clavigera* Kuster，1860 | 软体动物门 Mollusca<br>腹足纲 Gastropoda<br>前鳃亚纲 Prosobranchia<br>新腹足目 Neogastropoda<br>骨螺科 Muricidae<br>荔枝螺属 *Thais* | 海州湾 | 黄渤海沿岸常见，向南可分布到广东省沿岸；日本也有分布 | 食用、药用 |
| 丽核螺 | *Mitrella bella*（Reeve，1859） | 软体动物门 Mollusca<br>腹足纲 Gastropoda<br>前鳃亚纲 Prosobranchia<br>新腹足目 Neogastropoda<br>核螺科 Pyrenidae<br>小笔螺属 *Mitrella* | 海州湾、莱州湾 | 我国黄渤海习见、向南可分布到广东西部沿岸；日本也有分布 | |
| 甲虫螺 | *Cantharus cecillei*（Philippi，1844） | 软体动物门 Mollusca<br>腹足纲 Gastropoda<br>前鳃亚纲 Prosobranchia<br>新腹足目 Neogastropoda<br>蛾螺科 Buccinidae<br>甲虫螺属 *Cantharus* | 海州湾 | 我国南北沿海皆有分布，比较常见。日本等地也有分布 | 食用 |
| 侧平肩螺 | *Japelion latus*（Dall，1918） | 软体动物门 Mollusca<br>腹足纲 Gastropoda<br>前鳃亚纲 Prosobranchia<br>新腹足目 Neogastropoda<br>蛾螺科 Buccinidae<br>平肩螺属 *Japelion* | 海州湾 | 我国仅见于黄海，为较少见的种类。朝鲜海峡及日本海南部也有分布 | 食用 |
| 略胀管蛾螺 | *Siphonalia subdilatata* Yen，1936 | 软体动物门 Mollusca<br>腹足纲 Gastropoda<br>前鳃亚纲 Prosobranchia<br>新腹足目 Neogastropoda<br>蛾螺科 Buccinidae<br>管蛾螺属 *Siphonalia* | 海州湾 | 我国仅分布于黄海北部，为我国和朝鲜特有种 | 食用 |

| 中文名 | 拉丁名 | 分类地位 | 产地 | 分布 | 主要价值 |
|---|---|---|---|---|---|
| 秀丽织纹螺 | *Nassarius*（*Reticunassa*）*festivus*（Powys，1835） | 软体动物门 Mollusca<br>腹足纲 Gastropoda<br>前鳃亚纲 Prosobranchia<br>新腹足目 Neogastropoda<br>织纹螺科 Nassariidae<br>织纹螺属 *Nassarius* | 海州湾、莱州湾 | 我国黄渤海沿岸习见，东海、南海也有分布；日本、菲律宾也有分布 | 食用 |
| 半褶织纹螺 | *Nassarius*（*Zeuxis*）*semiplicatus*（A. Adams，1852） | 软体动物门 Mollusca<br>腹足纲 Gastropoda<br>前鳃亚纲 Prosobranchia<br>新腹足目 Neogastropoda<br>织纹螺科 Nassariidae<br>织纹螺属 *Nassarius* | 海州湾、莱州湾 | 我国山东沿海分布，东海较常见，我国特有种 | 食用 |
| 红带织纹螺 | *Nassarius*（*Zeuxis*）*succinctus*（A. Adams，1851） | 软体动物门 Mollusca<br>腹足纲 Gastropoda<br>前鳃亚纲 Prosobranchia<br>新腹足目 Neogastropoda<br>织纹螺科 Nassariidae<br>织纹螺属 *Nassarius* | 海州湾、莱州湾 | 我国黄渤海、东海习见，南海有分布但较少；日本、菲律宾也有分布 | 药用、饲料 |
| 纵肋织纹螺 | *Nassarius*（*Varicinassa*）*variciferus*（A. Adams，1851） | 软体动物门 Mollusca<br>腹足纲 Gastropoda<br>前鳃亚纲 Prosobranchia<br>新腹足目 Neogastropoda<br>织纹螺科 Nassariidae<br>织纹螺属 *Nassarius* | 海州湾、莱州湾 | 我国黄渤海、东海常见，南海有分布但较少；日本也有分布 | 食用 |
| 伶鼬榧螺 | *Oliva mustelina* Lamarck，1811 | 软体动物门 Mollusca<br>腹足纲 Gastropoda<br>前鳃亚纲 Prosobranchia<br>新腹足目 Neogastropoda<br>榧螺科 Olividae<br>榧螺属 *Oliva* | 海州湾 | 我国东海、南海常见，黄海南部也有分布；日本、新加坡也有分布 | 食用、药用、观赏 |
| 细肋蕾螺 | *Lophiotoma deshayesii*（Doume，1839） | 软体动物门 Mollusca<br>腹足纲 Gastropoda<br>前鳃亚纲 Prosobranchia<br>新腹足目 Neogastropoda<br>塔螺科 Turridae<br>乐飞螺属 *Lophiotoma* | 海州湾 | 我国黄海、渤海沿海，东海、南海也有分布。朝鲜、日本也有分布 | 食用 |
| 塔螺未定种 | *Turris* sp | 软体动物门 Mollusca<br>腹足纲 Gastropoda<br>前鳃亚纲 Prosobranchia<br>新腹足目 Neogastropoda<br>塔螺科 Turridae<br>塔螺属 *Turris* | 海州湾 | | |

| 中文名 | 拉丁名 | 分类地位 | 产地 | 分布 | 主要价值 |
|---|---|---|---|---|---|
| 黄短口螺 | *Inquisitor flavidula*（Lamarck，1822） | 软体动物门 Mollusca<br>腹足纲 Gastropoda<br>前鳃亚纲 Prosobranchia<br>新腹足目 Neogastropoda<br>塔螺科 Turridae<br>裁判螺属 *Inquisitor* | 海州湾 | 我国黄海、渤海常见，东海、南海也有分布 | |
| 白带笋螺 | *Terebra*（*Noditerebra*）*dussumieri* Kiener，1839 | 软体动物门 Mollusca<br>腹足纲 Gastropoda<br>前鳃亚纲 Prosobranchia<br>新腹足目 Neogastropoda<br>笋螺科 Terebridae<br>笋螺属 *Terebra* | 海州湾 | 我国南北沿海都有分布，但不多见 | 食用 |
| 朝鲜笋螺 | *Terebra koreana*（Yoo，1976） | 软体动物门 Mollusca<br>腹足纲 Gastropoda<br>前鳃亚纲 Prosobranchia<br>新腹足目 Neogastropoda<br>笋螺科 Terebridae<br>笋螺属 *Terebra* | 海州湾 | 我国黄海、渤海沿海常见种，东海虽有但较少见。朝鲜、日本也有分布 | 食用 |
| 小塔螺未定种 | *Chemnitzia* sp | 软体动物门 Mollusca<br>腹足纲 Gastropoda<br>后鳃亚纲 Opisthobranchia<br>肠虫丑目 Entomitaeniata<br>小塔螺科 Pyramidellidae<br>红泽螺属 *Chemnitzia* | 海州湾 | | |
| 黑纹斑捻螺 | *Punctacteon yamamurae* Habe，1976 | 软体动物门 Mollusca<br>腹足纲 Gastropoda<br>后鳃亚纲 Opisthobranchia<br>头楯目 Cephalaspidae<br>捻螺科 Acteonidae<br>斑捻螺属 *Punctacteon* | 海州湾 | 我国黄海常见种，东海、南海也有分布。日本、菲律宾均有分布 | |
| 耳口露齿螺 | *Ringicula doliaris* Gould，1860 | 软体动物门 Mollusca<br>腹足纲 Gastropoda<br>后鳃亚纲 Opisthobranchia<br>头楯目 Cephalaspidea<br>露齿螺科 Ringiculidae<br>露齿螺属 *Ringicula* | 海州湾、莱州湾 | 生活在潮间带至潮下带14～88 m 深的泥沙质底。为我国黄海、渤海习见种。我国东、南沿海也有分布。马达加斯加、日本、朝鲜均有分布 | |
| 齿痕露齿螺 | *Ringicula niinoi* Nomura，1939 | 软体动物门 Mollusca<br>腹足纲 Gastropoda<br>头楯目 Cephalaspidea<br>露齿螺科 Ringiculidae<br>露齿螺属 *Ringicula* | 莱州湾 | 我国东海、渤海，生活在浅海 50～170 m | |

| 中文名 | 拉丁名 | 分类地位 | 产地 | 分布 | 主要价值 |
| --- | --- | --- | --- | --- | --- |
| 泥螺 | *Bullacta exarata*（Philippi，1848） | 软体动物门 Mollusca<br>腹足纲 Gastropoda<br>后鳃亚纲 Opisthobranchia<br>头楯目 Cephalaspidae<br>阿地螺科 Atyidae<br>泥螺属 *Bullacta* | 海州湾、莱州湾 | 我国黄海、渤海常见，东海、南海也有分布；日本、朝鲜也有分布 | 食用、药用、养殖 |
| 圆筒原盒螺 | *Eocylichna braunsi*（Yokoyama，1850） | 软体动物门 Mollusca<br>腹足纲 Gastropoda<br>后鳃亚纲 Opisthobranchia<br>头楯目 Cephalaspidea<br>三叉螺科 Cylichnidae<br>原盒螺属 *Eocylichna* | 海州湾 | 我国东海、南海常见种，菲律宾、日本也有分布 | |
| 经氏壳蛞蝓 | *Philine kinglippini* Tchang，1934 | 软体动物门 Mollusca<br>腹足纲 Gastropoda<br>头楯目 Cephalaspidea<br>壳蛞蝓科 Philinidae<br>壳蛞蝓属 *Philine* | 莱州湾 | 我国渤海、黄海有分布 | 食用、药用、饲料 |
| 微点舌片鳃海牛 | *Armina babai*（Tchang，1934） | 软体动物门 Mollusca<br>腹足纲 Gastropoda<br>后鳃亚纲 Opisthobranchia<br>裸鳃目 Nudibranchia<br>片鳃科 Arminidae<br>片鳃属 *Armina* | 海州湾 | 我国东海、南海。日本也有分布 | |
| 薄云母蛤 | *Yoldia similis* Kuroda et Habe，1952 | 软体动物门 Mollusca<br>双壳纲 Bivalvia<br>古列齿亚纲 Palaeotaxodonta<br>胡桃蛤目 Nuculoida<br>吻状蛤科 Nuculanidae<br>云母蛤属 *Yoldia* | 海州湾 | 我国浙江以北近岸浅水区。其垂直分布一般不超过 30 m 等深线以外，多栖息于细颗粒的软泥沉积区。在日本本州、九州和四国水域也有分布 | |
| 魁蚶 | *Scapharca broughtoni*（Schrenk，1867） | 软体动物门 Mollusca<br>双壳纲 Bivalvia<br>翼形亚纲 Pterimorphia<br>蚶目 Arcoida<br>蚶科 Arcidae<br>毛蚶属 *Scapharca* | 海州湾 | 我国北方沿海常见，以辽宁南部资源较丰富、产量较大。日本、朝鲜和东海（我国近岸）都有分布 | 肉味鲜美，经济价值较大 |
| 毛蚶 | *Scapharca kagoshimensis*（Tokunaga，1906） | 软体动物门 Mollusca<br>双壳纲 Bivalvia<br>翼形亚纲 Pterimorphia<br>蚶目 Arcoida<br>蚶科 Arcidae<br>毛蚶属 *Scapharca* | 海州湾 | 我国沿海低潮线至几十米深的浅海底。朝鲜、日本也有分布 | 食用、养殖 |

| 中文名 | 拉丁名 | 分类地位 | 产地 | 分布 | 主要价值 |
|---|---|---|---|---|---|
| 紫贻贝 | *Mytilus galloprovincialis* Lamarck，1819 | 软体动物门 Mollusca<br>双壳纲 Bivalvia<br>翼形亚纲 Pterimorphia<br>贻贝目 Mytiloida<br>贻贝科 Mytilidae<br>贻贝属 *Mytilus* | 海州湾、莱州湾 | 我国沿海均有分布。但以北方沿海常见，广泛分布于太平洋和大西洋两岸 | 养殖，重要经济种类 |
| 栉江珧 | *Atrina pectinata*（Linnaeus，1767） | 软体动物门 Mollusca<br>双壳纲 Bivalvia<br>翼形亚纲 Pterimorphia<br>贻贝目 Mytiloida<br>江珧科 Pinnidae<br>江珧属 *Atrina* | 海州湾 | 我国黄海、东海、南海都有分布，为印度-西太平洋区的习见种 | 肉味鲜美，闭壳肌肥大，是名贵海珍品 |
| 海湾扇贝 | *Argopecten irradians*（Lamarck，1819） | 软体动物门 Mollusca<br>双壳纲 Bivalvia<br>翼形亚纲 Pterimorphia<br>珍珠贝目 Pterioida<br>珍珠贝亚目 Pteriina<br>扇贝科 Pectinidae<br>栉孔扇贝亚科 Chlamydinae<br>海湾扇贝属 *Argopecten* | 莱州湾 | 我国日照以北海域，为山东省、河北省浅海主要养殖扇贝，浙江省、广东省也有少部分养殖 | 食用，重要经济种类 |
| 猫爪牡蛎 | *Talonostrea talonata* Li et Qi，1994 | 软体动物门 Mollusca<br>双壳纲 Bivalvia<br>翼形亚纲 Pterimorphia<br>珍珠贝目 Pterioidae<br>牡蛎科 Ostreidae<br>爪蛎属 *Talonostrea* | 海州湾 | 中国北方沿海 | |
| 长牡蛎 | *Crassostrea gigas*（Thunberg，1793） | 软体动物门 Mollusca<br>双壳纲 Bivalvia<br>翼形亚纲 Pterimorphia<br>珍珠贝目 Pterioidae<br>牡蛎科 Ostreidae<br>巨蛎属 *Crassostrea* | 海州湾、莱州湾 | 中国北方沿海。日本、朝鲜也有分布 | 食用、养殖 |
| 近江牡蛎 | *Crassostrea ariakensis*（Wakiya，1929） | 软体动物门 Mollusca<br>双壳纲 Bivalvia<br>珍珠贝目 Pterioida<br>牡蛎科 Ostreidae<br>巨蛎属 *Crassostrea* | 莱州湾 | 我国沿海常见，主要分布在河口区 | 食用 |
| 密鳞牡蛎 | *Ostrea denselamellosa* Lischke，1869 | 软体动物门 Mollusca<br>双壳纲 Bivalvia<br>翼形亚纲 Pterimorphia<br>珍珠贝目 Pterioidae<br>牡蛎科 Ostreidae<br>牡蛎属 *Ostrea* | 海州湾 | 我国南北沿海都有分布，生活于潮下带至水深 30 m 左右的海底 | 食用、药用 |

| 中文名 | 拉丁名 | 分类地位 | 产地 | 分布 | 主要价值 |
|---|---|---|---|---|---|
| 圆蛤未定种 | *Cycladicama* sp. | 软体动物门 Mollusca<br>双壳纲 Bivalvia<br>异齿亚纲 Heterodonta<br>帘蛤目 Veneroida<br>蹄蛤科 Ungulinidae<br>圆蛤属 *Cycladicama* | 海州湾 | | |
| 中国蛤蜊 | *Mactra*（*Mactra*）*chinensis* Philippi，1846 | 软体动物门 Mollusca<br>双壳纲 Bivalvia<br>异齿亚纲 Heterodonta<br>帘蛤目 Veneroida<br>蛤蜊科 Mactridae<br>蛤蜊属 *Mactra* | 海州湾、莱州湾 | 穴居于低潮线附近的沙中。仅见于我国北部沿海，习见种。萨哈林、北海道至九州也有分布 | 食用 |
| 四角蛤蜊 | *Mactra*（*Mactra*）*veneriformis* Reeve，1854 | 软体动物门 Mollusca<br>双壳纲 Bivalvia<br>异齿亚纲 Heterodonta<br>帘蛤目 Veneroida<br>蛤蜊科 Mactridae<br>蛤蜊属 *Mactra* | 海州湾、莱州湾 | 我国北方海区产量较大的常见种，东、南沿海也较普遍；日本（北海道-九州）也有分布 | 食用、饲料、养殖 |
| 秀丽波纹蛤 | *Raetellops pulchella*（Adams et Reeve，1850） | 软体动物门 Mollusca<br>双壳纲 Bivalvia<br>帘蛤目 Veneroida<br>蛤蜊科 Mactridae<br>波纹蛤属 *Raetellops* | 莱州湾 | 采自渤海、黄海、东海，在南海至今没有采到。它栖息于 12～76 m 的软泥底 | 食用 |
| 红明樱蛤 | *Moerella rutila*（Dunker，1860） | 软体动物门 Mollusca<br>双壳纲 Bivalvia<br>异齿亚纲 Heterodonta<br>帘蛤目 Veneroida<br>樱蛤科 Tellinidae<br>明樱蛤属 *Moerella* | 海州湾 | 我国北部沿海分布较普遍，向南可分布到中国南海及其岛屿，日本、朝鲜沿海也有分布 | 食用 |
| 彩虹明樱蛤 | *Moerella iridescens*（Benson，1842） | 软体动物门 Mollusca<br>双壳纲 Bivalvia<br>异齿亚纲 Heterodonta<br>帘蛤目 Veneroida<br>樱蛤科 Tellinidae<br>明樱蛤属 *Moerella* | 海州湾、莱州湾 | 栖息在低潮线附近至潮线下 20 m 左右的浅海底。在我国黄渤海数量较少，而在浙江沿海数量多。日本本州、四国、九州，朝鲜沿海、菲律宾、泰国湾、托里兹海峡等地也有分布 | 食用 |
| 微小海螂 | *Leptomya minuta* Habe，1960 | 软体动物门 Mollusca<br>双壳纲 Bivalvia<br>异齿亚纲 Heterodonta<br>帘蛤目 Veneroida<br>双带蛤科 Semelidae<br>小海螂属 *Leptomya* | 海州湾 | 生活在我国渤海、黄海、东海近岸浅水区水深 60 m 以内。日本也有分布 | |

| 中文名 | 拉丁名 | 分类地位 | 产地 | 分布 | 主要价值 |
|---|---|---|---|---|---|
| 内肋蛤 | *Endopleura lubrica* (Gould，1861) | 软体动物门 Mollusca<br>双壳纲 Bivalvia<br>帘蛤目 Veneroida<br>双带蛤科 Semelidae<br>内肋蛤属 *Endopleura* | 莱州湾 | 我国渤海、黄海 | 饵料 |
| 缢蛏 | *Sinonovacula constricta* (Lamarck，1818) | 软体动物门 Mollusca<br>双壳纲 Bivalvia<br>帘蛤目 Veneroida<br>截蛏科 Solecurtidae<br>缢蛏属 *Sinonovacula* | 莱州湾 | 我国辽宁、河北、山东、江苏、上海、浙江、福建、台湾、广东。日本和朝鲜也有分布 | 食用 |
| 长竹蛏 | *Solen strictus* Gould，1861 | 软体动物门 Mollusca<br>双壳纲 Bivalvia<br>异齿亚纲 Heterodonta<br>帘蛤目 Veneroida<br>竹蛏科 Solenidae<br>竹蛏属 *Solen* | 海州湾、莱州湾 | 我国各海区都有分布。朝鲜、日本（北海道南部-九州）也有分布 | 食用、养殖 |
| 小刀蛏 | *Cultellus attenuatus* Dunker，1861 | 软体动物门 Mollusca<br>双壳纲 Bivalvia<br>异齿亚纲 Heterodonta<br>帘蛤目 Veneroida<br>竹蛏科 Solenidae<br>刀蛏属 *Cultellus* | 海州湾 | 生活于潮间带至 98 m 的浅海区，我国各海区都有分布。马尔加什、菲律宾、日本九州也有分布 | 食用 |
| 小荚蛏 | *Siliqua minima* (Gmelin，1790) | 软体动物门 Mollusca<br>双壳纲 Bivalvia<br>异齿亚纲 Heterodonta<br>帘蛤目 Veneroida<br>竹蛏科 Solenidae<br>荚蛏属 *Siliqua* | 海州湾 | 我国各海区都有分布。孟买、马六甲、菲律宾、泰国湾、朝鲜、日本等也有分布 | 食用 |
| 薄荚蛏 | *Siliqua pulchella* (Dunker，1862) | 软体动物门 Mollusca<br>双壳纲 Bivalvia<br>异齿亚纲 Heterodonta<br>帘蛤目 Veneroida<br>竹蛏科 Solenidae<br>荚蛏属 *Siliqua* | 海州湾 | 生活于潮间带至 31 m 深的浅海。我国仅分布于长江口以北的渤海、黄海区。日本（房总半岛以南-九州）也有分布 | |
| 三角凸卵蛤 | *Pelecyora trigona* (Reeve，1850) | 软体动物门 Mollusca<br>双壳纲 Bivalvia<br>异齿亚纲 Heterodonta<br>帘蛤目 Veneroida<br>帘蛤科 Veneridae<br>凸卵蛤属 *Pelecyora* | 海州湾 | 中国黄海、渤海、东海、南海。泰国也有分布 | |

| 中文名 | 拉丁名 | 分类地位 | 产地 | 分布 | 主要价值 |
|---|---|---|---|---|---|
| 日本镜蛤 | *Dosinia*（*Phacosoma*）*japonica*（Reeve，1850） | 软体动物门 Mollusca<br>双壳纲 Bivalvia<br>帘蛤目 Veneroida<br>帘蛤科 Veneridae<br>镜蛤属 *Dosinia* | 莱州湾 | 我国近海均有分布 | 食用 |
| 饼干镜蛤 | *Dosinia*（*Phacosoma*）*biscocta*（Reeve，1850） | 软体动物门 Mollusca<br>双壳纲 Bivalvia<br>异齿亚纲 Heterodonta<br>帘蛤目 Veneroida<br>帘蛤科 Veneridae<br>镜蛤属 *Dosinia* | 海州湾、莱州湾 | 我国各海区潮间带中、下区沙和泥沙底质中。日本等也有分布 | 食用 |
| 高镜蛤 | *Dosinia altior* Deshayes，1853 | 软体动物门 Mollusca<br>双壳纲 Bivalvia<br>异齿亚纲 Heterodonta<br>帘蛤目 Veneroida<br>帘蛤科 Veneridae<br>镜蛤属 *Dosinia* | 海州湾 | 我国辽宁、江苏、浙江海区潮间带。马六甲、印度和斯里兰卡也有分布 | 食用 |
| 镜蛤 sp | *Dosinia* sp. | 软体动物门 Mollusca<br>双壳纲 Bivalvia<br>异齿亚纲 Heterodonta<br>帘蛤目 Veneroida<br>帘蛤科 Veneridae<br>镜蛤属 *Dosinia* | 海州湾 | | |
| 菲律宾蛤仔 | *Ruditapes philippinarum*（Adams & Reeve，1850） | 软体动物门 Mollusca<br>双壳纲 Bivalvia<br>异齿亚纲 Heterodonta<br>帘蛤目 Veneroida<br>帘蛤科 Veneridae<br>蛤仔属 *Ruditapes* | 海州湾、莱州湾 | 我国黄渤海习见种，南至广东省雷州半岛。菲律宾等也有分布 | 食用、药用、养殖 |
| 紫石房蛤 | *Saxidomus purpurata*（Sowerby，1852） | 软体动物门 Mollusca<br>双壳纲 Bivalvia<br>帘蛤目 Veneroida<br>帘蛤科 Veneridae<br>石房蛤属 *Saxidomus* | 莱州湾 | 分布于山东烟台、长山岛、辽宁的大连、海洋岛 | 食用 |
| 文蛤 | *Meretrix meretrix*（Linnaeus，1758） | 软体动物门 Mollusca<br>双壳纲 Bivalvia<br>帘蛤目 Veneroida<br>帘蛤科 Veneridae<br>文蛤属 *Meretrix* | 莱州湾 | 全国沿海潮间带均有分布 | 食用 |

| 中文名 | 拉丁名 | 分类地位 | 产地 | 分布 | 主要价值 |
|---|---|---|---|---|---|
| 短文蛤 | *Meretrix petechailis* （Lamark，1810） | 软体动物门 Mollusca<br>双壳纲 Bivalvia<br>异齿亚纲 Heterodonta<br>帘蛤目 Veneroida<br>帘蛤科 Veneridae<br>文蛤属 *Meretrix* | 海州湾 | 生活于河口区的沙质海底。分布于我国沿海各省市，长江口以北数量较大。朝鲜西岸也有分布 | 经济种类、养殖 |
| 青蛤 | *Cyclina sinensis* （Gmelin，1791） | 软体动物门 Mollusca<br>双壳纲 Bivalvia<br>帘蛤目 Veneroida<br>帘蛤科 Veneridae<br>青蛤属 *Cyclina* | 莱州湾 | 本种为我国沿岸广分布种 | 食用 |
| 薄壳绿螂 | *Glauconome primeana* Crosset et Debeaux，1863 | 软体动物门 Mollusca<br>双壳纲 Bivalvia<br>异齿亚纲 Heterodonta<br>帘蛤目 Veneroida<br>绿螂科 Glauconomidae<br>绿螂属 *Glauconome* | 海州湾 | 生活在有淡水注入的潮间带沙或泥沙中，仅在我国黄海、渤海沿岸发现 | 食用、饲料 |
| 砂海螂 | *Mya arenaria* Linnaeus，1758 | 软体动物门 Mollusca<br>双壳纲 Bivalvia<br>海螂目 Myoida<br>海螂科 Myidae<br>海螂属 *Mya* | 莱州湾 | 分布于江苏连云港以北的各沿岸省 | 食用、饲料 |
| 光滑河篮蛤 | *Potamocorbula laevis*（Hinds，1843） | 软体动物门 Mollusca<br>双壳纲 Bivalvia<br>异齿亚纲 Heterodonta<br>帘蛤目 Veneroida<br>篮蛤科 Corbulidae<br>河篮蛤属 *Potamocorbula* | 海州湾、莱州湾 | 我国辽宁至广东沿岸皆有分布 | 对虾饲料或肥料 |
| 东方缝栖蛤 | *Hiatella orientalis*（Yokoyama，1928） | 软体动物门 Mollusca<br>双壳纲 Bivalvia<br>异齿亚纲 Heterodonta<br>海螂目 Myoida<br>缝栖蛤科 Hiatellidae<br>缝栖蛤属 *Hiatella* | 海州湾 | 仅见于黄渤海，为我国北部沿海数量较大的常见种。日本北海道以南及朝鲜沿海也有分布 | 食用价值不大 |
| 金星蝶铰蛤 | *Trigonothracia jinxingae* Xu，1980 | 软体动物门 Mollusca<br>双壳纲 Bivalvia<br>异韧带亚纲 Anomalodesmacea<br>笋螂目 Pholadomyoida<br>色雷西蛤科 Thracidae<br>蝶铰蛤属 *Trigonothracia* | 海州湾 | 仅见于我国厦门以北各大河口附近浅水区 | 对虾饵料 |

| 中文名 | 拉丁名 | 分类地位 | 产地 | 分布 | 主要价值 |
|---|---|---|---|---|---|
| 日本枪乌贼 | *Loliolus japonica*（Hoyle，1885） | 软体动物门 Mollusca<br>头足纲 Cephalopoda<br>鞘亚纲 Coleoidea<br>枪形目 Teuthoidea<br>闭眼亚目 Myopsida<br>枪乌贼科 Loliginidae<br>拟枪乌贼属 *Loliolus* | 海州湾、莱州湾 | 主要分布在我国黄海、渤海，东海也有分布。日本群岛海域也有分布 | 肉质鲜嫩，鲜食、干制均佳，经济价值较大 |
| 曼氏无针乌贼 | *Sepiella maindroni* de Rochebrune，1884 | 软体动物门 Mollusca<br>头足纲 Cephalopoda<br>鞘亚纲 Coleoidea<br>乌贼目 Sepioidea<br>乌贼科 Sepiidae<br>无针乌贼属 *Sepiella* | 海州湾 | 主产于我国东海，黄海和南海也有分布。日本海、马来群岛海域、印度东海岸均有分布 | 食用，重要捕捞对象 |
| 毛氏四盘耳乌贼 | *Euprymna morsei*（Verril，1881） | 软体动物门 Mollusca<br>头足纲 Cephalopoda<br>鞘亚纲 Coleoidea<br>乌贼目 Sepioidea<br>耳乌贼科 Sepiolidae<br>四盘耳乌贼属 *Euprymna* | 海州湾 | 我国黄海北部，日本群岛北部海域也有分布 | 食用，鱼类及大型底栖生物饵料 |
| 短蛸 | *Octopus ocellatus* Gray，1849 | 软体动物门 Mollusca<br>头足纲 Cephalopoda<br>鞘亚纲 Coleoidea<br>八腕目 Octopoda<br>蛸科 Octopodidae<br>蛸属 *Octopus* | 海州湾、莱州湾 | 黄渤海习见，东海、南海也有分布。日本群岛海域也有分布 | 食用、药用、饲料 |
| 长蛸 | *Octopus variabilis* Sasaki，1929 | 软体动物门 Mollusca<br>头足纲 Cephalopoda<br>鞘亚纲 Coleoidea<br>八腕目 Octopoda<br>蛸科 Octopodidae<br>蛸属 *Octopus* | 海州湾、莱州湾 | 黄渤海习见种，东海、南海也有分布，日本群岛海域也有分布 | 食用，经济价值较大 |

附表5 海州湾及莱州湾节肢动物物种编目

| 中文名 | 拉丁名 | 分类地位 | 产地 | 分布 | 主要价值 |
|---|---|---|---|---|---|
| 洪氏纺锤水蚤 | *Acartia hongi* Soh et Suh，2000 | 节肢动物门 Arthropoda<br>甲壳动物亚门 Crustacea<br>颚足纲 Maxillopoda<br>桡足亚纲 Copepoda<br>哲水蚤目 Calanoida<br>纺锤水蚤科 Acartiidae<br>纺锤水蚤属 *Acartia* | 莱州湾 | 我国渤海、黄海、东海，太平洋也有分布 | 鱼类饵料 |
| 太平洋纺锤水蚤 | *Acartia pacifica* Stener，1915 | 节肢动物门 Arthropoda<br>甲壳动物亚门 Crustacea<br>颚足纲 Maxillopoda<br>桡足亚纲 Copepoda<br>哲水蚤目 Calanoida<br>纺锤水蚤科 Acartiidae<br>纺锤水蚤属 *Acartia* | 海州湾、莱州湾 | 中国沿海，太平洋、印度洋的热带、温带水域也有分布 | 鱼类饵料 |
| 中华哲水蚤 | *Calanus sinicus* Brodsky，1962 | 节肢动物门 Arthropoda<br>甲壳动物亚门 Crustacea<br>颚足纲 Maxillopoda<br>桡足亚纲 Copepoda<br>哲水蚤目 Calanoida<br>哲水蚤科 Calanidae<br>哲水蚤属 *Calanus* | 海州湾、莱州湾 | 中国沿海；日本本州东、西两岸 | 鱼类饵料 |
| 背针胸刺水蚤 | *Centropages dorsispinatus* Thompson & Scott，1903 | 节肢动物门 Arthropoda<br>甲壳动物亚门 Crustacea<br>颚足纲 Maxillopoda<br>桡足亚纲 Copepoda<br>哲水蚤目 Calanoida<br>胸刺水蚤科 Centropagidae<br>胸刺水蚤属 *Centropages* | 海州湾、莱州湾 | 中国福建、浙江近海、锡兰沿岸；太平洋、印度洋也有分布 | 鱼类饵料 |
| 小刺哲水蚤 | *Paracalanus parvus*（Claus，1863） | 节肢动物门 Arthropoda<br>甲壳动物亚门 Crustacea<br>颚足纲 Maxillopoda<br>桡足亚纲 Copepoda<br>哲水蚤目 Calanoida<br>拟哲水蚤科 Paracalanidae<br>拟哲水蚤属 *Paracalanus* | 海州湾、莱州湾 | 中国沿海，太平洋、大西洋、印度洋的热带、温带区也有分布 | 鱼类饵料 |
| 孔雀强额哲水蚤 | *Pavocalanus crassirostris*（F. Dahl，1893） | 节肢动物门 Arthropoda<br>甲壳动物亚门 Crustacea<br>颚足纲 Maxillopoda<br>桡足亚纲 Copepoda<br>哲水蚤目 Calanoida<br>拟哲水蚤科 Paracalanidae<br>孔雀水蚤属 *Pavocalanus* | 莱州湾 | 中国沿海，太平洋、红海也有分布 | 鱼类饵料 |

| 中文名 | 拉丁名 | 分类地位 | 产地 | 分布 | 主要价值 |
|---|---|---|---|---|---|
| 汤氏长足水蚤 | *Calanopia thompsoni* A. Scott，1909 | 节肢动物门 Arthropoda<br>甲壳动物亚门 Crustacea<br>颚足纲 Maxillopoda<br>桡足亚纲 Copepoda<br>哲水蚤目 Calanoida<br>角水蚤科 Pontellidae<br>长足水蚤属 *Calanopia* | 海州湾、莱州湾 | 中国黄海，向南达南海；太平洋热带、温带水域；印度洋；日本海 | 鱼类饵料 |
| 圆唇角水蚤 | *Labidocera rotunda* Tanaka，1936 | 节肢动物门 Arthropoda<br>甲壳动物亚门 Crustacea<br>颚足纲 Maxillopoda<br>桡足亚纲 Copepoda<br>哲水蚤目 Calanoida<br>角水蚤科 Pontellidae<br>唇角水蚤属 *Labidocera* | 莱州湾 | 中国沿海；太平洋、印度洋 | 鱼类饵料 |
| 孔雀唇角水蚤 | *Labidocera pavo* Giesbrecht，1889 | 节肢动物门 Arthropoda<br>甲壳动物亚门 Crustacea<br>颚足纲 Maxillopoda<br>桡足亚纲 Copepoda<br>哲水蚤目 Calanoida<br>角水蚤科 Pontellidae<br>唇角水蚤属 *Labidocera* | 莱州湾 | 中国沿海；太平洋、印度洋、地中海、红海 | 鱼类饵料 |
| 海洋伪镖水蚤 | *Pseudodiaptomus arabicus* Walter，1998 | 节肢动物门 Arthropoda<br>甲壳动物亚门 Crustacea<br>颚足纲 Maxillopoda<br>桡足亚纲 Copepoda<br>哲水蚤目 Calanoida<br>伪镖水蚤科 Pseudodiaptomus<br>伪镖水蚤属 *Pseudodiaptomus* | 莱州湾 | 中国沿海；太平洋、印度洋、日本 | 鱼类饵料 |
| 刺尾歪水蚤 | *Tortanus spinicaudatus* Shen & Bai，1956 | 节肢动物门 Arthropoda<br>甲壳动物亚门 Crustacea<br>颚足纲 Maxillopoda<br>桡足亚纲 Copepoda<br>哲水蚤目 Calanoida<br>歪水蚤科 Tortanidae<br>歪水蚤属 *Tortanus* | 莱州湾 | 中国渤海、黄海、东海 | 鱼类饵料 |
| 双毛纺锤水蚤 | *Acartia bifilosa* （Giesbrecht，1881） | 节肢动物门 Arthropoda<br>甲壳动物亚门 Crustacea<br>颚足纲 Maxillopoda<br>桡足亚纲 Copepoda<br>哲水蚤目 Calanoida<br>纺锤水蚤科 Acartiidae<br>纺锤水蚤属 *Acartia* | 海州湾 | 渤海、黄海；日本海、鄂霍次克海、北大西洋的温带区 | 鱼类饵料 |

| 中文名 | 拉丁名 | 分类地位 | 产地 | 分布 | 主要价值 |
|---|---|---|---|---|---|
| 墨氏胸刺水蚤 | *Centropages mcmurrichi* Willey，1920 | 节肢动物门 Arthropoda<br>甲壳动物亚门 Crustacea<br>颚足纲 Maxillopoda<br>桡足亚纲 Copepoda<br>哲水蚤目 Calanoida<br>胸刺水蚤科 Centropagidae<br>胸刺水蚤属 *Centropages* | 海州湾 | 温带沿岸种。渤海、黄海、东海，日本各内海、鄂霍次克海、白令海和阿拉斯加湾 | 鱼类饵料 |
| 真刺唇角水蚤 | *Labidocera euchaeta* Giesbrecht，1889 | 节肢动物门 Arthropoda<br>甲壳动物亚门 Crustacea<br>颚足纲 Maxillopoda<br>桡足亚纲 Copepoda<br>哲水蚤目 Calanoida<br>角水蚤科 Pontellidae<br>唇角水蚤属 *Labidocera* | 海州湾、莱州湾 | 中国沿海；印度孟加拉湾；太平洋；印度洋；红海 | 鱼类饵料 |
| 双刺唇角水蚤 | *Labidocera bipinnata* Tanaka，1936 | 节肢动物门 Arthropoda<br>甲壳动物亚门 Crustacea<br>颚足纲 Maxillopoda<br>桡足亚纲 Copepoda<br>哲水蚤目 Calanoida<br>角水蚤科 Pontellidae<br>唇角水蚤属 *Labidocera* | 海州湾 | 中国沿海。日本海和鄂霍次克海 | 鱼类饵料 |
| 钝简角水蚤 | *Pontellopsis yamadae* Mori，1937 | 节肢动物门 Arthropoda<br>甲壳动物亚门 Crustacea<br>颚足纲 Maxillopoda<br>桡足亚纲 Copepoda<br>哲水蚤目 Calanoida<br>角水蚤科 Pontellidae<br>简角水蚤属 *Pontellopsis* | 海州湾 | 黄海、东海 | 鱼类饵料 |
| 捷氏歪水蚤 | *Tortanus derjugini* Smirnov，1935 | 节肢动物门 Arthropoda<br>甲壳动物亚门 Crustacea<br>颚足纲 Maxillopoda<br>桡足亚纲 Copepoda<br>哲水蚤目 Calanoida<br>歪水蚤科 Tortanidae<br>歪水蚤属 *Tortanus* | 海州湾 | 鸭绿江口、长江口、福建厦门杏林湾；日本海 | 鱼类饵料 |
| 瘦形歪水蚤 | *Tortanus gracilis*（Brady，1883） | 节肢动物门 Arthropoda<br>甲壳动物亚门 Crustacea<br>颚足纲 Maxillopoda<br>桡足亚纲 Copepoda<br>哲水蚤目 Calanoida<br>歪水蚤科 Tortanidae<br>歪水蚤属 *Tortanus* | 海州湾 | 夏、秋出现于我国南、北沿岸近河口区。西太平洋热带海区、阿拉伯海和红海 | 鱼类饵料 |

| 中文名 | 拉丁名 | 分类地位 | 产地 | 分布 | 主要价值 |
|---|---|---|---|---|---|
| 拟长腹剑水蚤 | *Oithona similis* Claus，1866 | 节肢动物门 Arthropoda<br>甲壳动物亚门 Crustacea<br>颚足纲 Maxillopoda<br>桡足亚纲 Copepoda<br>剑水蚤目 Cyclopoida<br>长腹剑水蚤科 Oithonidae<br>长腹剑水蚤属 *Oithona* | 海州湾、莱州湾 | 中国沿海。太平洋、印度洋和大西洋的热带和温带区。地中海，红海 | 鱼类饵料 |
| 近缘大眼剑水蚤 | *Corycaeus*（*Ditrichocorycaeus*）*affinis* Mcmurrichi，1916 | 节肢动物门 Arthropoda<br>甲壳动物亚门 Crustacea<br>颚足纲 Maxillopoda<br>桡足亚纲 Copepoda<br>剑水蚤目 Cyclopoida<br>大眼水蚤科 Corycaeidae<br>大眼水蚤属 *Corycaeus* | 海州湾、莱州湾 | 中国沿海。太平洋、日本东南水域，日本海和美洲东岸，红海 | 鱼类饵料 |
| 口虾蛄 | *Oratosquilla oratoria*（De Haan，1844） | 节肢动物门 Arthropoda<br>甲壳动物亚门 Crustacea<br>软甲纲 Malacostraca<br>口足目 Stomatopoda<br>虾蛄科 Squillidae<br>口虾蛄属 *Oratosquilla* | 海州湾、莱州湾 | 中国黄海、渤海常见种 | 食用、饲料 |
| 细足法蛾 | *Themisto gracilipes*（Norman，1869） | 节肢动物门 Arthropoda<br>甲壳动物亚门 Crustacea<br>软甲纲 Malacostraca<br>端足目 Amphipoda<br>泉蛾科 Hyperiidae<br>法蛾属 *Themisto* | 莱州湾 | 中国沿海 | 饵料生物 |
| 短角双眼钩虾 | *Ampelisca brevicornis*（Costa，1853） | 节肢动物门 Arthropoda<br>甲壳动物亚门 Crustacea<br>软甲纲 Malacostraca<br>端足目 Amphipoda<br>双眼钩虾科 Ampeliscidae<br>双眼钩虾属 *Ampelisca* | 莱州湾 | 渤海、辽东湾、黄海、胶州湾、东海、南海北部。水深从潮下带到水下102 m | 饵料 |
| 美原双眼钩虾 | *Ampelisca miharaensis* Nagata，1959 | 节肢动物门 Arthropoda<br>甲壳动物亚门 Crustacea<br>软甲纲 Malacostraca<br>端足目 Amphipoda<br>双眼钩虾科 Ampeliscidae<br>双眼钩虾属 *Ampelisca* | 莱州湾 | 渤海、黄海、东海、南海（中国沿海）；栖息水深为 8～100 m，底质为软泥或泥沙。密度较小，5～15 个/m$^2$ | 饵料 |
| 三崎双眼钩虾 | *Ampelisca misakiensis* Dahl，1945 | 节肢动物门 Arthropoda<br>甲壳动物亚门 Crustacea<br>软甲纲 Malacostraca<br>端足目 Amphipoda<br>双眼钩虾科 Ampeliscidae<br>双眼钩虾属 *Ampelisca* | 莱州湾 | 辽宁湾，黄海（胶州湾），东海及长江口，香港，南海北部（北部湾，南沙群岛）。栖息水深 3～140 m，底质为软泥，泥质沙，细沙 | 饵料 |

| 中文名 | 拉丁名 | 分类地位 | 产地 | 分布 | 主要价值 |
|---|---|---|---|---|---|
| 哥伦比亚刀钩虾 | *Aoroides columbiae* Walker，1898 | 节肢动物门 Arthropoda<br>甲壳动物亚门 Crustacea<br>软甲纲 Malacostraca<br>端足目 Amphipoda<br>蜾蠃蜚科 Corophiidae<br>刀钩虾属 *Aoroides* | 莱州湾 | 本种栖息于温带海域，分布于渤黄海 | 饵料 |
| 隐居蜾蠃蜚 | *Corophium insidiosum* Crowford，1937 | 节肢动物门 Arthropoda<br>甲壳动物亚门 Crustacea<br>软甲纲 Malacostraca<br>端足目 Amphipoda<br>蜾蠃蜚科 Corophiidae<br>蜾蠃蜚属 *Corophium* | 莱州湾 | 中国近海 | 饵料 |
| 小头弹钩虾 | *Orchomene breviceps* Hirayama，1986 | 节肢动物门 Arthropoda<br>甲壳动物亚门 Crustacea<br>软甲纲 Malacostraca<br>端足目 Amphipoda<br>光洁钩虾科 Lysianassidae<br>弹钩虾属 *Orchomene* | 莱州湾 | 渤海、黄海 | 饵料 |
| 滩拟猛钩虾 | *Harpiniopsis vadiculus* Hirayama，1987 | 节肢动物门 Arthropoda<br>甲壳动物亚门 Crustacea<br>软甲纲 Malacostraca<br>端足目 Amphipoda<br>尖头钩虾科 Phoxocephalidae<br>拟猛钩虾属 *Harpiniopsis* | 莱州湾 | 渤海、黄海 | — |
| 平尾拟棒鞭水虱 | *Cleantioides planicauda*（Benedict，1899） | 节肢动物门 Arthropoda<br>甲壳动物亚门 Crustacea<br>软甲纲 Malacostraca<br>等足目 Isopoda<br>盖鳃水虱科 Idotheidae<br>拟棒鞭水虱属 *Cleantioides* | 莱州湾 | 渤海、黄海 | — |
| 中华假磷虾 | *Pseudeuphausia sinica* Wang et Chen，1963 | 节肢动物门 Arthropoda<br>甲壳动物亚门 Crustacea<br>软甲纲 Malacostraca<br>真软甲亚纲 Eumalacostraca<br>真虾总目 Eucarida<br>磷虾目 Euphausiacea<br>磷虾科 Euphausiidae<br>假磷虾属 *Pseudeuphausia* | 海州湾 | 中国南黄海、东海和南海的近岸低盐水域 | 饵料、食用 |
| 周氏新对虾 | *Metapenaeus joyneri*（Miers，1880） | 节肢动物门 Arthropoda<br>甲壳动物亚门 Crustacea<br>软甲纲 Malacostraca<br>十足目 Decapoda<br>对虾科 penaeidae<br>新对虾属 *Metapenaeus* | 海州湾 | 山东半岛南岸以南沿海 | 食用、饲料 |

| 中文名 | 拉丁名 | 分类地位 | 产地 | 分布 | 主要价值 |
| --- | --- | --- | --- | --- | --- |
| 细巧仿对虾 | *Parapenaeopsis tenella*（Bate，1888） | 节肢动物门 Arthropoda<br>甲壳动物亚门 Crustacea<br>软甲纲 Malacostraca<br>十足目 Decapoda<br>枝鳃亚目 Dendrobranchiata<br>对虾总科 Penaeoidea<br>对虾科 Penaeidae<br>仿对虾属 *Parapenaeopsis* | 海州湾、莱州湾 | 中国黄海、东海和南海 | 食用 |
| 鹰爪虾 | *Trachypenaeus curvirostris*（Stimpson，1860） | 节肢动物门 Arthropoda<br>甲壳动物亚门 Crustacea<br>软甲纲 Malacostraca<br>十足目 Decapoda<br>对虾科 Penaeidae<br>鹰爪虾属 *Trachypenaeus* | 海州湾、莱州湾 | 中国沿海 | 食用、饲料 |
| 中国毛虾 | *Acetes chinensis* Hansen，1919 | 节肢动物门 Arthropoda<br>甲壳动物亚门 Crustacea<br>软甲纲 Malacostraca<br>十足目 Decapoda<br>樱虾科 Sergestdae<br>毛虾属 *Acetes* | 海州湾 | 中国沿海 | 食用、饲料 |
| 鼓虾未定种 | *Alpheus* sp. | 节肢动物门 Arthropoda<br>甲壳动物亚门 Crustacea<br>软甲纲 Malacostraca<br>十足目 Decapoda<br>鼓虾科 Alpheidae<br>鼓虾属 *Alpheus* | 海州湾 | — | — |
| 鲜明鼓虾 | *Alpheus distinguendus* De Man，1909 | 节肢动物门 Arthropoda<br>甲壳动物亚门 Crustacea<br>软甲纲 Malacostraca<br>十足目 Decapoda<br>鼓虾科 Alpheidae<br>鼓虾属 *Alpheus* | 海州湾、莱州湾 | 中国沿海 | 食用、饲料 |
| 刺螯鼓虾 | *Alpheus hoplocheles* Coutière，1897 | 节肢动物门 Arthropoda<br>甲壳动物亚门 Crustacea<br>软甲纲 Malacostraca<br>十足目 Decapoda<br>鼓虾科 Alpheidae<br>鼓虾属 *Alpheus* | 海州湾 | 中国辽宁、山东沿海 | 肉可食，但产量不大。 |
| 日本鼓虾 | *Alpheus japonicus* Miers，1897 | 节肢动物门 Arthropoda<br>甲壳动物亚门 Crustacea<br>软甲纲 Malacostraca<br>十足目 Decapoda<br>鼓虾科 Alpheidae<br>鼓虾属 *Alpheus* | 海州湾、莱州湾 | 中国沿海 | 食用、饲料 |

| 中文名 | 拉丁名 | 分类地位 | 产地 | 分布 | 主要价值 |
|---|---|---|---|---|---|
| 鞭腕虾 | *Hippolysmata* | 节肢动物门 Arthropoda<br>甲壳动物亚门 Crustacea<br>软甲纲 Malacostraca<br>真软甲亚纲 Eumalacostraca<br>十足目 Decapoda<br>腹胚亚目 Pleocyemata<br>藻虾科 Hippolytidae<br>鞭腕虾属 *Lysmata* | 莱州湾 | 中国近海 | 食用 |
| 东方长眼虾 | *Ogyrides orientalis*（Stimpson，1859） | 节肢动物门 Arthropoda<br>甲壳动物亚门 Crustacea<br>软甲纲 Malacostraca<br>十足目 Decapoda<br>长眼虾科 Ogyrididae<br>长眼虾属 *Ogyrides* | 海州湾 | 全国沿海。日本也有分布 | 个体小，数量少，经济意义不大 |
| 安氏白虾 | *Exopalaemon annandlei*（Kemp，1917） | 节肢动物门 Arthropoda<br>甲壳动物亚门 Crustacea<br>软甲纲 Malacostraca<br>十足目 Decapoda<br>腹胚亚目 Dendrobranchiata<br>长臂虾科 Palaemonidae<br>白虾属 *Exopalaemon* | 莱州湾 | 中国近海 | 食用、药用、饲料 |
| 脊尾白虾 | *Exopalaemon carinicauda* Holthius，1950 | 节肢动物门 Arthropoda<br>甲壳动物亚门 Crustacea<br>软甲纲 Malacostraca<br>十足目 Decapoda<br>长臂虾科 Palaemonidae<br>白虾属 *Exopalaemon* | 海州湾 | 黄海、东海及南海 | 食用、饲料 |
| 秀丽白虾 | *Exopalaemon modestus*（Heller，1862） | 节肢动物门 Arthropoda<br>甲壳动物亚门 Crustacea<br>软甲纲 Malacostraca<br>十足目 Decapoda<br>长臂虾科 Palaemonidae rafinesque<br>白虾属 *Exopalaemon* | 海州湾 | 中国沿海 | 食用、饲料 |
| 葛氏长臂虾 | *Palaemon gravieri*（Yu，1930） | 节肢动物门 Arthropoda<br>甲壳动物亚门 Crustacea<br>软甲纲 Malacostraca<br>十足目 Decapoda<br>长臂虾科 Palaemonidae<br>长臂虾属 *Palaemon* | 海州湾、莱州湾 | 渤海、黄海及东海，生活于泥沙底质浅海，河口附近也有，通常在距岸较远之处较多 | 食用 |

| 中文名 | 拉丁名 | 分类地位 | 产地 | 分布 | 主要价值 |
|---|---|---|---|---|---|
| 锯齿长臂虾 | *Palaemon serrifer*（Stimpson，1860） | 节肢动物门 Arthropoda<br>甲壳动物亚门 Crustacea<br>软甲纲 Malacostraca<br>十足目 Decapoda<br>长臂虾科 Palaemonidae<br>长臂虾属 *Palaemon* | 海州湾 | 全国沿海。日本、朝鲜半岛、西伯利亚、泰国、印度尼西亚、印度、澳大利亚也有分布 | 肉可鲜食，但产量不大 |
| 细螯虾 | *Leptochela gracilis* Stimpson，1860 | 节肢动物门 Arthropoda<br>甲壳动物亚门 Crustacea<br>软甲纲 Malacostraca<br>十足目 Decapoda<br>玻璃虾科 Pasiphaeidae<br>细螯虾属 *Leptochela* | 海州湾、莱州湾 | 黄海、渤海、东海、南海。生活于泥沙或底沙的浅海中 | 食用、饲料 |
| 日本和美虾 | *Nihonotrypaea japonic*（Ortmann，1891） | 节肢动物门 Arthropoda<br>甲壳动物亚门 Crustacea<br>软甲纲 Malacostraca<br>海蛄虾下目 Thalassinidea latreile<br>美人虾总科 Callianassoidea<br>美人虾科 Callianassidae<br>和美虾属 *Nihonotrypaea* | 莱州湾 | 渤海、黄海沿岸。日本也有分布 | 饵料 |
| 泥虾 | *laomedia astacina* De Haan，1841 | 节肢动物门 Arthropoda<br>甲壳动物亚门 Crustacea<br>软甲纲 Malacostraca<br>海蛄虾下目 Thalassinidea latreile<br>美人虾总科 Callianassoidea<br>泥虾科 Laomediidae<br>泥虾属 *Laomedia* | 莱州湾 | 黄海、东海、台湾西岸，南海北部潮间带 | — |
| 绒毛细足蟹 | *Raphidopus ciliatus* Stimpson，1858 | 节肢动物门 Arthropoda<br>甲壳动物亚门 Crustacea<br>软甲纲 Malacostraca<br>异尾下目 Anomura<br>铠甲虾总科 Galatheoidea<br>铠甲虾科 Galatheoidea<br>细足蟹属 *Raphidopus* | 莱州湾 | — | — |
| 艾氏活额寄居蟹 | *Diogenes edwardsii*（De Haan，1849） | 节肢动物门 Arthropoda<br>甲壳动物亚门 Crustacea<br>软甲纲 Malacostraca<br>十足目 Decapoda<br>腹胚亚目 Pleocyemata<br>异尾下目 Anomura<br>寄居蟹总科 Paguroidea<br>活额寄居蟹科 Diogenidae<br>活额寄居蟹属 *Diogenes* | 海州湾 | 全国沿海。日本、朝鲜也有分布 | — |

| 中文名 | 拉丁名 | 分类地位 | 产地 | 分布 | 主要价值 |
|---|---|---|---|---|---|
| 细足寄居蟹 | *Pagurus gracilis*（Stimpson，1858） | 节肢动物门 Arthropoda<br>甲壳动物亚门 Crustacea<br>软甲纲 Malacostraca<br>十足目 Decapoda<br>寄居蟹科 Paguridae<br>寄居蟹属 *Pagurus* | 海州湾、莱州湾 | 黄海、东海北部 | 食用、药用、饲料 |
| 红线黎明蟹 | *Matuta planipes* Fabricius，1798 | 节肢动物门 Arthropoda<br>甲壳动物亚门 Crustacea<br>软甲纲 Malacostraca<br>十足目 Decapoda<br>黎明蟹科 Matutidae<br>黎明蟹属 *Matuta* | 海州湾、莱州湾 | 我国渤海、黄海、东海、南海；日本、马来西亚、印度尼西亚、新几内亚、新加坡、澳大利亚、泰国、巴基斯坦、印度及斯里兰卡也有分布 | 食用，观赏 |
| 日本拟平家蟹 | *Heikeopsis japonicus*（Von Siebold，1824） | 节肢动物门 Arthropoda<br>甲壳动物亚门 Crustacea<br>软甲纲 Malacostraca<br>十足目 Decapoda<br>关公蟹科 Dorippidae<br>关公蟹亚科 Dorippinae<br>拟平家蟹属 *Heikeopsis* | 海州湾 | 我国渤海、黄海、东海及南海。日本、韩国及越南也有分布 | 鱼类食料，维持底栖生态平衡 |
| 颗粒拟关公蟹 | *Paradorippe granulata* De Haan，1841 | 节肢动物门 Arthropoda<br>甲壳动物亚门 Crustacea<br>软甲纲 Malacostraca<br>真软甲亚纲 Eumalacostraca<br>十足目 Decapoda<br>腹胚亚目 Pleocyemata<br>短尾下目 Brachyura<br>关公蟹总科 Dorippoidea<br>关公蟹科 Dorippidae<br>关公蟹亚科 Dorippinae<br>拟关公蟹属 *Paradorippe* | 莱州湾 | 中国近海 | 药用、饲料 |
| 隆线强蟹 | *Eucrate crenata*（De Haan，1835） | 节肢动物门 Arthropoda<br>甲壳动物亚门 Crustacea<br>软甲纲 Malacostraca<br>十足目 Decapoda<br>长脚蟹总科 Goneplacoidae<br>宽背蟹科 Euryplacidae<br>强蟹属 *Eucrate* | 莱州湾 | 广东，福建，山东半岛，渤海。生活于水深 30～100 m 的泥沙质海底上，亦隐匿在低潮线的石块下 | — |
| 圆十一刺栗壳蟹 | *Arcania novemspinosa*（Adams *et* White，1848） | 节肢动物门 Arthropoda<br>甲壳动物亚门 Crustacea<br>软甲纲 Malacostraca<br>十足目 Decapoda<br>玉蟹科 Leucosiidae<br>栗壳蟹属 *Arcania* | 海州湾 | 黄海、东海、南海，菲律宾、澳大利亚、印度 | 无直接经济价值 |

| 中文名 | 拉丁名 | 分类地位 | 产地 | 分布 | 主要价值 |
|---|---|---|---|---|---|
| 豆形拳蟹 | *Philyra pisum* De Haan，1841 | 节肢动物门 Arthropoda<br>甲壳动物亚门 Crustacea<br>软甲纲 Malacostraca<br>十足目 Decapoda<br>玉蟹科 Leucosiidae<br>拳蟹属 *Philyra* | 海州湾、莱州湾 | 我国渤海、黄海、东海及南海。日本、韩国、新加坡、菲律宾及美国加利福尼亚也有分布 | 鱼类食料，维持底栖生态平衡 |
| 强壮武装紧握蟹 | *Enoplolambrus valida*（De Haan，1837） | 节肢动物门 Arthropoda<br>甲壳动物亚门 Crustacea<br>软甲纲 Malacostraca<br>十足目 Decapoda<br>菱蟹科 Parthenopidae<br>武装紧握蟹属 *Enoplolambrus* | 海州湾 | 中国海，西太平洋 | 无直接经济价值 |
| 沟纹拟盲蟹 | *Typhlocarcinops canaliculata* Rathbun，1909 | 节肢动物门 Arthropoda<br>甲壳动物亚门 Crustacea<br>软甲纲 Malacostraca<br>十足目 Decapoda<br>毛刺蟹科 Pilumnidae<br>拟盲蟹属 *Typhlocarcinops* | 海州湾 | 我国黄海、东海沿岸。日本、泰国湾都有分布 | 维持底栖生态平衡 |
| 细点圆趾蟹 | *Ovalipes punctatus*（De Haan，1833） | 节肢动物门 Arthropoda<br>甲壳动物亚门 Crustacea<br>软甲纲 Malacostraca<br>真软甲亚纲 Eumalacostraca<br>十足目 Decapoda<br>腹胚亚目 Pleocyemata<br>短尾下目 Brachyura<br>梭子蟹总科 Portinoidea<br>梭子蟹科 Portunidae<br>多样蟹亚科 Polybiinae<br>圆趾蟹属 *Ovalipes* | 莱州湾 | 中国近海 | 食用、药用、饲料 |
| 三疣梭子蟹 | *Portunus trituberculatus*（Mires，1876） | 节肢动物门 Arthropoda<br>甲壳动物亚门 Crustacea<br>软甲纲 Malacostraca<br>十足目 Decapoda<br>梭子蟹科 Portunidae<br>梭子蟹属 *Portunus* | 海州湾、莱州湾 | 中国广西、广东、福建、浙江、山东半岛、渤海湾、辽东半岛。生活于10～30米的沙泥或沙质海底。日本、越南、朝鲜半岛也有分布 | 食用、药用、饲料 |
| 日本蟳 | *Charybdis*（*Charybdis*）*japonica*（A. Milne-Edwards，1861） | 节肢动物门 Arthropoda<br>甲壳动物亚门 Crustacea<br>软甲纲 Malacostraca<br>真软甲亚纲 Eumalacostraca<br>十足目 Decapoda<br>腹胚亚目 Pleocyemata<br>短尾下目 Brachyura<br>梭子蟹总科 Portinoidea<br>梭子蟹科 Portunidae<br>短桨蟹亚科 Thalamitinae<br>蟳属 *Charybdis*<br>蟳亚属 *Charybdis* | 海州湾、莱州湾 | 山东半岛、辽东半岛、浙江、福建、台湾、广东。日本、马来西亚、红海等也有分布 | 食用 |

| 中文名 | 拉丁名 | 分类地位 | 产地 | 分布 | 主要价值 |
|---|---|---|---|---|---|
| 双斑蟳 | *Charybdis* (Gonioneptunus) *bimaculata* (Miers，1886) | 节肢动物门 Arthropoda<br>甲壳动物亚门 Crustacea<br>软甲纲 Malacostraca<br>十足目 Decapoda<br>梭子蟹科 Portunidae<br>蟳属 *Charybdis* | 海州湾、莱州湾 | 黄海、东海、南海；印度西太平洋也有分布 | 食用、药用、饲料 |
| 褶痕拟相手蟹 | *Parasesarma plicatum* (Latreille，1806) | 节肢动物门 Arthropoda<br>甲壳动物亚门 Crustacea<br>软甲纲 Malacostraca<br>十足目 Decapoda<br>相手蟹科 Sesarmidae<br>拟相手蟹属 *Parasesarma* | 海州湾 | 江苏、浙江、福建、台湾、广东。印度西太平洋海区也有分布 | 潮间带常见种，维持生态平衡 |
| 伍氏拟厚蟹 | *Helicana wuana* (Rathbun，1931) | 节肢动物门 Arthropoda<br>甲壳动物亚门 Crustacea<br>软甲纲 Malacostraca<br>十足目 Decapoda<br>弓蟹科 Varunidae<br>拟厚蟹属 *Helicana* | 海州湾、莱州湾 | 我国广西、广东、福建、浙江、山东、河北（渤海湾）和辽东半岛。韩国也有分布 | 食用、饲料 |
| 天津厚蟹 | *Helice tientsinensis* Rathbun，1931 | 节肢动物门 Arthropoda<br>甲壳动物亚门 Crustacea<br>软甲纲 Malacostraca<br>十足目 Decapoda<br>弓蟹科 Varunidae<br>厚蟹属 *Helice* | 海州湾、莱州湾 | 我国福建、浙江、江苏、广东、福建、山东半岛，渤海湾，辽东半岛。韩国也有分布朝鲜。穴居于河口的泥滩或通海河流的泥岸上 | 食用、饲料 |
| 绒螯近方蟹 | *Hemigrapsus penicillatus* (de Haan，1835) | 节肢动物门 Arthropoda<br>甲壳动物亚门 Crustacea<br>软甲纲 Malacostraca<br>十足目 Decapod<br>弓蟹科 Varunidae<br>近方蟹属 *Hemigrapsus* | 海州湾、莱州湾 | 我国广东、台湾、福建、浙江、江苏、山东半岛、渤海湾和辽东半岛。韩国、日本也有分布 | 潮间带常见种，维持生态平衡 |
| 肉球近方蟹 | *Hemigrapsus sanguineus* (de Haan，1835) | 节肢动物门 Arthropoda<br>甲壳动物亚门 Crustacea<br>软甲纲 Malacostraca<br>十足目 Decapoda<br>弓蟹科 Varunidae<br>近方蟹属 *Hemigrapsus* | 海州湾、莱州湾 | 我国广西、广东、福建、台湾、浙江、江苏、山东半岛、渤海湾和辽东半岛；韩国、日本、萨哈林岛也有分布 | 潮间带常见种，维持生态平衡 |
| 狭颚新绒螯蟹 | Neo*eriocheir leptognathus* Rathbun，1913 | 节肢动物门 Arthropoda<br>甲壳动物亚门 Crustacea<br>软甲纲 Malacostraca<br>十足目 Decapoda<br>弓蟹科 Varunidae<br>新绒螯蟹属 *Neoeriocheir* | 海州湾 | 我国福建、浙江、江苏、山东半岛，渤海湾和辽东湾。韩国西岸（黄海）、日本也有分布 | 维持底栖生态平衡 |

| 中文名 | 拉丁名 | 分类地位 | 产地 | 分布 | 主要价值 |
|---|---|---|---|---|---|
| 锯脚泥蟹 | *Ilyoplax dentimerosa* Shen，1932 | 节肢动物门 Arthropoda<br>甲壳动物亚门 Crustacea<br>软甲纲 Malacostraca<br>十足目 Decapoda<br>毛带蟹科 Dotillidae<br>泥蟹属 *Ilyoplax* | 海州湾 | 渤海、黄海、东海，朝鲜半岛也有分布 | 潮间带常见种，维持生态平衡 |
| 双扇股窗蟹 | *Scopimera bitympana* Shen，1930 | 节肢动物门 Arthropoda<br>甲壳动物亚门 Crustacea<br>软甲纲 Malacostraca<br>十足目 Decapoda<br>毛带蟹科 Dotillidae<br>股窗蟹属 *Scopimera* | 海州湾 | 我国沿海均有分布，朝鲜半岛西岸也有分布 | 无直接经济价值 |
| 圆球股窗蟹 | *Scopimera globosa* De Haan，1835 | 节肢动物门 Arthropoda<br>甲壳动物亚门 Crustacea<br>软甲纲 Malacostraca<br>十足目 Decapoda<br>毛带蟹科 Dotillidae<br>股窗蟹属 *Scopimera* | 莱州湾 | 广东、台湾、福建、山东半岛。穴居于潮间带的泥沙滩上 | — |
| 长趾股窗蟹 | *Scopimera longidactyla* Shen，1932 | 节肢动物门 Arthropoda<br>甲壳动物亚门 Crustacea<br>软甲纲 Malacostraca<br>十足目 Decapoda<br>毛带蟹科 Dotillidae<br>股窗蟹属 *Scopimera* | 莱州湾 | 台湾，山东半岛，渤海湾。朝鲜西岸。穴居于潮间带的泥沙滩上，洞口常覆盖许多细沙 | — |
| 短身大眼蟹 | *Macrophthalmus ababreviatus* Manning and Holthuis，1981 | 节肢动物门 Arthropoda<br>甲壳动物亚门 Crustacea<br>软甲纲 Malacostraca<br>十足目 Decapo<br>大眼蟹科 Macrophthalmidae<br>大眼蟹属 *Macrophthalmus* | 海州湾 | 我国广西、广东、台湾、福建、浙江、山东半岛、渤海湾和辽东半岛。韩国西岸、日本也有分布 | 维持底栖生态平衡 |
| 日本大眼蟹 | *Macrophthalmus*（*Mareolis*）*japonicus* de Haan，1835 | 节肢动物门 Arthropoda<br>甲壳动物亚门 Crustacea<br>软甲纲 Malacostraca<br>十足目 Decapoda<br>大眼蟹科 Macrophthalmidae<br>大眼蟹属 *Macrophthalmus*<br>鸟食蟹亚属 *Macrophthalmus*（*Mareolis*） | 海州湾、莱州湾 | 我国海南、台湾、福建、浙江、山东半岛、渤海湾和辽东半岛。日本、韩国西岸、新加坡、澳大利亚也有分布 | 养殖饲料，维持生态平衡 |
| 宽身大眼蟹 | *Macrophthalmus dilatatum* | 节肢动物门 Arthropoda<br>甲壳动物亚门 Crustacea<br>软甲纲 Malacostraca<br>十足目 Decapoda<br>大眼蟹科 Macrophthalmidae<br>大眼蟹属 *Macrophthalmus* | 海州湾 | 广东、台湾、福建、浙江、山东半岛、渤海湾、辽东半岛。朝鲜西岸，日本。穴居于近海或河口的泥滩上 | — |

| 中文名 | 拉丁名 | 分类地位 | 产地 | 分布 | 主要价值 |
|---|---|---|---|---|---|
| 兰氏三强蟹 | *Tritodynamia rathbunae* Shen，1932 | 节肢动物门 Arthropoda<br>甲壳动物亚门 Crustacea<br>软甲纲 Malacostraca<br>十足目 Decapoda<br>大眼蟹科 Macrophthalmidae<br>三强蟹属 *Tritodynamia* | 海州湾 | 我国渤海、黄海、东海北部沿岸；韩国、日本太平洋沿岸也有分布 | 维持底栖生态平衡 |
| 弧边招潮 | *Uca arcuata*（De Haan，1853） | 节肢动物门 Arthropoda<br>甲壳动物亚门 Crustacea<br>软甲纲 Malacostraca<br>十足目 Decapoda<br>沙蟹科 Ocypodidae<br>招潮亚科 Ucinae<br>招潮属 *Uca* | 海州湾 | 我国广西、海南、广东、台湾、福建、浙江、江苏和山东；日本、韩国（黄海岸）也有分布 | 潮间带重要物种，维持生态平衡 |
| 豆形短眼蟹 | *Xenophthalmus pinnotheroides* White | 节肢动物门 Arthropoda<br>甲壳动物亚门 Crustacea<br>软甲纲 Malacostraca<br>十足目 Decapoda<br>短眼蟹科 Xenophthalmidae<br>短眼蟹属 *Xenophthalmus* | 海州湾 | 我国沿海都有分布。印度西太平洋也有分布 | 占底栖甲壳生物比重较大，维持底栖生态平衡 |
| 三叶针尾涟虫 | *Diastylis tricincta*（Zimmer，1903） | 节肢动物门 Arthropoda<br>甲壳动物亚门 Crustacea<br>软甲纲 Malacostraca<br>涟虫目 Cumacea<br>针尾涟虫科 Diastylidae<br>针尾涟虫属 *Diastylis* | 海州湾、莱州湾 | 渤海、黄海、东海 | 鱼类的天然饵料 |
| 萨氏异涟虫 | *Heterocuma sarsi* Lomakina，1960 | 节肢动物门 Arthropoda<br>甲壳动物亚门 Crustacea<br>软甲纲 Malacostraca<br>涟虫目 Cumacea<br>涟虫科 Bodotriidae<br>异涟虫属 *Heterocuma* | 海州湾 | 渤海、黄海 | 饵料 |
| 细螯原足虫 | *Leptochelia dubia Kroyer* | 节肢动物门 Arthropoda<br>甲壳动物亚门 Crustacea<br>软甲纲 Malacostraca<br>原足目 Tanaidacea<br>仿原足虫科 Paratanaida | 海州湾 | 中国近海 | 饵料 |

附表 6　海州湾及莱州湾环节动物（多毛类）物种编目

| 中文名 | 拉丁名 | 分类地位 | 产地 | 分布 | 主要价值 |
|---|---|---|---|---|---|
| 刚鳃虫 | *Chaetozone sefosa* Malmgren，1867 | 环节动物门 Annelida<br>多毛纲 Polychaeta<br>蛰龙介目 Terebellida<br>丝鳃虫科 Cirratulidae<br>刚鳃虫属 *Chaetozone* | 莱州湾 | 我国黄海、渤海潮间带 | 饵料 |
| 丝鳃虫 | *Cirratulus cirratus*（Muller，1776） | 环节动物门 Annelida<br>多毛纲 Polychaeta<br>蛰龙介目 Terebellida<br>丝鳃虫科 Cirratulidae<br>丝鳃虫属 *Cirratulus* | 莱州湾 | 世界性分布，我国渤海、黄海潮间带岩岸和潮下带（49 m、砂泥） | 饵料 |
| 金毛丝鳃虫 | *Cirratulus chrysoderma*（*Chaparède*，1868） | 环节动物门 Annelida<br>多毛纲 Polychaeta<br>蛰龙介目 Terebellida<br>丝鳃虫科 Cirratulidae<br>丝鳃虫属 *Cirratulus* | 莱州湾 | 我国渤海、黄海潮间带岩岸 | 饵料 |
| 毛须鳃虫 | *Cirriformia filigera delle*（delle Chiaje，1825） | 环节动物门 Annelida<br>多毛纲 Polychaeta<br>蛰龙介目 Terebellida<br>丝鳃虫科 Cirratulidae<br>须鳃虫属 *Cirriformia* | 莱州湾 | 我国渤海；黄海、南海。为潮间带和浅水区广分布种 | 饵料 |
| 须鳃虫 | *Cirriformia tentaculata*（Montagu，1808） | 环节动物门 Annelida<br>多毛纲 Polychaeta<br>蛰龙介目 Terebellida<br>丝鳃虫科 Cirratulidae<br>须鳃虫属 *Cirriformia* | 海州湾、莱州湾 | 中国渤海、黄海、东海、南海潮间带，广布性种 | 饵料 |
| 多丝独毛虫 | *Tharyx multifilis* Moore，1909 | 环节动物门 Annelida<br>多毛纲 Polychaeta<br>蛰龙介目 Terebellida<br>丝鳃虫科 Cirratulidae<br>独毛虫属 *Tharyx* | 海州湾 | 中国黄海。潮间带。美国加利福尼亚中、南部，马达加斯加也有分布 | |
| 那不勒斯膜帽虫 | *Lagis neapolitana* Claparède，1870 | 环节动物门 Annelida<br>多毛纲 Polychaeta<br>蛰龙介目 Terebellida<br>笔帽虫科 Pectinaridae<br>膜帽虫属 *Lagis* | 海州湾 | 中国黄海、渤海潮间带。地中海、南非也有分布 | |
| 琴蛰虫 | *Lanice conchilega*（Pallas，1766） | 环节动物门 Annelida<br>多毛纲 Polychaeta<br>蛰龙介目 Terebellida<br>蛰龙介科 Terebellidae<br>琴蛰虫属 *Lanice* | 莱州湾 | 我国渤海、黄海和南海潮间带泥沙岩石海岸；大西洋、地中海、波斯湾、南加利福尼亚也有分布 | 饵料 |
| 扁蛰虫 | *Loimia medusa*（Savigny，1818） | 环节动物门 Annelida<br>多毛纲 Polychaeta<br>蛰龙介目 Terebellida<br>蛰龙介科 Terebellidae<br>扁蛰虫属 *Loimia* | 海州湾 | 中国黄海、东海、南海。潮间带和潮下带。英吉利海峡、红海、太平洋也有分布 | |

| 中文名 | 拉丁名 | 分类地位 | 产地 | 分布 | 主要价值 |
|---|---|---|---|---|---|
| 侧口乳蛰虫 | *Thelepus plagiostoma*（Schmarda，1861） | 环节动物门 Annelida<br>多毛纲 Polychaeta<br>蛰龙介目 Terebellida<br>蛰龙介科 Terebellidae<br>乳蛰虫属 *Thelepus* | 莱州湾 | 我国渤东海（舟山群岛岩岸）；印度西太平洋、红海、澳大利亚、日本也有分布 | 饵料 |
| 侧口乳蛰虫 | *Thelepus plagiostoma*（Schmarda，1861） | 环节动物门 Annelida<br>多毛纲 Polychaeta<br>蛰龙介目 Terebellida<br>蛰龙介科 Terebellidae<br>乳蛰虫属 *Thelepus* | 莱州湾 | 我国渤东海（舟山群岛岩岸）；印度西太平洋、红海、澳大利亚、日本也有分布 | 饵料 |
| 矮小稚齿虫 | *Apoprionospio pygmaea*（Hartman，1961） | 环节动物门 Annelida<br>多毛纲 Polychaeta<br>海稚虫目 Spionida<br>海稚虫科 Spionidae<br>离稚齿虫属 *Apoprionospio* | 莱州湾 | 我国黄海、渤海低潮区。美国加利福尼亚、佛罗里达、墨西哥湾等潮下带、泥沙底质也有分布 | 饵料 |
| 奇异稚齿虫 | *Paraprionospio pinnata*（Ehlers，1901） | 环节动物门 Annelida<br>多毛纲 Polychaeta<br>海稚虫目 Spionida<br>海稚虫科 Spionidae<br>奇异稚齿虫属 *Paraprionospio* | 莱州湾 | 我国渤海、黄海、东海、南海；世界种。温带和热带水域、大西洋和太平洋沿岸、加拿大西部到美国加利福尼亚、斯里兰卡、所罗门群岛、日本也有分布 | 饵料 |
| 昆士兰稚齿虫 | *Prionospio queenslandica*（Blake et Kudenov，1978） | 环节动物门 Annelida<br>多毛纲 Polychaeta<br>海稚虫目 Spionida<br>海稚虫科 Spionidae<br>稚齿虫属 *Prionospio* | 海州湾、莱州湾 | 我国渤海、黄海潮下带（6 m、泥沙）；澳大利亚也有分布 | 饵料 |
| 长吻沙蚕 | *Glycera chirori* Izuka，1912 | 环节动物门 Annelida<br>多毛纲 Polychaeta<br>游走亚纲 Sedentaria<br>叶须虫目 Phyllodocida<br>吻沙蚕科 Glyceridae<br>吻沙蚕属 *Glycera* | 海州湾 | 分布于潮间带、潮下带，我国渤海、黄海、东海平潭、台湾海峡、厦门、东山、汕头。日本沿岸也有分布 | 饵料 |
| 锥唇吻沙蚕 | *Glycera onomichiensis* Izuka，1912 | 环节动物门 Annelida<br>多毛纲 Polychaeta<br>叶须虫目 Phyllodocida<br>吻沙蚕科 Glyceridae<br>吻沙蚕属 *Glycera* | 莱州湾 | 我国渤黄海潮间带、潮下带、南海北部湾。栖于具贝壳的软泥底；鄂霍次克海，南千岛群岛，日本，越南也有分布 | 饵料 |
| 强吻沙蚕 | *Glycera robusta* Ehlers，1868 | 环节动物门 Annelida<br>多毛纲 Polychae<br>叶须虫目 Phyllodocida<br>吻沙蚕科 Glyceridae<br>吻沙蚕属 *Glycera* | 莱州湾 | 渤海、黄海；太平洋、北美沿岸从温哥华至南加利福尼亚，太平洋西岸的日本沿岸也有分布 | 饵料 |

| 中文名 | 拉丁名 | 分类地位 | 产地 | 分布 | 主要价值 |
|---|---|---|---|---|---|
| 中锐吻沙蚕 | *Glycera rouxii* Audouin et Milne – Edwards，1833 | 环节动物门 Annelida<br>多毛纲 Polychaeta<br>游走亚纲 Sedentaria<br>叶须虫目 Phyllodocida<br>吻沙蚕科 Glyceridae<br>吻沙蚕属 *Glycera* | 海州湾 | 中国四海区皆有分布。潮间带、潮下带。日本沿岸、美国加利福尼亚沿岸、大西洋北部、地中海、波斯湾、印度沿岸也有分布 | 饵料 |
| 日本角吻沙蚕 | *Goniada japonica* Izuka，1912 | 环节动物门 Annelida<br>多毛纲 Polychaeta<br>叶须虫目 Phyllodocida<br>角吻沙蚕科 Goniadidae<br>角吻沙蚕属 *Goniada* | 莱州湾 | 我国渤海（23 m）软泥碎壳、黄海潮间带、东海（47～54 m）沙质泥 | 饵料 |
| 色斑角吻沙蚕 | *Goniada maculata* öersted，1843 | 环节动物门 Annelida<br>多毛纲 Polychae<br>叶须虫目 Phyllodocida<br>角吻沙蚕科 Goniadidae<br>角吻沙蚕属 *Goniada* | 莱州湾 | 我国渤海软泥底、黄海软泥和沙质泥地、东海、北部湾；西欧、北美东北部、北太平洋（阿拉斯加、日本）也有分布 | 饵料 |
| 褐色镰毛鳞虫 | *Sthenelais fusca* Johnson，1897 | 环节动物门 Annelida<br>多毛纲 Polychaeta<br>叶须虫目 Phyllodocida<br>锡鳞虫科 Sigalionidae<br>镰毛鳞虫属 *Sthenelais* | 莱州湾 | 我国渤海、黄海潮间带。多栖于岩岸具泥沙的潮塘中；北太平洋两岸种美国华盛顿以南至加利福尼亚南部、日本沿岸也有分布 | 饵料 |
| 强鳞虫 | *Sthenolepis japonica*（McIntosh，1885） | 环节动物门 Annelida<br>多毛纲 Polychaeta<br>叶须虫目 Phyllodocida<br>锡鳞虫科 Sigalionidae<br>强鳞虫属 *Sthenolepis* | 莱州湾 | 我国渤海、黄海潮下带 | 饵料 |
| 拟特须虫 | *Paralacydonia paradoxa* Fauvel，1913 | 环节动物门 Annelida<br>多毛纲 Polychaeta<br>游走亚纲 Sedentaria<br>叶须虫目 Phyllodocida<br>特须虫科 Lacydonidae<br>拟特须虫属 *Paralacydonia* | 海州湾 | 中国四海区皆有分布。潮下带。广布性种。地中海、摩洛哥、南非、北美大西洋、太平洋沿岸、印度尼西亚、新西兰北部也有分布 | |
| 加州齿吻沙蚕 | *Nephtys californiensis* Hartman，1938 | 环节动物门 Annelida<br>多毛纲 Polychaeta<br>沙蚕目 Nereidida<br>齿吻沙蚕科 *Nephtyidae*<br>齿吻沙蚕属 *Nephtys* | 海州湾 | 中国四海区皆有分布。潮间带、潮下带。美国加利福尼亚、韩国、日本、澳大利亚、北大西洋也有分布 | 饵料 |
| 多鳃齿吻沙蚕 | *Nephtys polybranchia* Southern，1912 | 环节动物门 Annelida<br>多毛纲 Polychaeta<br>沙蚕目 Nereidida<br>齿吻沙蚕科 *Nephtyidae*<br>齿吻沙蚕属 *Nephtys* | 莱州湾 | 我国渤海、黄海、东海、南海、栖于潮间带下区细砂中；印度、越南、日本也有分布 | 饵料 |
| 日本刺沙蚕 | *Neanthes japonica*（Izuka，1908） | 环节动物门 Annelida<br>多毛纲 Polychaeta<br>游走亚纲 Sedentaria<br>沙蚕目 Nereidida<br>沙蚕科 Nereididae<br>刺沙蚕属 *Neanthes* | 海州湾 | 中国黄海、渤海、东海。潮间带、潮下带。中国和日本沿岸的特有种 | 饵料 |

| 中文名 | 拉丁名 | 分类地位 | 产地 | 分布 | 主要价值 |
|---|---|---|---|---|---|
| 琥珀刺沙蚕 | *Neanthes succinea*（Leuckart，1847） | 环节动物门 Annelida<br>多毛纲 Polychae<br>沙蚕目 Nereidida<br>沙蚕科 Nereididae<br>刺沙蚕属 *Neanthes* | 莱州湾 | 广布种。我国渤海、黄海均有分布；为欧洲、地中海、北美大西洋沿岸优势种。日本也有分布 | 饵料 |
| 全刺沙蚕 | *Nectoneanthes oxypoda*（Marenzeller，1879） | 环节动物门 Annelida<br>多毛纲 Polychaeta<br>游走亚纲 Sedentaria<br>沙蚕目 Nereidida<br>沙蚕科 Nereididae<br>全刺沙蚕属 *Nectoneanthes* | 海州湾 | 中国黄海、渤海。潮间带。中国和日本沿岸的特有种 | 饵料 |
| 双齿围沙蚕 | *Perinereis aibuhitensis* Grube，1878 | 环节动物门 Annelida<br>多毛纲 Polychae<br>沙蚕科 Nereididae<br>围沙蚕属 *Perinereis* | 莱州湾 | 主要分布于潮间带泥沙。我国从辽宁到海南岛均有分布 | 饵料 |
| 异足索沙蚕 | *Lumbrineris heteropoda*（Marenzeller，1879） | 环节动物门 Annelida<br>多毛纲 Polychaeta<br>游走亚纲 Sedentaria<br>矶沙蚕目 Eunicida<br>索沙蚕科 Lumbrineridae<br>索沙蚕属 *Lumbrineris* | 海州湾 | 中国四海区皆有分布。潮间带、潮下带。南萨哈林、波斯湾、印度、越南、日本也有分布 | |
| 短叶索沙蚕 | *Lumbrineris latreilli* Audouin et M-Edwards，1834 | 环节动物门 Annelida<br>多毛纲 Polychaeta<br>矶沙蚕目 Eunicida<br>索沙蚕科 Lumbrineridae<br>索沙蚕属 *lumbrineris* | 莱州湾 | 我国黄海、东海潮间带砾石下 | 饵料 |
| 四索沙蚕 | *Lumbrineris tetraura*（Schmarda，1861） | 环节动物门 Annelida<br>多毛纲 Polychaeta<br>矶沙蚕目 Eunicida<br>索沙蚕科 Lumbrineridae<br>索沙蚕属 *Lumbrineris* | 莱州湾 | 我国渤海、黄海、东海，为潮间带沙滩习见种。美国南加利福尼亚、秘鲁、智利、南非也有分布 | 饵料 |
| 拟节虫 | *Praxillella praeterrifssa*（Malmgren，1865） | 环节动物门 Annelida<br>多毛纲 Polychaeta<br>囊吻目 Scolecida<br>竹节虫科 Maldanidae<br>拟节虫属 *Praxillella* | 莱州湾 | 我国渤海和黄海（27～50 m、沙质泥）。北极、北大西洋挪威到西班牙、地中海、日本等也有分布 | 饵料 |
| 小头虫 | *Capitella capitata*（Fabricius，1780） | 环节动物门 Annelida<br>多毛纲 Polychaeta<br>囊吻目 Scolecida<br>小头虫科 Capitellidae<br>小头虫属 *Capitella* | 莱州湾 | 我国黄海（青岛）、渤海和东海（浙江）等均有分布。是污浊水域的优势种 | 污染指示种 |
| 背蚓虫 | *Notomastus latericeus* Sars，1857 | 环节动物门 Annelida<br>多毛纲 Polychaeta<br>囊吻目 Scolecida<br>小头虫科 Capitelli<br>背蚓虫属 *Notomastus* | 莱州湾 | 广布种，我国渤海、黄海、南海。常栖息于潮间带和潮下带泥沙和软泥底质 | 污染指示种 |

附表 7　海州湾及莱州湾棘皮动物物种编目

| 中文名 | 拉丁名 | 分类地位 | 产地 | 分布 | 主要价值 |
| --- | --- | --- | --- | --- | --- |
| 海燕 | *Asterina pectinifera* | 棘皮动物门 Echinodermata<br>海星纲 Asteroidea<br>瓣棘海星目 Valvatida<br>海燕科 Asterinidae<br>海燕属 *Asterina* | 海州湾 | 中国北方沿岸浅海 | 食用、观赏 |
| 日本滑海盘车 | *Aphelasterias japonica* | 棘皮动物门 Echinodermata<br>海星纲 Asteroidea<br>钳棘目 Forcipulata<br>海盘车科 Asteriidae<br>滑海盘车属 *Aphelasterias* | 海州湾 | 渤海海峡、黄海北部 | 食用、观赏 |
| 多棘海盘车 | *Asterias amurensis* Lütken，1871 | 棘皮动物门 Echinodermata<br>海星纲 Asteroidea<br>钳棘目 Forcipulata<br>海盘车科 Asteriidae<br>海盘车属 *Asterias* | 海州湾、莱州湾 | 渤海、黄海，辽宁、山东 | 药用、饲料、食用、观赏 |
| 光亮倍棘蛇尾 | *Amphioplus lucidus* Koehler，1922 | 棘皮动物门 Echinodermata<br>蛇尾纲 Ophiuroidea<br>真蛇尾目 Ophiurida<br>阳遂足科 Amphiuridae<br>倍棘蛇尾属 *Amphioplus* | 莱州湾 | 渤海、黄海 | 药用、饲料 |
| 哈氏刻肋海胆 | *Temnopleurus hardwicki*（Gray，1855） | 棘皮动物门 Echinodermata<br>海胆纲 Echinoidea<br>拱齿目 Camarodonta<br>刻肋海胆科 Temnopeuridae<br>刻肋海胆属 *Temnopleurus* | 海州湾 | 黄海、渤海、东海大陆架、舟山群岛、台湾海峡 | 食用 |
| 细雕刻肋海胆 | *Temnopleurus toreumaticus*（Leske，1778） | 棘皮动物门 Echinodermata<br>海胆纲 Echinoidea<br>拱齿目 Camarodonta<br>刻肋海胆科 Temnopeuridae<br>刻肋海胆属 *Temnopleurus* | 海州湾 | 中国南北沿岸各海区及台湾海峡 | 食用 |
| 棘刺锚参 | *Protankyra bidentata*（Woodward et Barrett，1858） | 棘皮动物门 Echinodermata<br>海参纲 Holothuroidea<br>无足目 Apodida<br>锚参科 Synaptidae<br>刺锚参属 *Protankyra* | 海州湾、莱州湾 | 中国、日本、菲律宾 | 观赏 |

附表 8　海州湾及莱州湾其他无脊椎动物及尾索动物物种编目

| 中文名 | 拉丁名 | 分类地位 | 产地 | 分布 | 主要价值 |
|---|---|---|---|---|---|
| 茎鲍螅水母 | *Boaugainvillia muscus*（Allman，1863） | 刺胞动物门 Cnidaria<br>水螅虫纲 Hydrozoa<br>丝螅水母目 Filifera<br>鲍螅水母科 Bougainvillidae<br>鲍螅水母属 *Boaugainvillia* | 海州湾 | 我国沿岸海域 | 科学研究 |
| 八斑芮氏水母 | *Rathkea octopunctata*（Sars，1835） | 刺胞动物门 Cnidaria<br>水螅虫纲 Hydrozoa<br>丝螅水母目 Filifera<br>唇腕水母科 Rathkeidae<br>芮氏水母属 *Rathkea* | 海州湾、莱州湾 | 我国渤海、黄海和东海 | 科学研究 |
| 双手水母未定种 | *Amphinema* sp.（Peron et Lesueur，1809） | 刺胞动物门 Cnidaria<br>水螅虫纲 Hydrozoa<br>丝螅水母目 Filifera<br>面具水母科 Pandeidae<br>双手水母属 *Amphinema* | 海州湾 | 我国黄海、东海、南海。日本、印度也有分布 | 科学研究 |
| 真囊水母 | *Euphysora bigelowi*（Maas，1905） | 刺胞动物门 Cnidaria<br>水螅虫纲 Hydrozoa<br>头螅水母目 Capitata<br>棒状水螅科 Corymorphidae<br>真囊水母属 *Euphysora* | 海州湾 | 我国黄海、东海、南海和香港 | 科学研究 |
| 日本长管水母 | *Sarsia nipponica*（Uchida，1927） | 刺胞动物门 Cnidaria<br>水螅虫纲 Hydrozoa<br>头螅水母目 Capitata<br>棍螅水母科 Corynidae<br>长管水母属 *Sarsia* | 海州湾 | 我国渤海、黄海 | 科学研究 |
| 杜氏外肋水母 | *Ectopleura dumortieri*（Van Beneden，1844） | 刺胞动物门 Cnidaria<br>水螅虫纲 Hydrozoa<br>头螅水母目 Capitata<br>筒螅水母科 Tubulariidae<br>外肋水母属 *Ectopleura* | 海州湾 | 我国渤海到南海 | 科学研究 |
| 锥形多管水母 | *Aequorea conica* Browne，1905 | 刺胞动物门 Cnidaria<br>水螅虫纲 Hydrozoa<br>被鞘螅亚纲 Leptothecatae<br>锥螅水母目 Conica<br>多管水母科 Aequoreidae<br>多管水母属 *Aequorea* | 海州湾 | 我国黄海、东海、南海 | 科学研究 |

| 中文名 | 拉丁名 | 分类地位 | 产地 | 分布 | 主要价值 |
| --- | --- | --- | --- | --- | --- |
| 锡兰和平水母 | *Eirene ceylonensis*（Browne，1905） | 刺胞动物门 Cnidaria<br>水螅虫纲 Hydrozoa<br>被鞘螅亚纲 Leptothecatae<br>锥螅水母目 Conica<br>和平水母科 Eirenidae<br>和平水母属 *Eirene* | 海州湾，莱州湾 | 中国沿海。马来西亚、爪哇海、斐济群岛 | 科学研究 |
| 马来侧丝水母 | *Helgicirrha malayensis*（Stiasny，1928） | 刺胞动物门 Cnidaria<br>水螅虫纲 Hydrozoa<br>被鞘螅亚纲 Leptothecatae<br>锥螅水母目 Conica<br>和平水母科 Eirenidae<br>侧丝水母属 *Helgicirrha* | 海州湾、莱州湾 | 中国黄海、东海。爪哇海和澳大利亚也有分布 | 科学研究 |
| 心形真唇水母 | *Eucheilota ventricularis*（McCrady，1857） | 刺胞动物门 Cnidaria<br>水螅虫纲 Hydrozoa<br>被鞘螅亚纲 Leptothecatae<br>锥螅水母目 Conica<br>触丝水母科 Lovenellidae<br>真唇水母属 *Eucheilota* | 海州湾 | 我国黄海至南海 | 科学研究 |
| 四手触丝水母 | *Lovenella assimilis*（Browne，1905） | 刺胞动物门 Cnidaria<br>水螅虫纲 Hydrozoa<br>被鞘螅亚纲 Leptothecatae<br>锥螅水母目 Conica<br>触须水母科 Lovenellidae<br>触丝水母属 *Lovenella* | 海州湾 | 我国黄海、东海、南海。菲律宾、印度和锡兰也有分布 | 科学研究 |
| 盘形美螅水母 | *Clytia discoida*（Mayer，1900） | 刺胞动物门 Cnidaria<br>水母亚门 Medusozoa<br>水螅纲 Leptolida<br>吻螅目 Proboscoida<br>钟螅科 Campanulariidae<br>美螅水母属 *Clytia* | 海州湾、莱州湾 | 我国沿海。太平洋，日本 | 科学研究 |
| 半球美螅水母 | *Clytia hemisphaerica*（Linnaeus，1767） | 刺胞动物门 Cnidaria<br>水螅虫纲 Hydrozoa<br>水螅水母亚纲 Hydromedusae<br>吻螅目 Proboscoida<br>钟螅科 Campanulariidae<br>美螅水母属 *Clytia* | 海州湾、莱州湾 | 我国沿海。地中海、印度、澳大利亚 | 科学研究 |
| 薮枝螅水母未定种 | *Obelia* spp. | 刺胞动物门 Cnidaria<br>水螅虫纲 Hydrozoa<br>水螅水母亚纲 Hydromedusae<br>吻螅目 Proboscoida<br>钟螅科 Campanulariidae<br>薮枝螅水母属 *Obelia* | 海州湾、莱州湾 | 我国黄海 | 科学研究 |

| 中文名 | 拉丁名 | 分类地位 | 产地 | 分布 | 主要价值 |
|---|---|---|---|---|---|
| 真拟杯水母 | *Phialucium mbenga*（Agassiz et Mayer，1899） | 刺胞动物门 Cnidaria<br>水螅纲 Leptolida<br>吻螅目 Proboscoida<br>拟杯水母科 Phialuciidae<br>拟杯水母属 *Phialucium* | 莱州湾 | 我国渤海、黄海、东海、南海；印度洋 | 科学研究 |
| 双生水母 | *Diphyes chamissonis* Huxley，1859 | 刺胞动物门 Cnidaria<br>水螅虫纲 Hydrozoa<br>管水母亚纲 Siphonophorae<br>钟泳目 Calycophorae<br>双生水母科 Diphyidae<br>双生水母属 *Diphyes* | 海州湾 | 我国沿海。孟加拉湾、日本、马来群岛、菲律宾也有分布 | 科学研究 |
| 五角水母 | *Muggiaea atlantica* Cunningham，1892 | 刺胞动物门 Cnidaria<br>水螅虫纲 Hydrozoa<br>管水母亚纲 Siphonophorae<br>钟泳水母目 Calycophorae<br>双生水母科 Diphyidae<br>五角水母属 *Muggiaea* | 海州湾 | 我国沿海。日本也有分布 | 科学研究 |
| 海蜇 | *Rhopilema esculentum* Kishinouye，1891 | 刺胞动物门 Cnidaria<br>真水母纲 Scyphomedusae<br>根口水母目 Rhizostomatidae<br>根口水母科 Rhizostomatidae<br>海蜇属 *Rhopilema* | 莱州湾 | 我国渤海、黄海、东海、南海，日本也有分布 | 食用 |
| 沙海蛰（口冠水母、沙蜇） | *Stomolophus meleagris* L. Agssiz，1862 | 刺胞动物门 Cnidaria<br>真水母纲 Scyphomedusae<br>根口水母目 Rhizostomatidae<br>口冠水母科 Stomolophuidae<br>口冠水母属 *Stomolophu* | 莱州湾 | 黄海和东海，日本、大西洋也有分布 | 食用、药用、饲料 |
| 沙箸未定种 | *Virgularia* sp. | 刺胞动物门 Cnidaria<br>珊瑚虫纲 Anthozoa<br>海鳃目 Pennatulacea<br>沙箸科 Veretillidae<br>沙箸属 *Virgularia* | 莱州湾 | 我国北方沿海 | 科学研究 |
| 球型侧腕水母 | *Pleurobrachia globosa* Moser，1903 | 栉板动物门 Ctenophora<br>有触手纲 Tentaculata<br>球栉水母目 Cydippida<br>侧腕水母科 Pleurobrachidae<br>侧腕水母属 *Pleurobrachia* | 海州湾、莱州湾 | 广布种；我国沿海 | 科学研究 |
| 瓜水母 | *Beroe cucumis* Fabricius，1178 | 栉板动物门 Ctenophor<br>无触手纲 Nuda<br>瓜水母目 Beroida<br>瓜水母科 Beroidae<br>瓜水母属 *Beroe* | 莱州湾 | 广布种；我国沿岸水域都有分布 | 科学研究 |

| 中文名 | 拉丁名 | 分类地位 | 产地 | 分布 | 主要价值 |
|---|---|---|---|---|---|
| 革囊星虫未定种 | *Phascolosoma* sp. Leuckart，1828 | 星虫动物门 Sipuncula<br>革囊星虫纲 Phascolosomatidea<br>革囊星虫目 Phascolosomatiformes<br>革囊星虫科 Phascolosomatidae<br>革囊星虫属 *Phascolosoma* | 莱州湾 | 黄海、渤海 | 食用、饵料 |
| 多皱无吻螠 | *Arhynchite rugosum* Chen and Yeh，1958 | 螠虫动物门 Echiura<br>螠目 Echiuroinea<br>螠科 Echiuridae<br>无吻螠属 *Arhynchite* | 莱州湾 | 山东 | 食用、药用、饲料 |
| 短吻铲荚螠 | *Listriolobus breuirostris* Chen and Yeh，1958 | 螠虫动物门 Echiura<br>螠目 Echiuroinea<br>螠科 Echiuridae<br>铲荚螠属 *Listriolobus* | 莱州湾 | 山东、江苏、海南岛 | 药用、饲料 |
| 单环棘螠 | *Urechis unicinctus* (von Drasche，1881) | 螠虫动物门 Echiura<br>螠虫纲 Echiuroine<br>螠目 Echiuroinea<br>螠科 Echiuridae<br>棘螠属 *Urechis* | 莱州湾 | 辽宁、山东 | 食用 |
| 软苔虫 | *Alcyonidium* sp. Lamouroux，1813 | 苔藓动物门 Bryozoa<br>裸唇纲 Gymnolaemata<br>栉口目 Ctenostomatida<br>真栉口亚目 Euctenostomatina<br>软苔虫科 Alcyonidiidae<br>软苔虫属 *Alcyonidium* | 海州湾 | 中国近岸水域；新西兰也有分布 | 污损生物 |
| 大室别藻苔虫 | *Biflustra grandicella* Canu and Bassler，1929 | 苔藓动物门 Bryozoa<br>裸唇纲 Gymnolaemata<br>唇口目 Cheilostomatida<br>软壁亚目 Malacostegina<br>膜孔苔虫科 Membraniporidae<br>别藻苔虫属 *Biflustra* | 海州湾 | 南沙群岛，印度西太平洋 | 污损生物 |
| 双花假膜孔苔虫 | *Membraniporopsis bifloris* (Wang and Tung，1976) | 苔藓动物门 Bryozoa<br>裸唇纲 Gymnolaemata<br>唇口目 Cheilostomatida<br>软壁亚目 Malacostegina<br>琥珀苔虫科 Electridae<br>假膜孔苔虫属 *Membraniporopsis* | 海州湾 | 中国近岸水域 | 污损生物 |
| 鸭嘴海豆芽 | *Lingula anatina* Lamarck，1801 | 腕足动物门 Brachiopoda<br>海豆芽纲 Lingulata<br>海豆芽科 Lingulidae<br>海豆芽属 *Lingula* | 海州湾 | 黄海、东海；非洲、印度西太平洋也有分布 | 可食用 |

| 中文名 | 拉丁名 | 分类地位 | 产地 | 分布 | 主要价值 |
|---|---|---|---|---|---|
| 铲形海豆芽 | *Lingula unguis* | 腕足动物门 Brachiopoda<br>海豆芽纲 Lingulata<br>海豆芽目 Lingulata<br>海豆芽科 Lingulidae<br>海豆芽属 *Lingula* | 莱州湾 | 黄海、东海、南海；西太平洋也有分布 | 待开发利用 |
| 强壮滨箭虫 | *Aidanosagitta crassa* (Tokioka，1938) | 毛颚动物门 Chaetognatha<br>箭虫纲 Sagittoidea<br>无横肌目 Aphragmophora<br>箭虫科 Sagittidae<br>滨箭虫属 *Aidanosagitta* | 海州湾、莱州湾 | 我国黄海、渤海、东海；北太平洋西部暖温带种 | 饵料生物 |
| 拿卡箭虫 | *Sagitta nagae* Alvarino，1967 | 毛颚动物门 Chaetognatha<br>箭虫纲 Sagittoidea<br>栉齿亚目 Ctenodontina<br>箭虫科 Sagittidae<br>箭虫属 *Sagitta* | 海州湾、莱州湾 | 中国沿海。印度—太平洋暖水沿岸种 | 饵料生物 |
| 异体住囊虫 | *Oikopleura dioica* Fol，1872 | 尾索动物门 Urochordata<br>有尾纲 Appendiculata<br>住囊虫科 Oikopleuridae<br>住囊虫属 *Oikopleura* | 海州湾、莱州湾 | 热带和温带水域；中国沿海 | 鱼类的天然饵料 |
| 梭形纽鳃樽 | *Salpa fusiformis* Cuvier，1804 | 尾索动物门 Urochordata<br>海樽纲 Thaliacea<br>半肌目 Hemimyaria<br>纽鳃樽科 Salpidae<br>纽鳃樽属 *Salpa* | 莱州湾 | 各大洋暖流区；我国东南近海常见，黄、渤海偶见 | 鱼类的天然饵料 |

# 主要参考文献


[1] Lin C，Su J，Xu B，et al. 2001. Long-term variations of temperature and salinity of the Bohai Sea and their influence on its ecosystem. *Progress in Oceanography*，49（1-4）：7-19.

[2] Pinkas L，MS Oliphant，LR Iverson. 1971. Food habits of albacore，bluefin tuna，and bonito in California waters. Fishery Bulletin，152：1-105.

[3] 崔毅，马绍赛，李云平，等. 2003. 莱州湾污染及其对渔业资源的影响. 海洋水产研究，24（1）：35-41.

[4] 陈惠莲，孙海宝. 中国动物志　节肢动物门　甲壳动物亚门　短尾次目　海洋低等蟹类. 北京：科学出版社，2002.

[5] 董正之. 中国动物志　软体动物门　腹足纲　马蹄螺总科. 北京：科学出版社，2002.

[6] 龚政，郇佳爱，张东生. 2002. 陆源污染物对海州湾环境影响研究. 河海大学学报：自然科学版，（4）：5-8.

[7] 郝彦菊，王宗灵，朱明远，等. 2005. 莱州湾营养盐与浮游植物多样性调查与评价研究. 海洋科学进展，23（2）：197-204.

[8] 金显仕，唐启升. 1998. 渤海渔业资源结构、数量分布及其变化. 中国水产科学，5（3）：18-24.

[9] 姜太良，徐洪达. 1991. 莱州湾西南部水环境的现状与评价. 海洋通报，10（2）：17-52.

[10] 李广楼，陈碧鹃，崔毅，等. 2006. 莱州湾浮游植物的生态特征. 中国水产科学，13（2）：292-299.

[11] 李艳云，王作敏. 2006. 大辽河口和辽东湾海域水质溶解氧与COD、无机氮、磷及初级生产力的关系. 中国环境监测，22（3）：70-72.

[12] 林光宇. 中国动物志　软体动物门　腹足纲　后鳃亚纲　头楯目. 北京：科学出版社，1997.

[13] 刘慧，方建光，董双林，等. 2003. 莱州湾和桑沟湾养殖海区浮游植物的研究Ⅰ. 海洋水产研究，24（2）：9-17.

[14] 刘允芬. 2000. 气候变化对我国沿海渔业生产影响的评价. 中国农业气象，21（4）：1-5，28.

[15] 刘瑞玉. 中国海洋生物名录. 北京：科学出版社，2008：1-1267.

[16] 刘锡兴，尹学明，马江虎. 中国海洋污损苔虫生物学.北京：科学出版社，2001：1-860.

[17] 刘静. 中国动物志　硬骨鱼纲　鲈形目（四）. 北京：科学出版社.（待出版）

[18] 刘吉堂，沙鸥，徐国想，等. 2007. 连云港海州湾海域赤潮生物的种类调查及形成原因. 环境科学与管理，32（7）：33-35.

[19] 廖玉麟. 中国动物志　棘皮动物门　海参纲. 北京：科学出版社，1997.

[20] 廖玉麟. 中国动物志　棘皮动物门　蛇尾纲. 北京：科学出版社，2004.

[21] 马绍赛，辛福言，崔毅，等. 2004. 黄河和小清河主要污染物入海量的估算. 海洋水产研究，25（5）：47-51.

[22] 马绍赛，辛福言，等. 2002. 对虾养殖对莱州湾氮、磷、COD 的贡献. 海洋水产研究，23（2）：7-11.

[23] 马锈同. 中国动物志 软体动物门 腹足纲 中腹足目 宝贝总科. 北京：科学出版社，1997：1-283.

[24] 孟春霞，邓春梅，姚鹏，等. 2005. 小清河口及邻近海域的溶解氧. 海洋环境科学，24（3）：25-28.

[25] 沈新强，晁敏. 2005. 对中国 3 个渔业水域生态环境质量的综合评价. 海洋水产研究，26（3）：68-72.

[26] 宋虎. 2009. 从渔业资源和渔船生产情况探讨渔政管理现状. 渔政，（1）：25-27.

[27] 苏伟，王业耀，马小凡. 2004. 河口低氧区形成机理的水质模型研究进展. 水资源保护，20（5）：1-4.

[28] 沈嘉瑞，戴爱云. 1964. 中国动物图谱 甲壳动物 第二册 蟹类.

[29] 唐峰华，沈新强，王云龙. 2011. 海州湾附近海域渔业资源的动态分析. 水产科学，30（6）：335-341.

[30] 吴宝铃，吴启泉，丘建文，等. 1997. 中国动物志 环节动物门 多毛纲 I 叶须虫目. 北京：科学出版社.

[31] 王爱勇. 2009. 渤海莱州湾春季鱼卵、仔稚鱼群落结构及环境因子相关性的初步研究. 中国海洋大学.

[32] 王丹，孙军，周锋，等. 2008. 2006 年 6 月长江口低氧区及邻近水域浮游植物. 海洋与湖沼，39（6）：619-627.

[33] 王俊. 2000. 莱州湾浮游植物种群动态研究. 海洋水产研究，21（3）：33-38.

[34] 王延明，李道季，方涛，等. 2008. 长江口及邻近海域底栖生物分布及与低氧区的关系研究. 海洋环境科学，27（2）：139-143.

[35] 王在峰. 2011. 海州湾海洋特别保护区生态恢复适宜性评估. 南京师范大学.

[36] 徐凤山，张素萍. 2008. 中国海产双壳类图志. 北京：科学出版社.

[37] 杨德渐，孙瑞平. 1988. 中国近海多毛类环节动物. 北京：农业出版社.

[38] 张朝晖，丛娇日，王宗灵，等. 2003. 莱州湾渔业资源群落结构和生物多样性的变化. 中国水产学会 2003 全国海水设施养殖学术研讨会.

[39] 张玺，齐钟彦. 1961. 贝类学纲要. 北京：科学出版社，1-387.

[40] 张素萍. 2008. 中国海洋贝类图鉴. 北京：海洋出版社.

[41] 张素萍，马锈同. 2004.中国动物志 无脊椎动物 第三十四卷 软体动物门 腹足纲 鹑螺总科. 北京：科学出版社.

[42] 张硕，朱孔文，孙满昌. 2006. 海州湾人工鱼礁区浮游植物的种类组成和生物量. 大连水产学院学报，21（2）：134-140.

[43] 张世义. 2001. 中国动物志 硬骨鱼纲 鲟形目 海鲢目 鲱形目 鼠鱚目. 北京：科学出版社.

[44] 张洪亮，杨建强，崔文林. 2006. 莱州湾盐度变化现状及其对海洋环境与生态的影响. 海洋环境科学，25（1）：11-14.

[45] 张虎，刘培廷，汤建华，等. 2008. 海州湾人工鱼礁大型底栖生物调查. 海洋渔业，30（2）：97-104.

[46] 张凯. 2007. “山东碧海行动计划[R/OL]”. http：//www.cgphg.com.cn/chinamap/doc/%C9 BD%/36 AB%B1 CC%BA.doc.

[47] 赵蒙蒙，徐兆礼. 2012. 海州湾南部海域不同季节虾类数量及其分布特征. 海洋通报，31（1）：38-44.

[48] 庄启谦. 2001. 中国动物志 软体动物门 双壳纲 帘蛤科 北京：科学出版社.

[49] 周红，李凤鲁，王玮. 2007. 中国动物志 无脊椎动物. 第四十六卷：星虫动物门，螠虫动物门. 北京：科学出版社，1-195.

[50]《中国海湾志》编纂委员会. 1993. 中国海湾志 第三分册. 北京，海洋出版社.

# 致　谢

本书是在国家环境保护部“全国重点物种资源调查”课题资助下完成的。在样品采集、分类鉴定、文字处理等方面得到了大量专家和工作人员的帮助。其中徐凤山研究员、张素萍研究员、刘静研究员、王永良研究员、任先秋研究员、夏邦美研究员、孙瑞平研究员、刘锡兴研究员、王克工程师、蒋维博士、肖宁博士、周进博士、刘文亮博士等给予了分类上的指导和帮助，孟凡玉工程师、刘泽浩硕士、李永强硕士、邢坤博士、于宗赫博士、李文龙实验员等参与了样品的采集工作。马培振、李翠、刘春芳、刘炳芹、贾晓娇等参与了文字的处理。本书的顺利出版，是跟以上人员的无私帮助分不开的，在此一并表示诚挚的谢意！由于本书成书仓促，肯定会存在不妥甚至错误，敬请批评指正！

编者

2013 年 10 月 23 日于青岛